영양의 미래

일러두기

1. 원서의 'plant-based diet'를 식물식으로, 'wholefood, plant-based diet; WFPB diet'를 자연식물식으로 번역했다.

2. 인명 및 지명은 국립국어원의 외래어 표기법을 따랐다.

3. 본문에 나온 도서 중 국내 출간 번역서는 영문 원제 없이 출판사와 출간연도를 병기했으며, 미출간 도서는 영문을 병기했다.

예: 『당신이 병드는 이유』(열린과학, 2016), 『팔레오 식이요법The Paleo Diet』

4. 단행본은 겹낫표(『 』), 신문·잡지는 겹꺾쇠표(《 》), 논문·보고서·영화 등은 홑꺾쇠표(〈 〉)로 표기했다.

영양의 미래

콜린 캠벨, 넬슨 디슬라 지음 | 김정은 옮김

THE FUTURE *of* NUTRITION

열린과학

『영양의 미래』에 쏟아진 찬사

"이 책을 읽자마자, 나는 내 이야기를 들어주는 사람이라면 누구든지 붙잡고 이 책에 관해 이야기했다. 환상적이다. 콜린 캠벨의 자연식물식 영양에 대한 최신작은 건강과 암에 대해, 그리고 검증된 생활 습관이 어째서 그렇게 논란이 되었는지를 이해하고 싶은 사람이라면 반드시 읽어야 할 책이다. 캠벨은 자연식물식이 우리를 최적의 생활로 인도할 수 있는 방식에 대한 지식을 제공한다."

-데이비드 파인버그, 의학박사, 구글헬스 대표

"캠벨 박사는 식단과 건강에 관련된 역사적 문헌을 포괄적으로 조사하여, 오랫동안 소비자들을 혼란에 빠뜨리고 영양의 힘에 대한 과학을 말살해온 기관의 편견에 대한 훌륭한 탐구를 내놓았다. 증거에 의하면 영양에는 질병을 예방하고 치료하는 힘이 있다. 책을 내려놓을 수가 없다!"

-마이클 그레거, 의학박사, 베스트셀러『죽지 않는 법 How Not to Die』의 저자

"T. 콜린 캠벨은 영양학에서 전설적인 인물이다. 60여 년에 걸친 그의 과학 연구와 신념은 우리가 먹는 것이 어떻게 암을 일으키거

나 예방할 수 있는지에 대한 세상의 이해를 바꿔놓았다. 『영양의 미래』에서, 캠벨은 자연식물식 식단으로 건강해진 사람들이 사는 건강한 지구를 예언한다. 우리를 그곳으로 안내하기 위해서, 그는 오랫동안 그 길을 반대해온 이들이 영양학계의 기득권자들임을 폭로한다. 대립을 일삼아온 그들은 현대과학을 포용하고 낡은 사고방식을 벗어나기 위해서 진화해야 할 것이다. 그의 눈과 신랄한 재치를 통해서, 우리는 대단히 흥미로우면서 때때로 너무나 충격적인 학계, 정치계, 산업계의 음모에 대해 알게 된다. 그 음모는 우리 국민의 식단을 개선하려는 노력에 100년 넘게 제동을 걸어왔다. 캠벨은 우리 공동체가 건강하고 증거에 기반한 식사로 나아가기 위해서는 무엇이 필요한지를 결단력 있게 알려준다. 캠벨의 최고 걸작인 『영양의 미래』는 건강하게 먹는 것에 대한 논의, 식생활 지침에 대한 정보들, 무엇을 먹을지에 대해 다시 생각하게 해줄 것이다. 이 책은 영양에 대해 진지하게 생각하는 사람, 적이 득실대는 한 분야의 독특한 뒷이야기를 선구자의 눈을 통해서 이해하고 싶은 사람이라면 반드시 읽어야 할 책이다.

-윌리엄 W. 리, 의학박사, 『뉴욕타임스』 베스트셀러 『먹어서 병을 이기는 법』의 저자,
혈관신생재단 대표 및 의학 책임

"『무엇을 먹을 것인가』를 통해서 동물 기반 식품에 대한 식물 기반 식품의 이득에 관한 중국 연구의 결과를 발표하여 '전세계적인 반향을 일으킨' 선구적인 연구자 캠벨 박사는 『영양의 미래』를 통해서 또 다시 큰 반향을 일으키고 있다. 이 책은 여러 이유에서 꼭 읽

어야 할 책이다. 그 주된 이유는 캠벨 박사가 제공하는 결정적 증거에 대해 우리가 어떤 행동을 하는지에 건강과 생명이 달려 있기 때문이다. 그는 우리가 모르는 곳에서 일어나는 뇌물 수수와 부정행위를 폭로하고, 우리가 낸 세금이 우리를 의도적으로 속이는 데 쓰인다는 것을 밝힌다. 그는 과거에 있었던 일들, 그리고 불행하게도 지금도 여전히 지속되고 있는 일들을 있는 그대로 말한다. 분명한 것은 캠벨 박사가 뛰어난 지성(그리고 냉소적인 유머)과 헌신적인 태도로 오래된 문헌들을 샅샅이 파헤쳐서 의도적으로 은폐된 정보와 식품 권력, 그리고 돈과 연관된 부패를 폭로한다는 것이다. 그는 이를 밝히면서 인용과 함께 실명을 언급한다. 우리는 인류로 인한 대멸종의 한가운데에 있다. 우리가 환경에 가하고 있는 손상을 멈추기 위한 논리적 단계를 따라간다면, 우리는 이 대멸종을 바로잡을 수 있다. 아직 모든 것을 잃지는 않았다. 단, 캠벨 박사가 요구한 행동을 충분히 따라야 할 것이다. 그가 제시하는 큰 틀은 우리가 어디에서 잘못되고 있는지, 어떻게 하면 자연과의 싸움을 멈추고 다시 조화를 이뤄서 이 길을 되돌릴 수 있는지를 인식하는 데 도움이 되어 줄 것이다. 나는 여기에 나의 행동 요구를 추가하려고 한다. 되도록 많은 사람에게 이 책을 읽게 하라. 우리는 지금 바로 행동해야 하기 때문이다."

—루스 하이드리히, 박사, 자연식물식 철인 3종 선수, 『생명을 위해 달렸다』와
『노인 운동 Senior Fitness』의 저자

"첼로 연주자인 나는 진정한 음악은 단순히 여러 성부의 합이 아니

라는 것을 안다. 물리적인 것과 영적인 것이 조화되면 설명할 수 없는 마법이 일어난다. 이 책을 읽은 후, 전체론의 진리와 자연과 하나 되는 삶은 잘 기록된 과학 이상의 것이 되었다. 모든 것이 하나로 합쳐져서 전체가 되고 음악이 되었다. 이 책은 내게 엄청난 충격을 주었다. 이 책은 많은 이들의 삶을 더 윤택하게 바꿔줄 것이다."

-대니얼 돔, 첼로 연주자, 뉴욕 필하모닉, 보스턴 팝스, 시카고 심포니, 내셔널 심포니, 클리블랜드 오케스트라, 3대 테너 공연의 독주자, 카네기홀, 콘세르트헤바우, 위그모어홀에서 연주

"전형적인 과학자이자 영양학 연구자인 콜린 캠벨 박사는 영양과 암 연구를 둘러싼 혼란과 급진적인 논란으로 우리를 안내한다. 캠벨 박사는 솔직한 언변으로 만성 질환의 예방과 완화와 치료에서 영양과학이 나타내는 엄청난 가능성에 대해 이야기한다. 『영양의 미래』는 자신의 건강, 자신이 속한 공동체, 그리고 지구를 개선할 방법을 찾는 사람이라면 꼭 읽어야 할 책이다!"

-마이클 C. 홀리, 의학박사, 미국 생활습관의학협회 회원, '의사와 식사를'의 연사

"『영양의 미래』는 콜린 캠벨 박사가 새롭게 내놓은 또 다른 걸작이다! 『영양의 미래』는 영양과학과 의과학의 접점에 나타나는 여러 복잡하고 미묘한 차이를 자세히 설명한다. 관련 역사에 대한 서사는 이 통찰력 있는 논의의 중요한 배경을 형성한다. 캠벨 박사는 만성질환에 대한 자연식물식 식단의 혜택을 뚜렷하게 보여주는 핵심적인 여러 과학적 증거들을 우리에게 차례차례 소개한다. 이 책이 나온 지금, 미국을 비롯한 세계 전역에 한 바이러스 전염병이 대유

행하면서 일반적인 건강 상태가 좋지 않다는 것이 드러났고, 우리의 생활방식이 붕괴되고 있다. 이제는 의학계가 인정할 때가 왔다. 식물 기반 영양에는 우리 삶을 만성질환에서 벗어나게 할 힘이 있다는 부인할 수 없는 증거가 있다. 이 책은 내과의사, 의과학자, 일반 대중이 반드시 읽어야 할 책이다."

-백스터 몽고메리, 의학박사, 미국 심장병학회 회원, 텍사스 대학교 건강과학센터

심장병학 | 심장 전기생리학과 임상조교수

"콜린 캠벨은 과학자이고, 전문 분야는 영양학이다. 그래서 어떻다는 것인가? 그의 분야에서는 세계적으로 손꼽히는 전문가 중 한 사람이지만, 그것이 다가 아니다. 이 책에서 그가 설명한 것처럼, 오늘날 진정한 영양과학자는 놀라울 정도로 드물다. 식품과학이라는 분야의 체계 전체가 꼭대기에서 바닥까지 완전히 썩어 있기 때문이다. 그 주된 이유는 서구 세계의 육류 중독이다. 그 흔적은 사방에 널려 있다. 다른 약물 중독자들과 마찬가지로, 서구의 영양학 기득권층은 수 세기에 걸쳐서 그들의 행동을 합리화하기 위한 거짓말을 술술 풀어놓았고, 거미줄처럼 얽혀 있는 그 거짓말들은 다른 사람들에게 대단히 해로운 효과를 가져왔다. 현재 범지구적인 환경 재앙에 기여한 가장 중요한 요인이며, 우리의 건강과 경제를 황폐화시키고 있으며, 한해 700억 마리가 넘는 육상동물이 공장식 농장에서 짧고 고통스러운 삶을 살아야 하는 이유이다. 한번은 캠벨이 식품에 관한 발표를 하고 있었는데, 매사추세츠 공과대학의 교수인 어느 동료 식품 연구자는 캘빈에게 자기 연민의 감정이 섞인 불평

을 토로했다. '콜린, 좋은 음식에 대해 이야기하고 있군요. 우리 음식을 빼앗지 말아요!' 그러나 캠벨은 진정한 식품과학자였고, 그의 일은 육류 중독에 빠진 우리의 추악한 얼굴을 비추는 진실의 거울을 들고 있는 것이다. 캠벨은 그의 최신작인 이 책에 기본적인 사실들을 명확하고 이해할 수 있는 방식으로 제시한다. '동물성 단백질을 단칼에 끊는 접근법'을 사람들에게 권하는 것으로 충분할까? 그것은 두고 볼 일이다. 그가 할 수 있는 일은 더 이상 없다."

-고든 매켄지, 더럼대학교(영국) 철학과 1급 학사학위, 동유럽의 영어 교사,
프랑스와 벨기에의 통번역가

"이 놀라운 여정을 함께하기 위해서는 벨트를 단단히 조여야 한다. 『영양의 미래』가 바로 눈앞에서 보는 것과 같은 생생한 관점을 독자들에게 전달한다. 그 관점이 지닌 힘은 말 그대로 우리의 포크 끝에 있는 음식에 좋든 나쁘든 엄청난 영향을 끼친다. 언쟁, 기득 이권, 배척, 편견처럼 전형적인 연속극에서나 볼 수 있는 것들이 훨씬 더 근본적인 것의 형성에서 중심 역할을 하고 있었다. 그것은 바로 우리가 먹는 음식이었다. 캠벨 박사는 수십 년 동안 이런 공간에서 도덕적 권위를 지켜왔다. 전통과 널리 퍼져 있는 규범을 미안한 기색도 없이 뒤엎으면서, 이 놀라운 모험은 강력한 행동 요구로 마무리된다."

-로버트 오스트펠드, 의학박사, 이학석사, 미국 심장병학회 회원,
몬테피오레 병원 예방심장의학과 과장 및 의학교수

"1960년 이래로, 캠벨 박사의 연구는 암흑과 같은 영양과학에 늘 밝은 빛을 비춰왔다. 그리고 그의 60년 여정은 참고 문헌이 꼼꼼하게 표기된 이 책에 잘 기록되어 있다. 그로부터 얻은 지식을 토대로, 이 결정적인 주제에 대해 마침내 내가 확실하게 알게 된 것이 있다. 먹는 문제에 대한 해법에서 동물을 제거할 수 없으면 우리는 자연과 조화롭게 사는 법을 결코 배울 수 없고, 그 결과 우리 문명과 종의 미래는 심각한 위험에 놓이게 된다는 것이다. 만약 우리 호모 사피엔스가 어떤 식으로든 멸종을 가까스로 피해갈 수 있다면, 그 공은 대체로 T. 콜린 캠벨에게 돌려야 할 것이다."

-J. 모리스 힉스, 『외침 Outcry』, 『건강한 식사, 건강한 세계 Healthy Eating, Healthy World』,
『활기찬 건강을 위한 간단 안내서 4 Leaf Guide to Vibrant Health』의 저자

"너무나 흔한 병인 역류는 수백만 명의 사람들에게 큰 고통과 걱정을 안겨준다. 대부분의 만성 질환과 마찬가지로, 역류도 식단을 기반으로 나타난다. 식단 하나만으로 증상을 예방하고 호전시킬 수 있으며, 식도암을 포함한 여러 합병증도 예방할 수 있다. 그런데 이 책에서 다뤄진 수많은 질병과 마찬가지로, 문제는 잘못된 정보와 정보의 부족에 있다. 『영양의 미래』에서 T. 콜린 캠벨 박사는 전달하기 어려운 영양 정보에 대한 포괄적인 개요를 대중이 귀 기울여 듣고 변화를 가져올 수 있는 방식으로 잘 녹여냈다. 영양학계에 미치는 업계와 정치의 영향에 대한 그의 개인적인 경험과 지식은 영양과학이 만성 질환의 예방과 호전에서 식습관 변화의 적용을 망설이고 있는 이유에 대해 많은 답을 내놓는다."

-크레이그 H. 잘반, 의학박사, 미국 외과의사협회 회원, 펠프스 병원 음성 및 삼킴 장애 연구소 의학 책임자, 이비인후과 과장, 호프스트라 | 노스웰에 위치한 도널드 앤드 바바라주커 의과대학 이비인후과 교수

"캠벨 박사는 학생으로서, 연구자로서, 교수로서 코넬 대학교에서 보낸 45년 경험을 자세히 설명하면서 학계의 복잡한 정치 지형에서 길을 찾는 자신의 경험을 밝힌다. 그런 정치 지형 속에서 모든 대학은 그들의 재무 상태를 보전하기 위해서 생명을 구할 수 있는 정보를 교육 과정에서 너무 자주 제외한다. 코넬 대학교를 다니는 내내, 내가 반복적으로 접한 근본적인 진실이 있다. 대학은 구시대적 전통과 신조를 고수하면서 돈을 쥔 사람들의 눈치를 보고 있다는 것이다. 그런 것들이 대학에 영향을 주고, 신뢰할 만한 기관으로부터 얻은 정보를 차단했다. 캠벨 박사가 제시한 맥락에 따르면, 학과에 관계없이 모든 학생은 그들이 얻은 정보를 비판적으로 생각해야 하고, 업계의 입김이 닿은 단체가 특정 형태의 지식을 보급함으로써 이득을 얻으려 한다는 것을 인식해야 한다."

-클로이 카브레라, 코넬 대학교 2019년 의학사, 코넬 대학교 대학원생(2021년 수료)

"『영양의 미래』에서 캠벨 박사는 강력한 기관들이 우리 사회의 식품과 건강, 그리고 궁극적으로 병에 영향을 끼쳐온 복잡한 역사를 따라가면서 60년에 걸친 그의 선구적인 과학 연구 이야기를 그려낸다. 그 이야기의 막을 열면서, 그는 학계에 암처럼 자라고 있는 기업의 영향을 자세하게 다룬다. 21세기의 열정적인 식물 기반 교육자로서, 앞으로 살아갈 세대와 현재를 위해서 지금 당장 영양의

미래를 위해 싸워야 한다는 절박함이 고조되고 있다. 식품이 어떻게 우리 몸을 치유할 수 있는지에 대한 캠벨 박사의 연구는 그 길을 닦아놓았다."

-엘라 스티븐스, 코넬 대학교, 2017년 의학사(영양학), 네덜란드 바헤닝언 대학교(대학원)

"캠벨 박사는 의학과 영양학 분야의 청렴성 부족을 조명하면서, 개인의 결점이 제도적 문제와 사회적 문제에 투영된다고 주장해왔다. 장기적으로 사회에 득이 되는 해결책을 접했을 때, 힘을 가진 그들은 단기적으로 돈이 되고 개인에게 득이 되는 것을 능동적으로 선택했다. 코넬 대학교 영양학 과정의 졸업생으로서, 이 책에 제시된 증거는 학부 시절의 내 경험을 확인시켜주며, 건강관리 분야에 대한 내 이해에 충격을 주었다. 이 책은 영양과 의학을 둘러싼 혼란과 일반적인 생각의 이면에 있는 진실을 소개할 뿐만 아니라, 수억 명의 생명을 궁극적으로 위협하는 것과 미래를 푼돈과 맞바꾸는 사람들의 실체를 밝힌다. 만약 우리가 할 수 있는 일을 하면서 미래의 확실한 희망을 향해 발걸음을 옮기지 않는다면, 이런 위험은 계속될 것이다."

-이저벨 루, 코넬 대학교 2020년 의학사(영양과학, 불평등 연구),
노스캐롤라이나 대학교(대학원, 공중위생 석사, 식품영양 전문가)

"학문의 자유는 신성하다. 학문의 자유가 없으면, 학생은 생명을 구할 수 있는 강력한 영양 정보에 대한 특권을 부정 당한다. 『영양의 미래』에서 캘벨 박사는 기관의 권력, 편견, 환원론 체계로 인해서

영양과 건강에 대해 위험할 정도로 잘못된 정보가 어떻게 대중에게
전해지는지를 설명한다. 우리는 과학의 자유를 위해 계속 싸워야
한다는 캠벨의 요구에 귀를 기울여야 한다."

-제시 스탈, 플랜트퓨어커뮤니티 정책과 프로그램 수석 조정자,

코넬 대학교 2017년 의학사(영양과학), 듀크 대학교(간호 연구)

내가 이 일을 시작한 초창기(1990~1991년 무렵)에
사람들과 이야기를 나누고 연구 공동체에서
내 메시지를 의미 있게 만들어준 내 지인들, (알파벳 순으로)
앤토니아 디마스, 한스 디얼, 콜드웰 에셀스틴, 앨런 골드해머,
더그 라일, 존 맥두걸, 딘 오니시, 팸 포퍼에게.

그리고 늘 그렇듯이,
내 아내 카렌과 다섯 아이들, 넬슨, 리앤, 키스, 댄, 톰,
그 아이들의 배우자인 킴, 에바, 리사, 에린,
열한 명의 손주, 위트니, 콜린, 스티븐, 넬슨, 로라, 캐스린,
매켄지, 앨리스터, 스카이, 윌리엄, 미라에게.

들어가는 글과 감사의 글

　내가 배워온 영양과학과 과거, 그리고 바라건대 미래에 대한 이야기를 나누기 전에, 인사를 전해야 하는 고마운 이들이 너무도 많다. 어린 시절부터 그런 이들이 없었다면, 내가 쌓아온 경력도, 이 책도 불가능했을 것이다.

　전체적인 맥락을 위해서, 내가 실험 조사를 하던 연구 경력 내내 종종 놀라운 결과들과 마주쳤다는 것을 강조하는 것이 중요하다. 그 결과들은 그저 놀랍기만 한 것이 아니라, 대중과 내 동료들의 여러 믿음과도 배치되곤 했다. 그런 믿음과 맞서기로 결심하기란, 조사를 계속해볼 만한 증거가 있어도 늘 쉽지 않은 일이었다. 무엇보다도, 나는 내 재정 지원을 위태롭게 하고 싶지 않았다. 그러기 위해서는 전문가 동료들의 인정을 받아야 했다. 또 바보로 여겨지고 싶지도 않았다. 그러나 이런 걸림돌이 있음에도, 어떤 연구 결과는 그냥 무시할 수가 없었다. 거기에는 우리 사회의 미래를 위한 심오한 의미가 담겨 있었기 때문이다.

　먼저 바위처럼 굳건하게 나를 받쳐준 부모님에게 감사를 전하고 싶다. 두 분은 1년 365일 조그만 가족 목장을 일구면서(소들은 쉬는 날이 없다!), 자식들을 잘 키우기 위해 엄청난 노력을 기울였다. 엄마가 일구던 최상급

텃밭에서는 사철 내내 먹거리 대부분이 나왔다. 나는 아버지와 형제들과 밭이나 외양간에 있지 않을 때에는 엄마의 텃밭에서 일했다.

북아일랜드를 떠나서 엘리스 섬에 도착했을 때, 아버지의 나이는 겨우 일곱 살이었다. 아버지는 두어 해 정도 학교 공부를 했고, 그 후로는 평생 토록 열심히 일만 했다. 정규 교육을 제대로 받지 못한 아버지는 자녀 교육에 유별날 정도로 열성적이었다. 아버지는 당신이 받지 못했던 교육을 우리가 받기를 원했다. 그래서 아버지는 내가 집에서 가까운 시골 고등학교에 진학하는 것을 바라지 않았다. 그곳의 학생들은 더러는 졸업을 하지 못했고, 대학에 가는 학생은 아주 드물었다. 그러나 수업료가 없고 정말 좋은 공립학교 중에서 가장 가까운 학교는 80킬로미터가 넘게 떨어진 워싱턴 DC에 있었다. 그래서 나는 5년 동안 우리 집의 유일한 차를 매일 160킬로미터씩 운전하면서 학교에 다녔다. 그 덕분에 나는 큰 비용을 들이지 않고 고등교육을 받을 수 있었다(차의 기름 값은 학교로 가는 길목에서 조그맣게 건축업을 하고 있던 삼촌이 대주었다). 그래도 학교 공부와 농장 일을 병행하기는 쉽지 않았다. 날마다 학교에서 돌아온 후에는 농장 일이 기다리고 있었기 때문에, 학교에 있을 때를 빼고는 사실상 숙제를 할 시간이 없었다.

고등학교를 졸업한 후, 나는 대학교(수의예과, 펜실베이니아 주립대학교), 수의대 1년(조지아 대학교), 대학원(코넬 대학교, 영양생화학 석박사 과정)을 차례로 마쳤다. 그 과정에서, 내 지도교수와 다른 이들로부터 도움을 주고 싶다는 제의를 몇 차례 받기도 했다. 많은 이들이 내게 호의를 베풀어주었는데, 대개는 대학의 교수와 행정 직원들이지만 가끔은 생각지도 못한 사람도 있었고 때로는 나를 거의 모르는 사람도 있었다. 그들 모두의 아량과 호의가 없었다면, 아마 나는 일가친척을 통틀어 첫 번째 대학생이 되지 못했을 것이다.

그렇게 영양과 건강 분야에서 전문가로서의 경력을 이어가게 된 내가 어떻게 우리가 먹는 음식에 대한 그렇게 소중한 믿음에 도전하게 되었을까? 게다가 그런 믿음은 내가 자라온 과정에서도 매우 중요한 부분을 차지했다. 나를 전문가로 만들어준 교육과 내가 그 자리에 이를 수 있도록 도운 사람들을 하찮게 여겼던 것일까? 우리 가족의 습관이나 내가 어릴 적 농장 공동체에서 열심히 일하던 사람들을 무시했던 것일까?

내 경력을 만들어준 연구 결과들은 종종 경제적, 문화적으로 반감이나 파열을 불러왔다. 그러나 한편으로는 지금까지 설명한 내 개인사와도 단단히 엮여 있다. 우유 단백질이 가장 중요한 발암 화학물질일 수 있다는 것을 밝힌 실험 결과에 의해 처음으로(그리고 반복적으로) 암시된 것처럼, 동물성 단백질의 영양가에 의문을 제기하는 발견들은 공식적으로 검증되었다고 하더라도 문화적, 경제적으로 힘겨운 도전이었다. 게다가 개인에 대한 도전이기도 했다. 영양이 유전보다 암 발병에 훨씬 더 큰 역할을 한다는 것을 암시하는 발견은 지금도 문화와 경제에 대한 도전이다. 그리고 내가 여전히 큰 빚을 지고 있는 사람들의 가르침에 대한 도전이기도 했다. 그 발견들은 내 경력을 키워준 바로 그 현 상태 전체에 대한 도전이었다. 다른 사례도 많다. 제약 산업의 기반을 약화시킬 수 있는 연구 결과, 영양의 자극을 제거하는 것만으로도 실험적인 병의 진행을 되돌릴 수 (즉, 치료될 수) 있다는 것을 보여주는 연구 결과, 미국에서 세 번째 또는 네 번째로 많은 사망 원인이 처방약의 사용이라는 연구 결과, 최적의 영양이 어떤 약의 조합보다도 인간의 건강을 증진시켜준다는 연구 결과, 영양이 광범위한 질환을 예방할 뿐 아니라 치료도 할 수 있고, 그 효과가 종종 며칠에서 몇 주 안에 가시화된다는 연구 결과도 있다.

고맙게도, 나는 연구 결과를 최선을 다해 해석하는 것 말고는 달리 선택의 여지가 없다고 느꼈다. 그것이 얼마나 도발적이고 도전에 부딪칠지는 중요하지 않았다. 그런 도전에 관해 생각할 때, 나는 나의 부모님을 한 번 더 생각한다. 특히 내가 업무 윤리와 정직성이 결합된 힘의 진가를 온전히 믿게 된 것은 아버지 덕분이다. 아버지는 내게 "진실을 감춤 없이 모두, 있는 그대로 말해야 한다"는 것을 일깨워주었고, 그 조언은 몇 번이고 나의 갑옷이 되어주었다.

나는 과학을 하는 사람이라면 대부분 이런 연구 결과를 추구하는 정신을 공감할 수 있을 것이라고 믿는다. 나는 대체로 그런 이유 때문에 과학 연구 공동체를 매우 좋아한다. 대부분의 과학자들은 개인적인 영락을 추구하지 않는다. 그들은 호기심을 따라 움직이고, 가장 좋은 과학은 활발한 대화를 유도하는 방식으로 진실을 찾는 것임을 안다. 이런 경험은 대단히 개인적이고 사회적이다. 나는 이런 대화를 경험해보았고 귀중하게 여기지만, 이것이 과학에 대한 대중의 이미지와는 종종 거리가 있다는 것도 알고 있다. 그리고 충분히 그럴 만한 이유도 있다. 안타깝게도, 과학자들은 그들의 속한 기관의 기대와 제약으로 인해 자신의 속내를 자유롭게 표현하지 못하는 경우가 너무 많다. 영리 기관에 있다면 이해가 된다. 과학자들은 계약으로 묶여 있고, 어떤 경계 안에 머물러야 한다. 그러나 학술 기관은 이야기가 완전히 다르다. 그들에게는 연구실에 있든지, 강의실에 있든지, 정책 회의실에 있든지 어디서나 진실을 추구해야 하는 공공의 책임이 있다. 과학자들은 학술 기관과 이런 진실을 찾는 대중 사이의 신뢰로 묶여 있다. 그리고 그 신뢰가 끊어지면, 그 대가는 사회 전체가 함께 치러야 한다.

안타깝게도, 최근 수십 년 사이에 이런 바람직한 상태가 빠르게 사라져가고 있다. 대학의 종신 재직권 부여가 줄어들면서 그것이 지켜주는 언론과 사상의 자유도 어느 정도 쇠퇴하고 있다. 그러다보니 오늘날 학계에서, 특히 인간의 건강과 관련된 학문에서 많은 과학자들이 취약해지는 경향이 나타나고 있다. 2017년 현재, 미국의 교수 중 종신직이 차지하는 비율은 17퍼센트에 불과하며, 비종신직(외래교수, 겸임교수)의 비율은 1975년에 비해 4배로 증가했다.[1] 오늘날 새로운 교수진의 대부분은 기간제로 고용되며, 이는 그들이 속한 단체의 "노선"에서 너무 멀리 벗어나면 재임용이 되지 않을 수도 있다는 것을 의미한다. 종신 재직이 보장되지 않기 때문에, 교수들은 그들이 속한 기관의 관심사에 의문을 제기하지 않으려고 주의할 수밖에 없다. 설상가상으로, 학술 기관들 역시 점점 외부의 재정 지원에 속박되어가고 있다.

이런 위협에 관해서는 이 책의 후반부에서 상세하게 다루겠지만, 이런 감사의 글에서는 학문의 자유에 대한 이야기를 조금이라도 하는 게 마땅할 것이다. 내게 가장 큰 행운은 50년 전인 1970년에 종신직을 얻는 일이다. 그 특권이 없었다면, 이 책과 내 전작들은 결코 집필되지 못했을 것이다. 부모님의 가르침과 함께, 종신 재직권은 내 연구 경력의 또 다른 결정적 요소가 되었다.

그러나 다리가 두 개뿐인 의자는 제대로 서 있을 수 없다. 세 번째 다리는 58년을 함께 한 내 아내 카렌이다. 과학을 공부하지는 않았지만, 카렌에게는 더 귀한 재능이 있었다. 아내는 우리가 처음 만난 이후, 자신은 거짓말을 하지 않는다는 간단한 말로 그 재능을 드러냈다. 그리고 지금껏 그래왔다. 2002년에 나의 첫 책 『무엇을 먹을 것인가』를 (내 아들이자 현재 가정의학과 의사인 탐과 함께) 쓰도록 누구보다도 나를 압박한 사람은 바로 아내였다. 아내와 나는 한 팀이다. 아내는 내 아버지가 떠난 자리를 차지했다. 카렌이 내 옆에 있다면, 나는 어떤 유혹이 있어도 온전한 진실을 말하지 못하는 일은 결코 없을 것이다.

진실을 말하는 문제를 이렇게 깊이 생각하는 까닭은 그것이 나의 특별한 점이라서가 아니다. 내가 연구자이자 학자로서 왜 그 길을 따라갔는지에 대한 명분의 일부를 반영하기 때문이다. 이 길은 때로는 큰 즐거움을 주었지만, 때로는 험난하고 괴로웠다. 『무엇을 먹을 것인가』(2005, 2016)는 내가 무시할 수 없었던 가장 흥미로운 연구의 일부를 대중과 함께 나누기 위해서 썼다. 『당신이 병드는 이유』(2013)는 그 연구를 뒷받침하는 증거와 밑바탕이 되는 철학을 설명하기 위해서 썼다.

이제 나는 또 다른 의문에 답을 할 수 있기를 희망한다. 어째서 영양을 알리는 일은 아직도 이렇게 힘겨운 것일까? 나는 개인적으로 마주친 최근의 분투에 대해서만 이야기하는 것이 아니라, 수 세기 전부터 이어진 어떤 양상을 이야기하는 것이다. 나는 그 시대를 살아보지는 못했지만, 이 책에 대한 작업은 내가 1985년에 옥스퍼드 대학교에서 안식년을 보내면서 동료인 리처드 페토 경과 질 보어햄과 함께 연구를 할 때 시작되었다. 나는 옥스퍼드와 런던의 도서관에서 꽤 오랜 시간을 보내면서 내가 이해해보려고 한 것은 영양은 왜 그렇게 파악하기 어려운지였다. 연구를 하는 동료들에게도, 식품 및 보건 정책 개발 분야에서 일하는 동료들에게도, 일반 대중에게도 영양은 어려웠다. 그러므로 그 연구를 할 시간을 내게 허락해준 동료들에게 감사한 마음을 전한다. 그 해에 나는 암의 역사와 영양의 역사에서 내가 알아낸 것들을 정리한 문서를 만들었는데, 그 문서가 이 책의 밑바탕이 되었다. 그 문서의 흐릿한 복사본이 옥스퍼드에서 팩스로 왔고(그때 나는 난생 처음으로 팩스를 써보았다), 나는 여러 해 동안 그 문서를 그냥 시니고만 있었다. 그러다가 디지털마케팅 담당자인 새러 드와이어가 그 문서를 새로 타이핑해주면서, 비로소 나는 이 이야기를 할 수 있게 되었다. 그리고 내가 60년 넘게 배워온 것과 어떤 연관이 있는지도 설명할 수 있게 되었다.

내 지도 하에 공부하고 일한 수십 명의 박사후 연구원, 대학원생, 학부 장학생도 생각난다. 그들을 가르친 경험이 없었다면, 개인적으로나 직업적으로나, 나는 이 자리에 있지 못했을 것이다. 고참 테크니션인 마티 루트 박사와 린다 영맨 박사는 각각 15년 동안 내 연구실을 꾸려왔다. 중국에 대한 우리 연구 프로그램의 수석 관리자, 바누 파피아 박사도 응당 인정을 받아야 한다. 이들은 이 책과 내 이전 책들의 출판을 가능하게 해주었다. 동료들에게도 대체로 신세를 졌다. 내 연구실에서 일했던 20명이 넘는 동료 연구진 중에는 중국에서 온 초빙 교수들과 중견 과학자들도 있었다. 중국의 수석과학자로서는 최초로 미국을 방문한 의사인 첸준시 박사에게는 특별한 감사 인사를 전한다. 그는 초빙 교수로서 내 연구실에서 1년을 지냈고, 나중에는 앞서 언급한 옥스퍼드 대학의 리처드 페토 경, 중국의 리준야오 박사, 나와 함께 중국 프로젝트의 공동 책임자를 맡기도 했다. 연구 동료로서 우리의 관계는 25년 넘게 끈끈히 이어져왔다. 리처드 페토 경은 예나 지금이나 선구적인 생물통계학자이자 유행병학자로 많은 이들의 인정을 받고 있다. 그와 옥스퍼드 대학의 질 보어햄 박사는 옥스퍼드 대학교 출판부, 코넬 대학교 출판부, 중국의 인민출판사가 함께 펴낸 896쪽 분량의 논문에서 원본 자료를 수집하고 정리하고 표시하는 일을 담당했다.

어쩌면 이상하게 보일 수도 있겠지만, 우리 사회에서 힘 있는 기관들을 대표하거나 공공의 복지를 희생시키면서 사익을 얻는 위치에 있는 소수의 개인들에게도 진지하게 감사의 말을 전한다. 대학 내에 있는 이런 개인들은 기업 자문회사로부터 사적인 자금 지원과 막대한 사례비를 받는다. 때로는 기관으로부터 지원 받은 연구비로 그런 기업의 이익에 초점을 맞춘 연구 프로젝트를 수행하기도 한다. 그들에게 감사의 말을 하는 이유는, 학술 연구와 정부 정책을 좌지우지하는 유력 기관들의 위험성을 잘 보여주기 때문이다. 그런 일들은 대체로 대중의 시선이 닿지 않는 곳에서 일어난다. 내 경험상, 그런 개인들은 확실히 없어져야 할 실존적 부도덕성을 잘 보여준다. 해야 할 일을 하면서 비용 문제로 고통을 받지 않는 것, 다른 사람들과 진실을 공유하는 것과 같은 근본적인 일을 하면서 직업을 잃을 위협에 노출되지 않는 것은 극히 중요하다.

또한 과학에 기반한 자연식물식 영양을 중심으로 활동하는 여러 비영리 단체에도 감사를 전한다. 그 중에서도 제니 밀러, 제이슨 와프가 지휘하는 영양연구센터(CNS)는 현재 내 딸인 리앤 캠벨(박사, 교육 및 교육 과정 개발)이 센터장을 맡고 있다.* 내 아들 넬슨이 설립하고 현재 CNS 산하에 있는 플랜트퓨어커뮤니티는 조디 카스가 이끌고 있다.** 마지막으로

* www.nutritionstudies.org/courses/plant-based-nutrition
** www.plantpurecommunities.org

CNS가 부분적으로 관여한 로체스터 대학병원의 연구 프로그램은 내 아들 탐(의학박사)과 그의 아내 에린이 수행했다.*

내 아이들, 그 배우자들, 손자손녀들까지, 내 직계가족 22명 모두에게 고맙다는 말을 하고 싶다. 컴퓨터 앞에만 앉아 있는 나와 그 시간들을 참고 견뎌주었을 뿐 아니라, 자연식물식을 섭취하는 생활 방식을 진심을 다해서 적극 받아들여주었다. 아주 가끔 딴 길로 빠지곤 하는 한 사람을 제외하고는, 모두 이 방식으로 먹고 있다. 열한 명은 이 분야에서 다방면으로 전문가로서 일을 하고 있다. 온갖 다양한 형태로 이뤄지는 그들의 응원은 값을 매길 수 없을 정도로 소중하다. 내 아들 넬슨은 이 원고를 광범위하게 검토해주었다. 노스캐롤라이나 대학교를 최고 우등생으로 졸업한 내 손자 넬슨 디슬라는 나의 "공"저자다. 나는 그의 글 솜씨가 아주 빼어나다고 자신 있게 말할 수 있다.

마지막으로, 매우 훌륭한 작업을 해준 리아 윌슨, 알렉사 스티븐슨, 제임스 프랄리, 얼리셔 카니아, 모니카 라우리, 제니퍼 칸초네리, 그 외 벤벨라북스의 모두에게 공적으로나 사적으로나 무한한 존경을 보낸다.

---

* 탐: www.urmc.rochester.edu/people/27426401-thomas-campbell
  에린: www.urmc.rochester.edu/people/22553782-erin-campbell

추천사

나는 제2차 세계대전 기간에 몬태나의 큰 목장에서 자랐고, 우리가 생산하는 식품의 질과 가치를 결코 의심하지 않았다. 우리 목장에서 나온 고기와 우유가 건강한 미래로 가는 비결이라고 확신했다. 그리고 장래의 직업을 결정해야 하는 시기가 왔을 때, 내 결정에는 그런 성장 배경이 배어 있었다. 농업은 수익이 그리 많이 나지는 않았지만, 세계 인구가 증가하고 있으니 수익성이 좋아질 것이라고 믿었다.

식품 생산자가 되기로 결심한 후, 농업을 제대로 배우기 위한 내 다음 행보는 학위를 얻기 위한 대학 진학이었다. 그래서 나는 몬태나 주립대학교에 입학했고, 농업 생산으로 학사 학위를 받았다. 그렇게 나는 식품 생산업계에서 돌풍을 일으킬 준비를 모두 마쳤다.

그러나 얼마 지나지 않아, 나는 문제를 알아차리게 되었다. 생산자는 수백만 명인데, 그 농산품을 사주는 중간 상인은 소수에 불과했다. 규모를 키우지 않으면 판로가 없었다. 그래서 나는 농장을 더 키웠다. 결국 나는 수천 에이커의 땅에 농사를 지었고, 수천 마리의 소를 길렀다. 나는 대학에서 배운 대로 생산 과정을 지휘했다. 화학물질로 잡초를 제거하고, 공장식 가축사육장에서 육우를 살찌우고, 대형 장비로 농작물을 관리하고 추수했다. 토질이 눈에 띄게 나빠지기 시작했고, 농장 동물들이 소중한 친구가 아니라 돈으로 보이기 시작했다. 그러나 눈코 뜰 새 없이 바빠서 이런 문제를 생각할 겨를이 없었다. 그 문제들이 중요했다면 아마 대학에서 배웠을 것이라고 생각했다. 게다가 내 삶도 바빠졌다. 나는 결혼을 했고 다섯 아이가 생겼다.

그러다가 모든 것이 바뀌었다. 어느 날 나는 허리 아래로 감각을 잃었고, 척추 종양 진단을 받았다. 종양 제거 수술을 받기 전, 의사는 내게 만약 종양이 척추 내부에 있으면 수술 후 내가 걸을 수 있는 확률은 100만 분의 1정도라고 말했다. 그 이야기가 내 머릿속을 떠나지 않았다. 수술 전날 밤, 수많은 생각이 오갔다. 나빠진 토질과 농장 동물들과 나의 관계도 생각났다. 나는 수술 결과가 어떻게 나오든지, 이 문제를 바로잡으려는 시도를 해보기로 결심했다.

종양은 척추 안에 있었지만, 나는 천운으로 병원을 걸어 나올 수 있었다. 나는 이 일을 기적이라고 생각하기로 했다. 그동안 내내, 그리고 지리한 회복 과정 동안, 나는 흙과 동물들을 잊지 않았다.

수술 후에는 육체노동이 힘에 부쳤다. 책읽기는 긴 하루를 보내기에 딱 좋은 방법이었다. 코넬 대학교의 연구원인 T. 콜린 캠벨 박사를 알게 된 것은 바로 그 무렵이었다. 그러나 그 시기의 내게 캠벨 박사의 연구는 너무 뜬구름 잡는 소리 같았다.

몸을 회복하는 동안, 나는 내 농장 경영 방식이 환경 손상의 중요한 원인이라고 확신하게 되었다. 나는 유기농을 하기로 결심했다. 그러나 이 계획을 은행 담당자와 상의했을 때, 그는 웃으면서 지역 농약상들 사이에서 돈이 돌지 않으면 은행에서는 내게 돈을 빌려주지 않을 것이라고 말했다. 농법을 바꿀 수도 없고 은행에는 아직 빚이 남아 있는 상황에서, 나는 둘 중 하나를 택해야 했다. 기존 방식의 농업을 계속하거나 사업을 청산하는 것이다. 나는 사업을 청산하는 쪽을 택했다.

나는 다선의 현역 의원에 대항하여 선거 운동을 하다가 실패한 후, 워싱턴 DC에서 소규모 가족농장 단체를 위한 청원 활동가로 일하게 되었다. 몬태나 시골에서 온 촌사람에게 정부 건물에서 일을 하는 것은 실로 눈이 휘둥그레지는 경험이었다. 의회 건물을 바로 앞에서 올려다보는 것은 사회 교과서에서 의회에 대해 읽는 것과는 사뭇 달랐다.

워싱턴에 있는 동안, 나는 농장에 있을 때와 거의 비슷하게 먹었다. 그러나 신체 활동은 훨씬 적었기에, 나는 출하를 앞둔 돼지처럼 살이 찌고 있었다. 큰 변화를 도모하지 않으면 심장마비가 올지도 모른다는 직감이 들었다.

나는 캠벨 박사의 연구를 떠올렸고, 아무에게도 말하지 않고 식습관을 바꿔보기로 결심했다. 나는 축산 농가를 위해 일하면서 채식을 하기 시작했다. 시간이 흐르자, 몸무게가 48킬로그램 이상 빠졌다.

그 무렵, 광우병이라는 새로운 문제가 영국에서 대두되고 있었다. 광우병의 증상은 내가 농장에서 소들을 가둬놓고 기를 때 봤던 문제와 비슷했다. 광우병의 원인은 살아 있는 소에게 동물의 부산물을 먹였기 때문으로 추측되었는데, 이는 공장식 축산을 하는 대부분의 미국 농장에서 흔히 볼 수 있는 관행이었다. 광우병은 축산업계에도 큰 문제였지만, 이제는 오염된 고기를 먹은 인간도 걸릴 수 있다고 여겨지고 있었다. 이 문제는 수십억 달러 규모의 동물 사료 산업을 완전히 뒤엎을 수 있는 잠재력이 있었고, 축산업계는 산업의 보호를 위해서 막대한 돈을 쏟아 부었다.

과학의 토대는 진실이다. 그러나 미국의 먹거리는 너무나 많은 거짓을 토대로 하고 있기 때문에, 무엇이 참이고 무엇이 거짓인지를 가려내기가 거의 불가능할 정도다. 기업식 농업은 이런 상황이 명확하게 밝혀지는 것, 다시 말해서 미국 소비자들이 참이라고 믿고 있는 것이 실은 거짓임을 알게 되는 것을 전혀 원하지 않는다. 그들의 필승 전략은 과학을 호도하고 군중 심리에 의존하는 것이었다. 끊임없이 계속, 우리는 다수를 따르라는 강요를 받고 있다.

내가 캠벨 박사를 처음 만난 것은 소고기의 과잉 생산과 과잉 소비를 조장하는 축산 문화에 반대하는 비욘드비프 운동을 하고 있을 때였다. 우리는 둘 다 농장에서 자랐기에 금세 마음이 통했고, 지금까지 친구로 지내고 있다.

그 만남 직후, 오프라 윈프리는 광우병에 대한 방송을 하기로 결정했다. 나는 이 문제를 대중에게 설명하는 몇 안 되는 사람 중 하나로 방송에 출연하게 되었다. 수백만 명이 방송을 시청하게 될 것이므로, 축산업계는 크게 당황했다. 그들은 나와 함께 의회에서 일했던, 그래서 내가 잘 아는 로비스트를 대변자로 내보냈지만, 방송에서 그는 축산업계를 잘 대변하지 못했다. 결국 오프라는 방송 중에 다시는 햄버거를 먹지 않겠노라고 선언했다. 축산업자들에게는 그야말로 날벼락이었다! 축산업은 완전히 혼란에 빠졌다.

혼란을 추스르자, 일부 축산업자는 광우병에 대한 방송을 막는 방법의 하나로 오프라와 나에게 수백만 달러 규모의 소송을 제기했다. 이 소송은 수년에 걸쳐 이어졌지만, 우리는 매번 이겼다. 우리는 캠벨 박사의 연구와 『무엇을 먹을 것인가』를 토대로 변론을 했다. 축산업자들은 동물성 단백질과 암 사이의 연관성에 관한 이 연구에서 어떤 오류도 찾아내지 못했기 때문에, 그들에게는 사실에 기반을 둔 소송이 불가능했다. 우리가 배심원들을 설득할 수 있었던 것은 언론의 자유 때문만이 아니라, 우리의 진술이 과학과 진실에 기반을 두고 있기 때문이기도 했다.

이와 똑같은 추진력으로, 캠벨 박사는 식품업계, 의료업계, 제약업계가 정부의 기존 관심사와 관련하여 식물 기반 식단이 주는 혜택의 신빙성을 떨어뜨리기 위해 어떤 작업을 해왔는지를 그의 새 책『영양의 미래』에 상세하게 기록했다. 이 책을 읽으면서, 만약 내가 처음 채식을 하려고 했을 때 이 책이 있었다면 동물 기반 식품을 벗어나는 것이 훨씬 더 쉬웠을 것이란 생각이 떠나지 않았다. 진정으로 재능 있는 과학자의 진실한 글을 읽는 일은 즐겁다.

나는 T. 콜린 캠벨 박사에게 결코 갚을 수 없는 빚을 졌다. 나는 그가 노벨 평화상을 받아 마땅하다고 생각한다.

-하워드 F. 리먼
『성난 카우보이』의 저자

서론

　식품은 건강에 미치는 영향과 그 선택에 대한 사람들의 민감한 반응이라는 면에서, 다른 어떤 것보다도 우리를 예민하게 한다. 식습관 변화에 대한 제안은 무엇이 되었든지 소란의 요지가 다분하다. 지난 40년 동안 계속 그런 상황이었고, 나는 이 일을 시작한 이래로 60여 년 동안 몇차례 이런 소란을 가까이에서 경험하고 지켜보는 흔치 않은 "특권"을 누렸다. 이런 경험에는 매사추세츠 공과대학과 버지니아 공과대학에서 13년, 옥스퍼드 대학교와 미국 실험생물학 및 의학연맹(FASEB) 본부에서 각각 1년을 보낸 일이 포함된다. 워싱턴 DC에 본부를 두고 있는 이 연합을 대표해서, 나는 의회에 대한 연락 담당자로 일했다. 그리고 마지막으로, 내 모교인 코넬 대학교에서 45년을 보냈다. 이 모든 경험 중에서, 영양을 둘러싼 민감한 반응과 논란을 잘 보여주는 특별한 사건이 하나 있다.

　1980년, 나는 미국 국립과학원(NAS)의 초청으로 영양 섭취와 암의 관계에 대한 연구를 맡은 13인의 전문가 집단의 일원이 되었다. 그보다 3년 앞서, 조지 맥거번 상원의원이 의장을 맡은 미국 상원의 한 위원회에서는 식단과 심장병에 관한 기념비적인 보고서를 내놓았다. 이 보고서의 식습관 목표는 결론적으로 무난했다. 지방 섭취를 줄이고 과일과 채소의 섭취는 늘리는 식습관을 장려하는 수준이었다.[1] 그럼에도, 이 보고서는 막강한 힘을 지닌 부유한 식품업계의 적대적인 반응을 유발했다. 맥거번 상원의원은 몇 년 후에 이 보고서에 대해서 그가 공직 생활 중 이룬 가장 자랑스러운 성과였다고 내게 말했다. 하지만 그는 그 성과가 쉽게 이루어진 것은 아니었다고 덧붙였다. 그의 말에 따르면, 그의 동료 상원의원 6명은 이 보고서의 결과를 지지했다는 이유로 1980년에 재선에 실패했다. 그들이 출마한 지역은 농장들이 많은 주였는데, 그런 지역에서는 농업 관련 산업이 정치 과정에 심각한 영향력을 행사했다.

자연스럽게, 대중은 식단이 다른 질환, 특히 암에도 비슷한 영향을 미치는지 알고 싶어 했다. 충분히 합리적인 의문이었다. 심장병 억제에 가장 적합한 것으로 추천된 식습관이 암 억제에도 효과가 있을까? 이 질문에 답을 해야 하는 책임은 미국 국립보건원(NIH) 산하 기관인 미국 국립암연구소(NCI)의 소장인 아서 업튼 박사에게 돌아갔다. 업튼 박사는 상원 청문회에 증인으로 초대되었다.* 안타깝게도, 업튼 박사의 답변은 아무도 만족시키지 못했고, 영양 연구에 대한 미국 국립암연구소의 안일한 태도만 드러냈다. 영양 연구에 배정된 예산이 얼마인지를 물었을 때, 업튼의 대답은 "2~3퍼센트"였다. 이에 대응하여, 상원은 1980년 초에 영양과 암 관련 문헌의 검토를 위해서 미국 국립암연구소에 100만 달러의 예산을 배정했다. 미국 국립암연구소는 그 후 미국 국립과학원과 이 연구를

---

* 업튼 박사는 의회에 출석하기 전에 우리의 의견을 듣기 위해서 코넬 대학교 영양과학부의 책임자와 내게 그가 증언하려는 내용을 보내왔다.

수행하기 위한 계약을 맺었다. 이 연구의 책임자는 미국 국립과학원의 수 시마 팔머 박사와 미국 국립암연구소에 새롭게 생긴 암 예방 분과의 책 임자인 피터 그린월드 박사가 맡았다. 두 사람 모두 영양과 암의 관계에 대한 연구에 흥미를 표했다.

정치적인 문제들은 곧바로 격렬하게 추한 속내를 드러냈다. 심지어 어 느 단체가 보고서를 쓸지를 결정하는 것조차 간단치 않아서, 그 보고서가 얼마나 논란이 될지 훤히 보였다. 곧바로 식품영양위원회(FNB)는 미국 국립과학원(국회의사당 바로 아래에 있는 거리에 위치하며, 유형무형의 힘을 모두 과시 하는 거대한 대리석 건물들 사이에 끼어 있다) 내에서 주도권을 장악하려고 했다. 식품영양위원회는 1940년대 초반부터 5년에 한 번씩 1일 영양 권장량을 산정해서 발표하는 바로 그 기관이다. 식품영양위원회가 관심을 가진 이 상, 영양과 암에 관한 보고서를 준비하는 일은 그들의 권리이자 책임이었 다. 그들 역시 이 주제에 대한 보고서가 대단히 큰 여파를 일으킬 수 있다 는 것을 알았다. 그러나 결정은 그들의 몫이 아니었다. 당시 미국 국립과 학원 원장인 필 핸들러 박사는 식품영양위원회의 몇몇 위원이 식품업계 와 관련이 있는 것을 우려하여, 외부 전문가들로 새롭게 위원회를 꾸렸 다. 바로 그 13인의 외부 전문가 중 한 사람으로 내가 초청된 것이다.

당연히 식품영양위원회는 이 결정을 달가워하지 않았다. 그들은 우 리가 작업을 시작하자마자, 1980년에 "건강한 식습관을 향하여Toward Healthful Diets"라는 제목으로 24쪽 분량의 자체 보고서를 내놓았다.[2] 나 는 이것을 그들이 우리 보고서의 자리를 빼앗고, 우리가 어떤 결론을 내 리든지 선제적으로 그 가치를 훼손하려는 시도로 이해했다. 다음은 그 식 품영양위원회 보고서에서 발췌한 내용이다.

암이나 심혈관계 질환처럼 그 원인이 복합적이고 잘 이해되어 있지 않은 병의 경우, 식습관 변화가 예방책으로서 효과가 있을지는 논란의 여지가 있다. 영양 상태를 결정하는 중요한 요인은 개인마다 다르지만, 기본적으로 이런 병은 영양 문제가 아니다….

이런 퇴행성 질환을 예방하겠다는 희망을 품고 국민의 식단 변화를 모색하는 그 전문가들은… 변화의 위험은 최소한으로 가정하고, 이로울 확률에 대한 그들의 신념을 지지하는 역학적 증거에는 지나치게 의존한다. 위험의 정도나 혜택의 범위는 적절한 증거 없이 함부로 가정되어서는 안 된다….

우리 위원회는 식품과 영양을 대하는 태도에서 현재 많이 보이고 있는 지나치게 희망적인 태도나 공포에 우려를 표한다. 건강한 영양은 만병통치약이 아니다. 적당한 비율의 영양을 제공하는 좋은 식품을 독이나 약이나 부적처럼 여겨서는 안 될 것이다. 음식은 먹고 즐겨야 한다.

영양 정책에 익숙하지 않은 사람들에게는 잘 보이지 않을 수도 있겠지만, 이 보고서의 표현과 논조에는 현 상태를 지키려는 의도가 다분히 드러나 있다. 그들에게 맥거번의 보고서와 우리의 보고서는 현 상태를 뒤엎으려는 위협이었다. 먼저 이 보고서는 널리 알려져 있는 사실들(질병의 원인이 잘 규명되어 있지 않다는 점, 식습관 변화가 논란이 되리라는 점, 개인에 따라 반응이 다양할 것이라는 점, 식습관 변화에 대한 지나친 희망과 공포가 우려된다는 점)을 시인하는 영리함을 보이고, 그것을 어떤 영양 권고도 차단하는 도구로 삼는다. 그 다음 이 보고서는 그 저자들이야말로 진정한 사회 지도층이라고 단정하면서, 그들이 누구보다도 합리적이고 대중을 보호하려고 하고 있으며 상황을 가장 잘 이해하고 있다고 주장한다. 그렇게 외부에서 공익을 위한 어떤 제안도 할 수 없도록 차단함으로써, 기업의 이익을 위협할지도 모르는 시도를 제거하려는 것이다.

어떤 의미에서 보면, 이 보고서의 저자들은 전적으로 옳았다. "식습관 변화가 예방책으로서 효과가 있을지는 논란의 여지가 있다." 그러나 그런 식습관의 권장이 논란을 일으킨다는 식의 속뜻을 풍기면서 식습관 권장의 진실성을 깎아내리는 것은 명백하게 전제가 잘못된 것이다. 어떤 증거가 논란이 될 수는 있지만, 논란이 되었다는 것만으로 그 증거를 배제할 수는 없다. 나아가, "논란"이 있다고 해서 그에 대한 반증이 반드시 존재한다는 뜻은 아니다. 한때는 흡연이 암을 유발한다는 개념이 엄청난 논란이 되기도 했다. 그런 논란이 일어난 이유는 타르와 니코틴이 몸에 이롭다는 증거가 충분히 많았기 때문이 아니라, 당시에 널리 퍼져 있던 규범에 도전했기 때문이다. 제약회사나 식품회사 같은 대기업이 결국 사람들을 점점 더 아프게 하는 상품을 팔아서 "떼돈을 벌고 있다"는 개념은 논란이 된다. 당연히 그럴 수밖에 없다! 현 상태에 이의를 제기하는 증거는 그것이 사실이든 아니든, 항상 논란이 된다. 논란이라는 것 자체가 기존의 합의에 대한 다툼으로 정의될 수 있기 때문이다. 흥미롭게도, 이 같은 정의는 모든 과학에 적용될 수 있다. 만약 어떤 학설을 과학적으로 논박하거나 부정하거나 거짓임을 증명할 수 없다면, 그 학설은 종종 가짜 과학으로 여겨진다. 다시 말해서, 논란은 과학이 내는 소리다. 논란의 여지가 있다는 이유로 과학적 증거를 폄하하는 것은 과학이 칭송받는 바로 그 근본적인 이유 때문에 과학적 증거를 폄하하는 것이다.

나는 "외부" 패널로서 3년 동안 보고서를 위해 일했는데, 여기에는 63

일의 회의와 상당수의 직원 투입도 포함된다. 보고서는 두 부분으로 구성되었다. 구할 수 있는 과학적 증거에 대한 478쪽 분량의 요약[3]과 연구 필요성에 대한 74쪽 분량의 권고[4]로 이루어져 있었다. 이 보고서는 1982년에 발표되자마자, 순식간에 미국 국립과학원 역사상 가장 많이 찾는 보고서가 되었다. 이는 축복인 동시에 저주였다. 한편으로는 이 보고서에 대한 높은 관심을 통해서 이런 메시지에 대한 대중의 관심과 이 주제의 중요성을 확인할 수 있었다. 또 한편으로는 추후에 이어진 관심이 어느 정도 여파를 일으켰다. 이전에 나왔던 맥거번의 보고서처럼, 내가 보기에는 온건한 우리의 연구 결과도 식품업계의 권위자들과 그들의 자문역들과 과학계에서 그들을 옹호하는 이들을 격분시켰다. 특히 캘리포니아 대학의 탐 주크스 교수는 "식품이 독으로 선언된 날"이라며 몹시 애석해 했다.[5]

2주 내에, 업계의 입김이 작용하는 농업과학기술자문위원회(CAST)는 자체 제작 요약본[6]으로 반격을 해왔고, 이 요약본에는 과학자 45인(그 중 42인은 대학 교수진으로 권위를 더했다)의 비판적 시각이 포함되어 있었다. 그들 대부분은 농산업계에 신세를 지고 있었다. 일부는 앞서 언급한 식품영양위원회의 주요 회원들로, 영양-암 보고서의 집필에서 제외되었던 사람들이었다. 이 비판적 요약본은 좋은 정책을 위하여 미국 상하원 의원 535명의 자리에 모두 배부되었다. 따라서 의회에는 합법적으로 보이는 과학 단체에 의해 화려한 회의론의 식탁이 차려졌고, 그 영향은 대중에까지 미쳤다.

게다가, 내가 정식 회원으로 있는 영양학 전문 연구자 단체인 미국영양학협회(AIN, 현 미국영양학회)가 우리 위원회의 보고서에 분노했다는 것을 알게 되었다. 게다가 나는 그 사실을 알기 전까지, 당시 비교적 새로운 소비자 잡지인 『피플People』에 실리고, PBS 방송의 「맥닐-레러 뉴스아워McNeill-Lehrer NewsHour」에 출연하고, 상원과 하원의 위원회에서 전문가 증언을 했다. 이렇게 곳곳에 얼굴을 내밀었던 탓에, 나는 영양과학 전문가 집단 내에서 쉽고 확실한 표적이 되었고, 미국영양학협회는 이내 나를 본보기로 삼아 공격을 하기 시작했다. 먼저 집행위원회는 내 미국영양학협회 회장 후보 지명을 철회하고 선거를 무산시켰다. 그 다음으로는 이 협회가 주는 가장 권위 있는 상의 후보에서 나를 제외했다. 그리고 마지막으로, 미국영양학협회에서 가장 영향력 있는 두 회원이 나를 제명해달라는 탄원서를 제출했다. 워싱턴 DC에서 열린 정식 청문회에서는 내게 아무 잘못도 없다는 것이 만장일치로 확인되었지만, 내가 무언의 규칙을 너무 많이 어긴 것은 분명했다. 미국영양학협회에서 제명된다면 내 평판에는 큰 타격이 될 터였다. 미국영양학협회는 영양학 박사학위가 있고 최소 5편 이상의 동료 검토 논문을 발표한 사람만 들어갈 수 있는 이 분야 유일의 전문가 단체였다. 사실 나는 이 학회 역사상 처음으로 제명의 표적이 된 사람이라는 이상한 영예를 얻었다.

내게 오명을 씌우려는 미국영양학협회의 시도는 추잡하기는 했지만, 궁극적으로 심술에 지나지 않았다. 당시에는 화가 치밀고 충격을 받았지만, 지금은 그들을 고맙게 생각한다. 그런 일들이 없었다면 지금 내가 이 자리에 없었을 것이고, 나는 이 자리를 그 어떤 것과도 바꾸고 싶지 않다. 그런 일들에 대한 이야기를 통해서 내가 보여주고 싶은 것은 우리 기관들의 속성이다. 그들이 수호하는 기존의 지식, 그리고 함께 수호되어야 할 그들의 권위가 도전을 받을 때, 그들은 대단히 민감해지거나 복수심에 불타오르기도 한다.

이 논쟁에서 가장 놀라운 측면은 아마 미국 국립과학원 보고서에 나타난 식습관 목표가 꽤 온건했다는 점일 것이다. 우리보다 앞서 나왔던 맥거번의 보고서처럼, 우리도 지방 섭취를 줄이고 과일과 채소와 통곡물 섭취를 늘리는 식습관을 추천했다. 비록 나는 이 보고에서 단백질과 암 사이의 연관성에 대한 부분을 포함시키자고 주장했지만, 이 보고서는 식단에서 육류를 없애라고 권고하지는 않았다.[3] 그러나 단백질에 대한 그 부분이 포함되었다는 것만으로도 다른 위원들에게는 너무 과했던 것이다. 훗날 나는 미국영양학협회에서 나의 회장 선거 무산과 제명 시도에 가담한 한 동료로부터 내가 영양 연구 공동체의 이익을 "근본적으로 배신했다"는 말을 들었다. "허용 가능한" 범위 안에 들어가지 않는 지식을 영양 연구랍시고 발표했다는 것인데, 이 연구는 발표되기 전에 두 번이나 동료 평가를 받았다. 한 번은 연구비를 받기 위해서였고, 한번은 전문 학술지에 발표하기 위해서였다.

그렇다면, 지금까지의 요점을 토대로 볼 때, 영양 연구에서 현 상태를 위협하는 증거는 그것이 사실이든 사실이 아니든 항상 논란이 될 것이다. 식품 속 지방 섭취를 줄이는 것에 찬성하는 쪽의 증거는 당시에도 논란이었고, 지금도 논란이다. 식습관에 대한 권장 사항이 없더라도, 단백질과 암에 대한 장을 넣었다는 것만으로도 극도로 논란이 일었다.

그때 이후로, 나는 과학 공동체가 "논란이 되는" 주제들을 선택적으로 논의에서 배제시키는 사례들을 여러 번 봐왔다. 심지어 1982년 보고서 이전에도, 나는 암과 영양에 관한 과학에서 이와 거의 비슷한 사고와 연구를 목격하고 경험했다. 실험실 환경, 교실, 보건 정책을 결정하는 회의

장, 대중 강연장을 포함하여, 사실상 과학의 모든 영역에서, 나는 똑같은 양상을 목격했다. 논란이 되는 질문을 멈추고 "무리로 돌아오라"는 압력을 느낀 경우는 내가 기억하고 있는 것보다 훨씬 더 많았다(나는 이전 책들, 특히 『무엇을 먹을 것인가』와 『당신이 병드는 이유』에서 어느 정도 이에 관해 설명했다).

이 책에서 던질 질문은 '왜?'이다. 왜 동물성 단백질이라는 주제는 영양에 대한 연구와 담론에서 특별히 금기가 된 것일까? 왜 영양은 암에 대한 연구와 담론에서 금기가 된 것일까? 왜 그런 것들이 애초에 선정적 문제가 되는 것일까?

자연식물식 식단에 대한 논란 다루기

나는 내 연구에서 나온 결과와 다른 이들의 연구에서 나온 결과를 조사하여 『무엇을 먹을 것인가』에서 소개하고 『당신이 병드는 이유』에서 폭넓게 다뤘다. 이 모든 연구 조사에 따르면, 건강을 증진시키고 질병의 치료와 예방을 위해서는 자연식물식whole food, plant-based(WFPB) 식단을 적용해야 한다. 내 연구는 깊은 논란의 원천이었고, 나는 이것이 과학과 우리 사회 전체가 직면한 여러 도전과 기회에 대한 독특한 사례 연구를 제공한다고 믿는다. 그러나 먼저 내가 자연식물식 식단이라고 부르는 것이 무엇인지를 잠깐 살펴보도록 하자.

가장 단순하고 가장 쉽게 설명하자면, 자연식물식 식단은 다음과 같은 두 가지 권장 사항으로 요약할 수 있다.

1. 온전한 식물을 기반으로 하는 다양한 식품을 섭취한다.

2. 동물 기반 식품의 섭취를 피한다.

자연식물식 식단은 채식 식단과는 조금 다르다. 채식 식단은 동물성 식품 배제로만 정의되지만, 자연식물식 식단은 이와 더불어 온전하고 다양한 식물성 식품도 강조한다. 여기서 온전하다whole는 것은 식품을 썰든, 다지든, 익히든, 섞든, 어떤 방식으로 조리하든지에 관계없이, 그 식품의 모든 영양소를 함께 섭취한다는 의미이다. 또한 첨가물을 넣어 굳힌 기름이나 백설탕 같은 정제 탄수화물도 가능한 한 적게 사용해야 한다는 뜻이다. 감자칩 같은 이른바 간편식은 온전한 식품이 아니다. 정제된 첨가물이 많이 들어 있는 이런 식품은 모든 면에서 건강에 해롭다. 열량은 높고 영양분은 부족해서, 장기적으로 보면 대단히 불편한 식품이다. (관상동맥 질환으로 인한 돌연사를 편하다고 상상할 수 있겠는가?)*

나는 최적의 건강 상태를 위해서 광범위한 증거를 토대로 권장 식단을 제안한다. 그 증거는 다음과 같다.

- 살짝 높은 정도(전체 열량의 10퍼센트 초과)의 동물성 단백질 섭취와 암 사이의 강한 인과관계가 관측된 동물 실험 연구들-식물성 단백질 섭취에서는 이런 효과가 관측되지 않았다.

---

* 나중에 깊이 다루겠지만, 체중 조절은 자연식물식 식단에서 자주 논의되는 주제다. 자연식물식 식이요법에서는 열량 계산이 필요 없다고 알려져 있고, 대부분의 경우에는 열량 계산이 필요 없다는 것에 나도 동의한다. 그러나 체중이 줄지 않거나 빠진 체중을 유지할 수 없는 사람들의 경우에는, 열량의 높은 식품(예를 들면 견과류나 아보카도)의 형태로 과도한 열량을 섭취하는지, 또는 충분한 운동을 하지 않는지를 눈여겨보는 것도 중요하다.

- 암의 초기 개시 단계와 나중의 촉진 단계 모두에서 이런 동물성 단백질의 효과가 작용하는 메커니즘이 최소 10가지 이상 발견된 동물 실험 연구들(연구자들은 "생물학적 타당성"이라는 말을 덧붙이면서, 암의 성장이 다른 것에 의해 일어나지 않았음을 암시했다).
- 다양한 암, 심혈관계 질환, 그 외 만성 질환과 동물성 단백질 사이의 선형 상관관계를 보여주는 광범위한 국제적인 상관관계 연구들.
- 동물성 단백질 없이 온전한 식물 기반 식품으로만 구성된 식단으로 심장병이 호전되었음을 증명하는 인간 개입 연구들.
- 그 외 다른 보강 증거.

다른 어떤 식단도 심장병을 예방할 뿐 아니라 호전까지 시켜준다는 것이 증명된 바 없고, 반대 효과(이를테면, 동물성 단백질 섭취 증가가 심장병이나 암의 완화와 연관이 있다는 것)를 보여주는 국제적인 대규모 상관관계 연구도 존재하지 않는다.

게다가 식물성 식품에서는 얻을 수 없는 좋은 영양소가 동물성 식품에 들어 있는 것도 아니다. 아래 표는 온전한 식물성 식품과 동물성 식품에 들어 있는 다섯 가지 영양소의 상대적인 양을 보여준다. 그 차이는 엄청나며, 건강에 미치는 상대적인 효과도 마찬가지이다. 항산화제, 복합

---

* 비타민 A(동물 기반 레티놀retinol)는 엄밀히 따지면 비타민이 아니다. 식물에서 만들어진 베타카로틴beta carotene을 섭취하면, 우리 몸에서 필요로 하는 레티놀이 모두 생산되기 때문이다. 따라서 진정한 비타민 A는 베타카로틴이다. 마찬가지로, 우리 몸은 적당량의 태양빛에 노출되면 "비타민 D"를 생산한다. 비타민 D 결핍은 극지방에 가까운 지역에 사는 사람들에게만 문제가 된다.

탄수화물, 비타민은 모두 식물 고유의 영양소로*, (보충제가 아니라) 온전한 식품으로 섭취하면 심장병, 암, 만성 소화기 질환의 예방과 치료에 효과가 있다는 것이 반복적으로 증명되었다. 뿐만 아니라, 식물성 식품을 통해서는 권위 있는 단체에서 오랫동안 필수 섭취를 권장해온 지방과 단백질을 쉽게 얻을 수 있다. 이에 비해 동물성 식품은 과도한 양의 지방과 단백질을 제공한다.

영양 조성*

성분	식물	동물
항산화제	식물에서만 만들어진다	거의 없다
복합 탄수화물	식물에서만 만들어진다	없다
비타민	식물에서 만들어진다	거의 없다
지방	∼9–11%	∼15–20%
단백질	∼9–11%	∼15–20%

*가공식품은 영양 조성이 다양하고, 더 나쁠 가능성이 크다.

자연식물식 식단에 설득력을 더하는 많은 증거에 대한 조사와 해석에 대해서는 이미 『무엇을 먹을 것인가』를 포함한 다른 책에서 훨씬 더 길고 자세하게 다뤘다. 그래서 이 책에서는 그런 내용을 포괄적으로 다루지는 않을 것이다. 나는 여러 해 동안 책(『무엇을 먹을 것인가』, 『당신이 병드는 이유』, 『저탄수화물 사기The Low-Carb Fraud』), 다큐멘터리 영화(「칼보다 포크Forks over

---

* 특정 식물(이를테면 견과류와 아보카도)은 지방 함량이 높지만, 온전한 식품의 형태로 섭취하면 분리된 기름의 형태로 섭취할 때보다 그 작용이 훨씬 더 이롭다.

Knives」, 「플랜트퓨어 네이션PlantPure Nation」), 2005년에 『무엇을 먹을 것인가』가 출간된 이래로 거의 1000회에 이르는(그리고 그 이전의 훨씬 더 많은) 강연을 통해서, 이런 증거들을 이야기할 수 있는 특권을 누렸다. 그 동안, 특히 2005년에 이 정보를 공개적으로 이야기하기 시작한 이래로 내가 알게 된 것은 자연식물식 식단이 특정 집단 사이에서 대단히 흥미로운 논란이 되고 있다는 점이다.

나는 이 논란에는 기본적으로 세 가지 이유가 있다고 생각한다.

1. 자연식물식 식단과 이를 뒷받침하는 연구 결과들은 질환의 원인과 치료에 대한 전통적 이해에 도전한다. 특히 암은 오랫동안 주위 환경의 발암물질에 의해 유발되는 유전적 질환으로 여겨졌고, 부실한 영양과는 관계가 없다고 생각했다. 마찬가지로, 암의 치료에는 전통적으로 표적을 겨냥하여 공격하는 외과 수술, 방사선 치료, 화학 요법 같은 치료 방식이 영양 치료(아직 추가적으로 확인 연구가 필요하다는 것은 인정한다)에 비해 최선의 치료법이라고 여겨져 왔다. 이런 오랜 믿음과 관행은 자연식물식 식단과 그것을 뒷받침하는 증거의 신빙성을 약화시킬 수 있었다.

2. 자연식물식 식단과 이를 뒷받침하는 연구 결과들은 영양 그 자체에 대한 전통적 이해, 특히 동물성 단백질에 대한 일반적인 태도에 도전한다. 오랫동안 동물성 단백질은 가장 중요한 영양소로 여겨져 왔고, 우리 식습관의 기호를 결정하는 역할을 해왔다.

3. 아마 가장 근본적인 이유는, 자연식물식 식단과 이를 뒷받침하는 연구 결과들이 가장 신뢰할 수 있는 과학과 과학적 증거가 어떻게

보여야 하는지에 대한 전통적 이해에 도전한다는 점일 것이다. 현대 과학은 점점 더 세분화되고, 환원론적이며, 기술적 해결책을 만드는 쪽으로 치우쳐가고 있다. "영양과학"에서 이것은 약학적 해결책과 영양 보충제를 만든다는 것을 의미한다. 자연식물식 식단이 논란이 되는 이유는 이런 지배적인 기준에 이의를 제기하고 더 전체론적 시각에서 증거를 볼 것을 요구하기 때문이다.

이런 논란의 요점들을 조목조목 따져보면, 우리 기관들이 과학을 체계화하는 방식과 이유에 대한 하나의 큰 그림이 서서히 드러난다. 우리 기관들은 특정 종류의 과학, 즉 어떤 가설과 어떤 연구 제안과 어떤 자료 해석에 대해서만 연구비 지원, 출판, 정책 개발을 선택적으로 허용했다(또는 허용하지 않았다). 이것은 우리가 과거의 과학을 (잘못) 활용한 방식일 뿐 아니라, 앞으로 과학이 이룰 수 있는 가능성에까지 영향을 미친다. 간단히 말해서, 앞서 지적한 세 가지 논란을 조사하면 코넬 대학 같은 학술기관에서부터 미국영양학협회 같은 전문 기관, 식생활 지침 자문위원회 같은 공공 정책 자문 기관에 이르기까지, 복잡하게 얽혀 있는 과학과 기관의 관계에 대해 아주 많은 것을 알 수 있다.

나는 이런 논란과 기관의 역기능을 자세히 다룰 생각에 조금 들떠 있다. 이 주제는 자연식물식 식단이나 영양, 심지어 일반적인 과학의 범주도 넘어서기 때문이다. 영양에 관해서는, 먹는 것과 관련해서 과학적으로 가장 올바른 접근법뿐 아니라 영양의 작동 방식에 대해서도 대중의 혼란을 야기했고, 그로 인해 우리 사회의 건강에 참담한 결과를 가져왔다. 게다가 다른 분야에도 엄청난 영향을 주었고, 정치와 윤리에서 대단히 중요한 문제에 의문을 제기했다. 내가 설명한 기관의 역기능은 과도한 의료비 지출과 환경 문제를 초래했을 뿐 아니라, 대중과 전문가들의 집단적인 혼란과 환멸과 이탈을 불러왔다.

청사진

이 책은 위에 열거한 세 가지 논란을 중심으로 구성되어 있다. 우리는 이 세 논란을 하나씩 차례로 살펴보면서, 영양과 과학과 사회 전체의 건강이 직면한 문제로 초점을 옮겨볼 것이다. 그런 다음 결론으로서 (연구비 지원, 출판, 교육 등으로) 과학에 영향을 주는 기관들의 기능을 우리가 발전시키고 회복시킬 수 있는 방법, 그래서 더 나은 개인의 건강, 공동체의 건강, 지구의 건강을 위해 대중에게 힘을 부여하는 방향으로 영양의 미래를 바꾸는 방법에 대한 몇 가지 제안을 내놓을 것이다.

내가 기본적으로 바라는 것은 이 책을 읽는 모든 사람이 나와 똑같은 식단으로 먹는 것이 아니다(그러나 그 식단을 권장하는 것은 분명하다). 이런 조사의 주제와 의미는 크고 보편적인 이익에 있다고 생각하기 때문이다. 영양과학을 논하는 이 특별한 책에 정성을 기울이는 이유는 이 주제들을 갈무리하기 위해서가 아니라, 내가 60년 이상 헌신해온 과학이기 때문이다. 마찬가지로, 자연식물식 식단으로 인해 일어난 논란을 다루려는 이유도 누군가를 비난하거나 생각을 바꾸게 하려는 것이 아니라, 내가 그 논란을 피해갈 수 없기 때문이고, 내가 생각하는 기관의 역기능에 대해서 가장 깊이 있는 사례 연구를 제공하기 때문이다.

그런 의미에서, 나는 유행하는 식이요법의 잘못을 파헤치거나, 슈퍼푸드와 즉효약을 광고하거나, 이미 존재하고 있는 논란을 수북이 쌓아올리는 데에는 관심이 없다. 오히려 나는 논란이 존재한다는 것을 받아들이고, 그 논란을 자세히 살피고 싶다. 논란의 증거가 완전히 거짓이기 때문이 아니라, 논란은 현 상태에 도전이 가져온 불가피한 결과이기 때문이다. 나는 그 논란이 어디에서 기원했고 어떻게 조장되었는지를 이해하고 싶다. 그것에 성패가 달려 있기 때문이다. 인간의 건강에 관해서라면, 현 상태는 추하다. 인간의 삶은 날마다 조금씩 쇠약해지고 망가져가다가 결국에는 병에 걸리는 것을 피할 수 없다. 이것이 지킬 가치가 있는 현 상태일까? 그래서 나는 다시 논란을 이해해보려고 한다. 그러면 우리 자신을 이해하기 시작할 수 있을지도 모른다.

차례

질병 관리에 대한 도전

Chapter **1**

오늘날의 질병 관리

놓친 기회보다 더 값비싼 것은 없다.
-H. 잭슨 브라운 주니어

우리는 더 이상 부인할 수 없다. 우리 사회의 건강이 위험한 상태에 이르렀고, 꽤 오랫동안 그래왔다. 그 원인은 무엇일까? 바로, 예방 가능한 생활습관병이다. 성인병이라고도 불리는 이런 병에는 심장병, 뇌졸중, 암, 제2형 당뇨병, 비만, 신장 질환, 류머티즘 관절염 같은 병들이 포함되는데, 이런 병들은 식단과 같은 생활 습관이 환자의 병세에 강력한 영향을 준다. 그리고 이런 질환이 어디에서 유래했는지에 대한 우리 사회의 근본적인 오해도 하나의 원인이다.

인구의 대다수가 그렇듯이, 당신도 이런 질환을 하나 이상 직접 경험했을 가능성이 있다. 어쩌면 당신은 심장병이나 뇌졸중이나 암으로 친구나 가족을 잃었을 수도 있고, 또는 당신 자신이 이런 저런 질환과 싸우고 있을지도 모른다. 병은 실생활을 공포 이야기로 만드는 진짜 악당이며,

그로 인한 사회적 비용은 물질적인 면에서나 인명 손실 면에서나 이루 말할 수 없이 크다.

심장병 하나만 봐도, 미국에서는 해마다 64만 7000명이 때 이른 죽음을 맞는 심란한 상황이다. 이는 볼티모어, 멤피스, 애틀랜타, 마이애미, 앨버커키, 새크라멘토와 같은 여러 미국 여러 도시의 인구보다도 더 많다. 해마다 이런 도시 하나의 인구가 가까운 미래에 사라진다는 것을 상상할 수 있는가? 만약 허구의 적을 상대로 불필요한 전쟁을 벌여서 해마다 64만 7000명의 미국인이 목숨을 잃는다고 하면, 대중이 얼마나 격렬한 반응을 보일지 상상해보자. 설상가상으로, 이미 그런 일이 일어나고 있는데도 아무도 그것을 문제 삼지 않는다! 게다가 심장병만 있는 것이 아니다. 예방할 수 있는 다른 질환은 어떤가? 미국 질병통제예방센터(CDC)가 2017년에 내놓은 자료[1]에 따르면, 5대 사망 원인은 심장병(64만 7000명), 암(59만 9000명), 사고(17만 명), 만성 하부 호흡기 질환(16만 명), 뇌졸중(14만 6000명)이다. 그러나 여기에는 의외의 속사정이 있다. 이는 불가피한 사망이 아니다. 심장병으로 인한 사망의 거의 90퍼센트[2], 암으로 인한 사람의 70퍼센트[3], 뇌졸중으로 인한 사망의 50퍼센트[3]는 영양 정보를 활용하여 예방할 수 있었다고 추정된다. 그리고 나는 여기에 의료 과실로 인한 죽음(수술과 암 치료의 증가=자잘한 사고 확률의 증가)의 80퍼센트도 같은 방식으로 예방할 수 있다는 추정을 더하고자 한다.

이런 질환들을 예방할 수 있었다는 점은 당연히 희망적이지만, 현재 우리의 접근법이 잘못되었다는 것도 보여준다. 만약 더 나은 영양을 통해서 그렇게 많은 환자의 고통과 그에 수반되는 비용을 막을 수 있었다면, 우리는 왜 그렇게 하지 않는 것일까? 그 수치가 한낱 숫자가 아니라,

가족을 남겨두고 아깝게 세상을 떠난 생명을 의미한다는 것을 잊은 것일까? 여느 누구와 마찬가지로, 나도 개인적으로 그런 슬픔을 안다. 1969년 3월, 내 아내의 어머니는 대변에 피가 섞여 있는 것을 발견하고 병원에 갔다. 의사는 설사약을 주면서 바로 집으로 돌려보냈다. 돈(또는 보험)도 없고, 자신의 문제에 대한 지식도 없고, 어떻게 하면 그 문제를 피할 수 있을지에 대한 정보도 없었던 어머니는 망가진 체계의 희생자였다. 어머니는 딸, 즉 내 아내에게 이야기를 하지도 않았고, 다른 의사에게 의견을 구하지도 않았다. 우리는 어머니가 병원을 다녀온 지 9개월이 지나서야 그 일을 알게 되었다. 그리고 때는 이미 너무 늦어버렸다. 이번에는 제대로 된 진단을 받았다. 어머니의 병은 진행성 대장암이었다. 이제 갓 50세를 넘긴 어머니는 이후 3개월을, 생의 마지막 3개월을 병원에서 보냈다. 첫 진료를 받고 딱 1년 후인 1970년 3월, 어머니는 세상을 떠났다.

그로부터 2년 후, 내가 필리핀에서 일을 하고 있을 때에는 나의 아버지가 이르게 생을 마감했다. 원인은 심혈관계 질환이었다. 어머니는 한 친지와 함께 가장 가까운 병원으로 아버지를 데려가기 위해서 약 20분 동안 시골길을 달렸지만, 아버지를 살리지는 못했다. 나는 큰 충격을 받았다. 아버지는 과체중도 아니었고, 많은 시간을 야외에서 일하면서 보냈고, 건강한 미국식 식사라고 여겨지던 것들을 먹었다. 아버지는 그 당시 권장되던 "훌륭한" 생활의 본보기였지만, 어쨌든 목숨을 잃었다.

수십 년이 지났지만 바뀐 것은 별로 없다. 오히려 병은 미국인의 생활에서 일상적인 부분이 되어가고 있으며, 이는 제약 산업의 지속적인 성장을 통해서 엿볼 수 있다. 2017년, 미국인의 평균 약제비 지출액은 (보험 처리된 비용을 포함하여) 무려 1162달러에 달했다.[4] 55퍼센트의 미국인이 하루 평균 네 번 처방약을 먹는다.[5] 게다가 이들 중 다수와 정기적으로 처방약을 먹지 않는 나머지 45퍼센트의 미국인 중 다수가 식이 보충제를 먹는다. 우리 미국은 약품에 대한 광고를 자격을 갖춘 의사에게만 하는 것이 아니라 TV를 통해서 소비자에게 직접 할 수 있는 전 세계 단 두 나라 중 하나이다.* 아무리 생각해봐도, 우리는 다른 나라에 비해서 확실히 마법의 약에 집착하는 것 같다. 이는 건강을 의미한다기보다는, 오히려 질병이 일상인 상태를 나타내는 것이라고 볼 수 있다.

1980~2015년의 국가별 1인당 약제비 지출 동향

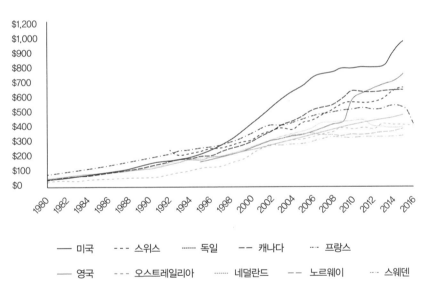

미국 --- 스위스 ······ 독일 -- 캐나다 ··· 프랑스

영국 --- 오스트레일리아 ······ 네덜란드 -- 노르웨이 ··· 스웨덴

---

* 이 글을 쓰는 동안, 소비자 직접 광고가 허용되는 단 두 나라 중 다른 한 나라인 뉴질랜드의 한 인터뷰 진행자에게 들은 이야기에 따르면, 뉴질랜드에서는 법령을 개정하기 위한 절차가 진행 중이다.[6]

현재 우리가 접근하고 있는 치료 방식으로는 예방 가능한 질환의 경제적 비용을 감당할 수 없고, 그 비용은 계속 증가하고 있다. 2020년, 의료비는 미국 국가 예산의 거의 18퍼센트를 차지한다. 이는 1960년(5퍼센트)에 비하면 세 배 이상 증가한 것으로, 총 35억 달러에 이른다.[7] 보건 의료를 포괄적으로 조사한 PBS 텔레비전의 한 보도 프로그램[8]에 따르면, 미국은 비슷하게 부유한 다른 35개국(경제협력개발기구[OECD] 회원국)에 비해서 1인당 의료비 지출이 2.5배 더 많다.[9] 그 이유에 대해서 누군가는 사회 기반 시설이 훌륭하거나 인건비가 높기 때문일 것이라고 추측할지도 모르겠지만, 그렇지는 않다. 미국은 1000명당 의사 수는 2.4명이고, 병상 수는 2.6개에 불과하다. 이는 OECD 국가의 평균(1000명당 의사 수 3.1명, 병상 수 3.4개)보다 적은 수치다. 이 평균[9]을 활용하여, 나는 미국이 비슷한 다른 나라에 비해서 의료비 지출에서 약이 차지하는 비중이 훨씬 더 크다는 것을 계산해냈다(대략 3.3배 더 컸다). 내가 "약물 강도 지표drug intensity index"라고 부르는 이 추정치는 역사상 유례없이 약물 사용이 중요한 의료 수단으로 강조되고 있다는 것을 보여준다.

　　이런 접근 방식이 얼마나 효과가 있었을까? 내가 볼 때는 전혀 효과가 없었다. 대중 미디어 속의 여러 평론가들은 기대 수명에 대한 통계가 건강 향상을 보여주는 긍정적 증거라고 지적하지만, 이런 통계를 곧이곧대로 받아들여서는 안 된다. 기대 수명은 우리의 건강에 대한 단순 지표로서 한계가 있다. 중요한 것은 얼마나 오래 살지 만이 아니라 얼마나 잘 살지에 대한 기대이다. 신체의 장애와 고통스러운 병이 동반되는 장수는 가족들에게 무거운 짐을 지울 뿐이며, 대부분의 사람들은 그런 상황을 원치 않는다. 그럼에도, 기대 수명의 변화는 전체적인 건강 역사에서 중요한 부분을 차지하며, 어느 정도 주목을 받아 마땅하다. 대부분의 서구 국가가 빈곤에서 풍요로 이행하고 있던 지난 2세기 동안, 기대 수명은 크게 증가했다. 그 주된 이유는 아동기에 전염성 질환이 감소한 덕택에 전체 사망자 수가 줄었기 때문이다.[10] 1840년부터 집계를 시작한 기대 수명은 1950년대와 1960년대까지는 1년에 3개월의 속도가 증가했는데, 그 이후로는 증가 속도가 1년에 2개월로 느려졌다(감염성 질환으로 인한 사망자 수가 감소하자, 수명을 연장시켜줄 잠재력이 줄어든 것이다).

기대 수명은 1년에 2개월씩 꾸준히 증가하여, 1960년에는 71년이었던 것이 2014년에는 78년을 넘겼다.[11] 그러나 2015년의 증가 속도는 그 절반인 1.2개월에 불과했다. 이 결과는 우려를 불러일으켰지만, 일부에서는 통계적 우연이라고 생각했다. 그러나 아니었다. 이후 3년 동안 (2016~2018), 평균 기대 수명은 78.8년에서 78.6년으로 사실상 감소했다. 기대 수명의 감소세가 이렇게 오래 지속된 것은 "제1차 세계대전의 사망자와 대단히 치명적이었던 1918년의 유행성 독감이 부분적으로 작용한" 1915~1918년 이래로 처음이었다.[12] 0.2년이라는 기대 수명의 감소가 그리 대수롭게 보이지 않을 수도 있겠지만, 통계적으로는 매우 의미가 크다. 3억 인구를 기준으로 볼 때, 기대 수명이 0.2년 줄어든다는 것은 600만 명이 10년 더 살 기회를 놓치거나 300만 명이 20년 더 살 기회를 놓친다는 뜻이다.*

미국 질병통제예방센터의 책임자는 기대 수명의 이런 퇴보에 대해

---

* 이 계산은 내 친구이자 전문 수학자인 데이먼 디마스 박사가 해주었다.

"하나의 경종"이라고 말했다.[13] 많은 이들이 기대 수명의 감소를 약물 과용이나 자살률 증가와 연관 지어 생각하지만, 나는 이런 죽음도 난데없이 증가한 것이 아니라고 주장하고 싶다. 어쩌면 예방 가능한 생활습관병과 부분적으로 연관이 있을지도 모른다. 예방 가능한 만성 질환은 우리 삶의 질을 만성적으로 악화시킨다. 이는 정신 건강에도 대단히 부정적인 영향을 끼쳐서 약물 과용과 자살을 부추긴다. 약물 과용과 자살은 건강에 대한 염려보다는 경제적 어려움과 밀접한 연관이 있다는 반박이 있을 수도 있지만, 막대한 의료비에 비춰볼 때 이 두 현상도 단단히 얽혀 있다고 말할 수 있다. 병에 걸리면 돈이 들고, 만성 질환의 경우는 특히 많이 든다.

《미국 의학 저널American Journal of Medicine》에 발표된 전국 규모의 한 연구에서, 하버드와 오하이오 대학교의 연구자들은 2007년에 발생한 모든 파산의 62.1퍼센트가 의료비 지출 때문일 수 있다는 것을 발견했다.[14] 상황은 더 나빴다. 파산한 채무자의 3/4이 의료 보험에 들어 있었고, 그중 대부분이 "고등 교육을 받고 집이 있는 중산층"이었다. 다시 말해서, 어느 정도 여유가 있는 사람들조차도 감당하기 힘든 빚을 지게 될 정도로 체계가 망가져 있다는 것이다. 생활습관병에 유난히 잘 걸리는 불우한 사람들은 어디로 가게 될까? 이 연구보다 겨우 6년 전인 2001년에 이루어진 한 연구 결과와 비교하면, "파산에서 의료 문제가 차지하는 비율은 49.9퍼센트가 증가했다." 이런 변화가 수치스럽기는 하지만, 표준 치료 비용의 상승을 생각하면 놀랍지는 않다. 스텐트stent 시술이나 스타틴statin 같은 약물로 심장병을 치료하려면 연간 최소 2만 달러의 비용이 들고, 화학 요법 1회의 평균 비용은 2만 달러(개인병원)에서 2만 6000달러(종합병원) 범위다.[15]

그래도 2015년까지는 기대 수명이 늘어났었다. 이는 확실히 발전의 증거일까? 그렇기도 하고 아니기도 하다. 일부에게는 충격적인 사실일 수도 있는데, 1960년대부터 최근까지 기대 수명이 늘어난 것은 건강이 더 좋아져서도 아니고, 질병에 대응하는 전략이 향상되어서도 아니다. 점점 더 많은 사람들이 암, 뇌졸중, 비만, 당뇨병을 앓고 있는 것은 예전에 비해 그런 질병을 가지고도 더 오래 살 수 있기 때문이다. 높아진 생존율은 심장마비를 겪는 사람들에게 특히 중요하다. 실제로 1960년대 이래로 기대 수명이 전체적으로 약 60퍼센트가 증가한 것은 오로지 심장병에 대한 대응이 빨라진 덕분일 수도 있다.[16] 전체적인 건강 상태에서는 이 시기에 그다지 크게 의미 있는 개선이 이루어지지는 않았다. 심장병과 뇌졸중은 발생률(병이 새로 발생한 경우)이 비교적 안정적이고, 암은 약간 감소했으며(대체로 흡연과 연관된 폐암의 감소 때문이다), 당뇨병은 증가했다(비만율 증가와 연관이 있다). 진단 후에 이어지는 생활 조건이 개선되면서(이를테면, 스트레스 관리, 운동, 정기적인 건강 관리 프로그램에 대한 접근성이 좋아지면서) 병과 함께 살아가는 기간이 약간 늘어나는 결과를 가져왔지만, 병이 근본적으로 사라진 것은 아니다.[10, 17]

이런 모든 경향을 종합하여, 누군가는 질병 치료가 개선되어왔다고 조심스럽게 주장할지도 모른다. 위기에 빠르게 대응하고 생활 조건을 개선함으로써, 우리는 병에 걸리는 비율을 예전에 비해 조금 더 낮출 수 있었다. 그러나 이런 병의 근본적인 원인에 대해서는 고심하지 않고, 약을 쓰는 것보다 효과적으로 병을 치료할 수 있는 다른 수단의 개발 가능성에는 관심을 갖지 않는다. 그로 인해 치료가 필요한 사람이 늘어났고, 이는 우리 보건 의료 체계의 부담을 가중시켜왔다. 이런 현상은 성공 속의 실패라고 할 수 있고, 그 상황은 더 악화될 여지가 있다. 어쩌면 누군가는 오랫동안 전체 의료비보다 큰 증가세를 보여 온 약 구입비의 증가세가 2019년에 둔화되었다는 점을 지적할지도 모르지만, 여전히 미국에서는 전체 의료비 중 약값이 차지하는 비중이 다른 OECD 국가에 비해 크게 높다.[18] 유병률(전체 인구 중 환자수의 비율-옮긴이)에 영향을 주는 요인들에 대한 조사 없이, 이렇게 약에만 의존해서 생명을 유지한다면, 우리의 재정 상태와 삶의 질은 계속 곤란을 겪게 될 것이다. 이런 "성공 속의 실패"는 진정한 성공이 아니다. 진정한 성공이려면 기대 수명이 길어지면서 질병은 감소해야 할 것이다. 그러나 이런 상황은 아직 진행 중이다.

질병의 관리 능력이 조금 개선되었음에도, 질병을 치료하기 위한 싸움은 성과가 묘연하다. 이런 끊임없는 싸움의 주된 이유 중 하나는 이미 소개되었다. 바로 과도한 약물 의존이다. 약물은 생활방식의 근본 원인에 대한 고려 없이 증상을 공격하고, 자원과 관심을 다른 전략으로 전환시킨다. 게다가 약물은 그 자체로 건강의 위험 요인이다.

- 하버드 대학교 사프라 윤리센터의 도널드 라이트가 내놓은 한 보고서에 따르면, "처방약이 승인된 이후에 1/5의 확률로 심각한 반응이 일어난다는 것을 아는 사람은 거의 없다." 그리고 연간 약 274만 건의 입원은 약물 이상 반응으로 인한 것일 수 있다. 심지어 오류 처방, 과다 복용, 자가 치료의 경우는 여기에 포함되지도 않았다.[19]
- "약물을 복용한 1억 7000만 명의 미국인 중 약 8100만 명이 이상 반응을 경험한다."[19]
- 퍼블릭시티즌 보건연구소의 한 보고서에 따르면, "미국에서는 매일

4000명 이상의 환자가 입원을 해야 할 정도의 심각한 약물 이상 반응을 겪는다."[20]

• 2014년, 건강 정보 사이트인 웹MD가 인용한 《컨슈머 리포트 Consumer Reports》[5]에 따르면, 130만 명에 이르는 사람이 "처방약의 이상 반응을 치료하기 위해서 응급실을 찾았고, 그 중 약 12만 4000명이 사망했다."

• 처방약의 사용은 미국에서 네 번째로 많은 사망 원인이며, 1998년에 스타필드도 이와 비슷한 추정을 내놓았다.[21] 2018년 미국 식약청 보고서에 따르면, 처방약의 이상 반응으로 사망한 미국인의 수는 1년에 10만 6000명에 이르는 것으로 추정된다.[22]

이 놀라운 수치에 대한 반론도 있다. 약물의 유용성을 제대로 평가하려고 한다면, 약물 관련 사고의 비율을 약물 사용으로 혜택(효과)을 본 사람의 수와 비교해봐야만 한다는 주장이다. 한 보고서에 명시되어 있는 것처럼, "만약 모두(2014년에 1억 7000만 명으로 추정된 약물 사용자)가 (약물 사용으로) 혜택을 본다고 가정하면, 이상 반응이 나타난 270만 명은 약 1.5퍼센트에 불과하다.[19] 그러나 이 이상 반응 추정치는 매우 낮게 잡은 것이고, 이 보고서는 모든 약물 사용자 효과를 보고 있다고 가정한다(이는 극히 낙관적인 추정이다). 게다가 입원에 이르지 않은 약물 이상 반응은 그보다 30배나 많지만, 그런 사정은 고려조차 하지 않는다.[19]

지난 수십 년에 걸쳐 우리가 이룬 의학 발전, 특히 빨라진 반응 시간의 성과를 폄하하려는 것은 당연히 아니다. 지금이라면 나의 아버지는 병원에 훨씬 더 빨리 도착할 수 있었을 것이다. 마찬가지로, 나는 의료 체계 전반을 돌보는 사람들에게 깊은 인상을 받았다. 카이저패밀리재단에 따르면, 이웃, 친구, 전문 직업인, 모든 종류의 의료 노동자와 같은 이런 사람들은 1300만 명이 넘는다.[23] 확실히 그들 모두는 헌신적이고 따뜻한 마음으로 건강을 위해 봉사한다. 그러나 전반적으로 볼 때, 우리는 고전하고 있다. 기대 수명의 감소로 미국의 순위는 세계 44위에 그쳤다.[24] 인구 1인당 의료비 지출이 세계에서 가장 많다는 점을 감안할 때, 충격적이고 심란한 순위다. 막대한 의료비 청구서에 비해 현저히 낮은 이런 순위를 우리는 어떻게 받아들여야 할까? 모든 경향과 통계를 동시에 고려하면, 우리가 올바른 길로 나아가고 있다고는 생각하기 어렵다. 우리는 약물을 매우 많이 사용하고 있지만, 기대 수명은 줄어들고 있다. 그리고 기대 수명의 순위도 대단히 낮다.

게다가 이 문제는 저절로 해결되지도 않을 것이다. 사실상 제조된 약의 사용을 지지하는 모든 보고서는 이윤 추구를 목적으로 작성되며, 이윤을 부정할 수는 없다. 2017년, 전 세계 제약회사의 총수입은 무려 1143조 달러이고, 예상 성장률은 4.1퍼센트다.[25] 정부 예산의 수입이 이보다 많은 나라는 세계에서 다섯 나라뿐이다.[26] 이런 엄청난 부에서 막강한 힘이 나오고, 이 막강한 힘은 대중과 전문가의 인식에 큰 영향을 준다. 간단히 말해서, 제약 산업이 비옥한 시장이라는 신의 날개 아래 도사리고 앉아서 병을 담보로 계속 이익을 보는 한, 미심쩍은 약물 의존은 그 접근법이 얼마나 효과가 없는지 밝혀지더라도 지속될 것이다. 우리가 뭔가 하지 않으면, 우리 사회의 건강은 계속 악화될 것이다.

영양 이상의 역할

그렇다면 그 해답은 많은 약이나 좋은 약에 있지 않다. 여러 병의 이면에 있는 1차적인 원인을 이해하고 다뤄야 한다. 그 원인은 바로 영양 이상malnutrition이다.

영양 이상은 내가 심사숙고하여 고른 단어다. malnutrition이라는 단어는 대개 열량이 부족하거나 특정 필수 영양소가 결핍된 식단을 설명하는 영양실조라는 의미로 쓰이지만, 글자 그대로의 의미(불완전한 영양)는 오늘날 대부분의 미국인에게 훨씬 큰 위협이 되고 있는 과잉 섭취 유형의 식습관에도 적용된다.* 여기에는 많은 빈곤층 미국인이 포함된다. 우리 사회에서 가장 가난한 일원들은 일반적으로 단순당 함량이 높고 기름이 지나치게 많은 식품을 소비한다. 단순당과 과도한 기름은 둘 다 비만을 일으키고 당뇨병과 심혈관계 질환의 위험을 높이는데, 이런 식품이 값이 더 싼 편이라서 소비하는 것이다. 수십 년에 걸친 기념비적인 연구인 〈프레이밍햄 심장 연구Framingham Heart Study〉[27]를 포함하여, 수십 년 전에 이루어진 연구들은 심장병을 여러 다양한 위험 요인과 연관 지었다. 높은 혈청 콜레스테롤 농도, 고혈압을 포함한 이런 위험 요인들은 영양 이상의 증상이다. 나아가 국제적인 연구[28]와 이주 연구들[29-31]을 결합시키면, 심장병의 발병 위험에서 식단이 하나의 환경 요인으로서 가장 중요

---

* 미국인의 식습관 유형의 특징이 과잉 섭취라고 했지만, 특정 영양소의 결핍이 흔한 것도 사실이다. 미국인 중에는 식물에서만 발견되는 섬유질과 비타민과 무기염류가 부족한 사람이 많다.

한 역할을 한다는 것을 암시한다. 이는 무려 60여 년 전에 이루어진 보강 실험 연구에서 확인되었다. 1946~1958년의 한 연구에서, 레스터 모리슨 박사[32]는 심장마비 생존자를 실험군과 대조군의·두 무리로 나눴다. 그는 각각 80~160그램, 200~1800밀리그램씩 섭취하던 지방과 식이 콜레스테롤을 실험군 환자들에게만 지방 20~25그램, 식이 콜레스테롤 50~70밀리그램으로 줄이라고 지시했다. 12년 후, 대조군 환자들은 모두 사망한 반면, 실험군 환자들은 38퍼센트가 생존했다. 최근 연구[2,33]에 의하면, 모리슨이 설계한 저지방 식단보다 더 완전하게 식습관을 바꾸면(모리슨의 연구에서는 환자들이 소량의 살코기를 먹는 것을 허용했다) 이 생존율이 38퍼센트보다 훨씬 많이 (90퍼센트 이상으로) 올라갈 수 있다. 그럼에도, 모리슨의 연구 결과는 더 없이 명확했다. 우리가 먹는 것은 심장병의 경과를 결정짓는 중요한 역할을 한다. 국제적인 상관관계 연구, 이주 연구, 실험동물을 통한 연구를 포함한 여러 연구에서도, 암, 당뇨병, 비만, 신장 질환, 그 외 여러 질환이 식단과 연관이 있음을 보여주는 비슷한 형태의 증거가 나왔다.

이 연구를 영양 이상의 잠재적 영향에 대한 보수적 추정치와 접목시켜보자. 앞서 확인했듯이, 이는 심장병[2], 암[3], 뇌졸중[3], 의료 과실(이런 실수의 기회를 제공하는 약물과 그 외 다른 의료적 개입의 필요성이 줄어든다고 가정)로 인

---

* 이런 수치는 근사치이지만, 나는 신중을 기하기 위해서 보수적인 추정치를 내놓았다. 이를테면, 영양은 만성 하부 호흡기 질환에서도 모종의 역할을 하는 것으로 보이지만, 생존 환자의 수를 추정하기가 매우 어렵기 때문에 그 수치는 산정하지 않기로 했다. 의료 과실의 경우는 의료 과실로 인한 사망자 추정치 중에서 가장 낮은 수치를 계산에 넣었다(최고 44만 명까지 추정되지만 25만 명을 택했다).[34] 나아가, 상위 6개 질환에 포함되지 않는 다른 여러 예방 가능한 질환도 계산에 넣지 않았다(그 중에서 가장 눈에 띄는 질환은 영양으로 거의 100퍼센트 치료가 가능한 제2형 당뇨병일 것이다).

한 사망을 좋은 영양으로 예방할 수 있음을 암시한다.* 그러면 앞서 소개했던 미국 질병통제예방센터의 사망 원인 순위가 바뀌는 것을 볼 수 있다.

2017년 상위 사망 원인	영양 이상을 감안한 조정
심장병: 64만 7000명	심장병: 6만 5000명
암: 59만 9000명	암: 18만 명
사고: 17만 명	사고: 17만 명
만성 하부 호흡기 질환: 16만 명	만성 하부 호흡기 질환: 16만 명
흡연: 14만 6000명	흡연: 7만 3000명
의료 과실: 25만~44만 명	의료 과실: 5만 명
	영양 이상: 127만 5000명

이는 미국에서만 한 해 100만 명 이상이 걸리지 않아도 될 병으로 목숨을 잃고 있다는 뜻이다. "성장을 위한 여지"라는 표현에 걸맞은 상황이 있다면, 바로 이것일 것이다. 적절한 영양 섭취를 하면 걸리지 않아도 될 병에 걸려 아까운 목숨을 잃는 것을 막을 수 있고, 엄청난 재정을 우리 사회의 건강과 행복을 증진하는 정책과 프로젝트에 쓸 수 있는 것이다.

만약 제시된 증거처럼 이런 평가에서 내 생각이 옳다면, 왜 해결책으로서의 영양에 초점을 맞추는 사람이 더 늘어나지 않는 것일까? 모리슨의 심장병 연구는 내 아버지가 치명적인 두 번째 심장마비를 겪기 한참 전에 수행되었지만, 내 아버지와 많은 다른 사람들은 왜 이 연구를 알지 못했을까? 왜 영양학은 심장병 전문의, 암 전문의, 그 외 다른 의사들의 수련과 진료 과정에 전혀 포함되지 않은 것일까? 우리는 왜 가장 큰 사망 원인인 심장병이 거의 없는 다른 문화권[35]의 식습관 유형을 배우는 일에 더 관심을 기울이지 않는 것일까? 우리는 왜 영양의 중요성을 끊임없이 과소평가하고, 외과적 시술과 약이라는 미봉책에 엄청난 시간과 자원을 쏟아 붓고 있는 것일까?

개인적으로 이런 질문들의 해답을 찾는 데 도움이 된다고 생각하는 두 가지 근본적인 현상이 있다. 첫째, 우리 사회에는 영양 이상과 질병이 부분적으로만 연관이 있다고 말하는 문화적 분위기가 만연해 있다. 사람들이 이를 믿는 정도는 질병에 따라 다르지만(이를테면, 암보다는 심장병에서 영양의 역할이 중요할 것이라고 말하는 사람이 많다), 일반적으로 우리 사회는 영양 이상이 대부분의 질환에서 일차적인 원인이 된다고 여기지 않으며, 영양이 선호하는 치료법은 확실히 아니다. 심지어 영양의 역할을 인정하는 경우라도, 종종 부수적인 역할만 할 것이라고 생각한다. 예를 들면, 유전적 소인에 의한 질환에 걸릴 위험을 최소화시키기 위해서 잘 먹어야 한다는 조언을 받는 경우가 있다. 영양이 이런 위험을 최소화하는 것 이상의 뭔가를 할 수 있다는 생각, 다시 말해서 유전적 결정론을 이기고 발병 위험을 완전히 제거할 수도 있다는 생각은 널리 받아들여지지 않고 있다. 우리는 "심장 건강에 좋은 식습관"과 같은 것을 조언하면서 빈말로 영양을 추어올리지만, 이런 것들은 피상적으로만 다뤄지고 항상 운동과 같은 다른 생활습관을 병행할 것을 권한다.

그러나 결정적으로, 우리 역시 영양에 대해 혼란스러워 하고 있다. 이것이 두 번째 근본적인 현상이다. 우리의 문화 속에는 영양과 건강이 밀접한 관계가 있다는 이야기가 널리 퍼져 있지만, 우리는 가장 건강한 식습관이 어떤 것인지 아직 확실히 알지 못한다.

이 장의 나머지 부분과 그 뒤의 두 장에서는 내가 관측한 첫 번째 현상, 즉 영양(이상)이 질병과 건강의 결정 요인으로서 온전하게 인정받지 못하고 있다는 점에 초점을 맞추려고 한다. 두 번째 현상인 영양을 대하는 우리의 태도와 영양의 활용에 영향을 주는 혼란에 대해서는 이 책의 제2부와 제3부에서 집중적으로 살펴볼 것이다. 그러나 지금은 자연식물식 식습관은 우리 사회에 널리 퍼져 있는 이 두 현상에 도전하기 때문에 논란이 되고 있다는 점만 다시 짚고 넘어가려고 한다.

암에 대한 사례 연구: 끝없는 전쟁

암은 다른 어떤 분야보다도 영양과 그 반대인 영양 이상의 힘이 과소평가되고 있는 분야다. 게다가 내가 연구 경력의 대부분을 헌신한 분야이기 때문에, 나는 그 분야에 팽배해 있는 태도에 대해 다른 어떤 분야보다도 자신 있게 말할 수 있다.

그러면 다음의 "목적의 발견과 선언Findings and Declaration of Purpose"을 보자. 이 내용은 미국 의회에서 통과된 법률을 복사하여 붙여 넣은 것이다.[36] 나는 이 사례를 좋아하는데, 다른 어떤 것보다도 우리의 질병 관리 체계를 잘 보여주기 때문이다.

(a) 의회는 다음을 발견하고 선언한다.

(1) 암 발병률은 증가하고 있으며, 암은 오늘날 미국인에게 중요한 건강 문제이다.

(2) 새로운 과학적 단서를 포괄적이고 열정적으로 활용한다면, 암에

적절하게 대처할 수 있는 예방법과 치료법을 구할 수 있는 시기가 크게 앞당겨질지도 모른다.

(3) 암은 미국에서 가장 중요한 사망 원인이다.

(4) 암의 이해에 관한 현 상태는 의생명과학 전 분야에 걸친 폭넓은 발전의 결과이다.

(5) 최근 이 무서운 병에 대한 지식이 발전하면서 암에 대한 국가적 프로그램을 열정적으로 수행할 수 있는 좋은 기회가 마련되었다.

(6) 암을 가장 효과적으로 공략하기 위해서는 미국 국립보건원의 모든 의생명과학 자원을 활용하는 것이 중요하다.

(7) 미국 국립보건원을 구성하는 연구기관들의 프로그램은 지금까지 세상에 알려진 병과 건강을 중심으로 가장 생산적인 과학 공동체를 만들 수 있었다.

(b) 이 법의 목적은 미국 국립암연구소와 미국 국립보건원의 권한을 확대하여 암에 맞서기 위한 국가적 노력을 증진하는 것이다.

위 내용은 당연히 좋은 시작처럼 들릴 것이다. 어쨌든, 암에 맞서기 위한 노력 증진과 미국 국립보건원의 모든 자원을 활용한 공동의 노력과 이런 중요한 싸움에서 연구기관의 권한 확대를 반대할 사람이 누가 있겠는가? 이 법에서 내다본 것처럼 암은 중요한 사망 원인이므로, 이런 노력은 매우 시의적절해 보인다.

그러나 시의적절해 보이는 이 법, 즉 미국 암법National Cancer Act은 최근에 통과된 법이 아니다. 오해하게 만들어서 미안하지만, 내가 강조하고 싶은 것이 바로 이 점이다. 이 법안이 통과된 해는 1~2년 전이 아니라, 무려 1971년까지 거슬러 올라간다. 정확히 그 해를 전후로 내 장모와 내 아버지가 세상을 떠났다. 그 해에는 닉슨 대통령이 투표권자의 연령을 18세로 낮추는 법에 서명했고, 10센트면 휘발유 1리터를 살 수 있었고, 아폴로 14호가 발사되었고, 몇 달 전에 디즈니월드라는 새로운 테마파크가 개장했다.

1971년에 미국 의회에서 암법이 통과된 이래로 50여 년 동안 많은 변화가 있었던 것은 분명하다. 그러나 내가 가장 우려하는 것은 변하지 않은 것들이다. 암은 여전히 가장 중요한 사망 원인이다. 의생명과학 전반에 걸쳐서 놀라운 발전이 계속되고 있고, 그 "이해에 관한 우리의 현 상태"에 크게 기여하고 있지만, 그 이해를 통해서 우리가 얻은 혜택은 무엇일까? 엄청난 양의 자원이 투입되었음에도, 암 치료 능력은 크게 개선되지 않았다. 마지막으로 가장 중요한 것은, 영양은 그때와 마찬가지로 여전히 과소평가되고 제대로 활용되지 않고 있다는 점이다.

"암과의 전쟁"에 대한 선제공격이라고 일컬어진 1971년의 미국 암법은 나쁜 의도의 소산이 아니라 잘못된 전제의 결과물이었다. 법이 개정되고, 미국 국립암연구소는 현재의 형태로 개편되고, 새로운 암 연구기관들이 설립되었다. 이는 가장 무서운 질환 중 하나를 물리치기 위한 새롭고 적극적인 활동의 신호였다. 기반이 약한 잘못된 전제, 증명된 적 없는 빈약한 가정이 미국 국립암연구소와 미국 국립보건원이 암과의 전쟁을 위해서 갖춘 무기였다. 사실 그들의 무기고에는 암과의 전쟁에서 가장 막강한 무기 하나가 빠져 있었고, 지금도 빠져 있다. 그 무기는 바로 영양이다. 미국 국립보건원 산하 27개의 기관과 연구소 가운데 영양을 연구하는 곳은 한 곳도 없다.

암과의 전쟁을 비판하는 사람들은 단순히 영양을 희망적으로 옹호하는 사람들이 아니다. 여러 저명한 암 전문가도 이에 동의하고 있다. 몇 년 전 《란셋The Lancet》에 발표된 한 논문[37]에서, 한 비평가는 암과의 전쟁의 특징을 잘 설명했다. "병의 발생에 대한 우리의 이해는 크게 발전했지만, 대부분의 사례에서 이 전쟁은 대부분의 암에 대해 승리하지 못했다." 나는 21세기의 암에서 이 저자가 가장 우려하는 부분에는 누구나 공감할 것이라고 확신한다: (1) "암 치료 비용은 매우 비싸고," (2) 암 치료는 "임상적으로 일시적으로만 유용하며," (3) "변형된 암세포 속 인간 유전체 genome의 중요한 돌연변이와 재배열은 극히 복잡해서" 연구하기가 극히 까다롭다.

그러나 궁극적으로 저자는 전략의 급진적 변화를 요구하지도 않고, 확실히 영양에 대해서는 중요한 역할을 요구하지도 않는다. 오히려 그는 이 전쟁이라는 비유를 강하게 밀어붙인다. 그가 묘사하는 "군대의 전투 공간" 전략에서는 "적의 특징과 모든 설비, 잠재적인 모든 전장과 전쟁 지역의 정확한 지형도, 날씨, 우군과 그들의 군사력에 대한 조사를 포함한 다른 환경 요소들에 대한 정보를 관련된 모든 지리적 위치에서 종합할" 수 있어야 한다. 간단히 말하자면, 그는 정교한 전투 계획을 요구하고 있는 것이다. 이 계획도 결국은 여전히 암과 약에 대한 기술적 이해에 의존하고 있다. 저자는 암과의 전쟁이 해온 노력을 무시하는 것이 아니라, 우리의 현 지식을 기술적으로 훌륭하게 적용할 것을 주장한다. "암과의 전쟁과 암을 죽일 수 있는 마법 탄환이라는 두 비유는 지금까지는 효과적이었지만, 암에 관한 과학과 의학 지식의 놀라운 발전을 고려하면 이제

정교하게 개선할 때가 되었다." 그는 각각의 질병에 부작용 없이 대항할 수 있는 특정 약이라는 마법 탄환에 대한 전제에 의문을 제기하기보다는, 다른 표적은 건들지 않으면서 표적을 맞출 수 있는 완벽하고 정확한 마법 탄환을 만들 것을 독려한다. 그런 마법 탄환이 존재한다고 가정하면 (아주 근사한 가정은 아니다), 나는 그것이 발견되기까지 시간이 얼마나 걸릴지 의문이다.

한편, 이 전쟁은 전 세계로 퍼졌다. 《란셋》의 다른 논문에서, (세계보건 기구의) 국제암연구소의 연구자인 파올로 비네이스와 크리스토퍼 P. 와일드[38]는 "저소득 및 중간 소득 국가에서 (암으로 인한) 부담이 증가하는 비율은… 긴급한 조치가 필요하며… 1차적인 예방이 암과 싸우는 가장 효과적인 방법"이라고 주장한다. 나는 이 주장에서 언급된 세 가지 내용에 모두 동의한다. 그러나 그들은 1차적인 예방이라는 전략만 언급하지만, 나는 여기에 암 치료 프로토콜에서 영양의 효과를 이와 동일하게 고려해야 할 때라는 말을 덧붙이고 싶다. 만약 1차적인 예방 전략이 암에 대한 가장 강력한 연구 결과를 통합할 수 없다면, 즉 영양과 관련된 연구 결과를 배제한다면, 기관과 조직의 개입은 그 잠재력을 결코 완전하게 끌어내지 못할 것이다. 암과의 전쟁에서는 사망자수가 계속 축적될 것이고, 우리에게는 엄청난 자원과 관심이 요구될 것이다. 이제 그 규모는 전 지구적이다.

나는 암 연구자들의 전략에 대해 온종일 비판을 할 수 있지만, 생의학 분야의 다른 기관들도 잊어서는 안 된다. 질병을 전문적으로 연구하는 연구자들이 벙커에 숨어서 적의 수비 방식을 연구하는 전략가와 비슷하다면, 의사는 전장에서 용맹하게 싸우는 군인에 비길 수 있을 것이다. 내가 여기서 한 개인을 비난하려는 것이 아님을 이해해주길 바란다. 나는 다만 체계 전체의 문제와 영양을 무시하는 분위기를 짚고 넘어가려고 한다. 이 군인들은 승산 없는 싸움을 하고 있다. 그들의 무기, 그들의 생각과 행동에 한계가 있기 때문이다. 수술용 메스와 알약과 방사선을 쥔 그들은 딸기와 감자와 붉은 치커리를 건강의 요인으로 고려하지(또는 인식하지) 않는다.

어떻게 그럴 수 있을까? 미국의 의대에는 영양학을 가르치는 곳이 한 곳도 없다. 서비스 비용을 상환 받을 수 있는 약 130가지의 공식적인 전문 의료 분야 중에 영양은 없다. 의사와 간호사들은 의료 서비스의 얼굴로서 대중에게 정보를 전달하고 치료를 책임져야 하지만, 그들은 영양에 대해서는 비용 상환을 받지 못하고 영양의 놀라운 의학적 성과에 대한 교육도 받지 못한다. 이는 마치 그들의 눈을 가리고 빙글빙글 돌린 다음, 그들에게 길을 안내하라고 하는 것과 같다. 때로 그들이 어둠 속에서 비틀거리는 것처럼 보이는 것도 그리 놀라운 일이 아니다.

내가 생각하기에, 이런 실패한 암과의 전쟁은 그 어떤 다른 예보다도 영양과 병에 대한 우리 시대의 태도를 잘 보여준다. 건강을 대하는 우리 사회의 전반적인 경향과 마찬가지로, 그것은 보람도 성과도 없는 고집이다. 최근 수십 년 사이에는 흡연과 연관된 폐암의 감소와 맞물려서 암 발생률이 감소하고 있지만, 전체적으로 볼 때 우리는 이 전쟁에서 지고 있다. 이런 싸움에 직면하면 다른 접근법에 더 개방적이 될 것이라고 생각하기 쉽지만, 이 경우에는 전혀 그렇지 않다. 오히려 우리는 그와 거의 정반대의 현상을 봐왔다. 기존의 암 예방과 치료 전략이 효과가 없었음에도, 의료 기관들은 그 전략에만 매달리고 있다. 영양은 거의 관심을 받지 못해왔고, 영양에 관심을 기울여야 한다는 제안에 대해서도 회의적이다.

어째서 영양을 제대로 활용하지 못하게 되었는지, 왜 이런 태도가 오늘날까지 지속되고 있는지를 이해하려면, 영양과 질병의 관계, 특히 암과의 관계에 대한 연구 역사를 알아보는 것이 도움이 된다. 그 역사 속에서, 종종 우리가 알지 못하는 사이에 우리의 태도와 관행을 계속 지배하는 중요한 경향들이 모습을 드러낸다.

영양과 병의 숨겨진 역사

좋았던 옛날을 책임지는 것은 단연 나쁜 기억이다.
-프랭클린 피어스 애덤스

　서론에서 나는 1982년에 식단과 암에 관한 미국 국립과학원 보고서를 공동 집필한 후 예사롭지 않은 저항에 부딪힌 일화를 다뤘다. 그 일은 내 경력에서 중요한 순간이었다. 내 순진함을 산산조각 내고, 단백질에 관한 식습관 권장이 얼마나 큰 논란을 불러올 수 있는지를 드러냈을 뿐 아니라, 그 후 내가 탐구할 여러 문제들을 제시하기도 했기 때문이다. 그 일을 계기로 나는 정보의 전파에서 기관들의 역할, 기관 내에서 반대 목소리를 내야 한다는 책임감, 과학 발전의 안타까운 부작용에 관해 깊이 생각하게 되었다. 결정적으로, 영양과 질병 연구의 역사, 그 중에서도 암에 관련된 역사를 심도 있게 살펴보게 되었다.

　미국 국립과학원 위원회의 다른 이들과 마찬가지로, 나는 식단-영양-암의 관계에 대한 우리의 발견이 비교적 새로웠다는 점과 과학에서 새로운 발견이 자연히 비판을 불러온다는 점을 짐작하고 있었다. 어쨌든, 보고서에서 인용한 연구의 대부분은 1960년대와 1970년대에 발표된 것이었다. 우리가 인용한 것 중에서 가장 오래된 연구 논문은 1931년에 발표되었다.[1] 그래도 나는 우리가 받은 반응에는 뭔가 음침한 것, 뭔가 분석해볼 만한 것이 있다고 느꼈다. 우리 보고서에 대한 비판의 정도는 신기하다는 것만으로는 설명이 되지 않았다. 내게는 새로운 과학 대 낡은 과학이라는 이야기 이상의 사연이 있는 것 같았다. 사실, 그 비판은 지성의 범주를 벗어난 것처럼 보였다. 그것은 본능적이고 강렬했으며 식품산업, 그 중에서도 특히 동물성 단백질에 기반한 식품산업의 이익과 확실히 맞물려 있었다.

결국 나는 어떤 통찰을 얻기 위해서 과거로 눈을 돌렸다. 나는 맥락을 좀 더 잘 이해하게 되기를 바라면서, 내가 경험한 인격적, 직업적 독설을 곰곰이 따져볼 추가적인 관점을 얻기 위해서, 암과 영양의 역사 속으로 더 깊이 들어갔다. 1985년부터 1986년까지 옥스퍼드 대학교에서 보낸 1년의 안식년은 완벽한 기회였다. 그곳에서 보낸 1년은 더없이 좋은 시간이었다. 나는 역사를 깊이 파고들면서 가능한 한 많은 원본 원고와 보고서를 읽었다. 결과적으로 나는 옥스퍼드 대학교의 보들리 도서관과 웰컴 트러스트 도서관, 런던의 왕립외과의사협회 도서관과 왕립의사협회 도서관에서 1년 내내 살다시피 했다.

나는 암과 영양학 분야가 예전에 언제 어디에서 조우했었는지 확실히 알지 못했기 때문에, 만약 조금이나마 내가 아는 것이 있더라도 피상적인 묘사밖에는 할 수 없었다. 다행히도, 출발점이 된 프레더릭 호프만의 『암과 식단Cancer and Diet』(1937)[2]을 찾기까지는 그리 오랜 시간이 걸리지 않았다. 이 책을 주목한 사람은 코넬 대학교에 있는 내 연구실의 박사후 연구원인 탐 오코너*였다.

호프만: 알려지지 않은 선구자

나는 호프만이라는 저자의 이름을 한 번도 들어본 적이 없었기에, 『암과 식단』에서 내가 알게 된 내용이 매우 특별했다. 방대한 양의 참고문헌이 있는 이 749쪽 분량의 책은 영양과 암의 연관 가능성을 조사했다. 놀랍게도, 이 책은 1982년 국립과학원 보고서가 특별히 새로운 것이 아니며 영양과 암에 대한 연구가 한 번 교차한 적이 있었다는 사실을 빠르고 확실하게 증명해주었다. 처음 이 책을 훑어봤을 때, 나는 호프만의 꼼꼼함에 특히 깊은 인상을 받았다. 그의 말에 따르면, 그는 "언급된 모든 연구는 중요한 의견을 하나라도 놓치지 않기 위해서 초록이 아닌 논문 전체를 처음부터 끝까지 직접 신중하게 읽었다." 계속해서 그는 "내용의 확충과 완성도를 위해서 다른 도서관을 찾아갈 기운도 없고 시간도 없었기" 때문에 그의 논평[2]은 약 200권의 권위 있는 책에 한정되어 있다고 말한다.**

이 책을 읽으면서, 말 그대로 눈이 번쩍 뜨였다. 200권의 권위 있는 책에 한정되어 있다니? 1982년 미국 국립과학원 위원회의 결론을 뒷받침하는 과학은 어쩌면 생각보다 훨씬 더 풍성하고, 놀라울 정도로 심오할지

---

* 현재 그는 아일랜드 코크 대학교의 교수다.
** 호프만은 1937년에 출간된 이 책을 쓸 때 약 10년 동안 파킨슨병을 앓고 있었다.

도 몰랐다. 그 깨달음 속에는 과학의 본질에 대한 값진 교훈과 경고가 담겨 있다고 나는 믿는다. 그 시대의 "개척자들"은 과학 문헌 전체를 다 조사하지 못하는 경우가 많다. 그들은 종종 우쭐해하면서, 자신의 발견이 독특하고 참신하다고 생각한다. 미국 국립과학원의 우리 위원회 역시 그런 잘못을 저질렀다. 우리는 과거의 문헌을 비교적 포괄적으로 조사했다고 생각했지만, 사실 우리의 조사는 겉핥기에 불과했다.

호프만의 『암과 식단』은 빈틈없는 내용과 전문적인 설명 방식에서 모두 귀중한 자료로 밝혀졌지만, 많은 의문을 불러일으키기도 했다. 주로, 프레더릭 호프만이 누구이며 왜 지금껏 이름도 들어보지 못했는지에 관한 의문이었다. 호프만은 1982년 보고서가 나오기 불과 35년 전인 1946년에 사망했지만, 내게 그는 완전히 미지의 인물이었다. 그의 연구에 대해 알면 알수록, 그의 존재가 지워졌다는 사실이 더욱 당혹스러웠다. 그는 어느 모로 보나 내가 지금까지 봐왔던 이들 중에서 가장 생산적이고 전문적인 과학자 중 한 사람이었지만, 그의 생애에 관한 자세한 내용을 알기는 무척 어려웠다. 나와 비슷한 의문을 품은 사람이 적어도 한 명은 있었다. 프랜시스 사이퍼라는 저자는 2012년에 한 저널에 실린 논문에서 호프만이 죽고 나서 왜 그렇게 갑자기 잊혔는지에 대한 질문을 던졌다.[3]

지금까지 남아 있는 호프만의 상세한 이력은 크게 세 가지로 요약될 수 있다.[3] 그는 1884년에 독일에서 미국으로 왔다. 불안정한 청년기를 보냈고, 확실히 부유하지는 않았다. 실제로 그는 중등학교를 다닐 여유가 없었고, 대학은 다닌 적이 없었다. 어릴 적에는 세계를 여행하면서 새로운 것을 배우고 싶은 열망이 있었다. 그런 생활 방식을 유지하기 위해서인지, 그는 온갖 잡다한 직업을 전전했다. 그러다가 뉴저지주 뉴어크에 위치한 프루덴셜 보험회사에 정규직으로 정착하고, 그곳에서 40년을 근무했다. 제대로 된 정규 교육을 받지는 못했지만, 그는 통계에 소질이 있었다. 그런 그에게 질병의 위험에 대한 계산과 예측을 포함한 보험 통계 업무는 적격이었다. 그는 그 일을 꽤 잘 했던 것 같다. 실제로 전문 통계학자의 대열에 들어설 정도로 잘했고, 결국에는 미국통계학협회의 회장이 되었다.[4]

이런 그의 이력에서, 우리는 암 연구 역사에서 그가 유명하지 않은 한 가지 이유를 슬쩍 엿볼 수 있다. 가난한 이민자 가정에서 자라서 전형적인 교육을 받지 못한 그의 사정은 훗날 외부인이라는 그의 지위와 맞물린다. 그러나 이런 수많은 걸림돌에도 불구하고 그가 이룬 성과는 놀랍기 그지없다. 그의 근면함은 부인하기 어렵고, 그의 뛰어난 성과는 그 시대에 가장 특별한 연구자들과 비교해도 확실히 뒤지지 않았다. 사이퍼에 따르면, 호프만은 "분량이 100쪽 이상인 28편의 주요 논문을 비롯하여, 1300건이 넘는 연구"를 발표했다.[3] 경력 초기에 그가 특별히 관심을 보인 분야는 "분진 발생" 산업[4](분사 가공, 흑연 광산, 카펫 공장처럼 노동자들이 다량의 분진에 노출되는 직업을 묘사하기 위한 용어)이 폐결핵 같은 호흡기 문제에 미치는 영향과 "화강암 산업의 분진에 의한 소모성 질환"[3]이었다. 이 분야에 대한 그의 연구는 산업 재해와 관련된 노동법에 큰 영향을 주었다.[5] 그래서 그는 미국 국립결핵협회의 창립 회원이기도 했다.[4]

그러나 그의 경력이 정점에 있었을 때 그의 관심을 사로잡은 것은 암이었다. 이 주제 하나에 대해서만, 그는 16권의 책과 약 100편의 글을 썼다.[5] 그의 초기 관심사는 암 발생률이 1900년대 초반부터 그렇게 많이 증가한 이유와 미국 내에서와[6] 국제적으로[7] 암 발생률이 그렇게 다양한 이유를 이해하는 것이었다. 1915년, 그는 이 문제를 직접적으로 다루는 826쪽 분량의 두꺼운 책을 발표했고, 이 책에는 세계 곳곳의 다양한 암 발생률이 기록되어 있다.[7] 8년 후, 그는 미국과 다른 나라의 22개 도시와 그 주변 지역을 대상으로 나이에 따른 암 사망률을 연구했다.[6] 내 관점에서, 이 연구의 가장 흥미로운 점 중 하나는 "녹색 채소, 신선한 과일, 곡물, 흰 빵, 농축 식품과 보존 식품, 육류, 설탕, 소금 등을 포함한" 다양한 식품군의 섭취를 조사했다는 점이다.

후대에 잘 알려져 있지 않다는 점을 감안할 때, 호프만의 놀라운 이력은 또 있다. 그는 미국암학회(ACS; 창립 당시 명칭은 미국암통제협회였다)의 설립에서 매우 중추적인 역할을 했다. 그는 1913년에 미국부인과협회에서 시대를 크게 앞서간 연설을 했는데, "암의 위협The Menace of Cancer"이라는 제목의 이 연설을 통해서 증가하는 암 발생률의 위험을 알렸다.[8] 이 연설은 미국암학회의 창립으로 직결되었다. 애틀랜타에 위치한 미국암학회 본부의 로비 전시 공간에 있는 한 장의 그림을 통해서, 이 단체 역시이 사실을 인정하고 있다. 호프만은 그 연설에서 "영양이 암의 유발에 미치는 영향을 분석해야 한다"고 권했다. 게다가 "(암의) 예방과 통제 문제에 국가가 관심을 가져야 할 때가 되었다"면서 적극적인 행동을 요구하기도 했다. 그로부터 24년 뒤에 출간된 『암과 식단』에서는 암에서 영양의 역할에 대한 그의 태도가 더욱 확고해졌다. 그는 당시까지의 증거로 볼 때 "처음부터 암을 식습관과 영양과 관련된 문제로 봐야 한다는 것이 충분히 증명되었다"고 말했다.[2]

영양과 암의 연관성에 대한 이런 대담한 주장이 놀라움으로 다가오는가? 당신만 그런 것이 아니다. 수십 년 동안, 암 연구와 치료의 현 상태는 이와 정반대의 개념을 따라왔다. 내가 연구를 처음 시작했을 때부터 호프만에 대해 알기 전까지, 암은 식습관과 영양을 고려해야 하는 문제로 여겨지지 않았다. 그보다는 유전적 문제로 여겨졌고, 돌연변이를 유발하는 환경 독소(돌연변이원mutagen)를 중심으로 담론이 형성되었다. 그 편이 국지적으로 작용하는 특정 요인에 의해 암이 생긴다는 추정과 잘 들어맞았다. (암의 국소병 가설에 대해서는 뒤에서 자세히 다룰 것이다.) 마찬가지로, 치료에서도 국지적인 접근법이 압도적으로 우세하다. 식습관과 영양이 암의 발생이나 치료와 관련이 있다는 개념은 기존의 생각과는 크게 동떨어져 있고, 그때나 지금이나 많은 전문가들은 그런 개념을 즉각적으로 거부한다. 그런데 권위 있어 보이는 인물이, 그것도 무려 미국암협회의 창립에 중추적 역할을 한 인물이 정반대의 주장을 하고 있었던 것이다! 확실히 뭔가 변화가 있었다.

또 다시, 나는 궁금했다. 왜 우리는 이런 정보를 접하지 못했을까? 여러 이야기로 볼 때, 호프만이 미국암학회의 창립에 깊이 관여했다는 사실은 그가 단순히 역사 속에서 잊힌 통계학자가 아님을 암시한다. 훌륭하지만 눈에 잘 띄지 않는 전문가가 시간이 흐르면서 망각되는 것은 쉽게 이해할 수 있다. 확실히 그런 일은 흔하다. 그러나 호프만의 경우는 눈에 띄었다. 많은 이들에게 미국암학회에서 창립 연설로 여겨지는 연설도 했다. 그는 정말로 잊힌 통계학자였고, 한편으로는 버림받은 지도자이기도 했다. 그는 암에서 영양의 역할에 대한 연구를 늘려야 한다고 주장했지만, 그의 경고와 그의 증거는 마치 어떤 명령을 받은 것처럼 모두 묵살되었다.

호프만이 잊힌 이유가 다른 방식으로 설명될 수 있다고 생각하는 사

람도 있을 것이다. 그의 생각이 1980년대에는, 다시 말해서 미국 국립과
학원 위원회에서 우리가 암과 영양에 대한 문헌을 조사할 무렵에는 이미
시대에 맞지 않는 진부한 생각이었던 것은 아닐까? 어쩌면 지금은 더 진
부해진 것은 아닐까? 어쩌면 그의 발견은 세월이라는 시험을 견디지 못
하고, 나중에 틀린 것으로 증명된 것은 아닐까? 이런 생각도 충분히 해볼
만하지만, 이런 가정들 모두 역사적 증거와는 맞지 않는다. 자세히 살펴
보면, 그의 관측 중에는 오늘날에도 잘 들어맞는 것이 많다는 것들을 알
수 있다. 어떤 관측은 완전히 예언처럼 보일 정도이다.

호프만이 1915년에 대규모로 수행한 암 사망률 연구[7]는 확실히 연구
의 고전으로 평가받을 만하다. 579개의 자료를 인용하고, 처음 221쪽에
서는 통계적 방법론과 결론을 꼼꼼하게 소개한다. 이 논문에서 그는 연령
표준화 자료의 활용이 중요하다는 점을 엄격하게 지적한다. 모집단의 연
령 분포에 따른 차이를 설명하기 위해서 자료를 조정하는 이 방식은 오
늘날 역학 조사에서 필수 사항으로 널리 받아들여지고 있다. 그 자체로도
인상적이지만, 그의 이 연구는 최초의 미국 암 조사[9]의 토대가 되기도 했
다. 다시 말해서, 호프만의 연구는 시대에 맞지 않아서 사라지기는커녕,
훗날 그 분야의 발전을 위한 초석을 닦은 연구였다.

1923년, 호프만은 샌프란시스코 암 조사위원회를 조직하고, 이후 11
년에 걸쳐 9개의 보고서를 내놓았다.[6] 이 조사에서 그는 담배의 영향을
처음으로 분석했고, 마침내 다음과 같은 결론을 내렸다. "미국과 다른 여
러 나라에서 관측되는 폐암 증가는 흡연 습관과 담배 연기의 흡입이 더
흔해진 것과 어느 정도 직접적인 연관이 있을 가능성이 있다. 담배 연기
의 흡입이 암 발병의 위험을 증가시킨다는 것은 의문의 여지가 없다."[10]

그는 여성 흡연이 증가하는 추세에 대해서도 우려를 표했다. 오늘날 우리에게는 너무도 당연한 내용이지만, 호프만의 연구 결과가 나온 시기는 흡연과 폐암에 관한 고전적인 연구인 와인더와 그레이엄의 연구[11]나 돌과 힐의 연구[12]가 발표되기 20년 전이었고, 흡연에 관한 미국 보건총감의 보고서[13]가 발표되기 33년 전이었다. 게다가 내가 그의 연구를 발견한 것은 50년 이상 지난 후인 1980년대 중반이었고, 당시에는 흡연과 폐암에 관한 논쟁이 여전히 진행 중이었다. 나는 옥스퍼드 대학의 저명한 유행병학자인 리처드 돌 경에게 1930년대에 이뤄진 호프만의 연구를 아는지 물었다. 1950년대에 흡연과 폐암 사이의 연관성을 발견하여 여러 번 노벨상 후보에 올랐던 돌 경은 선뜻 그를 기억해내지 못했다. 몇 가지 떠올릴 만한 것을 알려주자, 돌 경은 호프만을 기억해냈다. 그러나 그를 "보험업자"로 기억하고 있었다. 이는 과학자들(가끔 나도 예외가 아니다!)이 앞서 이루어진 연구 결과를 기록하고 기억하는 일에 얼마나 소홀한지, 인정받는 과학 단체에 소속되어 있지 않은 사람들이 내놓은 다른 관점을 때때로 제대로 평가하지 못한다는 것을 보여주는 사례다. 그럼에도, 호프만의 연구는 오늘날에도 아주 잘 어울린다. 이는 그의 연구 결과에 논란의 여지가 없다는 뜻이 아니라, 시대를 앞서간 연구였을지도 모른다는 이야기다.

그는 암과 식단에 관해서 어떤 말을 했을까? 그의 태도는 매우 뚜렷했다. "과도한 영양"은 암의 "주된 원인"이거나 "적어도 첫 번째로 중요한 기여를 하는 요인"이다. 그가 말하는 과도한 영양이란 선진국에서 볼 수 있는 풍부한 식품, 특히 지나친 육류 섭취를 뜻한다.

호프만의 책을 읽었을 때, 나는 이 주제에 관해서 이미 20년 넘게 실험과 연구를 하고 있던 연구자였다. 그의 연구에서 나를 사로잡은 부분은 내 연구에서 관측되었지만 기존 의료계에서는 극히 싫어하는 것들과 비슷한 부분이 많다는 점이었다. 그러나 이런 유사성에 대한 내 첫 반응은 기쁨이나 만족감이 아니었다. 오히려 과학자로서 부끄러웠다. 이 정보는 그리 오래 전도 아닌 1937년에 발표되었고, 그렇게 오랫동안 드러난 연구 역사를 검토했음에도, 나는 그의 연구에 대해 한 번도 들어본 적이 없었다. 혼란스럽기도 하고 걱정이 되기도 했지만, 내 부끄러움은 주로 대규모 집단 기억상실 같은 것에서 비롯되었다. 1913~1937년의 기간 동안, 암의 발병 원인에 대한 우리의 지식에 호프만보다 큰 기여를 한 사람은 거의 없다. 그럼에도 우리는 몰랐다. 오늘날, 어떤 참고문헌 목록에서도 흡연에 관한 그의 논문[10]이나 암과 식단에 관한 그의 기념비적인 1937년 책[2]을 찾을 수 없다.

당시 암 연구계의 거물들은 확실히 그가 암에 대한 조사 자료를 수집하는 것을 반대하지는 않았지만, 그가 수집한 자료의 해석에 대해서는 그렇지 않았다. 네덜란드 흐로닝헌 대학교의 병리학 교수인 H. T. 데일만은 1926년에 모홍크호에서 열린 미국암학회의 학술회의에서 호프만의 1915년 암 지도책이 "훌륭하며 아주 유용하다"고 인정했지만, 뒤이어 그 자료를 해석할 호프만의 권리를 공격했다. 데일만에 따르면, 호프만은 통계학자라는 자신의 역할을 넘어서 "암 연구자의 영역을 침범했다."[14] 같은 미국암학회 회의에서, 그는 자신의 주장을 강조하기 위해서 영국의 종양 이식* 연구자인 어니스트 배시포드의 회의론을 언급하기도 했다[15] 배시포드는 호프만이 인용한 것과 같은 전 세계의 다양한 암 발생률 통계를 신뢰해서는 안 된다고 주장했다. (배시포드의 주장에 따르면, 암 발생률에 대한 통계는 가난한 나라로 갈수록 정확도가 떨어져서 잉글랜드보다 아일랜드의 통계가 조금 더 부정확하다. 그러나 나는 이런 추측성 무시 발언을 뒷받침할 만한 강력한 증거는 찾지 못했다.) 간단히 말해서, 데일만은 암과 식단 사이의 어떤 연관성도 부정했다. 그는 호프만과 다른 이들의 연구를 "겉만 번드레한 주장"이라고 말하면서 단번에 무시했다. 그리고는 "당신의 글의 증거를 가져오라!"고 소리쳤다. 내가 생각하기에 이는 모순적인 주장이다. 데일만은 (1) 이미 제시된 통계를 고려할 생각이 없었고, (2) 그의 공격 대상은 그런 학술회의에서 끊임없이 배제되었기 때문이다.

호프만이나 영양과 암의 관계를 연구한 다른 연구자들은 어떤 위협을 가했을까? 내가 일을 하는 내내 받아왔던 비슷한 반발을 토대로, 몇 가지 가능성을 생각해볼 수 있다. 내 관점이 종종 그랬듯이, 그들의 관점도 외과 수술 시장을 위협했을까?[16, 17] 채식을 지향하는(그렇다고 지지 의사를 항상 뚜렷하게 표현한 것도 아닌²) 그들의 관점이 사회적 규범을 뒤엎고, 그들을 소심하고 나약한 것처럼 보이게 만들었을까? 복잡한 영양학적 문제를 배우지 않아서 잘 이해하지 못한다는 이유만으로, 외과의사나 다른 의료인들이 식단과 영양과 암에 관한 보고서를 무시하고 비난하는 것이 가당한 일일까?

특히 호프만의 경우, 그가 샌프란시스코 암 조사위원회의 8차 연례 보고서에서 "오늘날 식생활의 근본적인 잘못은 단백질과… 설탕의 지나친 섭취"[6]라는 결론을 내린 것이 관련 식품업계의 분노를 자아냈을까? 어쩌면 다른 주제에 관한 그의 관점이 원인이었을지도 모른다. 그는 출생 조

---

* 종양 조직을 한 동물에서 다른 동물로 이식하여 종양이 자라는지를 관찰하는 연구.

절,[18] 공공 보건 정책,[19, 20] 국가 건강보험,[21] 인종,[4, 5] 업무 환경에 관한 입법[21-25]을 포함해 광범위한 쟁점에 대해 공개적으로 의견을 말했다. 그가 이런 문제에 대한 논쟁을 하면서 동료들을 사적으로 자극한 것은 아닐까?* 기관들이 선호하는 대중과의 소통 방식을 그가 위협했고, 그 결과 미국암학회[26, 27]와 영국암캠페인(BECC)[28-30]와 같은 단체의 역할을 약화시켰을까? 미국암학회의 관리 책임자인 조지 소퍼가 암 기관들의 역할을 어떻게 생각하는지는 매우 분명했다.[31, 32] 그는 그런 기관들을 발전시키고 관리하고 알리는 일이 의사, 특히 외과의사의 몫이라고 믿었다. 그는 암에 대한 공적인 정보가 (반드시 그렇지는 않더라도) 기본적으로 의사로부터 나와야 한다고 생각했다.** 호프만의 연구가 무시된 까닭은 그가 어떤 의료기관과도 엮여 있지 않았기 때문일까? 이런 상황이 그에게는 크나큰 자유가 되어 어떤 방향으로든 자유롭게 가설을 탐구할 수 있게 해주었지만, 외부자라는 그의 지위 역시 그런 기관들이 그를 존중하지 않는 이유가 된 것은 아니었을까?

비슷한 질문들은 21세기의 암 연구와 의료에도 그대로 적용될까?

나는 호프만이 무결하다고 말하려는 것이 아니다. 그를 우상으로 만든다면 위험한 실수가 될 것이다. 그럼에도 그는 당시와 근래의 암 연구자

---

* 아프리카계 미국인의 사망률 동향에 대한 그의 초기 연구 중 일부가 비판을 받았지만, 당시 이 연구가 그를 배척한 원인이라거나 암에 대한 그의 연구와 어떤 관련이 있었다는 암시는 없었다.

* 이런 관점의 이면에 있는 근거는 분명하다. 하워드 릴리엔솔의 말에 따르면, "지식인층에 속하는 의사는 적어도 기본적으로 초기에 과감한 악성 종양의 제거가 (영양 같은 다른 방법과는 달리) 효과가 있다는 것을 믿는다.[33] 심지어 영국의 한 암 전문가는 암의 통제에서 암을 알린다는 것이 어느 정도 역할을 할 것이라는 주장을 내놓기도 했다.[34]

들과는 대단히 큰 대조를 이룬다. 다른 여러 동료들과 달리, 그는 암 연구 분야에 발을 들일 당시 영양에 대한 선입견이 없었다. 그는 번번이 자신의 관점을 지나치게 부풀리지 않도록 경계했다. 증거를 주장하기보다는, 거의 항상 후속 연구를 독려했다. 호프만은 1924년에 대규모 환자-대조군 연구[35]를 시작해서 1937년에 보고서[2]를 내놓았는데, 이 보고서에서 그가 내린 결론은 육식이 암 발병 위험에 미치는 영향을 뒷받침하는 증거를 발견하지 못했다는 것이었다. 이 결론은 그가 육식 섭취를 옹호하는 증거라기보다는, 그가 괜찮은 과학자임을 보여주는 증거이다. 연구 대상 환자군과 대조군의 약 99퍼센트가 육식을 했기 때문에, 어떤 방향으로든 그가 내릴 수 있는 결론에는 한계가 있었다. 그는 어떤 경우에는 극히 보수적이다. 1925년[36]에 그가 권장한 가장 좋은 암 통제법은 수술, 방사선 요법, 초기 진단과 같은 당시의 치료 절차였다. 이 결론의 토대가 된 것은 당시의 치료 절차를 뒷받침하는 기존 자료였다(이 자료는 여러 면에서 심각한 결함이 있었고, 이에 대해서는 제3장에서 다룰 것이다). 그러나 대부분의 동료 연구자들과 달리, 호프만은 자신의 관점이나 특정 사례에서 통계의 유용성에 대한 재평가를 두려워하지 않았다. 1927년, 그는 치료의 평가에서 암 생존 자료의 활용에 대한 믿음이 흔들리기 시작했다. 당시 멕시코에서 나온 통계 자료[37]를 연구하고 있던 그는 "양성 종양을 악성 종양으로 오진하는 사례가 다른 사례보다 흔하다는 쪽으로 생각이 기울었다."

만약 그들의 건망증이 없었다면, 오늘날의 암 연구계는 호프만을 어떻게 생각했을까? 새로운 관점을 적용하고, 결코 서둘러 결론에 도달하지 않고, 대체로 열린 마음을 유지하려 했던 그의 뜻을 어떻게 받아들였을까? 유연한 생각에는 그 분야의 지배적인 사고방식과 근본적으로 양립할 수 없는 뭔가가 있는 것일까? 우리가 호프만을 우상으로 만들어서는 안 되는 또 다른 이유는 바로 여기에 있다. 사고의 유연함, 열린 마음, 경계심과 같은 그의 특성은 그가 괜찮은 과학자라는 증거일 뿐이다. 천재나 성자에게 필요한 자질이 아니다. 우리 연구자 모두가 기준으로 삼아야 할 규범이다. 사고의 유연함과 열린 마음이 규범이 아니라 예외인 세계는 비옥한 진리의 온상이 될 수 없다.

그런 문제에 대해, 오늘날 암 연구계는 호프만의 동료들과 그 전임자들을 어떻게 생각할까?

가까이 둬야 할 것과 버려야 할 것

이런 역사를 깊이 파고들어가는 동안, 나는 호프만이 언급한 연구를 가능한 한 많이 읽으려고 노력했다. 그 결과, 영양과 암에 대해 내가 갖고 있던 것과 비슷한 의문과 씨름한 다양하고 매력적인 다른 역사적인 인물들도 발견하게 되었다. 내가 "어른이 될" 때까지 금지된 것처럼 보이는 이런 의문들에 대해 문제를 제기하는 것만으로도 동료들 사이에서 내 평판에 위협이 될 정도의 금기라는 점은 암과 영양에 대한 연구를 둘러싼 담론이 호프만과 그의 동료들의 시대 이래로 경직되었음을 암시한다. 그렇다고 당시의 담론이 이상적인 것도 아니었다. 직업적인 평판 문제는 확실히 존재했다. 실제든 상상이든, 그 평판은 내가 조사한 시대 전반에 걸쳐서 호프만이 말할 수 있도록 허용되는 것과 그렇지 않은 것에 영향을 미쳤고, 그가 여러 경계에 부딪쳤다는 사실은 부인할 수 없다. 그러나 호프만이 있기 한참 전에는, 특히 19세기에는 논란이 되는 정보의 교환이 개방적이고, 활기차고, 풍성하게 이루어졌다.

호프만이 검토한 200년 치의 문헌 전체에 걸쳐서, 다양한 식품이 암의 유행에 기여한다는 비난을 받았다. 그러나 일반적인 권장 사항은 "영양 과다overnutrition"(호프만이 경고한 "과도한 영양"과 같은 뜻이다)를 피하라는 것이었다. 영양 과다는 열량 초과뿐 아니라 과도하게 섭취하는 식품의 유형으로도 결정되었다. 개개의 식품군에 대해서는 육류 섭취를 줄이고 과일과 채소의 섭취를 늘리라는 것이 가장 일반적인 권장 사항이었다. 호프만에 따르면, 개별적인 영양소 중에서 영양 과다와 가장 자주 연관되는 영양소는 단백질이었다. '호프만은 이와 관련해서 윌리엄 램과 19세기 초기를 언급한다.

윌리엄 램은 런던의 왕립외과의사협회 회원이었다. 그는 1809년[38]과 1815년[39]에 "과도한 식품 섭취, 특히 육류와 다른 단백질 제품의 위험을" 경고했다.* 그는 런던의 유명한 미들섹스 병원에서 유방암 환자들을 대상으로 "채소 식단"의 효과를 연구해보자고 동료들에게 두 차례 제안했지만, 그의 동료들은 두 번 다 그 제안을 거부했다.[40] 여러 글을 통해서 볼 때, 주위에서는 램을 괴짜로 여겼고 고기 없는 식단을 옹호하는 그의 태도("채식주의자vegetarian"라는 단어는 19세기 중반이 되어서야 생겼다)는 그의 연구 제안을 거부한 미들섹스의 암 수술 전문의들[40]을 포함하여 많은 이들의 조롱을 받았던 것으로 보인다. 따라서 램은 중요한 인물이었고, 시대를

---

* 1908년에 W. 로저 윌리엄과 호프만이 둘 다 인용한 이 글에는 육류 섭취를 매우 강하게 반대하는 램의 관점이 그대로 드러난다. 나는 램의 두 책에서 이 글을 찾지는 못했지만, 이 인용문은 다른 곳에 공개된 그의 관점을 정확하게 보여준다.

앞서서 암과 영양 사이의 연관성을 연구했다. 그러나 너무 많은 배척을 당하면서 그의 가능성을 제대로 펼치지 못했다.

그렇다고 해서 그의 권장 사항에 대한 지지나 적용이 없었다는 뜻은 아니다. 그 시대에 큰 존경을 받았던 인물인 존 애버네시는 "램 박사가 추천한 (식이)요법의 힘은 공정하게 평가받아야 한다"고 말했다. 애버네시의 말에 따르면, 램 박사는 18세까지는 "허약했고 병치레가 잦았다." 어느 시점이 되자, 그는 "언제인가부터 계속 생각하고 있던 것"을 (1806년 2월에) "마침내" 감행했다. "동물성 식품과 그와 비슷한 모든 것을 먹지 않고, 완전히 식물성 식품에 한해서만 섭취하기로 결심했다." 그는 "이런 변화를 준 다음부터는 조금도 아프지 않았고… 힘이나 살이 빠지거나 기분이 가라앉는 일이 없었다"고 썼다.[41] 다른 친구이자 동료에 따르면, 72세의 램은 다음과 같았다.

그의 행동과 외모에는 매우 품위 있는 노신사의 면모가 보인다…. 그는 40세 때보다 지금의 건강이 좋아진 것 같고… 지금까지 살아온 것처럼 30년은 더 살 것 같다고 말했다…. 그는 72세의 고령임에도, 매일 아침 집에서 약 5킬로미터 떨어진 시내까지 걸어갔다가 밤에 돌아온다.[41]

개인적인 삶 외에도, 램은 나중에 "암 환자의 치료에 그의 식단을 활용하기 시작했고" 애버네시는 또 다시 그를 지지했다. 애버네시는 "우리 몸은 채소만으로 완벽하게 영양을 공급받을 수 있다"는 점, "체질에 일어나는 모든 변화는 약보다는 식단과 생활습관 변화에 큰 영향을 받는다"

는 점, 램의 식단은 "약도 소용없고 수술을 해도 일시적으로만 완화될 뿐인 환자에게 희망과 위안을 준다"는 점을 조목조목 설명했다. 그러나 저명한 애버네시의 지원에도 불구하고, 램의 동료들은 그의 연구 제안을 또다시 거부했다.*

호프만의 견해에 따르면,[2] 1849년에 "암이 영양 관련 질환임을 암시하는 최초로 확실한 증거"를 제시한 사람은 램이 아니라 존 휴스 베넷이었다. 베넷은 에든버러 대학교의 수석 임상의학 교수였고, 그 대학에서 암과 체지방 사이의 관계를 연구했다. 이 관계에 대해, 베넷은 다음과 같이 말했다. "(암에서와 같은) 과도한 세포의 발달은 원래는 기본적인 과립체와 핵에 있어야 할 지질 성분의 양을 줄어들게 함으로써 물질적인 변형을 만들 것이다. 비만과 지방 형성 경향을 줄어들게 하는 상황들은 경험적으로 볼 때 암이 형성되는 경향과 상반되는 것으로 보인다."[42] 쉽게 말하자면, (식단을 포함하여) 지방 형성을 줄이는 습관들이 암 성장 위험을 낮아지게 한다는 것이다. 1865년,[43] 베넷은 종양의 성장이 "과도한 영양"과

---

* 그로부터 200년이 넘게 시간이 흐른 지금, 램이 제안한 유방암 환자에 대한 실험이 마침내 진행 중이다. 의사 부부인 내 아들 탐과 며느리 에린이 전문적인 승인을 받아서 4기 유방암 환자를 대상으로 연구를 수행하고 있다. 이 새로운 연구는 아들이 몸담고 있는 로체스터 대학병원 연구심의위원회의 세심한 심의 끝에 승인되었다. 승인을 받기까지의 과정은 더디고 어려웠다. 암 전문가 집단 내에는, 램이 말하는 "채소 식단"이 제공하는 영양에 대한 뿌리 깊은 의심이 남아 있다. 영양은 암과 아무 관련이 없고, 특히 치료법으로는 가당치도 않다는 것이다. 이 새로운 연구 제안을 심사한 위원회는 자연식물식 식단을 단독으로 실험하는 것을 제한하고 전통적인 약물 치료에 부가적으로만 실험하라는 조건을 내걸었는데, 이는 의료계의 신중한 가부장적 태도를 잘 보여준다. 심지어 자연식물식 식단만 하겠다고 선택한 환자들에게조차도 의료 당국은 "증명된" 화학 요법 약물 치료를 병행할 것을 강요한다. 그런 약물은 효과가 대단히 의심스러운 것부터 효과가 입증되지 않은 것까지 다양하지만, 전혀 개의치 않는다.

연관이 있다고 확신하고 특별한 권장 사항을 추가했다. "암종carcinoma 에서… 그 본체는… 대부분 지방질이기 때문에, 음식에서 이런 요소를 줄이는 것을 목표로 삼아야 한다." 이런 면에서는 오늘날의 증거들은 그의 주장을 뒷받침한다. 오늘날에는 비만과 암의 연관성을 암시하는 증거가 상당히 많다. 물론 그의 주장이 다 옳은 것은 아니다. 지방 섭취를 줄이면 체지방 수치가 반드시 조절될 것이라는 그의 생각은 오늘날의 증거들을 고려하면 지나치게 단순하다.

베넷은 1849년에 자신의 책 후기[42]에서, 조지 매킬와인이 1845년에 발표한 책을 추천했다.[44] 매킬와인도 과식이 암과 연관이 있다고 생각한 연구자이자 의사였으며, "기름진 것, 지방, 알코올"이 간에 독소로 작용한다고 강력하게 경고했다. 나아가 매킬와인은 암의 원인에 대해서 이렇게 말했다. "나는 (암의) 원인에 대해서 적어도 이것만은 확신한다. 음식에 뭔가 예사롭지 않은 것이 포함되어 있거나, 소화기관의 일부가 뭔가 특이한 방식으로 작동하고 있는 것이다. 또는 둘 다일 수도 있다. 이 점은 확실해 보인다." 내가 봤을 때 매킬와인의 특별한 점은 음식이 암에 미치는 영향을 생각하면서 특정 영양소에 초점을 맞춘 것이 아니라 식단 전체의 광범위한 효과를 고려했다는 점이다. 매킬와인 역시 식이지방에 대한 베넷의 우려에 공감했으리라는 점에는 의심의 여지가 없지만, 그는 하나의 영양소에만 초점을 맞추지는 않았다.

수십 년이 흐르는 동안에도, 이렇게 암에서 식단의 역할을 공개적으로 이야기하는 의학 권위자들의 명맥은 끊이지 않았다. 잉글랜드 왕립외과의사협회의 존 쇼는 1907년에 암을 억제하기 위해서는 식물성 식품의 섭취는 늘리고, 동물성 식품, 알코올, 차, 담배, 약물은 줄일 것을 권고했다.[45] 그로부터 딱 1년 후에 런던 왕립외과의사협회 회원인 W. 로저 윌리엄스는 암의 역사를 광범위하게 다룬 책을 발표했는데, 이 책에서는 영양이 암 연구에서 중추적인 역할을 해야 한다고 주장한다. 호프만에 따르면, 이 책은 이 분야의 고전이 되었어야 했다. "암 연구 문헌의 신기원(을 기록했고), 모든 주제를 완전히 공평하게 검토함으로써 암 연구에서 가장 중요한 고전이 되었다."

윌리엄스의 글에 따르면, "암에 걸리는 성향을 결정하는 단일 요인 중에서, 과도한 영양 섭취보다 강력한 요인은 없을 것이다." 과잉에 대한 이런 염려에는 이제 익숙해져야 한다. 이 점을 좀 더 자세히 설명하자면, 윌리엄스는 "이 시대의 특징인 프로테이드proteid(단백질의 옛 용어-옮긴이)의 탐식, 특히 육류의 지나친 섭취," 불충분한 채소 섭취, 좌식 생활방식을 중요한 요인으로 꼽았다. (그로부터 1세기 이상 지난 지금, 식탐이 더욱 강해진 우리의 육류 소비를 윌리엄스는 어떻게 생각할지 궁금하다.)

윌리엄스의 책에서 마지막으로 흥미로운 점은 암 발병 위험에서 환경적 기원과 이주의 효과를 강조하는 것이다. 미국과 세계 전체에 걸쳐 불균등하게 나타나는 질병의 분포 역시 호프만을 매료시킨 주제였다. 질병의 불균등한 분포는 (제1장에서 언급한) 이주에 대한 연구와 결합하여, 암이 생활 방식의 요소들(역시 "환경"이라고 말할 수 있다)과 연관이 있다는 것을 암시한다. 이보다 훨씬 앞서, 1846년에 이와 비슷한 관점을 설명한 사람이 있었다. 저명한 의사이자 연구자인 월터 헤일 월시[46]는 암이 기본적으로 "문명" 병이라는 것을 보여주는 암 사망률 자료를 제시했다.

지혜 되살리기

이런 인물들과 그들의 위대한 연구에 대한 이야기만으로도 책 한 권을 너끈히 만들 수 있겠지만, 내가 말하고자 하는 바는 충분히 전달되었을 것이라고 생각한다. 암(그리고 더 일반적인 병)의 형성에서 영양의 역할에 대한 확신과 조사는 아주 오랜 전통을 지니고 있다. 이 분야는 발전이 더디고 종종 부당한 의심을 받기도 했지만, 적어도 특정 과학자 집단에서는 노력이나 관심이 부족한 것은 아니었다. 그러나 암에서 식단의 효과를 연구하자는 제안을 했으나 동료 의사들에게 거부당한 램의 사례나 역사에서 잊힌 호프만의 사례, 그 외 다른 사례에서 볼 수 있듯이 많은 어려움이 있었다. 권위자들은 이 문제에 대한 설득력 있는 증거가 부족하다고 한탄하지만, 이미 나와 있는 증거들을 무시하고 그런 증거들이 원활하게 공급되는 것을 사전에 방해하는 이들도 그 권위자들인 경우가 종종 있다. 나는 어떤 음모론을 제기하는 것이 아니라 역사적 사실을 말하고 있는 것이다.

이 시기에는 내가 인용할 만한 연구를 한 다른 인물들도 많다. 이런 초기 문헌에 대한 내 조사가 비록 완전하지는 못하지만, 내가 느끼기에 호프만의『암과 식단』에는 영양과 암을 둘러싼 담론이 일부분만 담겨 있다 (약 20~30퍼센트에 불과하다). 그럼에도, 이 발견들 중에는 오늘날의 증거에 비추어 볼 때 독특한 통찰을 보여주는 것이 많다. 다음은 그런 보석과 같은 몇 가지 통찰들이다.

• 왕립외과의사협회 회원이자 암에 대한 여러 임상 관찰 기록을 남긴

존 하워드가 1811년에 쓴 글[47]과 이후 175년에 걸쳐서 여러 다른 저자들이 내놓은 글(1932년에 W. B. 톰슨이 내놓은 광범위한 논평[48]도 그 중 하나다)의 주장에 따르면, 변비는 암의 중요한 전조 증상이다. 하워드는 40년 동안 암 환자를 진료한 후에 이런 관점을 갖게 되었다. 당시의 조사에서도 오늘날과 마찬가지로, 식물성 식품이 변비를 예방했다. 대장암과 서구의 다른 병들이 이렇게 변비와 연관이 있는 까닭은 1975년 데니스 버킷의 조사 결과처럼, 식물에서만 발견되는 영양 성분인 식이섬유의 섭취가 오랫동안 부족한 탓이다.[49]

• 존 휴스 베넷은 1849년[42]에 영양 기준은 상한선과 하한선을 모두 반영해야 한다고 권장하면서, 다음과 같이 말했다. "어떤 경우에는 (결핵의 위험을 줄이기 위해서) 모든 방법을 동원하여 영양 섭취량을 평균보다 훨씬 늘려야 하고, 어떤 경우에는 (암의 위험을 줄이기 위해서) 평균 이하로 줄여야 한다."

• J. 브레이스웨이트는 1901년[50]에 암의 3대 원인으로 소금, 과도한 영양 섭취(특히 육류), "영양이 부족한(비효율적인) 낡은 세포"를 꼽았다.

• 프랜시스 헤어는 1905년[51]에 "전문가들 사이에서 오랫동안 지속되고 있는 생각"에 대해 묘사했는데, "악성 질환의 증가가 세계적으로 싼 값에 질 좋은 식량 공급이 증가한 것과 어느 정도 연관이 있다는 내용"이었다. 1905년에… 오랫동안 지속되고 있는 생각이라고?

• 1908년,[52] 앞서 언급한 로저 윌리엄스는 당시의 "좋은 영양"(즉 고기를 많이 먹는 풍족한 식사)과 암, 심장병, 당뇨병, 관절염, 담석증 사이의 밀접한 관계를 증명했다.

• 톰슨은 1932년[48]에 "음식은 암 연구에서 의심의 여지없이 매우 중요하다"고 주장했다. 1932년에… 의심의 여지없이 매우 중요하다고? 게다가 그의 경고에 따르면, "많은 외과의사, 방사선 전문의, 화학 요법 전문의는 암의 원인과 억제와 치료에 음식이 어떤 영향을 미친다는 생각을 비웃고, 수술 직후와 방사선 치료를 받는 도중에도 가능한 한 빨리 환자들이 정상적인 식사를 해야 한다는 신념을 갖고 있다." 이런 점은 거의 변하지 않았다. 암 전문가들은 영양의 효과를 계속 무시해왔다. 수술, 방사선 요법, 화학 요법에 크게 의지하며, 우리는 종종 수술 후에 "정상적인 식사"를 받는 입원 환자에 대한 이야기를 듣는다.

이런 통찰들은 1982년 미국 국립과학원 보고서뿐 아니라, 이 19세기와 20세기의 암 전문가들도 훨씬 더 거대한 행렬의 일부일 뿐이라는 것을 강조한다. 식단, 영양, 암에 관한 문헌은 오늘날 독자들이 생각하는 것보다 훨씬 더 오래 전부터 있어왔고, 고대 그리스[53]와 중국[54]까지 거슬러 올라간다. 내게는 확실히 뜻밖이었다. 영양-암 연관성이 오랫동안 지속되고 있는 생각이라는 헤어의 묘사는 전적으로 옳았다. 우리는 이런 오랜 지혜를 잊고 있었을 뿐이다.

1980년대에 내가 이 연구를 재발견했을 당시, 그리고 확실히 오늘날까지도, 암은 유전병이기 때문에 영양과는 큰 연관이 없다는 생각이 주를 이뤘다. 앞 장에서 논의했듯이, 이와 유사한 태도는 다른 생활습관병의 연구와 치료에도 만연해 있다. 그러나 1676년으로 거슬러 올라가면, 리처드 와이즈먼[55]은 암이 "잘못된 식단으로 인해 발생하는 병일지도 모른다"는 결론을 내렸다. "1차적인 혼합*에서 잘못 만난 고기와 술은 엄청난 독성**을 만들고, 이 독성이 창자에서 해독되지 않고 피 속으로 들어간다"는 것이다. 그가 선호한 치료법은 무엇이었을까? 정확하게 "식단과 생활방식의 조절하고, 피에 독성이 될 수 있는 짜고 자극적이고 질이 좋지 않은 고기의 과식을 삼가는 것"이었다. 그렇다. 의사들은 암의 예방과 심지어 치료에까지 식습관의 개입을 350년 넘게 요구하고 있었다! 하지만 아무도 그들의 목소리를 기억하고 못하고 있다.

제1부의 중심 주제로 돌아가서, 새로운 정보를 하나 더하자면, 자연식물식 식단이 논란이 되는 이유는 질병의 원인과 치료에 대한 전통적인 태도와 지배적인 생각에 도전하기 때문이다. 그러나 이런 태도가 항상 논란이었던 것도 아니고, 그런 이야기들이 항상 지배적이었던 것도 아니다. 이 책에서 인용한 여러 역사 속 인물이 내가 제안하는 자연식물식과 정확히 똑같은 식단을 옹호한 것은 아니었지만, 전하고자 하는 바는 대체로 일치한다. 암과 관련해서는 우리가 먹는 음식이 중요하며, 어떤 음식(특히 동물성 단백질을 포함하는 식품)은 그런 면에서 특히 해롭다. 이 개념이 금기가 되기까지의 과정은 더 큰 관심을 받아 마땅하며, 여러 의문을 불러일으킨다.

- 과학에서는 역사가 어떻게 기록되고 보존되는가?
- 그 역사를 연구하기 위해서 어떤 노력이 이루어졌는가?

* 위와 장에서 (음식의) 소화
** 맛이나 다른 신체 감각에 나타나는 매우 날카로운 자극, 통증, 염증.

- 과학에서는 담론이 어떻게 형성되고, 시간이 흐르면서 그 과정은 어떻게 바뀌었는가?
- 이후의 담론은 조사할 문제들과 승인된 연구 방식을 어떻게 형성하는가?
- 연구 조사의 결과는 대중에게 어떻게 도달되는가?

이런 의문과 다른 의문에 관심을 기울일수록, 나는 우리의 부자연스러운 망각이 암 관련 기관들의 설립과 맞닿아 있음을 알게 되었다. 그들은 막강한 힘으로, 위에서 다룬 모든 것들을 결정할 수 있다. 여기에는 역사, 교육, 담론, 조사할 문제들, 허용되는 방법, 대중과의 소통뿐 아니라 그 외 많은 것들이 포함된다.

Chapter ❸
관행화된 질병관리

철학은 생각이 아니라 행동이다.
-루트비히 비트겐슈타인

영양이 암의 중요한 유발 요인이라는 것을 인정하는 논평이 과거에 그렇게 많았다는 사실을 통해서 중요하고 흥미로운 시각을 엿볼 수 있기는 하지만, 이는 현재의 우리와는 너무나 거리가 멀다. 확실히 영양-암 연관성에 대한 이런 인정은 암이나 선진국에서 흔히 발견되는 다른 질병에 대한 연구와 치료 방향과는 더 이상 일치하지 않는다. 그러면 이런 의문이 생긴다. 무엇이 변한 것일까?

영양을 옹호한 이들이 왜 무시되었는지를 설명하기 위해서는 영양과 경쟁적 관계에 있는 다른 의료 행위를 둘러싼 초기 논쟁을 세밀하게 들여다보아야 한다. 우리는 그 논쟁들 속에서 영양의 역할을 받아들일지, 배척할지에 무엇보다도 중요한 영향을 준 질문 하나를 발견했다. 바로 암은 국소병인가, 체질병인가에 대한 질문이었다. 암 전문가들은 맨 처음부터 이 질문과 씨름했다. 예방에서 치료까지, 어떤 실험을 하고 어떤 교육을 하고 어떤 공공 정책을 만들지에 이르기까지, 모든 측면에서 그들의 접근 방식을 결정하는 질문이었기 때문이다.

이 용어들을 정의하자면, 국소병은 몸의 특정 부분을 공격하고 특정 원인에 의해 일어난다. 따라서 정확하게 대처할 수 있다. 여기서는 특수성, 특이성, 정확성이 핵심이다. 암이 국소병이라는 학설의 초기 지지자들은 상처, 세균, 기생충, 바이러스처럼 독립적이고 식별 가능한 인자가 암의 발병 요인이라고 믿었다. (오늘날, 하나의 유전자나 하나의 환경 독소에 초점을 맞추는 암 연구자들은 이와 동일한 원리를 반영하고 있는 것이다.) 이런 믿음은 암을 국지적으로 (그리고 간단히) 치료할 수 있을 것이라는 결론에 이르게 했다. 이런 논쟁의 초기에 "국지적" 치료란 수술을 의미했다. 이 학설이 왜 인기를 얻었는지는 쉽게 이해할 수 있다. 외과의사는 명성과 힘이 있는 자리를 차지하고 있고, 이 학설은 간단명료해서 합리적인 마음에 쏙 든다. 질병의 진단("이 암은 유방암이고, 특별한 인자에 의해 발생한다")이 치료 처방("유방을 절제하여 암을 제거한다")으로도 잘 바뀔 수 있다.

이와 대조적으로, 암의 체질병 학설은 더 근원적인 것, 이를테면 영양의 기능을 특징짓는 복잡한 물질대사 경로와 연관된 뭔가에서 암이 기원한다는 주장이다.[1, 2] 특정 암 유발 요인에 의존하는 국소병 학설과 비교하면, 체질병 학설에서 제시하는 원인은 포착하기가 어렵다. 상처, 세균, 기생충, 바이러스 같은 믿을 만한 인자를 내놓는 국소병 학설의 주창자들과 달리, 초기의 체질병 학설 지지자들은 여러 요인이 다중으로 작용할 가능성을 제시했다.[3-5] 암이 다중 원인 질환일 수도 있다는 주장은 수많은 출판물에서 볼 수 있었다.

• 1888년, 앞서 언급했던 W. 로저 윌리엄스(제2장)는 영국의 외과의사인 캠벨 드모르간의 말을 인용했다. 드모르간은 파이프 담배 흡연자 중에 입술암이 생긴 사람이나 굴뚝 청소부 중에 고환암이 생긴 사람이 아무리 많아도, "대부분은 암에 걸리지 않는다는 점이 당신을 괴롭힐 것"이라고 관측했다.[6] 아이러니하게도, 드모르간은 국소병 학설을 선호했지만 그의 이 말과 윌리엄스의 해석은 입술암과 고환 암의 사례에서 확실히 눈에 덜 보이는 요소들, 어쩌면 요소들의 조합까지도 암시하는 것일 수도 있다.

• 1924년, 내과의사인 J. E. 바커는 비타민 결핍으로 인해 암이 생긴다는 가설을 내놓았다.[7] 이에 대해, 안드레아 라바글라티[3]라는 또 다른 의사는 식단 전체가 큰 역할을 한다고 응답했다. (그로부터 얼마 후, 영양은 복합적인 비타민과 이와 동시에 작용하는 여러 다른 요소들로 구성된다는 것이 발견되었다. 이로 인해서, 암에서 영양이 어떤 역할을 한다는 제안은 모두 암이 다원적 요인에 의한 질환이라는 주장이 되고, 체질병 학설에 대한 지지가 되었다.)

• 1907년[8]과 1912년[4], R. 러셀은 암의 다원적 요인을 강조했다. 그는 동물의 살코기 섭취를 주요 원인의 하나로 목록에 올리기는 했지만, "다른 자극 없이 동물의 살코기 자체만으로 반드시 더 많은 암을 일으키는 것으로는 보이지 않는다"는 통찰력 있는 주의를 주기도 했다.[8]

이 마지막 의견에 대해서는, 내 자신의 실험 결과와 다른 증거들 모두 러셀의 생각과 일치하는 경향이 나타난다. 동물성 단백질 섭취와 암 발병 위험 사이의 상관관계는 매우 강하지만, 이 등식은 동물성 단백질=질병처럼 단순한 것은 아니다. (때로 사람들은 이런 단순한 등식을 내 주장이라면서 공격하지만, 그것은 내 자신의 해석을 정확히 대변하는 것이 아니다.) 그보다는, 동물성 단백질 섭취는 암에 직접적 영향과 간접적 영향을 모두 끼친다. 간접적 영향 중 하나는 동물 기반 식품을 많이 먹을수록 항산화제, 섬유질, 몸을 보호하는 다른 영양소가 가득해서 암을 예방할 수 있는 식물 기반 식품을 덜 먹게 된다는 점이다.[9] 서론의 영양 조성에 관한 부분을 떠올려보자. 여기에 다시 붙여 넣은 영양조성 표에는 이 점이 잘 드러난다. 특히, 동물성 식품에는 대단히 중요한 항산화제, 복합탄수화물, 비타민이 사실상 거의 없다는 점에 주목하자(최근에 식물을 먹은 동물의 조직에서만 예외적으로 소량의 항산화제와 비타민이 드물게 발견된다).

영양 조성*

성분	식물	동물
항산화제	식물에서만 만들어진다	거의 없다
복합 탄수화물	식물에서만 만들어진다	없다
비타민	식물에서 만들어진다	거의 없다
지방	~9–11%	~15–20%
단백질	~9–11%	~15–20%

*가공식품은 영양 조성이 다양하고, 더 나쁠 가능성이 크다.

　국소병 학설 옹호자들이 지지하는 외과적 접근법과 달리, 영양은 매우 복잡하고 서로 연결되어 있는 과정이다. 암의 유발이나 예방에서 영양의 역할을 주장하는 사람들은 필수적으로 다원적 요소들을 고려해야만 한다. 이는 이 장의 앞부분에서 설명한 큰 미묘한 차이에서 (그리고 불확실성에서도) 분명하게 드러난다. 프레더릭 호프만에 따르면,[10] 1921년에 루셔스 덩컨 버클리라는 내과의사는 암 발병에서 영양의 역할을 알아차리기는 했지만,[11] "암에 걸린 신체의 상태를 이해하고 올바른 처치를 하는 것이 진정한 기본 요소인데, 그러기 위해서는 기본적으로 물질대사와 영양과 관련된 여러 복잡한 과정에 대한 대단히 폭넓은 시야를 갖춰야 한다"는 점에는 주의를 기울이지 않았다. 1923년,[12] 호프만은 "만약 어떤 하나의 '원인'에 의해 암이 생긴다는 것이 밝혀진다면, 환경의 여러 가지 습관에 의해 암이 생기는 것이 훨씬 더 그럴싸해 보이지 않을까"하는 의문을 품었다. 그는 이런 관점을 1924년,[13] 1933년,[14] 1937년[10]에 다시 밝혔다. 호프만은 프랑크푸르트 대학교의 병리학연구소 소장인 베른하르트 피셔-바셀스의 말도 인용했는데, 피셔 바셀스는 1935년에 영양의 복잡성을 강조했다. 앞서 언급했던 윌리엄스 역시 다원적 요소들의 중요성을 강조했다.[15] 이런 복잡한 생물학적 문제가 주어지자, 그는 1908년에 단순한 해결책(예를 들면 당시 광고하던 화학 요법)의 개념에 대한 반대론을 펼쳤다. 그는 "과도한" 영양에 대한 글을 대단히 많이 남겼는데, 여기에도 당연히 셀 수 없이 많은 영양소가 고도로 복잡한 인과관계 속에서 상호작용을 하고 있었다.

당시 역사에서 우리는 대체로 대립 관계에 있는 두 학설을 볼 수 있다. 그러나 이 두 학설이 모든 수준에서 대립한 것은 아니다. 이를테면, 암을 체질병으로 보더라도 외과 수술로 종양을 제거하는 것이 가능하다. 제거되는 암이 이른바 양성 종양이나 비전이성 종양처럼 단독으로 존재할 때에는 특히 더 그렇다. 두 학설의 차이는 병의 원인을 보는 시각과 수술 후 대처 방향에 있다. 국소병 학설을 주장하는 사람들은 독성 화학물질(독극물), 바이러스, 상처와 같은 암을 유발하는 특정 요인을 피하는 것에 초점을 맞췄고, 종양의 제거를 암에 대한 승리로 여겼다. 그들은 암의 예방과 치료에서 영양을 중요한 부분으로 여기지 않았다. 체질병 학설을 주장하는 사람들 역시 환경 속 독소와 바이러스를 피하려고 하는데, 이는 암과 관련해서 뿐만 아니라 여러 다른 이유 때문이다. 또한 그들은 수술을 병행하면서, 암의 근본적 원인이라고 생각되는 영양과 같은 것들을 공략하는 방법도 쓸 것이다.

이 두 학설이 대립하지 않게 되는 곳은 체질병 학설이 완전히 적용되는 곳이다. 국소적 치료 프로토콜의 필요성이 크게 감소할 것이기 때문이다. 마찬가지로, 국소병 학설의 완전한 적용은 체질병적 치료 프로토콜이 보조적인 방식으로라도 들어간 자리를 거의 사라지게 만든다. 체질병 학설이 완전하게 적용되면 국소병적 치료 프로토콜의 필요성에 의문을 갖게 되듯이, 국소병 학설의 완전한 적용은 질병의 체질적 기원과 치료에 대한 관심을 점점 더 사그라지게 한다. 암 전문가들의 관점이 이 둘 중 하나로 국한됨으로써 우리가 받을 수 있는 치료의 다양성과 선택 범위가 사실상 제한된다면, 이는 공공을 위해서도 큰 손해이다.

국소병 학설의 승리

암의 원인에 대한 이 두 학설의 전쟁은 1세기 넘게 이어졌고, 각 입장의 밑바탕을 이루는 상반된 가정과 소신을 생각하면 그 기간은 훨씬 더 길다. 일찍이 1784년, 에든버러의 벤저민 벨은 유방암이 국소병이며 수술이 최선의 치료법이라고 주장했다.[16] 1816년에 내과의사인 존 애버네시는 이 주장에 동의하지 않았다. 윌리엄 램도 그랬고,[17, 18] 존 하워드도 1810년대에는 마찬가지였다.[19] 애버네시의 의견에 따르면, "수술이 최적의 시기에 최고로 잘 되었더라도 병에 걸리는 성향이 강력하고 활성화되어 있는 체질일 때에는 불명예만 안겨줄 뿐이다."

그로부터 약 20년 후인 1844년에 파리에서 열린 프랑스 외과학회 회의에 대한 J. H. 베넷[20]의 보고서에 따르면, 프랑스의 내과의사인 장 쿠뤼베이에가 이런 견해를 다시 밝혔을 때 그는 소수파였다. "암은 항상 체질문제로 결정되었고, 국소적인 병은 원인이 아니라 결과였다. 그런데 원인을 남겨두고 결과만 제거하는 것은 비이성적인 관행이었다." 그러나 알다시피, 외과의사들은 오랫동안 국소병 학설을 선호했고, 쿠뤼베이에의 동료들도 그런 면에서는 다르지 않았다. 그들은 "따라야 할 최고의 규칙은 가능한 한 초기에 (종양을) 제거하는 것"이라고 주장했다. 다시 말해서, 그들의 업무에 더 익숙한 철학을 옹호했다.

이 논쟁은 1800년대 내내 거의 같은 방식으로 공방이 계속되었다. 1874년에 런던병리학회[21]는 암이 국소병인지 체질병인지에 대한 토론을 개최했고, 이 문제는 큰 관심을 받게 되었다. 이 토론은 의학의 미래를 위해서 이 주제가 얼마나 중요한지를 잘 보여준다. 런던병리학회의 이 토론에서는 아무 결론도 나지 않았다. 좋든 나쁘든, 교착 상태로 끝난 것인데, 대체로 그 이유는 많은 이들, 특히 외과의사들이 국소병 학설의 단순함이라는 매력을 선호했기 때문이다. 1879년, R. 미첼[22]은 국소병 학설을 반영하여, "모든 특정 질병은 그 기원과 존재가 하나의 개별적인 원인에 의존하며, 여러 원인들이 복합되어 일어나는 것이 아니다"라고 말했다. 가장 병을 많이 일으킨다는 혐의를 받은 악명 높은 병인으로는 빈랑betel nut(종려나무의 일종, 열매는 각성 효과가 있는 기호품이다-옮긴이), 굴뚝의 검댕, 뜨거운 연초 파이프와 같은 것들을 포함되었다. 이 물질들은 저마다 구강암, 고환암, 입술암을 일으키는 것으로 추정되었고, 외과의사들은 이 추정을 별 저항 없이 받아들였다.* 앞서 언급한 버클리[11, 23]는 암에서 단일 원인에 초점을 맞추는 그의 동시대인들의 편협함을 다음과 같이 표현했다. "기생충 감염(그리고 '국소적인 상처와 염증')과 같은 외적 요인을 끊임없이 탐색해왔지만, 소용이 없었다."

당시 의학계에서 수술의 인기를 생각하면, 국소병 학설이 쇠퇴한다는 것은 있을 수 없는 일이었다. 수술은 갑자기 사라지거나 영양 조절 학설에 굴복할 것 같지는 않았다. 그럼에도 관심과 지원이 조금만 더 있었다면, 질병의 원인이 체질이라는 학설이 승리를 거둬서 역사의 방향이 바뀔 수도 있었을지 모른다. 하지만 그렇게 되지는 않았다. 체질병 학설 쪽으로 조금씩 옮겨가지 않고, 19세기 말에 논쟁의 분위기가 크게 요동치더니 완전히 국소병 학설 쪽으로 분위기가 전환되었다. 그 이유는 체질병 학설이 틀렸다고 증명되었기 때문도 아니었고, 수술이 특별히 훌륭했기 때문도 아니었다. 바로 방사선과 화학 요법 때문이었다. 체질병 학설 지지자들은 이제 더 이상 수적으로 우세하지 않았다. 외과의사들만이 아니라, 방사선 치료와 화학 요법 치료를 하는 새로운 집단이 국소병 학설에

---

* 오늘날의 증거로 볼 때, 일반적인 수준의 노출에서는 단일 발암물질이 암 발병 위험을 충분히 증가시키는 일은 있다고 해도 매우 드물다. 미첼 같은 초기 연구자들은 당시에 몰랐을 수도 있지만, 의심스러운 증거들을 여전히 무시하고 단일 발암물질을 원인으로 지목하는 오늘날의 많은 전문가들에게는 변명의 여지가 없다.

가세했다. 병이 발생한 부위를 국지적인 수준에서 매우 정확하게 표적화하는 이 기술들은 외과 수술과 매우 유사한 치료 방식을 구사했고, 그로 인해 암의 원인이 되는 복잡한 물질대사와 씨름하려는 사람들은 소수가 되었다.

화학 요법과 방사선 치료가 부상함에 따라, 체질병 학설은 점차 위상이 낮아져갔다. 국소병 진영은 승리했고, 의학계를 장악한 이래로 그들이 인류에 끼친 영향은 이루 말할 수 없이 크다. 이 논쟁을 추상적이고 철학적인 수준에서 다룬다거나, 단순성 대 복잡성의 힘에 대해 철학적으로 심오한 이야기를 하는 것은 쉬울지도 모른다. 하지만 그 기저에는 언제나 인간적인 요소가 있다는 것을 결코 잊어서는 안 된다. 무엇보다도 중요한 것은, 암의 예방과 치료에서 비효율적인 프로토콜로 인해서 셀 수 없이 많은 사람들이 목숨을 잃었다는 점이다. 환자로서, 의사로서, 환자의 가족으로서 암을 겪어본 사람은 누구나 20세기 초반에 이루어진 "발전"의 영향을 받아왔다. 그러나 당시에도 지금과 마찬가지로, 많은 전문가가 그들의 관점 때문에 무시당했고 심지어 가혹한 보복을 당하기도 했다. 버클리는 수술을 비판했다는 이유로 그가 속해 있던 미국암연구협회라는 전문가 단체에서 83세의 나이에 제명되었다.[24] 미국암학회의 설립에 선구적인 역할과 연구를 했음에도 역사에서 완전히 지워진 호프만의 일화에 관해서는 이미 설명했다.

나는 이 논쟁에서 수술과 방사선 치료와 화학 요법이 빠르게 우위를 차지하기까지는 오만도 중요한 역할을 했다고 생각한다. 대단히 복잡한 질병을 아주 단순한 해결책으로 고칠 수 있다는 믿음은 아무리 좋게 봐도 순진한 것이고, 대개는 그저 오만에 불과하다. 유명 암 연구자인 조앤

오스터커[25]가 유방암 수술에 대해 한 말처럼, 이런 태도는 비교적 최근까지 지속되었다. 반세기 동안 암 분야의 가장 영향력 있는 대변자인 마이클 심킨은 1957년에 이 믿음을 다시 지속시켰다.[26] 다른 시각을 제대로 알아보지도 않고 묵살하는 것도 오만이다. 영양학적 인과 관계의 복잡성에 관심을 가졌던 초기 과학자들의 주장에서는 정말로 얻을 것이 아무것도 없었을까? 국소병 학설 지지자들은 체질병 학설이 충분히 집중적으로 연구되지 않았기 때문에 과학적이지 않다는 주장도 자주 했다. 과학적으로 가치 있는 접근법은 하나뿐이라고 주장하는 이런 태도 역시 편협하고 오만하다. 뉴욕 폴리크리닉 의과대학과 부속병원의 외과 교수인 W. S. 베인브리지가 1914년에 내놓은 책인 『암 문제The Cancer Problem』[27]에서 한 말은 이런 오만을 무엇보다도 잘 보여준다. "외과적 기술은 (이제) 외과적 개입을 수단으로 질병을 완치할 수 있다고 장담할 수 있을 정도로 완벽하게 발달했다." (이 개입이 얼마나 "완벽"했는지는 곧 알게 될 것이다.) 베인브리지는 회의론자들에 대해서는 "칼을 두려워하는 소심하고… 무지한 사람들"이라고 폄하했다.

솔직하게 말하자면, 이는 오만을 뛰어넘어 명백한 잘못이다. 국소병 학설을 비판하기보다는 사람에 대한 비판에 초점을 맞춘 인신공격이고, 논리에 대한 모욕이나 다름없다.

지배적인 치료 프로토콜

국소병 학설의 승리와 그들이 선호하는 치료법을 둘러싼 찬양에도 불구하고, 1900년대 초반에는 수술과 방사선 치료와 화학 요법을 지지하는 증거는 인상적이지 않았다.

암세포를 죽이기 위해서 병이 생긴 부위(종양)에 강한 방사선을 집중적으로 쪼이는 치료법인 방사선 요법은 1900년대가 시작될 즈음에 도입되었다.[28] 방사선 요법은 이후 20여년에 걸쳐 큰 관심을 끌었지만, 그런 관심만큼 강력한 증거는 나오지 않았다. 방사선 요법과 관련된 가장 대규모 연구에서, 외과의사인 찰스 L. 깁슨[29]은 1913년에서 1925년 사이에 다양한 암 환자의 사례 573건을 검토했다. 그는 다음과 같은 결론을 내렸다. "우리는 개인적으로 방사선 요법으로는 어떤 실질적인 개선도 얻을 수 없었다는 인상을 받았다."

이런 결론이 나왔음에도, 방사선 요법에 대한 부질없는 희망은 계속 커져만 갔다. 미국암학회의 전미국위원회 회의록[28]에 나타난 것처럼, 이 협회는 1914년[30]과 1921년[31]에 대중의 낙관론을 억제할 필요가 있다는 것을 발견했다. 1925년, 미국암학회 회장인 조지 소퍼는 잉글랜드에서 방사선 요법의 실패에 대해 솔직하게 말했다.[32] 같은 해, 과도한 방사선 노출로 인한 암 발병 위험과 다른 심각한 피해의 증가와 관련된 호프만[33]과 다른 이들[34, 35]의 보고서도 잇달아 나왔다. 그러나 1928년이 되자,[36] 미국암학회는 방사선에 대한 대중의 기대를 더 이상 억제하려고 하지 않았다. 사실 그들은 대중의 공포를 완화하기 위한 보고서를 내놓았고, 그 결과 방사선 요법 신봉자들은 더 나은 제품의 개발을 추진할 수 있었다.

1930년대가 되자, 방사선 요법에서 최고라고 말할 수 있는 것은 다음과 같았다.

- 실험실에서 배양된 암 세포에 대한 선택적 방사선 요법의 작용(즉,

표적 방사선)은 세포의 생장을 억제시켰다.

- 방사선은 발암성(돌연변이를 일으켜서 암 발생 촉진)과 항암성(세포를 파괴해서 암 발생 억제, 단 방사선이 충분히 좁은 위치에 집중될 때에만 가능하다)을 동시에 지녔다.

- 방사선 요법의 효과에 대한 유용한 정보는 방사선생물학에 대한 세심한 연구가 이루어져야만 비로소 얻을 수 있을지 모른다.[28]

방사선 요법을 지지하는 당대의 증거는 아예 없거나 있더라도 그다지 인상적이지 않았다. 방사선 요법을 받은 환자와 수술 환자의 생존율을 비교한 연구[29]가 아마 가장 인상적인 증거일 것이다. 이러나 이런 연구에서 나온 자료는 중요한 분석적 오류를 내포하기 때문에 그대로 받아들여서는 안 된다. 이에 대해서는 간단히 다룰 것이다.

한편, 대단히 독성이 강한 화학물질을 사용하여 암세포를 죽이는* 치료법인 화학 요법이 새로운 분야로 부상하고 있었는데, 이 요법을 지지할 만한 증거는 사실상 존재하지 않았다.[37, 38] 사실 화학 요법은 당대의 사기꾼, 돌팔이 의사, 그리고 의도는 좋았으나 오판을 했던 내과의사들이 사용한 수많은 엉터리 약으로 인해 형체조차 불분명했다. 20세기로 들어오면서 화학 요법의 개념이 인기를 끌게 되자, 돌팔이 의사의 약과 입증된 의사가 만든 약을 법률적으로 확실하게 구분할 필요성도 커졌다.[28] 표면적으로는 좋은 일처럼 들린다. 바보가 아니고서야, 의학에서 돌팔이를 단

---

* 대단히 친숙하게 들리지 않는가? 그렇다, 방사선 요법과 화학 요법은 바탕에 깔린 전제가 같다. 암세포는 되돌릴 수 없고, 오로지 죽여야만 한다는 것이다.

속하는 일에 반대할 사람이 누가 있겠는가? 아마 당신도 그렇게 생각할 것이다. 그러나 우리는 "입증된 의사들"이 돌팔이 의사를 구분하기 위해 만든 기준을 면밀히 살펴보고, 그들이 어떤 종류에 해결책을 제안했는지를 알아보아야 할 것이다.

그것을 조사하면서 우리가 알아낸 것은 그렇게 인상적이지 않았다. 1926년, 미국암학회는 화학 요법을 지지하는 증거를 평가하기 위한 역사적인 학술대회를 뉴욕주 모홍크호에서 개최했다. 당시 미국암학회의 부회장이자 컬럼비아 대학교의 임상병리학 교수였던 프랜시스 카터 우드[37, 38]에 따르면, 그 회의에서 소개된 화학 요법 중에서 가장 쓸 만한 것은 콜로이드 상태의 납을 (치료 1회당 600밀리그램 이상) 정맥에 주입하는 블레어벨 방법이었다. 그 시기를 전후하여 여러 다른 화학 물질도 고려되었다(예를 들면, 1912년[39]과 1913년[28, 40]에는 셀레늄, 호흡의 대사 억제제들, 살아 있는 세포를 파괴하지 않고 염색할 수 있는 착색제인 생체 염료들).[24, 28, 41] 이런 모든 화학 물질의 공통점은 무엇이었을까? 어느 것도 인간에게 효과가 있다는 확실한 증거가 없다는 점이었다.

"과학적 원리"를 기반으로 하는 "합법적인" 화학 요법 진료와 돌팔이 의사가 떠돌아다니면서 파는 비과학적인 치료약 사이의 경계선은 매우 희미했다. 그리고 이 경계선을 어디에 그을지를 결정하는 권위자들은 누구였을까? 이를테면, 납의 정맥 주입을 치료법으로 허가한 사람은 누구였을까?[37, 38] 분명한 것은, 미국암학회가 위험한 화학 물질에 대한 심의 조직까지 만들 정도로 특별한 암 치료제를 찾겠다는 의지가 대단히 강력했다는 것이다.[37, 38] 그 시절에는 괜찮은 수준의 증거와 함께, 약을 만든 사람이 누구인지에 따라 합법성이 결정된 것으로 보인다. 간단히 말해서,

사리를 분별하는 사람이라면 충분한 증거를 주장할 수 없을 정도로 화학 요법 분야는 젊고 즉흥적으로 보였다.*

마지막으로, 당시 수술을 지지하는 증거는 널리 알려졌지만 그 오류 역시 방사선과 화학 요법을 지지하는 증거에 못지않게 많았다.[23, 29, 37, 43] 다음은 수술을 지지하는 증거의 오류들이다.

- 조기 진단에 대한 통계적 관리 실패(조기 진단으로 외과의사의 신속한 개입이 가능해진다고 해서 외과 수술이 더 나은 치료법이 되는 것은 아니며, 3년이나 5년 기준의 "생존" 확률만 증가시킬 뿐 장기적인 생존에 대해서는 아무 것도 말할 수 없다).
- 비교적 덜 치명적인 암과 치명적인 암을 같은 비중으로 평가.
- 수술 가능한 사례가 많은 집단과 수술 가능한 사례가 적은 집단을 비교하여 생존율 결정.
- 재발을 "새로운" 암으로 분류함으로써, 이전의 수술을 실패로 보고 하지 않기.[23, 25, 43]
- 비수술 사례에서 나온 병의 완화를 통계에 넣기를 꺼려하는 외과의사 쪽 입장.[23, 44]

이와 같은 자료의 심각한 오류에도 불구하고, 많은 이들이 수술의 성

---

* 조금 위안이 되는 점이라면, 이 시대가 완전히 헛되지는 않았다는 것이다. 화학 물질, 특히 암을 치료하기 위한 호르몬[42]의 개발에 대한 열망으로, 이론적인 암-생물학 연구에 대한 관심이 높아졌다.

과를 크게 선전했다. 코넬 대학교의 임상외과 교수인 하워드 릴리엔솔은 가장 열렬히 수술을 옹호한 사람 중 하나이다.[45] 1926년에 열린 미국암학회의 모홍크호 학술대회에서 그가 주장한 바에 따르면, 앞서 언급한 깁슨[29]과 외과의사인 알렉시스 V. 모슈코위츠[43]와 M. 그린우드[37]는 수술에 대해 가장 우호적인 보고서를 내놓았다. 그러나 이 자료들, 특히 깁슨과 모슈코위츠의 보고서는 릴리엔솔에 의해 왜곡되었다.

이 회의에서 깁슨의 연구에 대한 릴리엔솔의 설명[45]과 깁슨 자신의 설명[29]을 비교하자, 노골적인 사실 왜곡이 확인되었다. 뉴욕 병원 코넬 분원의 외과의사였던 깁슨의 보고서는 다양한 암 환자 573명의 이력을 1913년과 1925년 사이에 추적하여 기록한 것이다. 그가 수술에 대해 말해야 했던 것과 수술을 지지하기 위해 그렇게 많이 쓰였던 증거는 다음과 같다. "우리는 잘못된 통계에 속아 넘어간 바보의 천국에 살고 있다…. 낡은 수치는 모두 가차 없이 폐기해야 하고, 이른바 과감한 수술은 전이가 없는지를 샅샅이 탐색한 후에만 수행해야 한다."[29] 릴리엔솔은 이런 설명을 무시하고 깁슨의 자료를 왜곡하여, "수술을 받으면 주어진 기간 동안 살아남을 확률이 그렇지 않은 사람에 비해 두 배가 된다"는 상당히 다른 결론에 도달했다. 계속해서 그는 "보고된 사례의 다수는 외과적 판단과 수술 기술이 지극히 훌륭한 결과를 가져온 좋은 본보기"라고 말했다. 지극히 훌륭한 결과? 깁슨 자신의 설명과는 한참 거리가 있어 보인다. "암 수술의 절망스러운 지위에 관한 슬픈 보고서는 우리의 관심을 끌지 못했다."

나는 당시의 전후 사정을 알 수도 있고, 두 보고서를 나란히 놓고 대화하듯이 차이를 비교하는 호사를 누릴 수도 있다. 안타깝게도, 깁슨은 이런 방식으로 자신의 보고서를 대변할 기회조차 없었다. 1926년의 미국암학회 회의에 그는 초대받지 못했기 때문이다. 이런 종류의 연구 중에서 가장 포괄적인 연구의 설계자이자 저자임에도, 그는 집에 있어야만 했다. 그의 놀라운 연구 결과도 마찬가지였다. 이 회의에서 깁슨의 배제는 악의 없는 실수의 결과가 결코 아니었다. 릴리엔솔은 깁슨의 연구를 확실히 알고 있었고, 그가 없는 자리에서 그의 연구를 "분석"(잘못된 해석)하고자 했다.

마찬가지로, (그 회의에서 유명했던) 모슈코위츠 외 뉴욕 시나이산 병원 연구자들의 실제 연구 결과[43]도 릴리엔솔의 연구에는 이상하게 누락되어 있어서, 릴리엔솔의 동기를 파악하기는 어렵지 않다. 릴리엔솔은 (나중에는 섬뜩한 것으로 인식된) 할스테드 유방 절제술에 대한 찬사로 이야기를 시작했고, "현대의 수술은 대체로 국소적 과정의 근절에 성공적이며, 그 증거는 재발을 의심할 수 없는 원격 전이로 사망하는 사례가 매우 많다는 것"이라는 결론을 내렸다. 그러나 전이가 재발을 의심할 수 없다는 릴리엔솔의 주장은 모슈코위츠의 의견과는 완전히 상반된다. 모슈코위츠는 재발과 전이를 확실하게 구별하는 것은 불가능하다는 점을 지적했다. 모슈코위츠는 생존율에 대해서도 "문헌을 피상적으로 살펴보고 확신할 수 있을 정도로 호의적이지 않다"고 경고했다.

한편, 이 시기에 수술 반대를 주장한 사람으로는 로버트 벨,[46] J. 쇼,[47] 버클리[23]가 있다.* 오스터커의 논평은 추가적인 반대 의견에 주목한다.[25] 이런 비판들과 함께, 당시와 근래에 나온 수술에 대한 분석적 평가들, 수술을 지지하는 토대가 된 결함 있는 자료들, 문제 전체를 둘러싼 편견과 극심한 감정주의[25, 48, 49]를 고려할 때, 20세기 초반 (방사선, 화학 요법과 함께)

수술의 우세는 그 자체의 장점만으로 얻어지거나 정당화된 것은 확실히 아니었다.

같은 시기에 영양을 지지한 증거

암의 치료는 암의 예방보다 시급하고 더 개인적인 문제다. 그래서 치료는 수술, 화학 요법, 방사성 요법이 제시하는 것과 같은 집중적인 접근법이 더 끌리는 경향이 있다. 이런 방식은 암을 국소적으로 치료할 수 있는 국소병으로 접근한다. 영양은 1800년대 후반에는 이런 가능성을 제시하지 않았다(현재도 마찬가지다!). 효과가 있다고 가정할 만한 여러 영양소가 당시에는 아직 발견되지 않은 것도 그 이유 중 하나였다. 국소병 학설이 점점 더 많이 적용되고 여기에 치료의 위급성까지 결합되면서, 암과 관련해서 영양의 치료 가능성은 고려되지 않았다. 영양은 아무리 좋게 봐도, 암의 예방에 도움이 될지도 모르는 체질이나 생활 방식 개선에만 효과가 있는 것으로 여겨졌다.

그러나 암 예방에서 영양의 잠재적인 효과는 결국 몇 가지 유형의 인간 연구로 이어졌다. 영양 유형과 식습관 차이를 인구의 암 사망률과 비교하는 연구, 시간의 흐름에 따라 특정 식품의 이용도와 관련된 사망률을

---

* 벨 박사는 수년 동안 수술을 시행하다가 수술을 거부했다. 동료들에게 수술에 대한 그의 환멸을 알리려고 했을 때, 그는 대단히 큰 반감과 직업적인 배척에 마주쳤다. 적잖이 좌절을 경험한 그는 그의 이야기를 책으로 썼고, 주요 도서관 몇 곳에 사본을 놓아두었다. 그의 책을 찾아냈을 때, 나는 잘리지 않은 책장들을 가르면서 책을 읽어야 했다. 나는 옥스퍼드의 보들리 도서관에서 80년 만에 그의 책을 읽은 첫 독자가 분명했다!

비교한 연구, 이주와 식품 섭취 경향과 암 발생 위험 사이의 상관관계를 관측한 연구(즉, 개인이나 집단이 이주하여 새로운 식단을 받아들일 때 암 발병 위험이 증가하는지 감소하는지에 대한 연구), 그리고 (호프만의 사례처럼) 최소 한 번 이상의 대규모 환자-대조군 연구가 있었다. 초기 동물 실험 연구(1913~1914)[50, 51]에서는 열량 섭취를 줄이면 이식된 종양 조직의 생장이 유의미하게 감소한다는 것도 밝혀졌다.

생활방식 및 환경과 암의 연관성에 대한 가장 설득력 있는 증거는 이주가 암 발생 위험에 미치는 영향에 잘 드러났다. 제2장에서 언급했듯이, 이는 호프만[52], 윌리엄스,[15] 러셀,[8] 그 외 많은 이들이 좋아한 형태의 증거였다. 가장 흔한 가설은 "과도한" 영양이 암을 유발한다는 것이었다. 그들은 집단에서 가장 "강골"이고 건강해 보이는 일원들 사이에서 암 발병률이 가장 높은 것을 도대체 어떻게 설명할 수 있었을까? 1908년, 윌리엄스[15]는 과도한 영양이 세포 수준에서 종양의 성장을 유발하며 결국에는 종양이 독립적 성장, 즉 "증식력"을 나타내게 된다고 제안했다. 종양 성장에서 내적 요인 대 외적 요인의 효과에 대해, 그는 이렇게 말했다. "과거에는 형성에 중요한 자극으로서 외적 요인의 가치가 과소평가되어 왔을 가능성이 크다. 그럼에도, 암이 자라는 전체 과정을 볼 때, 종양 형성에서는 정상적인 성장에서처럼, 본질적 요인이 대체로 우세한 것으로 보인다." 여기서 "본질적 요인"이란 복잡한 물질대사 기능을 말한다. 다시 말해서, 병이 체질에서 기원한다는 뜻이다.

영양을 지지하는 이런 증거의 어디에도 난해한 구석은 없었다. 이 증거는 그 시기 내내, 특히 암 연구와 학계를 이끄는 가장 강력한 지도자들 사이에 잘 알려져 있었다. 호프만은 1913년에 "암의 위협"이라는 연설에서 이 증거를 더 없이 명확하게 밝혔고, 이 연설은 미국암학회 창립으로 이어졌다. 그는 이 새로운 협회를 위해 10개의 권장 사항을 만들었는데, 대부분 서로 다른 집단 사이의 암 유병률을 기록하기 위한 자료와 통계 절차의 개선을 권장하는 내용이었다. 그러나 그는 암의 원인 규명을 위한 매우 특별한 2개의 권장 사항도 내놓았다. "암과 관련해서는 직업적 위험에 따른 발생률이 정확히 결정되어야 한다"는 것과 "암 발병에서 영양이 미치는 영향이 분석되어야 한다"는 것이었다. E. H. 리그니[53]가 기록한 이 협회의 역사에서, 호프만은 구체적으로 다음과 같이 말했다. "잘못된 식단이 암 발병의 원인일 가능성이 있으므로, 암 환자의 영양은… 과학적이고 확실한 방법에 따라 엄격하게 조사되어야 한다." 새로운 협회는 통계적 조사의 개발에 관한 호프만의 권장 사항은 수용했지만, 영양과 환경 요소의 연구에 대한 권장 사항은 무시했다. 초창기의 이런 홀대는 이후 미국암학회의 주된 분위기로 자리 잡았다.

영양 학설은 영국에서도 잘 알려져 있었다. 영국암캠페인(BECC)은 1926년에 수도회의 영양과 암에 대한 주요 연구[37]를 수행했는데, 이 연구는 "영국의 유명한 특정 의료인들"이 영양을 진지하게 받아들인다는 점, 나아가 "식단과 암에 관한 참고문헌 목록이 수백 개로 늘어날 것이라는 점"을 인정했다.

중점적인 관심사로 돌아가면, 안타깝게도 19세기 말로 가면서 모든 것이 바뀌었다 19세기 말에는 암의 국소병 학설이 우위를 점하게 되었다. 국소병 학설의 우세는 당시와 그 이후의 의료 행위에 또렷하게 드러났다. 확실한 증거가 없음에도 수술, 화학 요법, 방사선 요법이 우위를 차지했다는 것에서 도그마의 힘이 드러난다. 증거가 있음에도 다른 프로토콜을 무시하는 태도에서는 논쟁의 여지가 있는 시각을 억누르려는 해묵은 성향이 드러난다. 이런 성향은 20세기 초반에 몇몇 암 기관이 출현하면서 더욱 두드러지게 되었다.

기관들의 출현

지금까지 우리는 20세기가 시작될 무렵에 암의 국소병 학설이 체질병 학설을 상대로 어떻게 승리를 거뒀고, 그것이 자료에 대한 무책임한 허위 설명과 치료를 대하는 접근법에 어떤 영향을 끼쳤는지를 살펴보았다. 이 싸움과 여기에 참여한 수많은 인물이 암 연구 역사에서 지워진 이유, 암의 원인과 치료에 관해서는 똑같이 의심스러운 학설과 치료 관행이 오늘날에도 지속되고 있는 이유는 1900년대 초반에 만들어진 몇몇 강력한 암 기관을 통해서 설명될 수 있다. 임페리얼 암연구기금(ICRF), 미국암연구협회(AACR), 영국암캠페인, 제2장에서 소개한 미국암학회라는 이 네 기관의 힘은 미치지 않는 곳이 없었고, 지금도 마찬가지이다. 이 기관들은 암 연구와 관련된 거의 모든 전문적 활동을 발전시키고, 자금을 지원하고, 통제해왔다. 뿐만 아니라, 미국 정부의 세금으로 운영되는 가장 강력한 기관인 미국 국립보건원(NIH)의 미국 국립암연구소(NCI)는 미국암학회와 미국암연구협회의 지도자들에 의해 설립되었다.

당연한 이야기겠지만, 기관의 시작은 생각이 비슷한 사람들의 집단일 뿐이라는 점을 기억하는 것이 중요하다. 그리고 생각이 비슷한 사람들의 모임은 시간이 갈수록 생각이 더 비슷해지는 경향이 있다. 이는 인간 본성의 문제이다. 조화와 안정을 추구하는 모든 인간 집단이 그렇듯이, 전문가들이 모인 기관도 특출한 개인의 견해보다는 순응을 훨씬 더 장려하는 경향이 있다. 심지어 스스로 아웃사이더라고 규정한 집단(내가 생각한 것은 다양한 반문화 운동이다) 사이에서도, 편 가르기 과정에서 결국 순응을 해야 한다. 여기에 막강한 권력이 결합되면, 이런 순응은 위험한 강요로 작용한다. 그 결과 공공의 뜻은 제한되고, 기관은 자기 보호와 침체에 빠지는 경향이 나타난다. 이는 기관에 속한 개인의 대다수가 좋은 의도를 가지고 있을 때에도 예외가 아니다.

독립적이고 자유로운 생각을 지닌 개인들 사이의 논쟁, 이를테면 암이 체질병인지 국소병인지를 놓고 이루어진 19세기의 논쟁은 시끄럽고 격렬했을지는 모르지만, 적어도 소수 의견에는 관대했다. 이에 비해 이미 확고한 입장을 갖고 있는 기관 내에서는 같은 논쟁에 대해 그렇지 않다. 소수 의견은 보복의 두려움 때문에 잘 표명되지 않는다. 그들이 속한 전문가 집단에서 따돌림을 당하거나 추방되기를 바라는 사람은 아무도 없다. 그래서 논쟁 자체의 성격도 바뀐다. 한쪽 눈은 그 집단의 노선에 늘 고정되어 있다. 개인의 독립적인 연구들은 평가 절하되어 무조건 똑같은 것으로 치부되고, 자유로운 사고는 집단의 사고에 포괄된다(이에 관해서는 제5장에서 자세히 다룰 것이다).

암울한 이야기처럼 들릴지 모르지만, 가장 유명한 암학회들의 역사는 이런 양상을 너무나 잘 보여준다. 영국과 미국 모두, 이런 조직들은 소수의 배타적인 의료 당국에 의해 설립되고 관리되었다. 그들의 성향은 판에 박은 듯 똑같았고, 국소병 학설과 자신들의 치료 프로토콜을 선호했다. 당연히 그들은 한 사람의 예외도 없이, 윌리엄스의 1908년 연구[15]와 호프만의 1913년 연구[52]에서 나온 영양에 대한 권장 사항을 믿지 않았다. 그들은 그 권장 사항을 무시했다. 나는 그것이 어떤 음모 때문이 아니라, 흔히 볼 수 있는 완고함, 편견, 순응과 같은 인간적인 결점 때문이라고 생각한다. 알게 모르게 이런 힘에 이끌려서, 그들의 취향에 맞는 권장 사항에 안주한 것이다. 영리적인 부분도 확실히 영향이 있었다. 국소병 학설은 상품 판매에 도움이 되었기 때문에 받아들여진 측면도 있다.

암의 체질병 학설을 지지하는 기관들은 왜 생기지 않았을까? 영양에 호의적인 증거가 있기는 했지만, 새롭게 부상하는 화학 요법과 방사선 요법 분야가 수익이 날 가능성이 더 컸다. 그 분야에서는 지속적이고 동시 다발적으로, 암과 싸울 수 있는 상품의 발견에 뛰어들 수 있었기 때문이다. 나아가, 새로운 화학물질과 항암 기술은 시장에서 판매에 필요한 지적 재산권의 보호에 적합했기 때문에, 연구 자금의 확보가 훨씬 쉬웠다. 마지막으로, 대중은 이 4대 암 기관을 불신할 이유가 없었다. 오늘날에는 의료 체계를 향한 대중의 회의적 시각이 드물지 않지만, 이런 최근의 경향에 비추어 지난 세기의 태도를 상상한다면 큰 잘못이다. 당시에 우리는 젊었고, 기관들을 신뢰했고, 아직 만성 질환으로 인한 희생자가 대량으로 나오기 전이었다. 그 결과, 이 기관들이 우리 사회의 건강에 미치는 영향에 균형을 맞춰줄 다른 장치가 사실상 없었고, 아무도 이 기관들의 과도한 영향력에 의문을 제기하지 않았다.

집단 편견의 사례

영국의 암 연구에서 어니스트 배시포드보다 큰 영향력을 행사한 인물은 거의 없었다. 임페리얼 암연구기금의 첫 연구 책임자였던 그는 이 기관의 독자적인 연구 계획의 초안을 잡는 일을 책임졌다. 그 역시 암의 국소병 학설에 크게 경도되어 있었다. 1914년[54], 그는 서구 세계에서 암 환자의 비율이 증가하고 있다는 호프만의 주장[52]을 부정했다. 배시포드는 J. A. 머리와 함께 1905년에 임페리얼 암연구기금의 암 통계 보고서를 내놓았는데, 이 보고서의 결론은 (내가 제2장에서 언급한 것처럼) 아일랜드의 암 환자 비율에 대한 통계는 잉글랜드의 통계보다 부정확하고 영국제국의 주변부에 있는 가난한 나라들에 대한 통계는 신뢰할 수 없다는 것이었다. 통계에 대한 이런 해석을 토대로, 배시포드는 집단의 특징에 대한 통계적 분석에 주로 의존하는 영양 가설에는 심각한 오류가 있다고 주장하면서, 잉글랜드는 전혀 걱정할 필요가 없다고 안심시켰다. 그러나 배시포드와 잉글랜드 국민들에게는 안타깝게도, 그의 주장은 순전히 추측일 뿐이었다.

보고서는 여기서 끝나지 않았다. "이미 (첫 번째 임페리얼 암연구기금 보고서를 통해서) 알려진 사실에서 예측되었듯이…, 식단은 다양한 인종의 암 발생에 기본적으로 아무런 영향도 주지 않는다." 배시포드와 임페리얼 암연구기금은 자료의 기원이 된 나라에 대한 지레짐작만으로 자료의 정확성을 송두리째 무시했을 뿐만 아니라, 자신을 정당화하기 위해서 영양과 암의 연관성에 대한 대규모 통계 연구를 묵살하기까지 했다.

배시포드와 머리의 저의는 이 보고서의 다른 곳에서 드러난다. 두 사람은 "암은 조직의 실제 이식에 의해서만 실험적으로 전이될 수 있다는 것이 증명되었다"고 주장하면서, 나아가 "산발적으로 발생하는 암 사례들 사이의 관계를 암 조사와 같은 통계적 수단으로 정립하려는 시도는 소용이 없다"고 단언한다. 이 이야기가 혼란스럽게 들린다고 해도 걱정할 것 없다. 당연히 그럴 수밖에 없다! 도대체 암 발생률을 추적하기 위한 통계적 노력이 종양 이식 연구와 무슨 연관이 있다는 말일까? 이 두 요소는 확실히 상충되지 않는다. 왜 이 두 요소가 상호 배타적이거나 서로 경쟁을 해야 하는가?

배시포드와 머리의 보고서는 왜 종양 이식 연구에 대한 논의까지 끌어들였을까? 내가 알아낸 바에 따르면, 당시 임페리얼 암연구기금의 연구는 종양 이식 연구에 편중되어 있었고, 배시포드 자신의 개인적인 연구 경험도 바로 이 주제와 연관이 있었다.[24] 그러자 모든 것이 딱 맞아떨어졌다. 통계를 등한시한 배시포드와 머리의 태도는 연구 자체와는 크게 관계가 없었다. 그 보다는 이미 형성되어 있는 연구의 이해관계, 그들 기관의 이익과 관계가 있었다. 아일랜드와 세계의 저개발 지역에 대한 자료에 뭔가 흠이 있다고 주장하는 것은 그들의 연구를 진지하게 받아들이게 하기 위한, 또는 이식 연구와 통계적 분석 사이에 의미 있는 연결점을 만들기 위한 손쉬운 방법이었다.

이런 편견이 어디에서 기원했든지, 종양 이식 연구에 대한 칭송을 아무 관련이 없어 보이는 암 통계 보고서에서 고집스럽게 강조하는 모습은 회사를 착실하게 대변하는 고위 간부의 모습을 보는 것 같아서 매우 착잡하다. 이는 배시포드와 머리가 영양에 대한 정직한 평가에는 전혀 관심이 없었다는 것을 의미한다. 사실 그들은 영양뿐 아니라 임페리얼 암연구기금의 기존 연구 계획과 딱 들어맞지 않는 다른 모든 시각에 관심이 없었다.

이런 편견은 제1차 세계대전 내내 영국의 암 연구 분위기를 계속 지배했다. 그러나 의학 전문가들 사이에서는 임페리얼 암연구기금이 실험실 연구에만 너무 초점을 맞추고 임상 연구에는 연구비를 충분히 지원하지 않는다는 우려가 있었다.[55] 이런 요구에 부응하기 위해서, 다른 의사 집단이 영국암캠페인을 조직했다. 이 단체가 만들어진 첫 해인 1923년에는 막후에서 약간의 정치 공작이 꽤 진행되었다. 영국 의학연구위원회(MRC)의 간사인 월터 몰리 플레처는 새로 만들어진 영국암캠페인에 대한 지배권을 요구했다. 그의 요구에는 선전과 홍보 활동도 포함되었는데, 이는 암과 그 치료에 대한 대중의 인식을 효과적으로 조종하려는 의도였다.[55] 그는 상무부의 도움으로, 그 해 안에 영국암캠페인의 지배권을 획득할 수 있었다. 그 덕분에 플레처는 사실상 영국암캠페인의 연구 자금을 운용할 수 있는 권력을 얻게 되었다. 영국암캠페인의 연구 자금은 의학위원회가 선호하는 암 연구 분야, 특히 플레처 자신의 연구 분야인 방사선생물학 연구로 곧바로 흘러들어갔다.[55]

영국암캠페인은 영양과 암의 연관성에 대해서는 인정이든 부정이든, 거의 아무런 발표도 하지 않았다. 영국의학연구위원회의 직권에 의해서 연구 주제가 편향되어 있었다는 점을 생각하면, 이는 당연한 일이다. 그래도 두 가지 예외가 있었다. 1930년에 발표된 〈암의 진실The Truth About Cancer〉[56]과 그로부터 4년 후에 외과의사인 존 퍼시 록하트-머머리가 내놓은 보고서[57]이다. 이 중 록하트-머머리의 보고서는 영양 연구에 특히 공격적이다. "암의 발생이 특정 식품을 먹거나 먹지 않는 것과 연관이 있다는 다양한 주장이 제기되고 있지만, 그런 생각을 지지하는 증거는 아무것도 없고 반박하는 증거는 차고 넘친다." 영양에 대해 거의 무시로 일관해온 영국암캠페인의 초기 역사를 생각하면, 이 인용문은 매우 흥미롭다. 왜 그들은 갑자기 영양을 불러낼 필요성을 느꼈을까? 영양 가설에 호의적인 증거들이 늘어나면서, 위협을 느꼈기 때문일까? 내 추측일 뿐이지만, 록하트-머머리 보고서는 전략의 변화가 나타난 흔적으로 보인다. 한동안 영양을 무시해온 영국암캠페인은 이제부터는 좀 더 적극적인 비방작전으로 나아갔다.

영양을 뒷받침하는 증거를 훼손하려는 다른 시도들은 대체로 어설프고 기만적이다. 일례로, 영국암캠페인은 "이 학설들을 검증하기 위한 동물 실험은 지금까지는 완전히 비관적"이라고 주장했다. 뒤에서 이 보고서는 "암의 분포가 지리적으로 불균등하다는 추정"에 대해서는 의문을 제기했다. 영양 가설을 고려조차 하지 않겠다는 이런 단호한 거부는 1930년에 〈암의 진실〉에서 했던 초기 주장을 그대로 되풀이한 것이다. "어떤 특별한 식단의 섭취나 부재가 암의 발병을 초래한다는 주장에서 신뢰할 만한 증거는 티끌만큼도 없고, 엄격한 채식주의 공동체도 암에 걸리는 경향에서는 전혀 차이가 없다는 증거는 뚜렷하게 존재한다."[56] 이런 주장의 대부분은 명백히 거짓일 뿐 아니라, 호프만이 『암과 식단』에서 안타깝게 여긴[10] 조직 전체의 완고함과 편협함도 보여준다.

이런 대담한 결론은 코프만과 그린우드의 1926년 연구[37]에 의존한다. 영국암캠페인의 후원으로 이루어진 이 연구는 채식을 하는 수도회에서도 암 발생률의 차이가 발견되지 않았다고 주장했다. 당연히 나는 이 연구에 큰 관심이 생겼다. 그 연구에서 나는 영양에 반하는 설득력 있는 증거를 발견한 것이 아니라, 지금까지 본 것 중에서 가장 악의적인 잘못된 해석 중 하나를 보았다(그래도 오늘날에는 선의의 경쟁자들도 있다). 채식을 하는 수도원들에서는 암 비율이 낮다는 것을 보여주는 사망진단서 자료는 온갖 다양한 방식으로 변형되었다.

- 저자들은 사망진단서를 재진단하고(즉, 사인을 변경하고) "가능성 있는" 사례를 암으로 집계함으로써 채식 집단의 암 비율을 인위적으로 증가시켰지만, 일반 집단의 암 사망률을 집계할 때는 이런 보정을 하지 않았다.
- 채식을 실천하는 유럽 대륙의 수도원들로 이루어진 대규모 동일 집단에서는 암 발병률이 고작 20~40퍼센트로 예상된다는 것이 발견되자, 그들은 그 자료를 폐기했다.
- 나아가 그들은 무관한 통계적 비유들을 이용해서 자료를 혼란스럽게 만들었고, 채식 관습이 실제 존재하는 것보다 더 많이 이루어졌던 것처럼 주장했다.
- 채식 관습에 호의적인 주장의 신빙성을 떨어뜨리는 것이 그들의 이익에 부합하기 때문에, 그들은 북아메리카 원주민에 대한 호프만의 연구[59]를 기반으로 결론을 내렸다. 이 연구에서는 호프만 자신의 결론과는 완전히 상반된 결과가 나왔다.

이 모든 왜곡에도, 코프만과 그린우드의 연구에서는 채식주의를 가장 엄격하게 지키는 수도원들에서는 암 사례가 가장 적어서 암 발생이 "극도로 드물거나" 전혀 없다는 것이 밝혀졌다.

분명, 이 사실은 저자들의 관심을 벗어나 있었을 것이다. 그들은 다음과 같은 결론을 내렸다. "보고서를 주의 깊게 읽으면, 가장 공정한 사람은 어떤 억지 주장도 과학적 가치가 없다는 것을 확신하게 될 것이다. 그런 억지 주장들을 뒷받침하는 모호한 가짜 통계 증거들은 우리가 흔히 먹는 특정 식품이 암 발생에서 어떤 역할을 한다는 것을 나타낸다."

＊＊＊

이 기관들과 그들의 편견을 논하면서, 그 기관들을 이끄는 가장 중요한 인사들의 말을 빼놓기는 어렵다. 영국암캠페인이 창립될 당시 영국의 학협회의 회장이던 찰스 차일드[60]도 그런 주요 인사 중 한 사람이다. 그는 1923년에 이렇게 주장했다. "우리가 (암에 대해) 알고 있는 가장 중요한 사실은 암의 시작이 국소적이라는 점과 그 국소적인 지점에서 시작되어 원심적으로 전파된다는 점이다." 뭔가 친숙하게 들리지 않는가? 이것은 국소병 학설이고, 기관의 권위자에 의해 "진리"로 굳어진 것이다. 원심적 전파라는 개념, 즉 어떤 하나의 시작점(국소적인 질병의 기원)을 중심으로 병이 퍼져나간다는 발상에 대해 이야기하자면, 차일드는 이 개념을 W. 샘프슨 핸들리[61]의 초기 관측에서 물려받았다. 핸들리는 1792년에 설립된 미들섹스 병원 암병동의 매우 영향력 있는 외과의사였다.[62] 핸들리의 원심적 전파 학설은 극히 복잡한 문제에 대한 극히 기초적인 설명이다. 그럼에도, 그 영향력은 매우 컸다. 오스터커의 비평에 따르면,[25] 이 설명은 19세기 말에 도입된 윌리엄 할스테드의 "섬뜩한" 수술인 과감한 유방 절제술의 과학적 근거가 되었다.[63]

핸들리는 원심적 전파 학설을 발전시킨 것 외에도, 많은 사람들 사이에서 동시에 위험 인자의 전파를 확인할 수 있는 대규모 통계 연구에도 강한 반대의 목소리를 냈다. 다시 말해서, 그는 질병의 국소 기원설과 상반되는 연구를 반대한 것이다. 1931년,[64] 그는 그런 연구와 함께 그 연구에서 제시되었을지도 모르는 어떤 영양 가설에 이의를 제기했다. 암의 국소병 학설을 고수한 그의 태도는 좁은 범위에 집중하는 그의 연구 방식

123

에도 반영되었다. 핸들리는 통계 연구보다는 "환자의 개별적인 사례 연구"를 선호했다. 그는 미들섹스 병원의 외과의사인 찰스 무어의 연구에도 주목했다. 핸들리에 따르면, 무어는 1867년에 국소병 학설을 증명했다. "1867년에… (무어는) 수술 후의 재발이 유기적 또는 체질적 오점 때문이 아니라 1차 성장물과 그 주위의 작은 결절들을 완벽하게 제거하지 못했기 때문이라는 것을 밝혀냈다." 이 학설과 여기서 강조하는 이른바 1차 성장물의 초기 완전 제거를 생각하면, 할스테드의 과감한 유방 절제술이 어디에서 영감을 받았는지는 쉽게 가늠할 수 있다.

나아가 핸들리는 "라듐을 이용한 국소적 치료"의 성공을 축하하면서 국소병 학설 진영의 승리를 주장했다. 이 점에 대해서는 호프만[33]과 다른 이들[34, 35]이 1925년에 방사선 요법이 암에 걸릴 위험을 증가시킨다는 것을 증명했다. 심지어 미국의 핸들리에 해당하는 미국암학회의 인사들조차도 이 시술에 대한 대중의 낙관론을 억제하기 위한 노력을 수십 년 전부터 해왔다.[30] 그러나 핸들리는 그 이전과 이후의 여러 인물들과 마찬가지로, 이런 반박에 끄떡도 하지 않았다. 실제로 그는 1955년에 출간된 그의 책 『암의 발생과 예방The Genesis and Prevention of Cancer』[65]에서도 국소병 학설을 계속 공개적으로 지지했다. 이 책에서 그는 영국암캠페인 같은 단체의 "직접적인 대중 선전"과 권위적인 정보 통제에 놀라울 정도로 호의를 드러내기도 했다. 그는 기관의 임무에서 이런 선전은 수술 홍보라는 목적에 비해서 "부차적인 중요성"을 갖는다는 단서를 일종의 대비책으로 달아두기도 했지만, 그 가능성을 논하는 데 주저하지 않았다(여론 조작 전문가를 뜻하는 "스핀 닥터spin doctor"라는 용어에 누구보다 적격인 인물이다).

영국에서 영양-암 가설의 운명은 1936년에 보건교육 및 연구위원회가 암 연구에 대한 조사 보고서를 발표하면서 결정되었다.[66] 이 보고서의 저자인 모리스 베도 베일리는 경솔하게 영양을 묵살했다. "우리는 이것을 오래 붙들고 있을 필요가 없다. 두 개의 거대한 연구 기금의 지휘 아래 수행된 조사의 역사 전체를 볼 때, 저자는 '과학적'이라는 용어의 위엄을 갖췄다고 여겨질 만한 뭔가를 아무 것도 발견하지 못했기 때문이다." 우리가 알고 있듯이, 영양과의 관계 하나를 밝히기 위해서는 동물 실험 연구, 인간 집단 연구, 경험적 설명을 포함하여 수십 년의 연구를 해야만 한다.

나는 여기서 특정 유형의 연구를 선택적으로 묵살하고 과학계의 의제를 독점하는 이들의 오만함과 기관들의 입김을 다시금 떠올렸다. 여기서 말하는 입김은 이 기관들이 그들의 이해관계와 맞아떨어진다는 이유만으로 어떤 것이 과학적이고 어떤 것이 비과학적인지를 독단적으로 결정할 능력이 있다는 뜻이다. 이 기관들은 국소병 학설에 충실한 연구를 위한 제한적인 "과학" 위에 형성되어 있었고, 암 연구계는 지금까지도 그런 태도를 고수해오고 있다. 기관의 이런 정의定義는 오로지 그들의 권력 구조를 유지하기 위한 것이었고, 그 결과 베일리 같은 영향력 있는 의사들이 완전한 통제권을 갖는 것이 가능했다. 따라서 영국의 "거대 연구 기금들"이 영양에 대한 연구에 지원이 없는 것은 놀라운 일도 아니고, 영양에 대한 반론도 될 수 없다. 그것은 그 기관들의 정책일 뿐이며, 나아가 그들의 편견을 보여주는 증거일 뿐이다.

마지막으로, 영국암캠페인이나 임페리얼 암연구기금에서 나온 증거는 아니지만, 한 영양학 협회에서 나온 증거가 있었다. 베일리는 분명 이 증거의 일부, 특히 식단이 종양 발달에 미치는 영향을 보여주는 동물 실험 연구가 증가하고 있다는 점을 설명할 필요성을 느꼈을 것이다. 그러나 이번에도 그는 그런 발견들을 묵살하고, 동물 실험 연구에 대해 "어떤 가치 있는 결과도 낼 수 없을 것"이라면서 다음과 같이 주장했다. "과학 지식의 진보가 비극적으로 지연되지… 않았더라면, 그 실험은 웃음거리로 끝났을 것이다…. 과학적으로 무가치한 이런 어리석은 행동에 대해서는 확실히 언급할 필요도 없다." 정말로 언급할 필요가 없었다고 생각했을까? 하지만 그는 자신을 억제하지 못하고 언급을 하고 말았다. 그를 지배하는 과학과 언행 사이에서 갈피를 잡지 못하고, 마치 충동적인 복화술사처럼 "웃음거리"와 "어리석은 행동"이라는 단어를 불쑥 내뱉었다.

＊＊＊

미국에서는 미국암연구협회와 미국암학회가 영국 단체들과 마찬가지로 그 창시자들이 지닌 편견적인 연구 신념에 신세를 지고 있다. 두 단체 모두 암의 발생에서 영양의 역할을 부정했다. 이런 신념은 연구 자금, 실험 방법의 선택, 출판에 속속들이 스며들었고, 미국 국립암연구소가 1937년에 정부 기관으로 창립될 때에도 이어졌다. 미국 국립암연구소는 세계에서 가장 우수한 암 연구기관이 되었고, 그 위치는 오늘날까지도 변함없이 유지되고 있다.

초기 미국암연구협회 지도자들의 전문 분야는 이런 점을 잘 보여준다. 1907년의 창립위원 11명 중 9명이 외과의사나 병리학자였다. 어떤 식으로든 영양학 배경 지식이 있는 사람은 아무도 없었다. 임페리얼 암연구기금처럼, 미국암연구협회의 창립위원들도 상당수가 종양 이식 연구라는 최신 유행에 푹 빠져 있었다. 특히 그들은 두 연구진의 연구에 크게 흥분

했는데, 하나는 잉글랜드의 연구진이었고 하나는 미국의 연구진이었다.[24] 당시의 포부는 종양 이식 연구를 통해서 일종의 암 면역을 발견하는 것이었다.

이런 초기 연구에 매력을 느끼는 것은 이해할 수 있다. 그러나 그렇다고 해서 영양의 효과에 대한 연구를 배제하는 것은 정당화될 수 없다. 특히 당시 다른 방향의 연구에는 그다지 큰 제약이 없었다. 사실, 미국암연구협회가 수술, X-선, 라듐, "(갯물을 기반으로 만든) 부식성 반죽," 항암(암을 멈추게 하는) 잠재력이 있는 생체 물질을 찾는 데 초점을 맞추었고, 당시에도 여전히 자리를 잡기 위해 고투하고 있던 신생 분야인 화학 요법은 이를 통해서 엄청난 추진력을 얻게 되었다.[24] 특히, 항암물질에 초점을 맞춘 연구는 G. H. A. 클로스(미국암연구협회의 창립위원 중에서 외과의사와 병리학자가 아닌 두 사람 중 한 사람)에서 기원했을 것이다. 그는 암이 바이러스에 의해 일어난다고 주장했다. 클로스의 사례는 이런 연구 조직에서는 대표자가 얼마나 중요할 수 있는지를 보여준다. 암의 성장을 억제시킬지도 모르는 면역 절차에 대한 탐구가 늘어난 것도, 창립위원 중에 클로스가 포함되었다는 점이 직접적인 영향으로 작용했을 가능성이 꽤 크다.[67] 불행하게도, 영양에 대해서는 이와 같은 옹호론자가 없었다.

그러나 미국암연구협회의 영양학 무시가 부주의한 실수만은 아니었다. 그들은 반대 의견을 수용할 도량도 거의 없었다. 뉴욕 피부과 및 암병원의 설립 책임자이자 초대 병원장인 버클리[24]는 쓰라린 경험을 통해서 이를 알게 되었다. 그의 뛰어난 배경과 흠 잡을 데 없는 명성에도 불구하고, 미국암연구협회는 단지 비수술 방식의 암 치료법을 제안했다는 이유로 버클리를 제명하기로 결정했다.[25] 확실하게 짚고 넘어가자. 버클리가 홀로 일으킨 작은 반란은 특별히 요란하지도, 자극적이지도 않았다. 반란이라고 불릴 만한 규모인지도 의심스럽다. 그는 수술, 특히 유방 수술에 대한 단점에 대해 공개적으로 말했을 뿐이다.[25] 다만, 그 무렵 그의 동료들은 대다수가 외과 수술을 더없이 완벽한 치료 절차라고 믿고 있었다. 호프만에 따르면,[10] 버클리는 영양이 왜 "지금까지 한 번도 정당하고 온전하게 지적인 평가를 받은 적이 없는지" 의문을 제기하기도 했다. 2년 후, 버클리는 확신을 갖고 설득력 있는 증거와 함께 이 점을 재천명했다. 그는 암 전문외과의사 35인 이상의 발견을 인용하면서, 암 환자 10명 중 수술로 완치를 기대할 수 있는 사람은 1명을 넘지 않는다는 결론을 내렸다.

미국암연구협회가 버클리에 더 격분한 이유가 영양을 옹호했기 때문인지, 수술에 반하는 증거를 제시했기 때문인지는 확실하지 않다. 나는 이 두 가지가 함께 작용했을 것이라고 추측하지만, 결론적으로 크게 상관은 없다. 두 가지 다 결코 범해서는 안 되는 대죄로 간주되었기 때문이다.

2장에서 소개한 것처럼, 호프만이 초기에 창립에 관여하고 나중에는 연구도 기여했음에도,[24, 52, 68] 미국암학회의 영양 가설에 대한 태도 역시 미국암연구협회와 크게 다를 바 없었다. 호프만은 진정한 환영도 받지 못하는 상황에서도, 미국암학회 안팎에서 끊임없이 연구를 이어갔다. 이를 통해서 드러난 것은 미국암학회의 공명정대함이 아니라, 호프만이라는 인물의 인상이다. 분명 미국암학회는 그를 제거하면서 한때는 쾌재를 불렀을 것이다. 하지만 호프만이 사실상의 취임 연설을 했을 당시, 그는 이미 뛰어난 통계학자로 미국에서 명성을 날리고 있었다.

뿐만 아니라, 그가 버티고 있으면 미국암학회의 주요 권위자들은 지지와 존경을 보장받을 수 없었다. 호프만을 완전히 침묵시킨 것은 아니었지만, 그의 권고 사항을 선택적으로 받아들였고 그의 영향은 최소한으로 축소되었다. 그는 늘 따돌려졌고, 정당한 공로를 인정받지도 못했다. 예를 들면, 그가 미국암학회의 일곱 번째 클레멘트 클리블랜드 메달을 받았을 때, 영양에 대한 그의 기여와 권장 사항에 대한 언급은 전혀 없었다. 안타깝게도 당시 호프만은 건강이 좋지 않아서 직접 상을 받을 수 없었다.

호프만 이전에 이 메달을 받은 여섯 명의 수상자 중 넷은 언론과 기금을 조달한 개인과 단체였고, 둘은 과학자였다.[24, 53] 그 두 과학자 중 한 사람은 제임스 유잉이었다. 유잉은 이 협회의 1913년 창립위원이자 코넬대학교 의과대학의 병리학 교수였다. 또한 미국암연구협회의 주요 창립위원이었고, 1937년에는 미국 국립암연구소 산하 미국 국가암자문위원회(NCAC)의 자문위원이었다. 달리 말하자면, 암 학계에는 과학자가 별로 없었다. 있다고 하더라도, 20세기의 처음 40년 동안은 아무도 유잉의 영향력을 뛰어넘지 못했다.[24, 53] 유잉이 호프만보다 먼저 클리블랜드 메달을 받은 것은 당연한 일이었다. 유잉을 기념하는 학술회의[69]에서 웰치가 강조한 말에 따르면, 유잉은 "과감한 수술과 방사선 요법에 의한 치료 결과를 눈에 띄게 개선함으로써 그가 인정받아 마땅하다는 것을 확실히 보여주었다".[70]

호프만보다 먼저 상을 받은 또 다른 과학자는 컬럼비아 대학교 암연구소의 소장인 프랜시스 카터 우드였다. 유잉과 마찬가지로, 우드 역시 미국 국가암자문위원회에서 미국암학회를 대표했다. 그의 연구 관심사는 주류 암 치료법, 그 중에서도 특히 블레어벨 콜로이드-납 방법과 연관이 있었다. 다시 말하지만, 우드와 유잉과 거액의 기부자들이 호프만보다 먼저 클리블랜드 메달을 받은 것은 결코 놀라운 일이 아니다. 이미 정형화된 양식이었다.

큰 맥락에서 볼 때, 상 자체는 중요하지 않다. 100년이 지난 지금, 호프만의 편을 들면서 그를 희생자라고 주장하는 것은 내가 할 일이 아니다. 중요한 것은 그 기관들의 형성기에 일어난 그런 일들이 그 기관들과 그들의 편견에 대해 우리에게 전하는 이야기이다.

미국암학회는 1940년대까지 공식적인 자체 연구 프로그램이 없었다. 그러나 미국 국립암연구소가 설립되기 전까지, 미국암학회는 (미국암연구협회와 함께) 암 분야, 특히 모든 암 연구에 대한 담론 전반에 걸쳐서 상당한 지배권을 행사했다. 어떤 상황에서 어떤 주제가 논쟁에 적합한지를 결정함으로써, 결국 모든 정보의 흐름을 통제했다. 이 힘은 미국 국립암연구소에 대한 개입, 미국 국가암자문위원회,《암 연구 저널Journal of Cancer Research》(현재《미국 국립암연구소 저널Journal of the National Cancer Institute》),[24, 53] 중요한 첫 출발이었던 모홍크호 학술대회[53]에서 명백하게 드러난다. 암에 관한 가장 중요한 논쟁은 이런 저널과 학술회의에서 이루어졌고, 그 논쟁의 기준도 여기서 확립되었다. 미국암학회는 미국 국가암자문위원회의 위원장을 포함하여 초기 자문위원 7명 중 4명을 선임했다.

유잉과 훗날 미국 국가암자문위원회의 자문위원이 된 이들이 모홍크호 학술대회의 발표자 명단을 준비할 때, 그들이 호프만이나 방사선학을 비판한 깁슨 같은 열외자들을 배제한 것은 당연한 일이다. 이 학술회의가 주로 암에 관한 통계와 사망률 경향의 해석에 초점이 맞춰져 있던 상황을 생각하면, 호프만의 배제는 특히 비난을 면치 못할 일이다. 31명의 발표자는 거의 다 외과의사, 병리학자, 임상의학 전문가였다. 영양학자는 한 명도 없었고, 사실상 무명에 가까운 통계학자가 한 사람 있었다. 유잉은 그의 발표에서[71] 암과 식단에 관한 권고의 글을 "준-의학 문헌"이라며 낮잡아보고, 자신이 연구 인생의 대부분을 쏟아 부은 치료 수단으로서 표적 방사선에 대한 편애를 드러냈다.[70]

망각은 더없는 행복

1986년 옥스퍼드에서 암과 영양의 역사라는 이 울창한 숲을 벗어났을 때, 나는 새로운 눈을 갖게 되었다. 그 역사를 돌이켜보면서, 나는 그 어느 때보다도 깊은 인상을 받았다. 암과 영양에 관한 우리의 소중한 믿음의 형성 과정에는 수많은 교훈이 담겨 있었다. 그 중 많은 것들은 오늘날에도 계속 남아 있고, 의심스러운 기원 역시 마찬가지이다. 누군가는 내가 여기서 다룬 것보다 역사가 심도 있고 복잡다단하다는 점을 지적할 것이다. 그 점을 부인하지는 않겠다. (역사는 우리가 이야기로 담을 수 있는 것보다 항상 심도 있고 복잡하지 않은가?) 암 연구계의 불합리성을 모든 수준에서 이해한다고도 하지 않겠다. 나는 지나치게 단순화된 설명의 호소력, 전문가의 편향적인 시각, 학회의 권력과 같은 몇 가지 요소를 강조했지만, 영양과 암에 대한 연구의 우선도가 왜 그렇게 낮아졌는지를 설명할 가능성이 있는 다른 근거도 있다. 이를테면, 식단은 언제나 전통과 사회의 계층과 밀접한 관계가 있다. 정확히 어느 정도 영향을 미쳤는지는 모르지만, 이런 요소들과 다른 요소들도 영양 가설에 대한 거부에 중요한 역할을 했을 가능성이 있다.

이 논의를 이해하기 쉽고 합리적으로 설명하기 위해서, 나는 어떤 사건과 어떤 보고서를 포함시켜야 할지를 선택해야 했다. 많은 저자와 의학 권위자와 과학자의 말을 인용하여 강조를 할 수도 있었다. 가능한 한, 내 결정의 기반이 된 것은 저자 개인의 명성과 원본을 내가 직접 읽을 수 있는 글이라는 두 가지 요소였다. 그렇게 함으로써, 나는 그 분야를 적절하게 소개하고 저자의 관점을 정확하게 반영하기를 바랐다.

그런데 이런 기준을 염두에 두면서, 기록으로 잘 남아 있는 유형들이 눈에 보이기 시작했다.

1. 학설은 관행을 결정하고, 관행은 학설을 결정한다. 체질병 학설에 대한 국소병 학설의 승리는 수술, 방사선 요법, 화학 요법의 영양에 대한 승리를 강화한다. 그리고 (비록 단기간이지만) 성공적으로 보이는 국소적 치료법은 국소병 학설에 대한 우리의 믿음을 강화한다.

2. 이어서 관행은 기관의 구조를 형성한다. 만약 1800년대 초반에 많은 의사들이 "채소 식단"[72]을 진지하게 받아들였다면, 아마 그들 자체의 연구기관을 만들고 연구 기금을 모았을지도 모른다.

3. 마지막으로, 기관은 다시 담론을 형성한다. 이 담론은 국가 정책과 그 주변의 학설과 관행을 아우른다. 기관들은 그 기관에서 가장 잘 아는 학설과 관행을 선호하는 경향이 있다. 그것은 바로 그들이 만든 그 학설과 관행이므로, 악순환이 지속된다. 그들이 경제적으로 수익이 나는 관행을 보호하려고 한다면, 이는 다분히 의도적인 것이다.

이런 보편적인 틀 속에는 대단히 많은 개인들이 있으며, 그들 중에는 좋은 의도를 지닌 사람도 많다. 이런 개인들에 대한 내 시각은 단순하다.

그들의 좋은 의도는 단체에 동화되어 있다는 것이다. 그들의 용감한 노력은 무시되어왔고, 그들의 박애적인 활동은 봉쇄되어왔다. 그들은 어떤 틀안에 갇히게 되었고, 그들의 메시지를 받는 사회 역시 마찬가지였다. 결정적으로, 그들도 자신이 제도화되었다는 것을 망각하고 있다. 이 기관들이 창립되던 시절에는 체질병 학설과 영양학이 무시와 푸대접과 방해를받았다. 훗날 그들은 이 사실을 잊었고, 심지어 그들이 알고 있는 과학에서 벗어나 있다는 이유로 이들 기관의 역사에서 지워버리기까지 했다.

나아가, 인간의 건강을 가장 크게 위협하는 것은 효과가 없는 전략과우리가 "치료"라고 부르는 프로토콜이 아닐지도 모른다. 이런 것들도 비용이 많이 들고 피해를 입히기도 하지만, 진짜 위험한 것은 망각이라는은밀한 관행이다. 만약 기관들이 그들에게 순응하지 않는 사람들을 가혹하게 대한다면, 그것은 그 사업의 참여하는 사람들(연구자, 정책 입안자 등)이사악한 공모자라서가 아니라 과거를 무시하거나 잊었기 때문일 것이다. 그들은 예전에 이루어진 중요하고 의미 있는 연구를 접할 기회가 없었다. 이는 모든 과학자들에게도 문제가 되지만, 특히 암과 같은 생물학적으로 복잡한 질환의 연구에서는 피해가 크다. 우리는 너무 가까운 미래에만 초점을 맞춰서 질문의 틀을 짜고 프로젝트를 설계한다. 과거의 교훈을조사하고 융합시키는 데에는 충분한 관심을 기울이지 않는다.

내가 경력을 처음 쌓기 시작할 무렵에는 새로운 연구 프로젝트를 하기 전에 먼저 최소 20~30년 전까지 거슬러 올라가면서 과거의 문헌을검토하는 것을 당연하게 여겼다. 이제는 발표된 지 5년만 지나도 시대에뒤처지고, 심지어 무의미한 연구로 취급하는 것 같다. 연구에 뛰어드는사람이 점점 더 많아질수록 발표되는 연구의 양은 빠르게 늘어간다. 그래서 이제는 나온 지 몇 년 밖에 되지 않은 연구도 "역사"로 밀려난다.

나는 40년 전에 안식년을 맞아 워싱턴 D.C 외곽에 있는 미국 실험생물학 및 의학연맹 본부에 있을 때, 이 문제와 정면으로 부딪쳐보려고 했었다. 그곳에 있는 동안, 나는 의회에서 의생명학 연구기금을 감시하는 의회 연락담당관으로 임명되었다. 그것은 내가 감당할 수 있는 것보다 훨씬 더 많은 로비 활동과 정치 공작이 뒤얽힌 엄청난 일이었다. 솔직히 말해서, 나는 그 일을 잘 하지 못했다. 내 성격과 잘 맞지 않는 일이었다. 어쨌든 나는 그 자리에 있었던 첫 학자로서, 내 생각과 경험을 담아서 후임자들에게 도움이 될 만한 유용한 길잡이를 요약해달라는 요청을 받았다. 나는 내가 일하는 환경, 즉 가까운 미래에만 초점을 맞추면서 과거의 교훈을 등한시하는 그런 환경을 염두에 두고, 조금은 장난스러운 제안을 했다. 미국 국립보건원의 모든 새로운 연구비 지원을 5년 동안 중단하고(봉급이 지급되고 있는 경우는 제외), 그 시간과 자금을 들여 학술회의를 개최하고 지난 세기의 교훈을 숙고하는 시간을 갖자고 제안했다. 그 제안의 뜻은 옛길을 지도로 나타내보면 생의학 연구의 미래가 가야할 새로운 방향이 나타날지도 모른다는 의미였다.

내 선배 연구자들은 이것을 주제넘고 정신 나간 제안이라고 생각했다. 범위가 좁기는 해도 연구 사업은 공정하고 올바른 방향을 따라 나아가고 있어서 어떤 추가적인 논의도 필요 없다는 것이 모두의 생각이었다. 게다가 이런 논의는 과학의 모든 중요한 추진력에 방해만 될 터였다(그 추진력이 우리를 어디로 데려가고 있는지는 상관하지 말자). 결국 연맹은 내 논문의 발표를 원치 않았고,[73] 나도 동의했다. 그들이 보기에 이 보고서가 미국 국립보건원 내의 비효율성을 너무 많이 부각시킨다는 것이었다. 그들은 요점을 잘 짚었다. 그런데 이것이 40년 전의 일이라는 점을 기억하자! 이제 우리에게는 훨씬 더 많은 과학 정보가 있다. 우리는 그 정보를 체계화하고 전환하고 잘 활용해야 한다. 그러나 그 중 대부분은 결코 빛을 보지 못할 것이다. 대부분 잉크가 마르기도 전에 잊힐 것이다. 그리고 과학의 수레바퀴는 계속 돌아갈 것이다. 타이어처럼 땅을 딛고 굴러서 앞으로 나아가는 것이 아니라, 우리의 기관이라는 틀 안에 고정되어 매달린 채 영원히 허공을 맴돌고 있을 것이다.

오늘날의 연구와 치료는 계속 좁아져가고 있는 범위 안에 들어맞아야 할 것이다. 만약 영양의 힘도 알약이나 수술처럼 단번에 식별할 수 있는 뭔가로 압축될 수 있다면, 영양을 지지하고 대변하는 사람이 훨씬 많아지리라는 점에는 의심의 여지가 없다. 한편, 100년도 더 지난 옛날에 국소병 학설의 옹호를 받은 오래된 치료 프로토콜은 그 비효율성에도 불구하고 지금까지도 암 분야를 계속 지배하고 있다. 만약 그것들이 애초에 효과적인 치료 프로토콜이었다면, 어느 논객의 주장처럼 정말로 "지극히 훌륭한" 결과를 가져왔다면, 오늘날 우리는 제1장에서 소개한 이른바 암과의 전쟁을 완전히 피해갔을지도 모른다.

오늘날, 이 전쟁은 오히려 격해지고 있다.

"발전된" 현대적인 암 치료법은 가늠이 잘 안 될 정도의 막대한 비용이 들고, 종종 신체에 외상을 남긴다. 2014년 추정에 따르면, 개인병원에서 1회분의 화학 요법 치료를 받으려면 평균 약 2만 달러의 비용이 든다. 종합병원의 경우는 2만 6000달러로 비용이 올라간다.[74] 게다가 엎친 데 덮친 격으로, 이런 비용은 평균 생활비보다 빠르게 상승하고 있다. 그래서 오늘날의 많은 개인 환자들은 치료를 포기하거나 의료비에 허덕이는 것 중의 하나를 선택해야 하는 난감한 상황에 놓인다. 이렇게 풍요로운 나라에서 그렇게 많은 시민이 단지 살기 위해 노력하는 것만으로 재정이 파탄 나야 한다는 것은 참으로 역겨운 일이다. 대부분의 사람도 동감할 것이라고 생각한다. 게다가 지금까지 확인한 것처럼, 이런 노력 중 다수는 아무리 좋게 보아도 그 유효성이 매우 의심스럽다. 2004년에 22개 유형의 암에 대한 대규모 자료를 평가한 오스트레일리아-미국 연합 연구 집단에 따르면, 우리의 "치료"는 전혀 치료가 아니다. 세포 독성 화학 요법 약물을 쓴 환자의 5년 생존율은 아무 치료도 받지 않은 환자에 비해 평균 2.1퍼센트가 증가했다.[75] 이는 그저 위약 효과일지도 모른다는 것을 암시하는 비율이다. 이것만으로 충분치 않다면, 최근에 유럽의약청이 내놓은 보고서가 있다. 이 보고서에 따르면, 2009년과 2013년 사이에 승인된 암 치료약의 상당수(57퍼센트)는 "환자의 삶을 양적 또는 질적으로 개선한다"는 어떤 증거도 없이 시장에 나왔다.[76] 그런데도 많은 약들이 "획기적인 치료법"으로 시장에 소개되었다. 이 보고서에서 정한 "양과 질"의 기준이 그리 대단하거나 엄격한 것도 아니다. 심지어 단기 효과와 장기 효과를 구별하지도 않았다. 그런데도 조사 기간에 출시된 약의 상당수가 이런 작은 효과조차 보여주지 못한 것이다. 암 "치료약"은 독성이 너무 강해서, 환자들은 화장실을 쓴 후에 물을 두 번 내리라는 지시를 받는다.[77] 이것이 중요한 까닭은, 약물이 치료 후 약 48시간 동안 몸에 남아 있고 한 집에 살고 있는 건강한 사람에게도 해가 될 수 있다는 뜻이기 때문이다. 만약 건강한 사람에게도 해가 된다면, 그 "치료약"은 그것을 몸속에 받아들인 극히 위중한 환자의 몸에서는 무슨 일을 하게 될까?

간단히 말해서, 수십 년이 지났음에도 암 치료 능력은 거의 나아지지 않았다. 우리는 효과가 없는 100년 전 치료법을 단순히 "업데이트"만 하고 있었다. 이것은 모두 암의 원인과 치료 가능성에서 영양의 역할을 계속 오해하고 무시해왔기 때문이다.

대안을 기억하자

자연식물식 식단과 이 식단을 지지하는 연구들이 논란이 되는 이유는 문화 속에 식단과 질병의 연관성이 부분적이며 제한적일 뿐이라는 식의 분위기가 널리 퍼져 있기 때문이다. 앞의 두 장에서는 암이라는 맥락에서 이 문제를 논의했지만, 확실히 우리 문화 속에는 모든 병에 대해서 이런 식의 분위기가 어느 정도 널리 퍼져 있다. 내가 암에 대한 논의를 선택한 것은 이 분야에 대한 내 자신의 전문성과 80년대 중반에 옥스퍼드에서 내가 찾아낸 풍부한 역사를 기반으로 한다. 그러나 동일한 교훈이 다른 질환에도 광범위하게 적용된다는 점을 분명히 밝히고 싶다.

내가 여기서 보여주고자 하는 것은 이 이야기가 큰 틀에서 보면 비교적 최근의 현상이라는 점이다. 국소적 원인과 국소적 치료법에 대한 우리의 배타적 믿음을 정당화해줄 명백한 권한은 어디에도 존재하지 않는다. 20세기 초반의 증거는 국소적 원인과 국소적 치료법에 대한 배타적 믿음의 수용을 인정하지 않았고, 오늘날의 증거 역시 마찬가지이다. 비용이 들더라도 그 배타적 믿음을 고집해야 할 이유는 무엇일까? 윌리엄 램이 200년 전에 제안한 것처럼, 뭔가 다른 것을 시도해봐야 할 때가 온 것은 아닐까?

자연식물식 식단이 논란이 된 것은 국소병 대 체질병이라는 해묵은 논쟁을 부활시켰기 때문이다. 오늘날의 현 상태는 이 논쟁이 이미 오래 전에 끝났다고 선언하고 있지만, 자연식물식 식단을 지지하는 연구는 그렇지 않다는 것을 암시한다. 자연식물식 식단은 영양과 질병 사이의 연관성을 확립함으로써, 오랜 논란의 불씨를 되살린다. 정체된 현 상태에서 계속 잊고 싶어 하는 그 논란을 말이다.

그러나 자연식물식 식단이 도전하고 있는 것은 망가진 질병 관리 체계만이 아니다. 제2부에서 다루게 될 것처럼, 자연식물식 식단은 우리가 통상적으로 "좋은" 영양이라고 이해하는 것, 특히 동물성 단백질에 대한 전통적인 태도에 도전하고 있다.

영양의
혼란

Chapter ④

영양의 상태

내가 다른 사람에게 내놓을 수 있는 것은 내 자신의 혼란뿐이다.
-잭 케루악

우리 앞에 놓인 문제가 앞의 세 장만으로 충분할 정도로 단순했다면 얼마나 좋았을까? 단순히 이렇게만 말할 수 있다면 좋았을 것이다. 훌륭하군! 질병의 형성과 건강 증진에서 영양은 정말 강력한 역할을 하는구나. 그럼, 이제 시작해보자. 하지만 안타깝게도, 나는 이렇게 말할 수 없다. 영양과 질병의 연관성에 대한 우리의 태도(또는 그런 태도의 결여)는 1세기 넘게 의심스러운 이야기들과 결합되어 있었다. 영양과학 자체에 대한 우리의 태도도 이와 마찬가지였다. 영양에 대한 태도에서 반대 관점이 무시되고 있듯이, 영양과학에 대한 태도에서도 반대 관점이 무시되고 있다. 이는 질병과 건강 모두에서 영양이 강력한 역할을 한다는 것이 보편적으로 받아들여진다고 하더라도, 많은 이들은 최적의 영양이 실제로 어떠해야 하는지에 대해 여전히 혼란스러울 것이라는 의미이다.

자신의 경험을 생각해보자. 분명 수많은 예들이 생각날 것이다. 영양과 건강을 둘러싸고 분열적이고 혼란스러운 담론이 생기는 것은 거의 불가피한 상황이다. 건강과 영양을 대하는 태도는 우리가 선호하는 식단의 결정에 직접적 또는 간접적으로 대단히 중요하다. 게다가 현대의 다이어트가 까탈스러움으로 정의된다는 것에 이의를 제기할 사람은 거의 없을 것이다. 21세기 원시인 다이어트, 고지방 다이어트, 위급 상태 다이어트, 원조 비건식인 에덴동산 다이어트, 또는 그 외 다른 인기 다이어트 방식 중에서 당신이 무엇을 좋아하든지, 또는 그 중 몇 가지를 골라서 조합을 하든지, 그런 다이어트 진영에서 나오는 완강한 방어적 태도나 반격을 목격한 적이 있을 것이다. 뿐만 아니라, 수많은 윤리적, 환경적, 종교적 정당성도 식습관 선택에 영향을 준다. 현 정치 지형과 마찬가지로, 우리는 교착 상태에 있다. 그리고 그 교착 상태를 벗어나려면, 식단뿐 아니라 그 토대가 되는 건강과 영양을 대하는 우리의 태도에도 큰 변화가 필요하다.

나는 식단 논쟁에 참여해서 과학적 증거를 내놓았다는 이유만으로 한 번 이상 십자 포화를 받아봤다. 나는 동물을 먹지 않는 것에 대한 윤리적 주장을 존중하지만, 내가 동물성 단백질에 대해 제기한 문제는 동물 복지와는 전혀 관계가 없고, 그 증거도 오로지 인간의 건강과 관련된 것들이었다. 그래서 다양한 활동가들이 그런 나의 태도를 비판하기도 했다. 비건이나 채식주의 식단 옹호자들 중에는 동물 실험 연구를 통해 얻은 증거를 거부하거나 무시하는 이들이 있다. 심지어 건강에 대한 그 증거가 동물을 해치거나 죽이지 않는다는 그들의 대의와 일치할 때조차도 그렇다.

물론, 이 논쟁의 반대 진영으로부터 내가 훨씬 더 많이 마주한 것은 비난과 무례한 태도였다. 예전에 썼듯이, 1989년에 대한민국 서울에서 열린 세계 영양학회 학술대회에서 내가 연구 결과를 발표할 때, 대단히 영향력 있는 연구자이자 매사추세츠 공과대학의 식품과학 및 영양학 교수인 버넌 영은 청중석에서 이렇게 소리쳤다. "콜린, 좋은 음식에 대해 이야기하고 있군요. 우리 음식을 빼앗지 말아요!" 그가 말하는 우리 음식이란 당연히 동물성 단백질 기반 식품이다. 그것은 내가 젊은 시절까지 사랑했던 음식이었고, 낙농가였던 우리 가족의 생계를 책임져준 음식이었다.

만약 영이 내 발표에 대해 과학을 기반으로 비판했다면, 긍정적이고 생산적인 대화가 오갔을 것이다. 그리고 어쩌면 우리는 '진리'와 '지혜'에 한 걸음 더 가까이 다가갔을지도 모른다. 나중에 알았지만, 그의 실제 비판은 훨씬 더 분명했다. 영양과학의 중심 문제가 영원히 무엇인지를 분명히 드러낸 것이다. 증거와 무관하게 "좋은" 음식과 "나쁜" 음식에 대한 가치 판단에만 휩쓸리는 일이 너무 많다. 이런 가치 판단은 어디서 유래할까? 아마 영양과학에서 나왔을 것이다. 이상적인 세계라면, 마땅히 그래야 한다. 그러나 경험은 그렇지 않다는 것을 보여준다. 무엇이 "좋은 음식"인지 아닌지에 대한 우리의 생각에 기여하는 요소는 수없이 많다. 종교적, 환경적, 윤리적 문제가 고려된다. 계층과 문화도 식습관 선호도의 결정에서 부인할 수 없는 지표이다. 오랫동안 부의 상징이었거나 고향과 연관된 음식은 병을 일으킨다는 것을 암시하는 증거가 있어도 몰아내기가 어렵다. 그리고 당연히 맛도 무시할 수 없다.

우리가 음식에 붙이는 많은 가치 판단은 확실히 순수한 과학의 산물이 아니며, 과학 자체가 이런 판단보다 항상 우위를 차지할 수 있으리라는 가정은 순진한 생각일 것이다. 그러나 과학은 이런 가치 판단을 강화할 "증거"를 끊임없이 생산해왔다. 힘 있고 인기 있는 식품업계의 경우,

그들에게 우호적인 연구에 지원할 현금이 마를 날이 없기 때문이다.

짐작건대, 버넌 영은 자신을 불쌍한 과학자라고 여기지는 않았을 것이다. 하지만 그는 확실히 수레(그가 생각하는 "좋은" 음식)를 말(영양과학) 앞에 놓는 잘못을 저질렀다. 그리고 불행하게도, 그를 포함하여 그와 비슷한 많은 이들이 영양과학의 가장 영향력 있는 자리에서 그런 태도를 취했고, 그 결과는 심각했다. 매우 유해했던 사례를 하나만 들자면, 2002년에 영이 식품영양위원회의 다량영양소 소위원회 위원장이었던 때의 일이 있다. 이 소위원회에는 식이 단백질의 "섭취 상한선"을 처음으로 결정할 책임이 주어졌다. 그들은 총 섭취 열량의 35퍼센트라는 충격적으로 높은 상한선을 정했다. 그 수치는 그때나 지금이나 과학적으로 정당하지 않으며, 인간의 건강에 끔찍한 피해를 가져올 만한 양이다. 그래서 솔직하게 말하자면, 비양심적인 수치이다. 이런 권장 상항은 이제는 널리 확립되어 있지만, 당시에는 보고서 내용에 그것을 뒷받침하는 증거조차 없었다. 1일 권장 허용량이라는 것이 있다. 동일한 식품영양위원회에서 1943년에 처음 만들었고, 그 이래로 5년에 한 번씩 갱신되어온 1일 권장 허용량은 우리 몸이 최적의 건강을 유지하기 위해서 평균적으로 필요로 하는 영양소의 양을 측정하여 알려준다. 1일 권장 허용량에서는 총 섭취 열량의 10퍼센트가 식이 단백질에서 유래해야 한다고 권장한다.

35퍼센트 식이 단백질이라는 섭취 상한선은 현실적인 유용성도 없다. 이런 상한선에 이르려면 엄청난 양의 동물 기반 단백질을 섭취해야 할 것이다. 열량의 10퍼센트를 단백질로 권장하는 식단과 열량의 35퍼센트까지 단백질 섭취를 허용하는 식단은 생물학적으로 엄청난 차이가 있다. 10퍼센트 단백질 식단은 식물 기반 식단만으로 달성할 수 있지만(식물에는 최소 8~10퍼센트의 단백질이 함유되어 있다), 35퍼센트 단백질 식단은 거의 육식을 해야만 가능하다. 우리는 둘 다 지지함으로써, 어느 쪽도 지지하지 않는다. 사실상, 권장 사항은 무의미해진다. 먹고 싶은 대로 마음껏 단백질을 먹으면 된다! 이런 권장 사항은 업계를 보호하면서 소비자에게 가짜 안도감을 주는 이중 효과가 있다.

물론 과학은 그렇게 너그럽지 않다. 과학은 분명하게 차이를 밝히는데, 이에 대해서는 다음 장에서 논할 것이며, 물론 내 전작들에서도 자세한 내용을 확인할 수 있다. 열량의 35퍼센트를 단백질에서 얻는 식단이 건강에 미치는 결과는 열량의 10퍼센트를 단백질에서 얻는 식단과는 완전히 다르다. 그 증거는 명확하다.

1. 동물성 단백질을 소량만 섭취해도 만성 질환의 위험이 증가한다.
2. 동물 기반 식품을 더 많이 먹는 것은 질병을 예방하는 자연식물식을 더 적게 먹는 것과 연관이 있다.
3. 식물 기반 식품은 필요한 모든 단백질을 공급한다.
4. 동물 실험 연구에서 확인된 것처럼, 다수의 생물학적 메커니즘이 동물 기반 식품을 더 많이 먹고 식물 기반 식품을 더 적게 먹는 것의 해로운 효과를 설명한다.

식이 단백질은 총 열량의 35퍼센트보다 훨씬 적은 양인 20퍼센트만 섭취해도 암을 포함한 심각한 건강 문제를 증가시키는 것으로 드러났다.* 이런 건강 문제는 퍼센트 값이 증가함에 따라 함께 증가하는데, 일반적으로 이런 반응을 용량-반응이라고 한다.[1]

이 35퍼센트 상한선을 정한 식품영양위원회의 위원 중에는 내 친구가 두 명이 있었다. 내가 그 기사를 읽은 후에 그들에게 물었을 때, 그들은 위원회가 그런 결론을 내렸다는 것조차 모르고 있는 것 같았다. 그 중 한 사람인 조 로드릭스는 원로 과학자이자 미국 식품의약국의 행정가였다. 그는 처음에는 이 상한선을 지지하는 자료(정확히 말하자면, 지지하는 자료의 부재)에 대해 방어적인 태도를 취했지만, 내가 이의를 제기하자 결국에는 이렇게 인정했다. "콜린, 당신도 알다시피 나는 영양에 관해서는 아는 것이 없어요." 내가 알기로는 그의 전문 분야는 사실 독성학이었다! 그 위원회에 있던 또 다른 친구이자 내 동료는 그 기사가 발표되기 전까지 35퍼센트라는 수치를 본 적도 없다고 주장했다. 그는 그 위원회 일을 마무리 짓는 동안 읽어야 할 것들이 너무 많아서 놓쳤던 것 같다고 말했다. 35퍼센트 상한선이 보도 자료의 첫 문장에 강조되어 있었다는 점을 생각하면,[2] 많은 의문을 불러일으키는 해명이었다. 이런 질병-유발 권장 사항을 도대체 누가, 언제 작성했을까? 그 작성자들은 위원회의 다른 위원들로부터 얼마나 조언을 받았을까? 식품영양위원회 지도부의 책임은 어느 정도이고, 그들과 업계의 연관성은 어느 정도였을까?

그리고 역시, 업계가 연관되어 있었다. 식품영양위원회 위원장인 커트 버토 가자는 내가 아는 인물로, 적어도 우리와 논쟁 관계에 있다고 말할 수 있었다. 그는 (내 학문적 고향인) 코넬에서 영양과학부의 학부장으로 총

---

* 인구 조사에서 관찰된 질병 위험의 증가가 동물성 단백질 때문만은 아니라는 점을 염두에 두어야 한다. 동물성 단백질을 많이 섭취하면 다른 영양소의 섭취량도 유의미하게 바뀐다. 이 변화들이 종합적으로 작용하여 대단히 큰 영향을 끼친다.

20년을 근무했고, 그 시기에 그가 내놓은 주장들은 종종 낙농업계의 이익과 일치했다. 일례로, 퀘벡에서 열린 국제영양학총회의 한 회의에서 그는 네슬레사의 입장을 대변했다. 네슬레사는 세계 최대의 식품기업으로, 1866년에 설립된 이래로 낙농업계에서 중추 역할을 해왔다.[3] 또 언젠가는 식생활지침자문위원회를 만든 연방정부 공무원들과 함께 모종의 이해 충돌 건으로 소송을 당하기도 했다. 이 소송을 제기한 단체인 '책임 있는 의학을 위한 의사 모임'의 주장에 따르면, 식생활지침자문위원회의 자문위원 11명 중 (위원장인 가자를 포함한) 6명이 낙농업계 및 양계업계와 부적절한 관계를 맺고 있었다. 가자의 경우, 감독 기관은 보고하도록 정해진 한도를 크게 초과한 사적인 보상액을 공개하는 데 실패했다.* 버넌 영의 경우, 앞서 언급한 2002년 식품영양위원회의 다량영양소 소위원회 위원장을 맡은 이후에 네슬레의 이사로 취임했다.

이런 사례들은 빙산의 일각에 불과하다. 영양과학에 대한 식품업계의 영향력은 매우 뿌리 깊다. 2018년 뉴저지 영양 및 식이요법학회의 발표에서, 나는 먼저 그 자리에 참석한 300인의 임상 영양사를 상대로 식이 단백질의 섭취 상한선에 대한 그들의 관점에 대한 조사부터 시작했다. 대다수(70~80퍼센트)가 35퍼센트 상한선을 인정하고 받아들이는 것처럼 보였다. 과학적으로 뒷받침된 수치의 세 배가 넘는데도 말이다! 게다가 이 영양사들은 대중의 영양 문제를 책임지는 일을 하고 있다. 고의는 아니겠지만, 선의의 전문 영양사 중에는 비참할 정도로 잘못된 정보를 믿

---

* 이 사건의 법률 대리인이 내게 해준 말.

고 있는 사람이 많다. 그들을 탓할 수 있는가? 그들에게 이런 거짓말을 한 것은 널리 권위를 인정받는 기관들이었다. 무서운 일은 식품영양위원회가 만든 1일 권장 허용량이 공공 정책 개발에 중요한 영향을 주고 있다는 사실이다. 날마다 수많은 미국인의 건강을 해치고 있는 것인데, 여기에는 학교 급식 프로그램에 참여하는 3000만 명의 학생들, 여성 및 영유아 프로그램*에 참여하는 800만 명의 저소득층 임산부와 영유아들이 포함된다.

그러나 나는 이런 사례들을 예외처럼 설명하는 것은 지혜롭지 못하다고 믿는다. 그것은 영양학 분야가 직면하고 있는 문제의 심각성과 확장성을 과소평가하는 것이다. 나는 이 일을 하는 내내 저항을 경험했다. 식생활 선호도에 대한 논쟁은 갈수록 뜨거워지고, 완전히 예사로운 일이 되었다. 이런 것들은 근본적인 위기를 보여주는 징후다. 질병에 비유하자면, 이 "종양"은 원인과 치료 면에서 국소병이 아니라 체질병이다. 이런 사실들과 다른 사례들을 통해서 밝혀진 바에 따르면, 영양에 대한 우리 사회의 이야기는 혼란을 일으키고 있고, 이 분야에서 우리를 이끄는 이들이 그 영향을 발휘하고 있다.

이렇듯, 이 체계는 더 이상 효과적으로 기능하지 못하기 때문에 내부적으로 변화를 도모해볼 수 있는 시기는 이미 지나갔다. 우리는 한가하게 앉아서 그들이 정상화되기만을 기다릴 수 없다. 만약 그들에게 그런 자기 교정이 가능했다면, 그 과정이 기능을 하고 있었다면, 35퍼센트의 식

---

* 이 프로그램에서 제공하는 복지 서비스 중에는 보조 식품과 건강한 식사에 관한 정보가 있다.

이 단백질이라는 1일 권장 허용량은 20년 전에 도마 위에 올랐어야 했다. 그 증거들을 조금 더 면밀히 조사했다면, 비과학적이라고 무시되었을 것이다. 업계와 논문 저자들의 관계는 공표되었어야 하고, 법적 조사까지 받았어야 했다. 그러나 가자의 경우처럼 식품영양위원회와 미국 농무부 식생활지침자문위원회의 지도부가 같다면, 그런 견제와 균형은 불가능하다. 만약 단체들이 효과적으로 기능하고 있었다면, 영양소별 권장 사항을 만드는 자리(식품영양위원회)와 그 권장 사항을 총 섭취량에 대한 지침으로 바꾸는 자리에 한 사람이 동시에 앉아 있는 일은 없었을 것이다. 게다가 그 사람은 최근까지 낙농업계와 공개할 수 없는 관계를 맺어왔다.

키워지는 혼란

뒤죽박죽인 메시지, 전문가들의 편견과 기만을 보여주는 사례가 이렇게 많은데, 어떻게 대중이 정보에 밝고 건강하기를 기대할 수 있을까? 그리고 우리는 앞서 나온 것과 같은 정부 권장 사항에서만 영양 정보를 얻는 것이 아니다. 생활방식에 관한 책, 블로그, 잡지, 팟캐스트, 광고와 같은 다양한 매체도 우리에게 영양에 대한 메시지를 전한다. 내가 보기에, 오늘날 대중이 받는 대부분의 영양 "교육"에는 상충하는 정보들이 가득하지만, 그 정보를 자세히 살피고 진실성을 판단할 기술이 있는 사람은 많지 않은 것 같다.

우리가 분별력을 배운 적이 있던가? 2013년의 한 연구[4]에서는 연구자들이 설문조사를 이용해서 텍사스 "헤드스타트Head Start(저소득층 가정의 아동을 위한 미국의 교육 프로그램-옮긴이) 교사들의 영양에 대한 지식과 태도와 행동"을 연구했고, 그 답은 '없다'로 나왔다. 이런 연구에서 헤드스타트 교사들이 특별히 좋은 연구 대상인 이유는 유아교육의 최전선에 있는 직군이면서 영양 관련 질환으로 고통 받는 이들의 비율이 매우 높은 저임금 지역사회를 위해서 일하고 있기 때문이다. 게다가 미국 전역에 있는 헤드스타트 센터에서는 건강한 식습관에 대한 교육을 최우선 과제로 삼고 있다. 이를 반영하듯이, 조사에 참여한 교사의 대다수(92.7퍼센트)가 "음식과 건강의 관계를 배우는 것은 중요하다"는 말에 동의했다. 나는 제1부에서 다뤘던 이유 때문에, 즉 기관의 믿음으로 인해서 우리가 질병의 형성과 치료에서 영양의 역할을 온전히 파악하지 못하고 있다는 점 때문에, 그들이 영양을 얼마나 중요하게 생각하는지 의심스럽기는 하지만, 요점은 이렇다. 이 교사들은 선의를 가진 사람들이고, 영양의 기본 원리를 이해하려는 열의가 있는 사람들이다. 불행히도, 5명 중 4명이 넘는 헤드스타트 교사가 "어떤 영양 정보를 믿어야 할지 알기 어렵다"는 말에 동의하거나 잘 모르겠다는 답을 내놓았고, 5명 중 4명은 과체중이나 비만이었다. 기본적으로, 그들 대다수가 영양과 그것으로 증명되는 그들의 건강에 관해 혼란스러워 하고 있다. 다른 설문도 마찬가지이다. 그들의 영양 지식을 평가하기 위한 5개의 기초적인 질문(예: 단백질, 탄수화물, 지방 중에서 어떤 것이 가장 열량이 높은가?)에서, 네 문제를 맞힌 사람은 전체의 3퍼센트에 불과했고, 다섯 문제를 모두 맞힌 사람은 없었다.

내가 말하고 싶은 것은, 헤드스타트 교사들의 의도와 그들이 느끼는 혼란이 모두 정상이라는 점이다. 그것이 오늘날 일반 대중의 모습이며, 우리가 방향을 바꾸지 않는 한 그대로 일반 대중의 내일이 될 것이다. 무엇보다도 두려운 진실은 이런 경향이 지속되기를 바라는 강력한 이익단체가 많다는 것이다. 혼란스러운 소비자는 귀가 얇고, 귀가 얇은 소비자는 식품업계와 제약업계와 보충제업계의 지갑을 두둑하게 만들어준다.

2015년 《공중위생Public Health》의 한 논문[5]에서, 뉴질랜드의 연구자인 재닛 호크는 이와 똑같은 현상이 1950년대와 1960년대의 담배 산업에 어떻게 적용되었는지를 묘사했다. 담배 산업은 "과학자들의 신뢰성과 동기에 의문을 제기하고 '전문가'의 상반된 시각을 소개하여 과학자들의 기반을 약화시키는 전략을 씀으로써, 성공적으로 흡연자들을 혼란에 빠뜨렸다." 당시의 거대 담배회사들, 그리고 오늘날의 식품업계의 논리는 간단하다. 유해한 제품을 옹호하기보다는 대중을 혼란스럽게 하는 편이 쉽다(그리고 효과적이다)는 것이다.

마찬가지로, 막강한 업계라도 우리가 자신의 건강을 염려하는 것을 완전히 멈추게 할 수는 없다. 소비하는 대중은 언제나 그들과 가족의 건강을 개선해줄 정보를 원하지만, 그것도 한계가 있다. 그래서 업계에서 할 수 있는 최고의 선택은 혼란을 부추기는 것이다. 그러면 결국 우리는 결정에 대한 피로감 때문에 감각이 완전히 무디어진다. 우리의 관심을 끌기 위해 경쟁하는 작가와 강사와 인터넷 건강 전문가들이 많아질수록, 영업 환경은 좋아진다. 그럴싸해 보이는 식물성 화학물질이나 영양소인 척하는 뭔가에 초점을 맞춰서 별 것 아닌 것을 과장되게 부풀리고, 정직한 과학을 왜곡하거나 입맛대로 맥락을 바꾸는 일이 많아질수록, 업계는 우리의 나쁜 습관을 보기 좋게 포장하여 쉽고 빠른 최신 식이요법 제품으로 우리에게 팔아먹기가 쉬워진다. 딱 우리를 위한 상품인 것이다! 문제는 이런 정보가 그것만 따로 떼어 생각하면 합리적일 수도 있고 부분적으로 옳을 수도 있다는 사실이다(그러나 자연은 그런 방식으로 작동하지 않는다). 따라서 과학을 전문적으로 배운 사람이 아니라면, 무엇을 믿어야 할지 알기가 어렵다.

업계는 인간 심리의 이런 측면을 우리보다 잘 이해하고 있는 것 같다. 그들은 혼란이 지배할 때 나타나는 합리화 상태와 인지적 편견을 알아차리고 이에 의존한다. 이런 혼란은 "누구나 언젠가는 죽어야 한다," "어떻게 보느냐에 따라서 무엇이든지 나쁘게 보인다," "뭐든지 적당히"처럼 흔히 쓰는 표현에 잘 드러난다. 첫 번째 표현은 사실이지만, 요점을 완전히 놓치고 있다. 좋은 영양은 죽음을 영원히 피하기 위한 것이 아니라, 건강하고 만족스러운 삶을 살기 위한 것이다. 두 번째 표현은 극도로 잘못된 호소이다. 모든 것에 대해 입에 발린 소리를 하고 있지만, 실상은 아무 말도 아니다. 세 번째 표현은 새로운 수준의 희망적인 생각이다. 마치 헤로인마저도 적당히 하면 몸에 좋을 것 같은 착각을 불러일으킨다. 이 세 표현에는 공통점이 있다. 모두 너무나 많은 상반된 영양 정보에 체념한 모습을 보여주고, 현 상태를 강화하며, 영업 담당 간부의 귀에는 모두 아름다운 노랫소리일 것이다.

자연식물식 식단에 대한 논란

위에 설명한 경향들을 우리가 타파하기 전까지는, 영양과학은 꽉 막히고 어지러이 흐트러져서 제대로 활용되지 못한 채로 남게 될 것이다. 게다가 이미 존재하는 채식주의, 비건주의, 육식주의, 해산물 채식주의, 과식果食주의와 그 밖의 많은 -주의들로 쌓아올린 탑 위에 새로운 이름들을 포함시키려 할 때, 이런 과거를 생각하면 새로운 이름은 명확함보다는 혼란만 가중시키기 십상이다. "자연식물식"도 장사꾼들에 의해 남용될 위험이 있는 또 다른 이름이지만, 아직까지는 가장 바람직하다고 주장하고 싶다. 왜냐하면 자연식물식과 그런 식품으로 이루어진 식단은 이 장에서 소개한 경향을 타파하기 때문이다.

무엇보다도 먼저, 이 식단은 다이어트에 내한 대중적인 개념에 도전을 하기 때문에 위에서 설명한 경향들을 타파할 힘이 있다. 일반적으로 다이어트라고 하면 약간의 체중 감소를 기대하면서 고통을 견디는, 단기적인 뭔가를 의미한다. 자연식물식 식단은 다이어트라기보다는 하나의 생활 방식에 가깝다. 피상적인 변화를 가져오는 힘겨운 지름길을 알려주는 것이 아니라, 건강하게 오래 살기 위한 길잡이가 되어준다.

두 번째로, 자연식물식 식단에 힘이 있는 적절한 이유는 무엇이 "좋은 음식"인지 아닌지에 대해 오랫동안 지켜온 가치판단을 강요하지 않기 때문이다. 개인의 식습관 선호도를 결정하는 여러 요소들을 비난하지 않고, 그에 대해 의문을 제기한다. 자신이 좋아하는 음식을 빼앗아가지 말라던 버넌 영의 애원이 떠오른다. 그리고 내 오랜 친구이자 동료인 딕 워너 교수도 생각난다. 정육업을 하는 아버지 밑에서 자란 딕은 코넬 대학교에서 대학원을 마친 후, 동물영양학 교수가 되었다. 그가 중점적으로 연구한 분야는 동물 기반 단백질의 영양학적 특성이었다. 그는 내 경력에도 중요한 사람이었는데, 가장 중요한 이유는 1958년부터 1961년까지 내 박사학위 연구 자문위원회의 공동 위원장으로서 나를 지도해주었기 때문이다. 그로부터 14년 후, 교수가 되어서 다시 코넬 대학교로 돌아온 나는 인간의 영양에 큰 관심을 갖게 되었다. 동물성 단백질에 대한 우리의 이해관계는 크게 달라졌지만, 우리는 접점이 별로 없지만 예전과 마찬가지로 사이가 좋았다.

내가 코넬에 돌아온 지 몇 년이 지난 후, 딕이 개인적인 문제를 논의하기 위해서 내 사무실을 찾았다. 그는 심장 관상동맥 우회술을 두 번 받으면서 내 연구를 알고 싶어 했다. 당시 나는 콜드웰 에셀스틴 주니어 박사를 내 수업에 초청하는 연례 강의를 진행하고 있었다. 그는 저지방 자연식물식 식단을 활용하여 심장병 환자들을 성공적으로 치료한 자신의 임상 경험을 이야기하고 있었으므로, 나는 딕도 그 강연에 초대했다. 딕은 강연을 듣고 마침내 식단에 어느 정도 변화를 주기로 했다. 1년 후, 그는 지방 섭취를 열량의 10~12퍼센트로 줄였고, 몸이 조금 좋아진 것을 느꼈다. 하지만 그는 섭취하는 육류를 지방이 적은 칠면조 고기로 대체함으로써 이런 결과를 얻었다. 딕은 건강을 개선하고 싶었지만, 고기를 완전히 끊고 싶지는 않았다.

1년 후, 에셀스틴의 두 번째 강연에 참석한 딕은 한 파티에서 내게 다가오더니 그가 속으로 생각하고 있던 것에 대해 이야기했다. 신심이 깊은 그는 내게 구약성경의 몇 구절을 상기시켜주었다. 먼저 그는 창세기 1장 29절을 인용했는데, 이 구절에서 신은 이렇게 말했다. "이제 내가 너희에게 온 땅 위에서 낟알을 내는 풀과 씨가 든 과일나무를 준다. 너희는 이것을 양식으로 삼아라." 그러나 홍수가 난 이후인 창세기 9장 3절에서 신은 더 너그러워졌다. "살아 움직이는 모든 짐승이 너희의 양식이 되리라. 내가 전에 풀과 곡식을 양식으로 주었듯이 이제 이 모든 것을 너희에게 준다." 딕은 이 두 번째 구절에 대해, 그가 고기를 먹는 것이 신의 뜻을 따르는 것이라고 해석했다.

나는 이런 문제를 전혀 알지 못하고, 딕의 신심을 폄하하려는 것도 아니다. 나는 딕이 그의 감리교회에서 지도자일 뿐 아니라 삶의 다른 영역에서도 매우 원칙적인 사람이라는 것을 알고 있었다. 사실 그는 대학 내에서도 개인의 권리를 감독하고 분쟁을 해결하는 민원해결사로서 탁월한 위치를 차지하고 있었다. 한번은 내게 전화를 걸어서, 대학 내에서 나의 급진적인 시각에 대한 언급을 우연히 들었는데 자신은 전적으로 나를 응원하며 내 진실성을 존경한다는 것을 알려주고 싶었다고 말했다. 딕의 이야기에서 내게 가장 크게 다가온 것은 그의 성경 해석이 아니었다. 건강에 대한 염려, 과학적 증거, 종교적 해석과 같은 온갖 다양한 요소들이 경쟁적으로 그의 식단에 영향을 미치고 있다는 점이었다.

그의 선택은 지극히 개인적이다. 누가 그렇지 않겠는가? 동물이 지구상에 있는 이유가 먹기 위해서라고 믿고 있든지, 동물권을 옹호하든지, 아니면 그 중간 입장이든지, 우리가 먹는 음식은 개인적인 중요성을 지닌다. 나는 사람들의 자유로운 선택을 이해하고 존중한다. 딕 워너의 선택은 나와 다르지만, 나는 그를 개인적으로는 친절하고 사려 깊은 사람으로 기억한다.

자연식물식 식단은 딕 워너의 이야기가 보여주는 것과 같은 종류의 판단을 유발하기 때문에 균열을 일으킨다. 이 식단에서 가장 중시하는 것은 선택이 아니라 과학이다. 그래서 우리의 선택이 아무리 민감한 문제와 관련이 있더라도 의문을 제기할 수밖에 없다. 동물성 단백질에 반하는 증거는 당신의 믿음이나 입맛을 부정하는 증거가 아니라, 명확한 영양과학을 향해서 한 걸음 다가서는 증거이다.

그리고 이것이 자연식물식 식단이 이 장에서 논하고 있는 경향에 균열을 일으키는 세 번째 이유이며, 나는 이것이 가장 중요한 이유라고 생각한다. 비건 식단도 오늘날의 육류와 유제품 업계에 균열을 일으키지만, 자연식물식 식단은 오늘날 영양의 현 상태에 널리 퍼져 있는 특징에 균열을 일으킬 조짐을 보인다는 점에서 비건 식단과 다르다. 그 특징은 바로 혼란이다. 자연식물식 식단의 단순한 메시지와 그것을 뒷받침하는 강력한 증거에는 명확성이 있다.

이런 명확성이 그리 대단치 않게 보일 수도 있겠지만, 그렇지 않다. 지금처럼 혼란으로 치닫는 상황이 계속되는 한, 명확성의 추구는 혼란스러운 소비자들에게 의미 있는 희망의 원천이 될 것이다. 그리고 혼란이 정상일 때, 명확성을 향해 내딛는 발걸음은 하나의 저항이 된다. 우리가 향하고 있는 혼란은 가장 꼭대기에서 바닥까지, 영양 전문가들의 연구에서, 헤드스타트 프로그램에서, 그리고 그 사이에 있는 모든 곳에서 볼 수 있다. 영양학은 대부분이 혼란스럽다. 이 분야의 가장 영향력 있는 관계자와 지도자의 다수가 혼란에 빠져 있기 때문이다. 과학적 증거의 해석은 업계의 노골적인 불법 행위의 영향을 받는다. 확실히 개인적인 편견도 영향을 끼치지만, 이런 편견 자체도 대중의 이야기 속에 광범위하게 스며들어 있는 기업의 영향에서 발전했을 수 있다. 사회의 다른 전문가들과 마찬가지로, 영양 전문가들도 대단히 다양한 것들을 고려하여 식품에 대한 가치 판단을 정한다. 우리는 특정음식에 고집스럽게 집착하고 방어적인 태도를 보일 뿐 아니라, 무엇이 "좋은" 음식이고 무엇이 그렇지 않은 음식인지에 대한 모순된 믿음도 갖고 있다. 이런 방식으로, 우리 전문가들도 대중과 마찬가지로 똑같은 혼란의 골짜기에서 정보를 얻는다.

달리 말하자면 이렇다. 대다수의 업계와 학계와 정책 입안자들의 목소리가 모두 똑같이 혼란이라는 방향으로 우리를 끌고 가고 있을 때, 명확성을 추구하는 것은 직접적인 도전이자 논란이 된다. 그리고 우리 마음속에서 너무 소중한 "좋은 음식"에 대한 이야기, 잠재의식 수준에서 우리의 생각을 종종 오염시키는 이야기를 뒤집어엎는 것은 무엇이든지 논란이 될 것이다.

영양 분야에서 대중의 혼란, 이런 이야기에 대한 우리의 민감성, 변화의 어려움을 무엇보다도 잘 보여주는 본보기가 하나 있다. 바로 동물성 단백질이다. 과거와 현재의 암 연구가 우리 사회에서 영양 이상과 질병 사이의 관계를 단절시킨 사례가 되었듯이, 동물성 단백질의 사례는 우리가 알고 있는 영양 속 혼란을 야기한다.

동물성 단백질에 대한 광신

이 추운 밤은 우리를 모두 바보와 광인으로 만들 것이다.
-윌리엄 셰익스피어

　　1839년, 연구자들은 실험실에서 개들이 어떤 중요한 물질이 없는 음식을 먹으면 죽게 된다는 것을 발견했다.[1-3] 이로써 산소를 제외하고 처음으로 생명에 필수적인 물질이 발견되었고, 필수영양소라는 개념이 탄생했다. 이 영양소들(지방, 탄수화물, 비타민, 무기염류 따위)은 우리 몸에서 만들 수 없기 때문에 건강을 유지하기 위해서는 반드시 섭취해야 한다. 이 새롭게 발견된 물질은 너무 중요해서 그 이름도 protein(단백질)이었다. protein의 어원인 proteios는 그리스어로 "가장 중요하다"는 뜻이다. 엄청난 이름이었지만, 그 뒤에 일어난 일들에 비하면 약과이다.

　　일찍이 네덜란드의 유기화학자인 헤라르트 묄더르(1802~1880)는 단백질에 대해 다음과 같이 설명했다. "의심할 여지없이, 알려진 모든 유기물 가운데 가장 중요한 물질이다. 단백질 없이는 지구상에 어떤 생명도 나타날 수 없었다. 생명의 가장 중요한 현상들은 단백질의 활용을 통해서 만들어졌다."[4] 얼마 후, 농화학과 유기화학의 창시자인 독일의 유스투스 폰 리비히(1803~1873)는 단백질을 "생명 그 자체의 물질"이라고 묘사했다. 리비히가 역사를 통틀어 가장 대단한 생물학자라는 점은 거의 틀림이 없다. 700명의 뛰어난 학생이 리비히 밑에서 공부를 하던 학교는 지금도 그의 이름과 함께 남아 있다. 40년 후, 그의 학생이었던 독일의 카를 폰 보이트 교수(1831~1908)는 단백질 섭취 권장량을 만들 때 자신의 감정을 그대로 반영했다. 엄청난 영향력을 지녔고, 흔히 식이학과 영양학의 아버지로 묘사되는 보이트는 많은 양의 단백질을 포함하는 식단을 권장했다. 그 양은 그가 직접 조사를 통해서 확인한 양보다 훨씬 많았다. 그 조사에서 보이트는 하루 52그램의 단백질로 충분히 건강을 유지할 수 있다는 것을 관찰했지만, 결국에는 그 두 배가 넘는 하루 118그램의 단백질을 권장했다. 그의 동료 7명도 마찬가지였다(그들의 권장량은 1일당 110~134그램의 범위에 있었다).[5, 6] 그리고 이런 초기 영양학 권위자들이 일반적으로 단백질에 대해 말할 때, 그것은 동물성 단백질이라는 뜻이었다.

　만약 당신이 너그러운 사람이라면, 이 권위자들의 판단을 선의로 해석할지도 모른다. 아마 그들은 과잉 섭취 가능성을 전혀 생각지 못했고, 그래서 적게 먹는 사람들도 충분히 먹기를 바라는 마음에서 넉넉하게 권장량을 잡았을 것이라고 추측할 수도 있다. 그렇지 않으면, 그들의 과도한 권장량이 (무책임까지는 아니어도) 무모하고 부당하다고 말할지도 모른다. 그들에게 어떤 사정이 있었는지는 모르지만, 그들이 단백질을 둘러싼 허위 선전에 휩쓸린 것은 분명해 보인다. 단백질을 둘러싼 초기의 논의들이 얼마나 과장되어 있었는지를 생각하면, 이는 놀라운 일이 아니다. 보이트의 제자 중 한 명이며, (열량의 단위인 칼로리calorie라는 용어를 만들고) 에너지 대사에 대한 연구로 유명한 막스 루브너(1854~1932)는 단백질이 "문명 자체의 분기점"이라고 주장했다. 기록에 나타난 또 다른 사례를 보면, 인도의 영국인 의료 자문가인 매케이 소령은 다른 인도 원주민보다 벵골 부족의 남자들을 선호했는데, 그들 대부분이 단백질을 섭취했기 때문이다.[7] 단백질을 덜 섭취하는 사람은 "여성스러운 성격"이 있다고 묘사되었다. 그는 동물성 단백질을 충분히 섭취하지 못하는 사람들을 세계의 "열등한 인종"이라고도 묘사했고, 대단히 영향력 있는 미국의 영양 연구가인 H. H. 미첼 역시 마찬가지였다. 미첼은 동물에 따른 단백질의 영양가를 결정하기 위한 표준 방정식을 개발하기도 했는데, 이에 관해서는 이 책의 뒷부분에서 다룰 것이다.[8]

그들이 무슨 이유에서 그런 주장을 했든지, 그와 같은 초기의 태도는 엄청난 결과를 초래했다. 어쨌든 그들은 이 분야에서 가장 영향력 있는 인물들이었고, 그들의 지적 후손은 셀 수 없이 많다. 그들의 영향력이 얼마나 멀리까지 퍼졌는지를 가늠해 보기 위해, 보이트의 또 다른 제자인 W. O. 애트워터(1844~1907)를 생각해보자. 애트워터는 미국 농무부에서 최초의 영양 프로그램을 만들었다. 그가 만든 프로그램들은 1세기가 훌쩍 지난 지금까지도 미국 식생활지침자문위원회의 활동에 영향을 주고 있다. 미국 농무부가 주관하는 연례행사인 W. O. 애트워터 기념 강연은 오늘날 영양과학 전문가들의 영예 중 하나다.

이런 학문적 계통 자체는 문제가 되지 않는다. 이 분야가 계속 발전할 수 있는 한, 초창기에 단백질에 대한 열광이 얼마나 과도했는지는 그다지 중요하지 않을 것이다. 안타깝게도, 이 분야는 그런 초기의 열광을 넘어 조금도 나아가지 못하고 있다. 당시나 지금이나 그런 열광이 과도하다는 것을 보여주는 엄청난 양의 후속 연구가 있는데도 말이다. 애트워터 이래로 제2차 세계대전 기간에 식품 및 영양 프로그램이 확립되어 현대에 이르기까지, 미국 농무부의 영양과학자들은 고단백질 식품, 특히 동물성 단백질에 기반한 식품(육류, 유제품, 계란)을 계속 권장해왔다. 1943년에 도입된 "7대 기초 식품군" 지침에서는 성인은 하루 2~3잔, 어린이는 하루 3~4잔의 우유 섭취가 권장되었다. 계란은 3~5개, 고기나 치즈나 생선 중 적어도 한 가지, 적당한 양의 채소, 과일, 통곡물로 만든 빵, 가끔씩 말린 콩이나 완두콩이나 땅콩 섭취가 권장되었다[9]. 이 권장 사항은 오늘날의 권장 사항과 기본적으로 다르지 않다. 그러나 제4장에서 다뤘던 35퍼센트의 상한선을 생각하면, 오늘날 미국 농무부는 동물성 단백질을 많이 섭취해야만 달성할 수 있는 높은 수준의 식이 단백질 섭취를 선호한다.

1800년대 후반에 카를 폰 보이트와 그의 동시대인들에 의해 결정된 과도한 단백질 섭취 방식은 여러 좋지 않은 결과를 초래했음에도 그대로 유지되었고, 사라질 기색은 조금도 보이지 않는다. 미국인들이 지속적으로 섭취하고 있는 단백질의 양은 최적의 건강을 유지한다고 증명된 양을 훨씬 초과한다(권장량은 8~10퍼센트, 질소 손실의 균형을 맞추기 위해 필요한 양은 5~6퍼센트인데 비해 섭취량은 17~18퍼센트). 단백질 필요량과 권장량을 표현하기 위해서 다양한 측정법(체중 1킬로그램당 그램수, 1일당 그램수 따위)이 사용되어왔지만, 가장 적절한 측정법은 단백질을 총 열량에 대한 비율로 표현하고 사용된 식단의 종류를 언급하는 것이다. 특정한 양을 권장하는 것은 피해야 한다. 이는 혼란만 초래하며, 단백질이 식물에서 유래했든지 동물에서 유래했든지 영양학적인 차이 없이 개별적이고 독립적으로 작용하는 것처럼 짐작하게 만들고, 단백질 보충제의 섭취를 부추긴다.

동물성 단백질이 식물성 단백질이나 다른 영양소에 비해서 높은 대접을 받는 것은 거의 강박적일 정도로 일반화되어 있다. 의식적이든 무의식적이든, 신경이 쓰이지 않을 수 없다. 그렇기 때문에 식물 기반 식단으로 먹는 사람들이 주로 받는 질문은 비타민 B12나 다른 주목할 만한 영양소를 어디에서 얻는지에 관한 질문이 아니라 단백질을 어디에서 얻는지에 관한 것이다. 단백질은 왕이고, 동물성 단백질은 그 중에서도 가장 고귀한 왕이다. 모든 농민이 꿈꾸는 정의롭고 반듯하고 용맹한 왕이다. 이 왕은 그 자리에서 권세를 누리면서, 과학적 측정과 언어와 정책에 영향을 미쳤다. 우리는 맨 처음부터 동물성 단백질을 과도하게 찬양했다. 그 찬양을 유지하기 위해서, 그리고 동물성 단백질이 식물성 단백질보다 우월하다는 것을 합리화하기 위해서, 우리는 최선을 다하고 있다.

동물성 단백질의 측정: "고품질"이라는 연막

동물성 단백질 신봉자들은 종종 동물성 단백질의 "영양가"가 식물성 단백질에 비해 높다고 주장한다. 이런 영양가의 개념은 자주 쓰이지만, 과학자들이 이것을 묘사하는 방식은 다르다. 일상에서는 흔히 하는 말로, 동물성 단백질이 "질이 좋다"는 식의 설명을 들어봤을 것이다. 나는 이 장에서 "질"과 "영양가"라는 용어를 같은 의미로 사용할 것이다. 그러나 동물성 단백질의 우월성에 대한 이런 믿음의 기원을 이해하기 위해서, 우리는 처음으로 돌아가야 한다.

단백질이 처음 발견되고 수십 년이 지난 후부터 오늘날에 이르기까지,

많은 과학자들은 동물성 단백질과 식물성 단백질을 모두 포함하는 다양한 단백질의 상대적 가치를 결정하기 위한 객관적 방법의 개발에 애써왔다. 이는 전적으로 이해할 수 있는 목표이지만, 실질적으로는 심각한 오류가 있다는 것이 밝혀졌다. 그 방법들은 우리가 선호하는 식품, 특히 동물 기반 식품의 가치를 강화하기 위한 수단으로 주로 쓰였기 때문이다.

그런 방법 중에서 가장 처음으로, 그리고 아마도 가장 기초적인 방법은 "단백질 효율비protein efficiency ratio(PER)"일 것이다. 단백질 효율비는 체중의 증가량을 단백질 섭취량으로 나눈 값이다. 다시 말해서, 신체 성장의 촉진에서 서로 다른 단백질의 효율성을 측정하는 것이다. 단백질 효율비는 인간의 건강에 관해서보다는 농가와 농업 연구자들 사이에서 주로 쓰이지만, 단백질에 대한 선호도가 인간의 건강에 관한 추론에까지 어떻게 이어지는지를 잘 보여주기 때문에 짚어볼 가치가 있다.

단백질 효율비 측정법은 성장의 극대화에 초점을 맞췄다(단백질 효율비 값이 가장 높은 단백질은 가장 잘 팔릴 만한 제품과 엄청난 이익을 가져다준다). 그러나 인간의 건강에 관해서 따져보면, 이런 영양가 측정 방식의 오류가 분명하게 드러난다. 이 방식에서는 가장 빠른 성장률을 최적의 성장률로 가정한다.

단백질의 질을 측정하기 위해 20세기 전반에 걸쳐 가장 널리 사용된 방법은 "생물가biological value(BV)"이다. 생물가는 일리노이 대학교의 축산학 교수인 H. H. 미첼이 1924년에 개발한 방법으로[10] 주어진 단백질을 섭취한 후 체내에 남아 있는 질소의 비율로 계산된다. 본질적으로, 이 방법은 다양한 단백질의 이용 효율을 측정하려는 것 같다. 이 측정법에서는 몸속에 남아 있는 질소가 잘 활용되고 있다고 가정하는데, 이 가정은 오늘날까지도 과학 문헌을 통해 확인되지 않았다. 동물성 단백질을 향한 H. H. 미첼의 특별한 애정도 간과해서는 안 된다. 인도에서 일했던 매케이 소령처럼, 미첼도 단백질 섭취가 인종의 지위를 결정하는 요인이라고 생각했다. 한 설명에서 그는 일부 인종을 "열등하다"고 언급하면서, 그 이유가 동물 기반 단백질을 충분히 섭취하지 않았기 때문이라고 했다.[8, 10] 단백질 효율비와 마찬가지로, 생물가도 인간의 건강에서 동물성 단백질의 중요성을 직접적으로 언급하지는 않는다. 하지만 내가 여기서 소개하는 까닭은, 역사적으로 볼 때 동물 기반 단백질이 식물 기반 단백질보다 우월하다는 대중의 생각이 이 측정법에서 비롯되었기 때문이다.

최근에는 "아미노산 점수amino acid score(AAS)"라는 것이 개발되었다. 이 측정법을 이해하려면 단백질의 구조를 알아야 한다. 단백질은 아미노산이 마치 구슬 목걸이처럼 길게 이어진 사슬로 이루어져 있다. 사람이 먹은 단백질은 소장에서 각각의 아미노산으로 분해되고, 아미노산은 소장에서 흡수된 후 스스로 조립되어 새 단백질을 형성한다. 아미노산 점수는 다양한 식품 단백질의 아미노산 배열이 우리 몸에서 쓰이는 아미노산의 배열과 얼마나 일치하는지를 측정한다. 동물 기반 단백질의 아미노산 배열과 비율은 우리 몸의 것과 비슷한 반면(우리 역시 동물이므로 당연한 일이다), 식물 기반 단백질은 다르다. 그 결과, 아미노산 점수의 지지자들은 동물성 식품의 단백질이 효율적으로 이용될 수 있다고 가정하고, 앞서 언급된 것처럼 동물성 단백질은 "질이 좋다"는 생각을 내놓게 되었다. 일반적으로 말해서, 동물성 단백질 속에는 우리 몸에서 합성할 수 없기 때문에 반드시 섭취해야 한다고 여겨지는 9개의 아미노산이 적절한 비율과 올바른 순서로 들어 있다. (만약 우리가 이 측정법에서 논리적으로 타당한 결론을 찾는

다면, 추수감사절에 내놓아야 하는 "가장 질 좋은" 단백질은 인육이라는 결론을 내려야 한다!) 식물성 단백질은 이 9개의 아미노산 중 하나 이상 부족하기 때문에 "질이 좋지 않다"고 이야기된다.

본질적으로, 아미노산 점수로 단백질의 질을 측정하는 것은 그 이전의 측정법인 단백실 효율비나 생물가 측정법과 크게 다르지 않다. 아미노산 점수 측정법에는 특이적이고 어려운 기술이 적용되지만, 궁극적으로 측정하는 것은 같다. 효율성과 유용성이다. 오랫동안 간직해온 효율성과 유용성에 대한 선호는 매번 우리가 선호하는 가치 평가 방법을 결정짓는 규정 양식이 되었다. 물론 이 세 가지 방법 외에도 단백질 측정법은 더 있다. 식품의 "단백질 소화율 보정 아미노산 점수protein digestibility-corrected amino acid score"는 아미노산을 측정한다는 것은 같지만, 소장에서 혈액 속으로 흡수되는 아미노산의 양을 고려한다. 소화 과정에서 일어나는 한 단계의 차이를 제거함으로써 아미노산 점수를 근본적으로 조정한 것이다. 질소 균형nitrogen balance이나 순단백질 활용net protein utilization 측정법도 있다.[11] 이런 방법들에 대해서는 설명할 필요도 없다. 모두 똑같은 잘못된 가정에 기반하고 있기 때문이다. 단백질이 소화되어 혈액 속으로 흡수된 이후, 몸속에서 효율적으로 쓰일수록 건강에 좋은 결과를 가져오므로, 흡수가 많이 되는 단백질일수록 "질"이 좋은 단백질이라고 가정하는 것이다. 종종 무시되는 불편한 사실이 있는데, 이 가정이 사실 무근이라는 점이다. 성장이 빨라질수록 건강이 좋아진다는 가정이 말이 되지 않는 것처럼, 흡수가 많이 되거나 유지가 잘 된다고 해서 좋다는 가정도 말이 되지 않는다. 이런 가정을 하려면 체내에 유지되고 있는 질소 그리고/또는 아미노산이 전부 잘 활용되고 있다는 것을 확신할 수 있어야 하는데, 우리는 이를 증명할 수 없다.

　게다가 이런 특정 측정법에서 하는 것처럼, 동물 기반 식품에 들어 있는 단백질의 효과에만 특정하게 초점을 맞출 수도 없다. 우리는 이런 식품이 인간의 건강에 미치는 영향을 광범위하게 살펴야 한다. 식품으로서 동물성 단백질에는 다른 여러 물질이 함께 딸려오며, 그 중에는 콜레스테롤과 포화지방 같은 미심적은 물질들도 있다. 이상하게 들릴 수도 있겠지만, 단백질의 영양가에 대한 평가에는 알려진 건강상의 위험이 전혀 반영되어 있지 않다. 우리가 몸집을 키울 때 우리 몸에 축적되는 단백질이 암의 성장, 혈청 콜레스테롤 수치, 심혈관계 질환의 발병 위험도 함께 증가시킬 수 있다는 점에는 신경을 쓰지 않는 것이다. 엄청난 수의 사람이 이런 치명적인 질환으로 죽거나 장애를 얻었고 지금도 그 수가 늘어가고 있는 상황을 생각하면, 우리는 미묘한 차이를 조금 더 감안하는 방식으로 단백질에 대한 평가에 접근해야 할지도 모른다.

　심지어 당연하게 여겨졌던 동물성 단백질의 장점도 오해일 수 있다. 성장을 예로 들어보자. "질 좋은" 동물성 단백질이 돼지와 쥐의 성장 속도를 가속화한다는 것이 밝혀진 후, 어린이의 성장에도 같은 결과가 나올 것으로 추론되었다. 이것은 아마 맞을 것이다. 그리고 성장은 어린이에게 특히 중요하다. 건강의 필수적인 부분이라는 것 외에도, 탄탄한 성장은 세계의 여러 문화권에서 강하고 우월한 인상을 준다. 그러나 어린 시절에 신체 성장 속도가 빠르다고 해서 성년이 되었을 때 반드시 키가 크고 신체 능력이 뛰어난 것은 아니다. 궁극적으로 키는 유전적 소인과 더 밀접한 관련이 있고, 유년기의 질병과 다른 영향도 성인이 되었을 때 도달할 수 있는 키에 영향을 주기도 한다. 이런 문제들은 세계의 가난한 지역에서 흔하게 나타나는데, 이런 문제가 없다면 유년기에 동물성 단백질을 먹지 않아도 건강한 성인의 키에 동등하게 도달할 수 있다. 더 나아가, "질 좋은" 동물 기반 단백질로 성장 속도를 더 빠르게 한다고 해서 반드시 더 건강한 성인이 되는 것도 아니다. 실제로 "질 좋은" 단백질을 섭취하면 생장호르몬이 증가한다. 그 결과 성적 성숙이 빨라져서 성호르몬 수치가 높아지고, 생식기의 암 발생 위험이 증가한다.[12~17] 이렇게 기록으로 잘 나와 있는 부정적 효과들이 단백질에 대한 가치 평가에서 수십 년 동안이나 누락되어왔다는 사실은 비도덕적이고 수치스러운 일이라고 생각한다.

나는 1970년대와 1980년대에 실험쥐를 대상으로 연구 프로그램을 진행했다. 『무엇을 먹을 것인가』와 함께 제9장에서 더 깊이 있게 다룬 것처럼, 우리는 이 연구를 통해서 우유 기반 단백질인 카세인casein을 많이 섭취하면 암 발달의 증가와 연관된 성장호르몬이 극적으로 증가한다는 결과를 반복적으로 얻었다.[18, 19] 이와 대조적으로, "질이 떨어지는" 밀 단백질에서는 정반대의 효과를 얻었다. 밀 단백질은 리신lysine이라는 아미노산의 "결핍"으로 인해 암의 발생이 방지되었다. (리신이 이런 변화의 원인이라는 것을 우리가 알고 있는 까닭은 리신의 양을 늘리면 카세인에서와 같은 수준으로 암 성장이 재개되었기 때문이다.[20]) 다시 말해서, 동물 기반 단백질은 암의 성장을 증가시켰지만, 원래 형태의 식물 기반 단백질은 그렇지 않았다. 단, 식물 기반 단백질의 아미노산 조성을 동물 기반 단백질 수준으로 "개선"하면 이야기가 달라졌다.

동물성 단백질의 표현

영양가에 대한 이런 측정을 기반으로, 식이요법을 하는 많은 일반인들과 현장 전문가들은 동물성 단백질이 "질이 좋다"는 개념을 영속시키고 있다. 그들을 탓하기는 어렵다. 어쨌든, 증거에 기반하여 객관적으로 질을 결정하는 것을 원하지 않을 사람이 누가 있겠는가? 대부분의 우리는 알게 모르게, 질을 수량화할 수 있는 측정법에서 편안함과 안정감을 찾는다. 그 측정법에 심각한 오류가 있더라도 말이다. 정확하게 수량화될수록 진짜 과학처럼 느껴지고, 수에 집착하는 우리 사회에는 더 호소력이 있다. 질적인 분석이 적절할 때조차도 예외는 없다.

어떤 경우에도, 우리가 단백질에 배정한 생물가가 완전히 소용없어지는 것은 아니다. 다만 우리는 1세기가 넘게 이어져온 교육을 통해서 생물가를 잘못 해석하는 것에 익숙해져온 것뿐이다. 이를테면, 식물성 단백질에 배정된 낮은 영양가는 우리에게 뭔가 유용한 것을 말하고 있다. 아미노산의 조성이 제한적인 식물성 단백질에 주어지면, 우리 몸은 그들이 생물학적으로 선호하는 방식으로 단백질의 활용을 조절할 수 있는 것으로 보인다. 이는 결핍이 아니라 좋은 일이다. 그러나 우리는 식물 기반 단백질이 보이는 저조한 신체 성장 반응을 설계 오류로 잘못 해석하고 있다. 반대로, 동물 기반 단백질에 대해서는 건강을 좋게 해주고 효율이 매우 뛰어나다고 잘못 해석하고 있다. 우리는 "많으면 많을수록 좋다"는 말을 반복하고 있다. 우리는 자연식물식을 하는 사람은 잡식을 하는 사람에 비해서 과체중이 되거나 (여러 기관 중에서도 특히) 생식기에 암이 발생하거나 심혈관계 질환에 걸린 확률이 평균적으로 적다는 것을 알면서도, "영양가"를 계속 잘못 해석하고 있다.

나는 이런 실수가 잘못된 사고방식에서 비롯된다고 생각한다. 그리고 사고는 오해를 부르는 언어에 반영되고, 나중에는 그런 언어의 지배를 받게 된다. 따라서 이런 실수를 극복하고 나아가기 위해서는 애초에 우리를 여기까지 이끌어온 언어를 극복하고 나아가는 것이 도움이 될 것이다. 그렇게 할 수 있게 되기 전까지는 발전은 어려울 것이다.

"질이 좋다"는 꼬리표 외에, 보건 당국이 언어로 우리의 발목을 잡고 있는 방식을 보여주는 몇 가지 사례가 있다. 유엔 세계보건기구(WHO)의 국제암연구소(IARC)를 생각해보자. 이 단체는 2015년에 가공육은 발암성이 있고, 적색육은 "발암 가능성"이 있다고 구분했다. 이 기관의 영향력을 생각하면, 이 메시지가 전세계에서 주요 뉴스로 다뤄지는 것은 당연했다. 이런 꼬리표가 붙은 연구에 대한 내 생각은 그 연구자들의 생각이나 언론에 보도된 것과는 조금 달랐다. 내 관심사는 가공육의 발암성보다는 동물성 단백질 전체였다. 나는 모든 동물성 단백질, 그리고 그로 인한 식물성 식품의 섭취 부족과 그들의 복잡한 상호작용에 의한 암-촉진 역할에 관심이 있었다.*

나는 국제암연구소에서 두 차례 강연을 하면서, 이 과학자들의 태도를 확실히 알 수 있었다. 그들은 암의 발병에서 영양이 어떤 역할을 할지도

---

* 여기서 가공육에 대해 잠깐 설명을 하자면, 가공육과 가공되지 않은 고기 사이의 통계적 차이는 미미하고, 거의 중요하지 않다. 가공육에서 관측된 효과는 통계적 유의성의 경계선을 넘어선 반면, 가공되지 않은 고기는 같은 경계선의 안쪽에 들었다. 이것 때문에 국제암연구소는 가공되지 않은 고기의 유해한 효과를 조금 경시할 수 있었다.

모른다는 것을 믿기를 주저했다. 그들의 공식적인 목적은 식품 자체가 아니라 식품 속에 있을지도 모르는 화학적 발암물질에 대한 판단을 내리는 것이었다. 사실, 2015년의 이 발표조차도 육류가 암 발병 위험 증가와 연관이 있을지도 모른다는 보고가 처음 나온 지 40~50년 만에 나온 것이다.[21~23] 확실히 최신 발견은 아니다. 그래서 나는 2015년의 이 발표에 조금 놀라웠고, 약간 회의적이었다.

더 큰 맥락에서 생각해보자. 2018년에 추가적으로 발표된 최신 연구 결과에서, 국제암연구소는 "적색육에는 생물가가 높은 단백질이 함유되어 있고, 비타민 B, 철분… 아연과 같은 중요한 미량영양소도 들어 있다"는 것을 대중에게 상기시켰다. 왜 국제암연구소는 그들이 직접 "발암 가능성"이 있다는 꼬리표를 붙인 식품을 굳이 나서서 칭송한 것일까? 게다가 구할 수 있는 모든 증거는 적색육이 없는 식단으로도 동일한 영양소를 얻을 수 있고, 안전하고 효과적일 수도 있다는 것을 암시한다. 화학적 발암물질에 대한 그들의 오랜 관심과 영양에 대한 그들의 오랜 무시는 차치하더라도, 어쩌면 그들은 동물 기반 단백질에서 이른바 생물가라는 것 이상은 볼 수 없는지도 모른다. 설사 모순이 발생했더라도 말이다.

이런 뒤죽박죽 메시지는 드문 일이 아니다. 적색육 섭취와 만성 신장질환에 관한 2017년의 한 논문은 초록의 첫 문장을 "생물가가 높은 적색육은 중요한 단백질"이라면서 시작하지만, 그 뒤에는 "만성 신장질환 환자의 적색육 섭취 제한은… 신장 질환의 진행을 늦출 수 있고" 종종 만성 신장질환과 동반되는 "심혈관계 질환의 발병 위험을 감소시키는 좋은 전략"이 될 수도 있다고 제안한다.[24] 이 모든 것이 하나의 논문 초록에 들어 있는 내용이다! 나는 이 과학자들이 느꼈을 중압감이 안쓰러워 견딜 수가 없다. 그들은 분명 자신들의 연구 결과와 100년 동안 이어져온 낡은 신조 사이에서 괴로웠을 것이다. 정신적 곡예를 하게 되면 누구라도 지칠 수밖에 없을 것이다. 국제암연구소 보고서와 함께, 이 과학자들도 "생물가"라는 구식 용어에 왜 계속 집착하고 있는 것일까? 생물가가 가장 높은 단백질이 정말로 신장 질환을 예방하고 완화하며,* 심혈관계 질환을 예방하고 완화하는 식품에 들어 있다면, 그 단백질은 암을 일으키기보다는 암에 대한 저항성이 있어야 맞지 않을까? 영향력 있는 기관들과 대단히 존경받는 연구진들이 내놓은 수백 편의 연구 보고서들은 똑같은 오류가 있는 "좋은 질"에 대한 이야기만 앵무새처럼 반복하고 있다. 그 이야기는 우리의 언어에, 그리고 믿음에 너무도 깊이 박혀 있다.

오용되고 있는 선택적 언어의 영향은 강력하다. 우리는 나쁜 영양 습관을 정당화하기 위해서, 높은 질소 축적율, 이용 효율, 성장 속도, 생산 효율, 독성 화학물질을 해독하는 효소의 활동 강화와 같은 긍정적 개념을 내어놓지만, 혈청 콜레스테롤 수치 증가, 신체 능력 저하, 암 발병 위험 증가, 심혈관계 질환, 노화에 따른 조직의 퇴화, 대사 산증, 활성산소의 형

---

* 최근에 내 아들인 탐은 만성 신장질환을 치료하는 자연식물식 식단의 능력에 대한 놀라운 사례 연구를 권위 있는 《영국의학저널British Medical Journal》에 발표했다.[25] 이 논문은 3기 만성 신장질환, 당뇨병, 고혈압, 비만을 갖고 있던 69세의 노인이 4.5개월 동안 동물성 단백질 섭취를 줄이고 자연식물식 식단을 유지하면서 실제로 증상이 얼마나 호전되었는지를 묘사한다. 그는 인슐린 투약이 50퍼센트 이상 줄었고, 그가 먹던 12가지의 약을 대부분 끊었으며, 체중이 30킬로그램 이상 줄었다. 그리고 신장 기능을 측정하는 중요한 척도인 사구체 여과율이 64퍼센트 증가했다. 이런 결과는 저단백질 식단에 관한 몇 가지 다른 연구에서 발견된 것과 일치하며, 어떤 연구는 무려 1세기 전까지 거슬러 올라가는 것도 있다.[26] 자연식물식 식단의 이런 효과는 오늘날 전세계적으로 8억 명에 육박하는 만성 신장질환 환자들에게 엄청난 희망을 제공한다.[27]

성, 혈중 에스트로겐과 성장호르몬 수치의 증가와 같은 부정적인 면은 끊임없이 외면한다. 이제는 멈춰야 할 때가 되었다.

간단히 말해서, 나는 동물성 단백질과 관련해서 "질이 좋다"는 말을 다시는 듣고 싶지 않다. 이제는 그것을 신화라고 부르자.

동물성 단백질 정책: 세상을 먹여 살린다고?

동물성 단백질은 과학의 언어와 방식, 대중의 인식에 침투했을 뿐만 아니라, 수십 년 간의 잘못된 정책을 통해서도 혜택을 보았다. 볼트의 초기 권장 사항이 나온 이래로, 단백질 부족이라는 공포는 판단력을 흐려놓았다. 이 공포는 국제적인 관심사가 되었고, 이를 입증하듯이, 내가 경력을 시작한 이래로 여러 국제적인 보건 정책이 나왔다.

1930년대에는 쿼시오커kwashiorkor라고 불리는 심각한 형태의 영양 부족에 대한 설명이 과학 문헌에 처음 등장했다.[28] 이 병은 단백질 결핍과 가장 밀접한 연관이 있었고, 개인과 기관 모두 그 후로 20세기 내내 단백질에 연구의 초점을 맞춰왔다. 쿼시오커가 발견되고 수십 년 후, 지구 전체의 영양 부족 문제를 다루기 위해서, 특히 충분한 단백질 섭취를 통해 유년기의 영양실조 해결에 도움을 주기 위해서 중앙아메리카 및 파나마 영양연구소(INCAP)가 설립되었다.[29] 포드 재단과 록펠러 재단으로부터 자금을 지원받고,[30] 20세기 후반기에 전세계에서 가장 유명한 영양과학자 중 한 사람인 매사추세츠 공과대학교의 네빈 스크림쇼 교수가 초기에 이끌었던 이 영양연구소는 순식간에 세계 최고의 어린이 영양학 연구기관 중 한 곳이 되었다.

개인이나 기관들은 아마 좋은 뜻에서 그랬겠지만, 연구가 단백질에만 과도하게 집중된 점은 여전히 의문스럽다. 퀴시오커라는 병 자체와 그 병의 유행도 과장되었을 가능성이 있다. 내가 초기에 필리핀에서 어린이 영양실조에 대한 연구 조사를 할 때, 나 역시 퀴시오커를 단백질 결핍으로 기술했다. 그러나가 주변을 돌아다니면서 질문을 시작했는데, 이 병의 명확한 증거를 봤다는 내과의사를 한 명도 찾을 수 없었다. 몇몇 평론가들도 이 병에서 단백질을 강조하는 것에 의문을 제기했다[31, 32] 그럼에도, 개발도상국 어린이들의 극단적인 영양실조가 "단백질 격차"의 증거라는 이야기가 퍼지면서,[2] 많은 단백질 섭취에 대한 요구에 열의와 다급함이 더해졌다.

일반적으로 단백질 격차를 매우기에는 우유 단백질이 가장 좋다고 여겨졌지만, 우유는 비쌌다.[33] 그래서 스크림쇼와 그의 동료들은 곡물을 기반으로 하는 우유 대체품을 개발했다. 몇 가지 식물 기반 단백질(옥수수가루, 콩가루, 목화씨 깻묵, 토툴라Torula 효모[33])을 조합하여 우유의 아미노산 조성을 흉내 낸 것이다. 이 대체품이 식물을 기반으로 한다는 사실은 중요하지 않았고, 그것은 오로지 비용 때문이었다. 이 연구소가 지지한 것은 온전한 식물식이 아니라, 영광스러운 우유의 아미노산 조성과 아주 비슷할지도 모르는 식물 조각들의 혼합물이었다. 이 산물에는 이 연구소의 약자를 따서 인카파리나INCAPARINA라는 이름이 붙여졌다. 처음 만들어진 이래로 50년 동안 영양과학자들에 의해 여러 차례 수정되고 실험된 이 혼합물은 놀라울 정도로 광범위하게 활용되었다. 최근인 2010년까지도, 과테말라에서는 80퍼센트의 어린이들이 생후 첫 1년 동안 단백질 결핍을 예방하기 위해서 인카파리나를 먹었다.[34]

174

안타깝게도, 이런 노력들은 대체로 효과가 없었다. 2010년, 이 연구소의 농과학 및 식품 분과의 전 책임자였던 리카르도 브레사니[*]는 50년이 넘는 이 연구소의 역사에 대해 글을 썼다.[33] 전반적인 글의 내용은 건강한 식물 기반 보충제에 대한 칭송이지만, 인카파리나가 영양이 부족한 어린이들에게 이롭다는 어떤 결정적 증거도 내놓지 않고 다음과 같이 얼버무린다. "인카파리나가 일반 대중의 영양실조 해소에 정확히 얼마나 영향을 미쳤는지는 알기 어렵다. 경제적 지위도 동시에 개선되어왔기 때문이다. 나아가, 이렇게 다면적이고 복잡한 문제가 하나의 해결책으로 해결되기를 기대하는 것은 지나친 욕심이다." 이 의견은 균형 잡히고 공정한 결론으로 보인다. 그리고 마지막 지적에 대해서는 진심으로 동의한다. 하나의 단순한 해결책(단백질 보충제)으로 복잡한 문제(광범위한 영양실조)를 해결하겠다는 기대는 터무니없는 생각이다. 그러나 이는 같은 의문을 다시 들게 한다. 왜 이 영양연구소는 창립 이래로 단백질 결핍에만 초점을 맞추고 그것을 중심 과제로 삼았을까?

이는 개발도상국에 영양실조의 위기가 없었다거나 지금은 그런 위기가 존재하지 않는다는 뜻이 아니다. 나는 단지 그 위기를 다루는 방법에 의문을 제기하는 것이다. 특히 단백질에 편중된 시각은 동물성 단백질의 가치에 대한 그릇된 신화를 영속화시키고 있다. 이 신화는 인카파리나와 같은 프로그램을 통해서 광범위하게 퍼져갔다. 중앙아메리카 및 파나마

---

[*] 우연히도, 나는 1964~1965년에 매사추세츠 공과대학교에서 브레사니와 같은 연구실에 있었다.

영양연구소는 단백질 보충제의 보급뿐 아니라 영양에 대한 "전문 지식"의 발달에도 엄청난 영향을 끼쳤다. 이것의 파급 효과는 매우 크다. 만약 특별한 권위가 있는 이 연구소의 전문 지식에 단백질 섭취에 대해 기만적인 생각이 포함되어 있다면, 이 기만적인 생각은 세계 전역의 영양과 보건 전문가들의 "전문 지식"에 통합될 것이다. 여기서 그 전문가들이 얼마나 좋은 뜻을 갖고 있는지는 중요하지 않다.

나는 영양학 분야에서 동물성 단백질의 역사와 그 지배력에 대한 다른 해석을 환영한다. 그러나 단백질이라는 영양소가 영양학 전문가들의 상상력을 오랫동안 유별나게 사로잡고 있었다는 점은 부인할 수 없을 것 같다. 나는 의도적으로 "상상력"이라는 표현을 썼는데, 고귀한 지위에 있다고 해서 그 과학도 고귀한 것은 아니기 때문이다. 만약 이런 나의 해석이 옳다면, 우리는 무엇을 알게 될까? 수십 년 동안 국제 정책과 국내 정책이 단백질 부족에 대한 염려에만 지나치게 편중되어 있었다는 사실? 제4장에서 설명한 식품영양위원회의 35퍼센트 상한선처럼 고단백질 섭취를 지나치게 선호하는 영양 권장 사항? 학계, 연구 기금, 심지어 국제 원조기구에도 만연한 배타적인 사고방식? 거대한 단백질 보충제 산업? 식물 기반 식단을 실천하는 사람들이 끊임없이 받는 질문이 있다. "단백질은 어디에서 얻습니까?"

어디서 많이 들어본 소리 같지 않은가?

동물성 단백질과 나의 충돌

나는 우리가 먹을 고기와 우유와 달걀을 직접 생산하는 낙농가에서 자랐고, 시간이 날 때마다 사냥을 하고 낚시를 하고 덫을 놓았다. 이런 이유들 때문에, 나는 그 어떤 영양과학자보다도 동물 기반 단백질에 대한 애정을 잘 이해한다고 생각한다. 동물성 식품의 매력을 나는 늘 몸으로 깊이 느껴왔다. 어쩌면 내 DNA 속에도 있을지 모른다. 내 어머니는 "내 두 번째 이름이 '고기'"라고 자랑스럽게 이야기하곤 했다. 어머니는 우리 가족을 먹이고 돌보기 위해서 정말로 열심히 일했는데, 끼니때마다 동물성 단백질을 제공하는 것도 그 중 하나였다. 훗날 코넬 대학교에 진학했을 때, 내 박사 학위 연구는 동물 기반 단백질의 생산을 개선하는 방법에 초점을 맞췄다. 요약하자면, 나는 동물성 단백질에 푹 빠져 있었고, 항상 동물성 단백질을 좋아했다.

내가 이런 과거를 언급하는 것은 영양에 대한 우리의 믿음이 얼마나 몸에 깊이 밸 수 있는지, 우리가 이런 습관을 얼마나 일찍 받아들일 수 있는지(정확히 말하자면, 이런 습관이 우리를 얼마나 일찍 길들일 수 있는지), 그리고 얼마나 의심 없이 받아들이는지를 강조하기 위함이다. 나는 동물성 단백질의 가치를 믿으며 자랐고, 나중에 학계에서는 동료들의 믿음도 받아들이고 공유하도록 교육받았다. 나는 낙농가에서 자라서 남들보다 조금 일찍 이런 생각이 주입된 것일지도 모르지만, 거의 숭배에 가까웠던 동물성 단백질에 대한 나의 태도는 전혀 특별하지 않다. 우리는 거의 모두가 동물성 단백질을 좋은 것이라고 믿도록 길러져왔다. 그것이 "영양가"로 측정되어 정당화되는지, 식탁에 오르는 음식에 담긴 어머니의 사랑으로 표현되는지만 다를 뿐이다. 이 믿음은 의식적이기도 하고 무의식적이기도 하며, 그 결과는 자명하다. 다른 이들과 마찬가지로, 나도 앞서 설명한 것과 똑같은 이유 때문에 동물성 단백질이 식물성 단백질보다 우월하다고 믿었다. 나는 "높은 영양가" 이야기를 게걸스럽게, 그리고 행복하게 받아먹었다. 멜로드라마처럼 들릴 수도 있겠지만, 예전의 내 삶은 온통 그것뿐이었다! 어디를 둘러봐도 그런 측정치의 사례들이 보였고, 동물성 단백질의 우월성에 대한 근본적인 믿음이 집단적 사고를 지배했다. 내 박사학위 논문과 "가축의 먹이 급여와 사육"이라는 내 첫 강의 과목에서, 나는 생물가 측정법을 활용했다. 심지어 내 박사논문 지도교수도 식육업자의 아들이었다.

내가 경력 초기에 미국 국무부 국제개발기구의 지원으로 필리핀에서 수행했던 어린이 영양 프로그램은 앞서 다뤘던 중앙아메리카 및 파나마 영양연구소의 연구와 매우 흡사했다. 스크림쇼와 그의 매사추세츠 공과대학교 동료 연구진이 그랬던 것처럼, 내 선배 연구자인 찰리 엔젤과 나는 유아기의 영양실조를 해결하기 위해서 우유 단백질을 대신할 값싼 식물 기반 대체품을 찾고 있었다. 첫 선택은 땅콩이었다. 그런데 이후 땅콩이 실험쥐에서 간암을 유발한다고 알려진 강력한 발암물질인 아플라톡신aflatoxin에 오염되었다는 우려가 나오기 시작했다.[33] 같은 문제에 부딪힌 매사추세츠 공과대학교 연구진도 알칼리를 이용해서 아플라톡신을 화학적으로 제거하는 방법을 시도했지만, 성공하지 못했다. 우리 연구진도 나중에 인카파리나와 비슷한 자체적인 식물 기반 단백질 보충제를 만들었는데, 이름은 뉴트리번NutriBun(엔젤 박사의 제조법)이었다.

매사추세츠 공과대학교 연구진과 우리는 단백질의 근본적인 기능에 대한 실험실 연구에서나, "개발도상국" 어린이들의 영양 프로그램에서 단백질의 역할에 대한 입장에서나 모두 같은 길을 가고 있었다. 그런데도 궁극적으로 판이한 결론에 도달했다는 점은 특히 주목할 만하다. 양쪽 연구진 모두 국제 영양학계의 일반적인 의견을 반영했다. 지구 전체의 단백질 격차, 특히 가난한 나라의 격차가 해결되어야만 한다는 시각에는 차이가 없었다. 우리는 둘 다 비슷한 문제에 도전했지만, 단백질에 대한 내 관심은 근본적인 실험실 연구와 실용적인 적용 면에서 매사추세츠 공과대학교 연구진과는 확연히 다르다는 것이 이내 뚜렷해지기 시작했다.

필리핀에서, 그리고 미국으로 돌아와서 아플라톡신에 오염된 땅콩에 대한 실험을 하는 동안,[36-39] 나는 두 가지 현상을 알게 되었다. 하나는 간암을 앓고 있는 필리핀 어린이와 동물성 단백질 섭취 사이의 어떤 연관성이었고, 하나는 아플라톡신과 간암과 동물성 단백질의 관계를 실험한 인도의 한 연구 결과였다. 이런 예상치 못한 상황의 조합을 통해서, 나는 간암의 발생에서 동물성 단백질의 놀라운 역할에 대한 증거를 확인하게 되었다. 내가 특히 궁금했던 것은 아플라톡신에 의해 개시된 암의 성장이 동물성 단백질로 인해 가속화되는지 여부였다. 당연히 이는 필리핀에서 프로젝트에 심각한 문제를 야기했고, 나는 어려운 선택의 기로에 놓였다. 지금까지처럼 고단백질 섭취를 계속 옹호하면서 이 성가신 문제를 머릿속에서 떨쳐버릴 수도 있었고, 어디로 가게 될지는 알 수 없지만 그것이 이끄는 대로 따라갈 수도 있었다.

내가 어떤 길을 선택했는지, 그 길이 나를 어디로 어떻게 이끌었는지는 65년 넘게 이어진 내 모든 연구가 명확하게 보여준다고 생각한다. 성가신 문제들은 거의 항상 성가신 문제를 낳았고, 그것이 개인의 성향이 될 때는 이런 질문들을 던지는 것이 더욱 중요하다. 그래서 나는 무엇을 알아냈는가?

실험실에서, 나는 동물성 단백질이 암의 성장을 극적으로 증가시키는 것을 발견했다(식물성 단백질은 아니었다). 그리고 암의 초기 개시 단계와 나중의 촉진 단계에서 이런 동물성 단백질의 효과로 설명될 수 있는 생물학적 메커니즘의 증거를 최소 열 가지 이상 알아냈다. 이와 함께, 다발성 암, 심혈관계 질환, 그 외 다른 만성 질환과 동물성 단백질(또는 동물성 단백질과 가장 자주 함께 엮여 있어서 동물성 단백질의 대리 지표가 되는 포화 지방 같은 다른 영양소)의 선형 상관관계를 보여주는 광범위한 국제적인 상관관계 연구도 찾아냈다. 나아가, 동물성 단백질 기반 식품이 없는 식단으로 심장병과 당뇨병과 다른 질환이 호전된다는 것을 증명한 인간 개입 연구들에서는 무엇보다도 확실한 증거를 발견했다.

이런 증거들 중에는 우리가 오랫동안 소중하게 믿어온 좋은 과학과 좋은 증거의 모습을 벗어나는 것도 있다. 이에 대해서는 제3부에서 자세하게 다룰 것이다. 지금 여기서 확실히 하고 싶은 것은 기본적으로 다음과 같다. 순진함 때문인지, 아둔함 때문인지, 아니면 다른 부족함 때문인지는 모르지만, 나는 경력의 어떤 시점에 모든 영양학 연구자들을 사실상 하나로 단결시키는 가장 신성하고 암묵적인 합의를 나도 모르게 흔들어 놓고 말았다. 그것은 바로 수 세기 동안 이어져온 동물성 단백질에 대한 숭배였다. 내 결론에 대한 학계의 반응은 동물성 단백질이 집단적 상상력 속에 지울 수 없는 각인으로 남아 있다는 것을 증명한다.

설명했듯이, 한 동료 연구자는 내가 영양학계의 이익을 "근본적으로 배신"했다고 내게 말했다. 또 버지니아 공과대학의 내 첫 교수직을 위해서 대단히 관대한 추천서를 써주었던 앨프 하퍼 교수는 (우리가 둘 다 매사추세츠 공과대학교에 있을 때) 개인적인 편지로 나를 꾸짖었다. 그는 이 편지에 내가 "스스로 터트린 폭탄에 맞았다"고 썼다. 그들의 이런 주장에는 아마 약간의 진실성도 담겨 있었을 것이다. 나는 동료들의 이상한 곁눈질이나 그들의 눈에 비친 어떤 두려움을 간간이 느끼곤 했다. 마치 그들만 알고 있는 어떤 극단의 상황을 나만 모르고 있다는 듯한 눈치였다.

지워진 선배 연구자들

어쩌면 당신은 터무니없는 권장량을 제시한 보이트와 그의 동시대인들을 왜 비판하지 않는지 궁금할지도 모르겠다. 그들이 확립한 과잉 섭취 유형은 오늘날까지 지속되고 있고, 나 외에도 그런 비판을 한 사람은 분명히 있었을 것이다. 밝혀진 것처럼, 과학계의 일각에는 이런 초기 신조에 확실히 의문을 제기했다. 그들은 잊혔을 뿐이다. 정확히 말하자면, 허용된 역사에서 지워진 것이다.

예일 대학교 교수이자 미국 국립과학원 회원이었던 러셀 치턴던 (1856~1943)도 그런 의문을 제기한 사람 중 하나였다. 영양에 관한 그의 저명한 저서 두 권 중 첫 번째 책에서,[6, 40] 그가 인용한 여러 동료들의 연구 결과에는 적은 양의 단백질(1일당 20~40그램)로도 충분히 좋은 건강을 유지할 수 있다고 보고되어 있었다(보이트와 그의 동료들이 권장한 단백질 섭취량은 1일당 100~134그램이었다는 점을 기억하자).[6] 치턴던은 저단백질 식단에 대해 효과가 있을 수 있다는 제안을 한 것이 아니라, 사실상 건강을 개선할 방법으로 주장을 했다. (당시에 "단백질"이라고 하면 일반적으로 동물 기반 단백질을 의미했기 때문에, 치턴던 같은 연구자들이 "저단백질"이라고 할 때 동물 기반 단백질을 뜻하는 경우는 매우 드물다.)

학군 사관 훈련생 프로그램에 참여한 예일 대학교 신입생을 대상으로 이루어진 한 실험에서, 치턴던은 수개월 동안 하루 50그램 이하의 단백질(주로 식물 기반 단백질) 식단을 주고 그 전후로 15가지 체력과 지구력 검사를 수행했다. 이 실험의 결과와 평균값은 아래 표와 같다. 보다시피, 저단백질 식단이 학생들의 기력을 약화시키는 결과를 가져오지는 않았다. 오히려 한 명도 빠짐없이 점수가 유의미하게 올랐다.

이름	10월	4월
브로일스	2560	5530
코프먼	2835	6269
콘	2210	4002
프리츠	2504	5178
헨더슨	2970	4598
로웬덜	2463	5277
모리스	2543	4869
오크먼	3445	5055
실니	3245	5307
스텔츠	2838	4581
주먼	3070	5457
	2790	**5102**

치턴던의 두 번째 연구 대상은 이미 뛰어난 체력을 갖고 있던 운동선수들이었다. 그들의 평균 점수는 4915점으로, 첫 번째 집단의 최종 점수와 비슷했다. 운동을 해본 사람이라면 거의 누구나 알고 있듯이, 가장 의미 있는 체력 향상은 처음 운동을 시작할 때에 주로 나타난다. 그러나 치턴던의 저동물성 단백질 식단에서는 경험 많은 운동선수에게도 유의미한 개선이 나타났다.

이름	1월	6월
G. 앤더슨	4913	5722
W. 앤더슨	6016	9472
벨리스	5993	8165
캘러핸	2154	3983
도나휴	4584	5917
자코버스	4548	5667
셍커	5728	7135
스테이플턴	5351	6833
	2790	**6612**

만약 이 결과에 놀랐다면, 당신만 그런 것이 아니다. 과격한 운동과 회복을 위해서는 고단백질 식단이 필요할 것이라는 잘못된 가정은 오랫동안 이어져왔고, 오늘날까지도 신화로 남아 있다. 치턴던의 실험은 이와 정반대의 결과를 암시한다(그것도 무려 1세기도 전에 이루어진 실험이었다!). 높은 운동 기량을 위해서 고단백질 식단이 필요한 것은 아니다. 오히려 저단백질 식단으로도 기준 체력과 관계없이 운동 기량을 개선할 수 있다.

그러나 예상했겠지만, 치턴던의 연구 결과는 일부 동료 연구자들로부터 비판을 받았다. 가장 흔한 비판은 만약 실험 대상자들에게 고단백질 식단이 주어졌다면 좋은 점수가 나왔을 것이라는 주장이었다. 이 가설을 검증하려면, 고단백질 식단을 섭취한 집단의 신체 능력을 조사하여 결과를 비교해야 할 것이다.

고맙게도, 역시 예일 대학교의 교수인 어빈 피셔가 이런 연구를 수행했다.[41] 이 연구에서, 그는 "고기를 주로 먹고 고단백질 식습관에 익숙한 운동선수들과 고기를 먹지 않고 저단백질 식습관에 익숙한 운동선수들"

을 비교했다. 그는 이 두 운동선수 집단에 세 번째 집단을 추가했다. "주로 앉아서 생활하면서 고기를 먹지 않고 저단백질 식습관에 익숙한 사람들"이었다. 금육 집단(즉, 식물 기반 식단으로 먹는 사람들)에는 지난 2년 동안 고기를 먹은 사람이 아무도 없었고, 대부분 4~20년 동안 그런 식단을 유지했다. 그렇다면, 결과는 어땠을까? 결과는 인상적이었다. 첫 번째 지구력 검사에서는 "금육 집단 쪽이 훨씬 더 우월한 것으로 나타났다. 심지어 육식 집단의 최고 기록은 금육 집단의 평균의 절반을 가까스로 넘겼다." 다른 두 가지 검사에서도 금육 집단이 더 뛰어난 수준을 보였다.

그러나 특히 흥미로운 점은 주로 앉아서 생활하면서 고기를 먹지 않는 사람들도 고기를 먹는 운동선수를 능가하는 점수를 냈다는 것이다. 금육 집단이 그들의 지론을 증명하기 위해서 더 열심히 할 것이라고 추측한 저자는 체력과 지구력보다 더 큰 역할을 하는 것이 있을지도 모른다는 염려에, "육식 집단을 최대한 자극하기 위해 특별한 노력이 기울어졌다." 피셔가 설명한 어느 사례에서는 "예일 대학교의 한 장거리 육상 선수"가 "치턴던 식단을 채택한 교수"와 나란히 경쟁했다. 고단백질 식단을 했음에도(어쩌면 그것 때문에?), 이 장거리 육상 선수는 누가 가장 팔을 오래 벌리고 있을 수 있는지를 알아보는 시합에서 교수를 이길 수 없었다. "몇 분이 지나자 그의 팔이 떨리기 시작했고, 결국 8분 54초 만에 점점 팔이 내려갔다…. 그에게는 수치스러운 일이었다." 한편, 그 교수는 그 뒤로 37분이나 그 자세를 유지했다.*

* 표 약어: Bat. Cr.=배틀크리크 요양원의 의료진과 다른 직원들; Yale=예일 대학교의 학생과 교수진

제1차 지구력 검사: 양팔 수평으로 들기

육식 운동선수****		금육†			
		운동선수†		앉아서 생활하는 사람	
이름	시간(분)	이름	시간(분)	이름	시간(분)
L. B.　Yale	6**	H.　Bat. Cr.	6	J. T. C.　Bat. Cr.	10
F. O.　"	7**	N.　"	6	E. L. E.　"	10
C. H. C.　"	7	A. B.　"	10*	E. H. R.　"	15
R. M. B.　"	7	J.　"	10	A. J. R.　"	17
R. Ba.7　"	7	J. P. H.　"	12	J. P. H.　"	27
G.　"	8	B. S. S.　"	13	S. E. B.　"	37
F. S. N.　"	8	S.　"	13	***I. F.　Yale	42
W. J. H.　"	9*	H. O.　"	13*	P. R.　Bat. Cr.	51**
E. J. O.　"	10	†W. B. B.　Yale	16**	J. F. M.　"	80
J. H. D.　"	10	C. H.　Bat. Cr.	17	H. G. W.　"	80
R. Bu.　"	10	R. M. M.　"	18	C. E. S　"	80
H. A. R.　"	10	O. A.　"	21	J. E. G.　"	98*
C. S. M.　"	12	S. A. O.　"	32	A. W. N.　"	170
R.　"	14*	M.　"	35	E. J. W.　"	200
G. K.　"	18	D.　"	37		
	22*	W. W.　Yale	68		
		W.　Bat. Cr.	75		
		***G. S. D.　Yale	160		
		C. C. R.　Bat. Cr.	176*		
평균	10		89		64

*지구력 한계. **한계에 가까운 값. ***고기를 가끔 먹는 금육자를 나타내는 피셔의 표시. ****"운동선수"는 (육식을 하는 사람 중에서) 경기를 위해 훈련을 받는 사람들과 (금육을 하는 사람 중에서) 개인적인 이유로 훈련을 받는 사람들을 정의한다.

　저단백질 식단과 운동 기량에 미치는 효과에 대한 치턴던과 피셔의 기념비적인 연구가 나온 지 1세기가 넘게 지났다. 그 사이, 식물성 자연

＊ 이 영양학자도 미국 영양 및 식이요법학회의 지도부에 있었는데, 가장 권위 있고 영향력 있는 식이요법학회인 이 단체는 유제품업계, 제약업계, 청량음료업계와 제휴 관계를 맺고 있다.

식품을 많이 섭취하고 동물성 식품을 적게 섭취하는 식단으로 바꾼 후 경기력이 향상된 운동선수의 사례가 많이 나왔다. 2005년, 위대한 골프 선수인 개리 플레이어는 골프 채널에서 『무엇을 먹을 것인가』에 대한 이야기를 하는 것에 대해 내게 허락을 구해왔다. 그는 무릎을 꿇고 모든 미국인에게 이 책을 읽으라고 간청했다. 거의 같은 시기에, 최고령 올림픽 레슬링 메달리스트이자 코넬 대학교 로스쿨 졸업자인 크리스 캠벨은 그가 지도하고 있는 올림픽 권투 대표팀에 나를 강사로 초대했다. 캠벨 자신은 비건 운동선수였다. 2007년 미국 미식축구 리그가 시작될 무렵, 역대 가장 위대한 타이트엔드tight end(미식축구에서 공격과 수비를 모두 하는 만능 포지션-옮긴이)인 캔사스시티 치프스의 토니 곤잘레즈는 『무엇을 먹을 것인가』를 읽고 식단을 바꿨으며 그 혜택을 경험했다고 전화로 내게 말했다. 이때 그는 11번째 시즌을 앞두고 있었다! 팀과 리그의 공식 영양학자의 압력에도, 그는 식단을 계속 유지하면서 큰 성공을 거뒀다. 2019년 초, 그는 미식축구 명예의 전당에 이름을 올렸다. 14회의 올스타 게임 참가 기록, 17년 동안 이어온 남다른 선수 경력, 여러 역대급 기록을 남긴 후, 나는 자연식물식 식단으로 그가 세계 최고 수준의 경기력을 충분히 유지하고도 남았다는 확신이 들었다.

이런 상징적인 인물들이 내게 다가온 이래로, 나는 많은 세계적인 운동선수들이 자연식물식 생활방식을 받아들이고 경기력이 인상적으로 개선되는 것을 보면서 용기를 얻어왔다. 우리가 생각할 수 있는 많은 운동경기가 그렇듯이, 그 선수들에게는 지구력과 근력이 중요했다. 이 책을 작업하는 동안에도, 나는 프로 미식축구팀인 테네시 타이탄스 선수의 1/3이 자연식물식 식단을 적용하고 있다는 것을 알게 되었다.[42] 치턴던과 피셔의 획기적인 연구가 나온 지 1세기가 넘게 지나서야, 그것과 똑같은 의문을 제기한 다큐멘터리 영화 〈게임 체인저스Game Changers〉가 드디어 나왔다. 나는 이것이 이 담론을 억압해온 기관들보다 대중(특히 운동선수처럼 높은 기량의 달성에 가장 관심이 많은 대중)이 융통성 있고 진보적인 사고를 한다는 것을 보여주는 증거라고 생각한다.*

그러나 놀라운 사실이 남아 있다. 오늘날 여러 운동선수들이 식물 기반 식단으로 이뤄낸 인상적인 성과에 대한 이런 모든 증거에도 불구하고, 영양학 전문가 중에는 치턴던이나 피셔의 연구에 대해 아는 사람이 거의 없다. 내가 이 연구를 언급할 때마다, 늘 믿을 수 없다는 반응이 나온다. 예일 대학교 졸업생들 사이에서조차, 치턴던은 잊힌 인물이다. 5000만 부 이상 판매된 베스트셀러인 『육아 상식The Common Sense Book of Baby and Child Care』의 저자이자 대단히 영향력 있는 작가인 벤저민 스폭 박사는 내가 우리 소식지에 쓴 논평[44]을 읽고 내게 치턴던에 대해 묻는 편지를 보냈다. 스폭은 1920년대에 예일 대학교를 다녔고, 예일 대학교 조정팀 선수로 올림픽 금메달을 땄으며, 한때 채식주의자였다. 그런데도 치턴던에 대해 들어본 적이 없었다. 스폭은 바로 같은 캠퍼스에 있었는데도, 감독이 그와 동료 선수들에게 왜 치턴던의 연구에 대해 말해주지 않았는지 이해할 수 없었다. 대신 그는 항상 단백질을 먹으라는 말을 들

---

* 체력 단련과 자연식물식 식단의 결합에서 나온 특별히 유망한 또 다른 발전도 있는데, 이 인상적인 근력과 체력 훈련 프로그램을 만든 사람은 선수단 전문 컨설턴트인 존 하인즈다. 현재 그는 미국에서 여러 체육관을 운영하고 있다.[43] 이 운동 프로그램과 그의 체육관 광고에 따르면, "힘과 속도와 체력을 위한 전신 훈련에 지구의 건강을 위한 식물 기반 식단을 통합시킨 미국 내 유일한 체육관"이다. 나는 이 체육관으로부터 어떤 개인적인 보상도 받지 않았고, 이에 대한 언급을 해달라는 요청도 받지 않았다.

었고, 그래서 성장기에 해오던 채식 식단을 포기해야 했다. 훨씬 세월이 흘러서 마크로비오틱 식단macrobiotic diet을 알게 되고 치턴던에 대한 내 논평을 읽은 후, 그는 다시 채식을 시작했다.

치턴던은 대체로 눈에 띄지 않게 연구를 계속하다가 1943년에 세상을 떠났다. 미국 암학회를 창립한 프레더릭 호프만(제2장을 보라)도 같은 해에 사망했다. 두 사람은 매우 다른 길을 갔지만, 결국에는 같은 자리에 이르렀다. 두 사람 모두 전문가들 사이에서 따돌림을 당하고 대중의 시선이 닿지 않는 곳에서 생을 마감했다. 얄궂은 운명의 장난인지, 1943년은 미국 농무부가 미국 국립의학원과 함께 공식적인 영양 권장 사항을 내놓은 첫 해이기도 하다. 이 권장 사항은 그 둘의 연구와는 정면으로 배치되었다.

이후 75년에 걸쳐, 미국 농무부의 1943년 영양 권장 사항을 따르는 "7대 기초" 식품군, "4대 기초" 식품군, "식품 길잡이 피라미드," "마이플레이트MyPlate," "마이피라미드MyPyramid"와 같은 프로그램들이 나왔고, 현재는 미국 식생활 지침이라고 불리는 프로그램이 있다. 이런 다양한 프로그램은 "건강한" 것으로 규정된 식습관을 유지하기 위한 미국 정부의 일관된 온정주의적 노력을 보여준다. 정기적으로 그림과 글을 새롭게 단장함으로써, 그들은 소비자들을 호도하여 발전하고 있다는 생각이 들게 만들 수 있었다. 그러나 이런 소소한 차이들 외에는, 보이트와 그의 동료들이 오래 전에 제시한 단백질에 대한 시각에서 조금도 발전하지 않았다. 오늘날의 지침도 단백질, 특히 "질 좋은" 동물 기반 단백질의 과도한 섭취를 계속 허용하고, 심지어 권장하기까지 한다. 이런 상황이 계속되는 한, 그들의 권장 사항에 나타나는 어떤 "발전"도 피상적이고 불충분할 것이다.

　다시 한 번 말하지만, 치턴던에 대해 들어본 사람이 거의 없다는 것은 대단히 이상한 일이다. 호프만도 마찬가지다. 하지만 이것이 놀라운 일일까? 죽을 때까지 유령 취급을 당했던 것을 포함하여, 두 사람에게는 공통적인 특성이 많다. 그런데 왜 역사에서는 이런 삭제가 이루어지지 않았을까? 두 사람의 연구에는 저단백질 식단의 이득이 뚜렷하게 드러났다. 적어도 매우 흥미롭고, 후속 연구의 가치가 있었다. 그리고 두 사례 모두 연구가 완전히 무시되었다.

집단사고: 보이지 않는 장벽

　지금까지 우리는 동물성 단백질에 대한 문화적 신조가 특정 개인과 그들의 연구에 대해, 과거와 현재에 대해, 다른 종류의 연구 방식과 권장 사항에 대해 우리를 어떻게 멀어지게 하고, 편견을 가지게 했는지를 알아보았다. 정통을 벗어난 관점에 대한 저항은 종종 잔혹했다. 전문적인 직업을 잃었고, 대단히 많은 사람들이 때 이른 죽음을 맞았고, 많은 돈이 허비되었다. 그러나 때로는 모르는 사이에 지나가기도 한다.

　정확이 이런 이유 때문에, 나는 동물성 단백질에 대한 집단적 숭배를 광신이라고 부르는 것이다. 이런 숭배와 그 결과가 확인되지 않는 경우가 너무나 많기 때문이다. 순수한 망각, 이것이 광신도들의 특징이다. 선한 의도를 지닌 사람들이 동물성 단백질의 현 상태에 저항하지 않는 이유를 이보다 잘 설명하는 것은 없다. 광신도 집단 내에서는 정보의 흐름이 상당히 제한되면서 "집단사고group think"가 나타난다. 나는 이런 것들을 영양학 분야 내에서, 그리고 폭넓은 범위에서 여러 번 목격하고 경험했다. 심리학에서는 유명한 용어인 집단사고는 조지 오웰의 『1984』에 등장한 실험적 용어에서 유래했다. 예일 대학교의 실험심리학자인 어빙 재니스에 의해 1972년에 처음 연구된[45, 46] 이 개념은 그 이래로 훨씬 더 많은 연구가 이루어졌다. 우선, 나는 위키피디아에 실린 정의가 꽤 마음에 든다.

> 집단의 화합이나 일치에 대한 열망이 큰 집단 내에서 나타나는 심리 현상으로, 의사 결정이 비이성적이거나 제 기능을 하지 못하는 결과를 초래한다. 집단 구성원들은 충돌을 최소화하고 다른 관점에 대한 비판적 평가 없이 만장일치로 결론에 도달하기 위해 노력하는데, 그러기 위해서 반대 관점을 능동적으로 억압하고 외부의 영향으로부터 스스로를 고립시킨다.[45]

그러나 집단사고는 단순히 제한된 정보의 결과가 아니다. 이후에 계속 정보를 제한하는 원인이 된다. 다시 말해서, 하나의 양성 되먹임 고리처럼 작동하는 것이다. 생각이 동질화될수록 다른 정보의 흐름은 제한되기 쉽고, 그로 인해 생각은 동질화되어 간다. 그렇게 계속 이어져서, 결국 문제의 집단은 순응하는 경향을 벗어날 수 없을 정도로 완전한 마비 상태에 이른다.

당연히 집단사고는 "정보통신 연구, 정치과학, 경영, 조직이론 분야에… 광범위한 영향"을 미쳐왔다.[43] 이 현상이 가장 흔하게 나타나는 사례는 조직이 추문에 휘말렸을 때일 것이다. 그럴 때에는 직접적으로 연루되지 않은 사람들조차도 사실을 외면하고, 부정행위는 "그 기관의 명성과 그에 수반된 돈을 지키기 위해서 은폐된다." 이런 일이 일어나는 이유는 기관이 "감정을 고취시키기 때문이다. 기관은 충성심을 불러일으킨다. 그들은 문제가 불거졌을 때 다시 활기를 찾는 방법을 확립하고…, 종종 지리적으로나 다른 방식으로 그들 주위에 가장 적절한 공동체를 형성한다."[47]

그러나 어떤 추문은 은폐할 필요가 없다. 실제로, 가장 큰 추문은 종종 뻔히 보이는 곳에서 일어난다. 이런 집단사고가 때때로 가장 음침한 방식으로 작동하는 분야가 바로 영양학이다. 이런 절차로 인해서, 영양학 분야에서는 동물성 단백질에 대한 도전을 인정하기를 극도로 거부해왔다. 이 분야의 연구자들은 그들의 권위를 유지해주는 전제를 방어만 하고 있고, 이를 위해서 가능한 모든 수단을 동원한다. 한 집단이 맨 처음부터 동물성 단백질에 대한 숭배에 얽매어 있었는데, 어째서 우리는 그 집단이 반대 증거를 인정하기를 기대해야 하는 것일까?

우리 중에는 집단사고를 속속들이 이해하고 있는 이들이 많다. 아마 당신도 살면서 주어진 상황에 잘 맞지 않는 뭔가를 발견해본 기억이 있을 수 있을 것이다. 어쩌면 당신은 공개적으로 목소리를 내어 한때 당신이 속했던 집단의 화합을 해쳤을 수도 있을 것이다. 나는 이것이 매우 어려운 일이 될 수 있다는 것을 안다. 우리는 종종 알지도 못하는 사이에 집단사고의 통제를 받는다. 다른 집단의 잘못은 쉽게 알아볼 수 있지만, 내가 속한 집단의 잘못은 그렇지 않다. 우리 집단을 지배하는 제한 요인들을 모두 찾아낼 수 있다고 해도, 그것을 공개적으로 이야기하면 심각한 결과를 초래할 수도 있다. 따돌림을 당하거나 불평분자로 낙인찍히고 싶은 사람이 누가 있겠는가? 그렇게 집단사고는 개인의 생각을 집어삼킨다. 이런 일은 예전부터 수없이 있어왔다. 당신에게, 나에게, 암의 국소병 학설을 비판한 사람들에게, 치턴던과 피셔에게, 한때는 중요한 인물이었 더라도 이제는 이름이 남지 않은 수많은 이들에게 일어났다. 인류가 존재 하는 한, 집단사고는 우리 삶의 곳곳에 계속 영향을 미칠 것이다. 요란법 석을 일으키거나 하지도 않고, 볼 수는 없지만 피부에는 느껴지는 바람처 럼 지나갈 것이다.

악역이 있는 집단사고 사례도 간혹 있기는 하지만, 그런 일은 드물다 고 확신한다. 그보다는 오히려, 변화를 일으킬 힘을 지닌 사람들의 단순 히 생각 때문일 가능성이 크다. 그들은 자신이 더 잘 알고 있다는 생각에, 그들의 맹점에 유해한 신화들이 도사리고 있다는 것을 깨닫지 못한다. 그 들은 폐쇄성에서 안락함을 느끼며 자랐기에 다른 이들의 자유를 위협으 로 여긴다. 동물성 단백질에 대한 그런 과도한 예민함 때문에, 그들은 생 명을 구할 수도 있는 정보의 보급에 맞서 싸우게 되는 것이다.

몇 년 전에 식물 기반 영양에 대한 우리의 비영리 온라인 전문가 과정 이 성공을 거두었고, 이것이 코넬 대학교 홍보실의 주목을 받은 일이 있 었다. 홍보실에서는 대학신문인 《코넬 크로니클The Cornell Chronicle》을 발행하여, 캠퍼스에서 주목할 만한 성과를 거둔 졸업생들을 널리 알리고 있다. 나는 이 홍보실이 매우 도움이 된다는 것을 오래 전부터 알고 있 다. 사실 홍보실에서는 40년 넘게 우리의 연구 프로그램을 홍보해주었 다. 1990년대 후반에 이 홍보실에서 은퇴한 한 작가로부터 내가 들은 이 야기에 따르면, 우리 연구는 40년 동안 코넬에서 가장 많이 홍보되었다. 이는 유명 천문학자인 칼 세이건과 맞먹는 수준이었다. 어쨌든, 약 5년 전에 그곳의 선임기자가 식물 기반 영양학 온라인 강좌의 특별한 성공에 대한 기사를 내자고 제안했다(이 강좌는 코넬 대학교의 온라인 강좌 중에서 등록 인원이 가장 많았다). 그 기자는 우리의 책『무엇을 먹을 것인가』를 추천한 유명인들의 추천사 몇 개를 기사의 일부로 포함시키기를 원했고, 코넬 대학교 총장이자 그 자신도 채식주의자인 데이비드 스코턴 의학박사의 추천사도 넣고 싶어 했다. 불행히도, 스코턴은 먼저 그의 조언자들에게 자문을 구했다. 나는 발표된 기사에서 스코턴이 빠지게 된 것과《코넬 크로니클》에서 기사가 삭제된 것이 영양과학과, 농과대학, 생명과학대학, 인간생태대학의 학과장과 학장들의 압력 때문이라고 확신한다.

대중이 우리 강좌를 원한다는 것은 논란의 여지가 있는 새로운 소식을 원한다는 의미로 이해할 수 있을 것이다.

엄밀히 말하자면《코넬 크로니클》은 대학 소유다. 따라서 코넬 대학교는《코넬 크로니클》의 모든 내용을 일방적으로 통제할 수 있는 법적 권한이 있다(이에 관해서는 코넬 대학교 동문이자 수정헌법 제1조에 대해 가장 권위 있는 학자인 플로이드 에이브럼스 변호사의 자문을 받았다).[48, 49] 법률적 관점에서는 충분히 공정하지만, 여기서 대중은 어디에 있는가? 40여 년에 걸쳐 발표된 우리의 전문적인 연구 결과를 대중은 어떻게 배울 수 있을까?

코넬 대학교처럼 대중 친화적인 명문 대학이 법적인 보호를 받으면서 침묵하는 한, 대중은 그곳에서 이루어진 연구의 새로운 발전을 어디에서 배우겠는가? 그런 연구 결과들이 따로 실리는 전문 연구 저널은 대체로 대중이 접근하기가 매우 어렵다. 대학의 이익과 대중의 이익이 충돌할 때, 대중은 과연 승리를 거둘 수 있을까?

최근까지 대부분의 학술 연구에는 납세자들의 돈이 지원되었다(최근에는 이런 자금 지원의 상당 부분이 민간 부문의 몫으로 바뀌었다). 이렇게 공적 자금이 지원된 연구가 끝나면, 과학적으로 자격을 갖춘 동료들이 연구 결과에 대한 과학적 신뢰성을 신중하게 평가하여 전문 저널에 발표될 가치가 있는지를 판단한다. 그러나 불행하게도, 전문 저널과 같은 출판물은 구독료가 매우 비싸기 때문에 대부분의 대중은 접하기 어려울 것이다. 접할 수 있다고 하더라도, 과학 문헌에 흔히 쓰이는 난해한 전문 용어들 때문에 내용을 이해하기 어려울 수 있다. 일반인들은 전문가들의 해석에 전적으로 의지하지 않으면, 그들이 세금을 통해서 지원한 연구에 대한 정보를 전혀 얻지 못하는 수밖에 없다. 그리고 온라인 강좌의 성공에 관한 악의 없는 기사에 비춰볼 때, 여기서 일어난 정보 통제의 이면에는 매우 위험한 근거가 도사리고 있다. 코넬 대학교 행정가들이 갖고 있는 추가적인 정보는 과연 무엇일까? 도대체 무엇이기에 전문 과학자들의 연구, 특히 공공 자금이 지원된 연구에 대한 정보를 사장시키는 것일까?

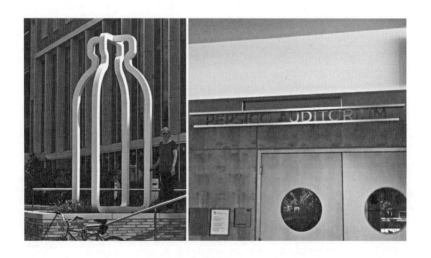

언론의 자유는 엄청나게 중요한 권리이다. 제임스 매디슨도 이를 처음 언급했을 때부터 자신이 하는 일이 무엇인지를 잘 알고 있었을 것이다! 그러나 언론의 자유가 언론인 개개인의 활동을 지워버릴 때, 연구자 개개인의 연구 결과를 입막음할 때, 납세자를 허투루 여길 때에는 발언자에게 진지한 질문을 던져야 할 것이다.

따라서 공적 자금이 지원된 연구가 업계를 위협할 때, 우리는 코넬 대학교와 다른 강력한 학술기관이 공정한 중재를 한다고 어떻게 신뢰할 수 있을까? 더 의심스러운 것은 대단한 특권을 지니고 우선시되는 산업이다. 이를테면, 모든 영양소 중에서 신성불가침의 영역에 있는 동물성 단백질을 홍보하고 그것으로부터 이득을 얻는 사람들을 우리가 어떻게 신뢰할 수 있을까?

Chapter 6

관련 신화, 논쟁, 전환

말과 행동에서 유래한 결과인 선과 악은 우리 자신에게 되돌아온다.
-조제 사라마구

    내가 이 책의 제2부에서 동물성 단백질과 그것에 대한 끊임없는 애착에 특별히 관심을 둔 까닭은 다른 영양소에 대해서는 혼란이나 오해가 없기 때문이 아니다. 단백질, 그 중에서도 특히 동물성 단백질이 오랫동안 귀한 영양소로 여겨져 왔기 때문이다. 이런 단백질을 나는 "운전자 영양소driver nutrient"라고 부른다. 단백질의 가치를 다른 어떤 영양소보다도 높이 평가하는 판단은 식생활 선택과 공공 정책의 방향을 결정한다. 영양의 의미에 대한 모든 논의는 동물성 단백질에 대한 평가로 인해 왜곡되어왔다. 그리고 단백질에 대한 고평가는 적절한 과학에 의해 제대로 확인된 것이 아니라, 오랫동안 그릇된 믿음이 이어져 온 결과라고 생각한다.

    제5장에서는 동물성 단백질 섭취에 대한 과도한 강조가 초래한 1차적

인 결과들을 자세히 다뤘다(오해의 소지가 있는 단백질 영양가 측정법, 국내외적으로 이루어진 잘못된 정책 노력, 반대 입장의 연구에 대한 인정 거부). 그러나 2차적인 효과는 나 역시도 불안하게 만든다. 운전자 영양소로서 동물성 단백질에 대한 애착은 제5장에서 언급되지 않은 수많은 오해들을 불러일으켰다. 그것은 다른 영양소에 대한 이해와 행동에도 큰 영향을 주었기 때문에, 나는 여기서 그 연쇄 효과에 대해 조금 이야기하고자 한다.

1. 식이 콜레스테롤

대부분의 사람들은 우리가 섭취하는 콜레스테롤(식이 콜레스테롤)이 혈액 속 콜레스테롤(혈청 콜레스테롤) 수치와 연관이 있다고 생각한다. 뿐만 아니라, 식이 콜레스테롤이 심장병의 가장 중요한 단일 원인이라고도 생각한다. 이런 생각은 1세기 동안 지속되어왔다. 대중은 콜레스테롤로 막힌 혈관 때문에 심장마비가 일어난다고 계속 상상하고 있다. 정책 입안자들은 최대 콜레스테롤 섭취 권장량을 만든다. 축산업계에서는 교배를 통해서 콜레스테롤 수치가 낮은 고기를 얻을 수 있는 동물을 만들기 위한 시도를 하고 있다.[1] 우리는 확실히 콜레스테롤에 대해서 집착에 가까운 걱정을 하고 있다. 식품업계와 제약업계는 이런 믿음을 신나게 부추겨왔다. 콜레스테롤의 유해성을 최소화하기 위해서 설계된 제품의 연구 개발에 수천억 달러를 투자해왔는데, 물가 상승률을 고려하면 그 투자액은 1조 달러가 넘을 것이다. 여기에는 콜레스테롤을 낮추는 식품에 대한 영업, 콜레스테롤을 낮추는 약품에 대한 개발과 영업이 모두 포함된다. 과학계의 경우, 미국 국립의학도서관의 펍메드PubMed 웹사이트에서 콜레스테롤에 대한 언급이 있는 출판물은 27만 편이 넘는다.

그러나 이 주제에 관한 가장 흥미로운 연구 중 일부는 1900년대 초기에 수행되었다. 1세기 전에 이루어진 이 연구에서는 실험동물을 활용하여 육류, 우유, 달걀 같은 동물 기반 식품이 심장병의 초기 징후와 높은 혈중 콜레스테롤의 원인이라는 것을 밝혀냈다.[2, 3] 이후 10~15년 동안, 최소 10개의 다른 연구진이 동물성 식품에서 이런 효과를 설명해줄 가능성이 있는 요소를 찾아내려는 시도를 했다.[4, 5] 그들은 식이 콜레스테롤이 동물성 식품에서만 발견되기 때문에 이런 요소 중 하나일지도 모른다는 가설을 세웠다. 그러나 1920년대에 이루어진 이런 동물 실험 연구들의 전체적인 결론에 따르면,[6-8] 사실상 혈중 콜레스테롤 증가에 큰 영향을 주는 것은 식이 콜레스테롤이 아니라 동물성 단백질이었다. 이런 초기 연구가 반영된 한 보고서에는 "혈중 콜레스테롤의 증가(와)… 직접적인 연관이 있는 것은 식단 속의 과도한 단백질이지 그 콜레스테롤 함량이 아니다"라고 쓰여 있었다.[9] 이런 실험 결과는 콜레스테롤이 적어도 동물성 단백질이 많은 식단은 동물성 단백질이 적은 식단보다 혈중 콜레스테롤을 증가시킨다는 것을 암시했다. 수십 년 후, 가장 영향력 있는 심장병 연구자로서 지금도 가장 인용이 많이 되는 연구자 중 한 사람인 앤설 키스도 "식이 콜레스테롤 자체는… 인간의 몸에서 혈청 콜레스테롤 농축에 크게 영향을 주지 않는다는 것이 이제는 명확해졌다"고 주장했다.[10, 11] 이 이야기가 놀랍게 들린다면, 당신만 그런 것은 아닐 것이다. 위에서 밝힌 것처럼, 아직도 많은 대중은 우리가 먹는 콜레스테롤이 혈중 콜레스테롤을 바로 증가시키고 그와 함께 심혈관계 질환의 위험도 증가시킨다고 믿고 있다.

1940년부터 1990년 사이에는 동물 실험 연구나 인간 연구 모두에서,

동물 기반 단백질이 식물 기반 단백질이나 식이 콜레스테롤보다 심장병의 중요한 원인임을 암시하는 증거들이 많이 나왔다.[12-21] 동물성 단백질이 심장병에 미치는 효과에 대한 가장 확실한 증거는 아마 1983년에 발표된 아홉 개의 논문을 엮은 책일 것이다.[22] 그 중 첫 번째 논문에서, 저자들은 초기 연구들을 재검토하고 "죽상동맥경화증의 발생과 진행에 단백질이 기여한다는 사실은… 70년 전에 이루어진 관측을 기반으로… 새로운 인정을 받고 있다"고 결론을 내린다. 안타깝게도, 1980년대 초반의 이런 "새로운 인정"에서 구체화된 것은 아무 것도 없었다. 이 논문들은 영양과학계에서는 대체로 무시되었고, 대중에게는 아예 전달조차 되지 않았다.

그렇다면 식물성 단백질은 어떨까? 식물성 단백질과 혈청 콜레스테롤 사이에도 비슷한 연관성이 존재할까? 그 해답은 '아니다'이고, 1940~1990년에 발표된 실험 연구들, 특히 콩 단백질에 대한 연구는 가장 설득력이 있다. 1941년, 콩 단백질은 우유의 대표적인 단백질인 카세인에 비해서 실험동물의 죽상동맥경화증을 70~80퍼센트까지 감소시키는 것으로 밝혀졌다.[23, 24] 우유에 들어 있는 또 다른 단백질인 락트알부민Lactalbumin도 콩 단백질에 비해서 혈청 콜레스테롤과 트리글리세리드triglyceride(중성 지방의 일종으로 동맥경화의 원인이 된다-옮긴이)와 죽상동맥경화증을 증가시켰다.[18, 25] 단기간의 연구에서도 단백질의 전환은 극적인 효과를 만들었다. 실험동물의 사료 속 단백질을 카세인에서 콩 단백질로 바꾸면, 하루 안에 혈중 콜레스테롤 낮아졌다. 반면 콩 단백질에서 카세인으로 바꾸면 24시간 안에 혈중 콜레스테롤이 증가했고, 그 효과가 최소 20일 동안 지속되었다.[21, 26] 몇 년 후, 내 실험실에서 이루어진 연구에서도 비슷하게 급속한 효과가 나타났다. 카세인 비율이 높은 식단(총 열량의

20퍼센트)은 암의 성장을 빠르게 자극했고, 카세인 비율이 낮은 식단은 암의 성장을 빠르게 역전시켰다. 마지막으로, 저지방 식단은 인간 연구에서 혈중 콜레스테롤을 감소시키기는 하지만, 동물성 단백질을 콩 단백질로 대체했을 때에는 그보다 10배 더 큰 효과가 나타난다.[27, 28]

콩 단백질의 감소 효과는 유난히 큰 것으로 보였다. 아마 당신은 이런 결과로 인해서 식물성 식품과 동물성 식품을 놓고 불꽃 튀는 논쟁이 오갔을 것이라고 생각할 수도 있을 것이다. 또는 식이 콜레스테롤 학설에 대한 의문이 제기되거나 더 큰 맥락에서 영양 일반에 대해 활발한 논의가 이루어졌을 것이라고 생각할 수도 있을 것이다. 안타깝게도, 그렇지는 않았다. 많은 연구자들은 콩 단백질의 효과가 식물성 식품의 광범위한 효과일 가능성보다는 콩 특유의 효과라고 해석했다.[14] 당시에는 이미 혈중 콜레스테롤 수치와 죽상동맥경화증의 발병이 동물성 단백질 식단과 연관이 있는(그러나 동물성 단백질 자체와는 연관이 없는) 정상적인 생물학적 반응으로 여겨졌기 때문에 그랬을 가능성이 있다. 동물성 단백질 식단을 별 의심 없이 정상이라고 받아들이면, 콩 단백질과 그 효과는 비정상처럼 보일 것이다. 하지만 만약 그 반대가 사실이라면 어떨까? 만약 콩 단백질(그리고 일반적인 식물성 식품 섭취)과 연관된 훨씬 더 낮은 혈중 콜레스테롤 농도와 죽상동맥경화증 발병이 자연의 진짜 표준이라면 어떨까? 콩 단백질을 유달리 몸에 좋은 것이라고 생각하기보다는, 동물성 단백질을 대체로 해로운 것이라고 생각한다면 어떨까?

연구자들은 이런 생각을 따르기보다는 동물성 단백질이 정상이라는 것과 인간의 건강에 미치는 가혹한 영향에 의문을 제기하지 않기로 했다. 한편, 업계에서는 그들이 가장 잘 하는 것을 했다. 콩식품업계는 오랫동안 동물성 식품이 지배해온 시장에서 콩 단백질과 콜레스테롤에 대한 이런 발견을 도약의 발판으로 삼았다. 1970년과 2000년 사이, 미약한 콩 식품업계와 거대한 유제품업계는 소비자의 관심을 끌기 위해서 힘겨루기를 했다. 저마다 자신들에게 유리한 주장을 펼쳤고, 대중은 점점 더 혼란에 빠졌다. 콩식품업계에서 광고하는 건강에 관한 주장이 과학적으로 타당하기는 했지만, 요점은 양쪽 모두 대중이 식물성 식품과 동물성 식품에 대해 큰 맥락에서 생각하는 것을 권하지 않았다는 것이다.

당연히 콩식품업계는 이윤을 남기기 위해 이런 지름길을 택했고, 2000년대 초반이래로 다른 식물 기반 우유와 식품도 등장하여 두유와 경쟁했다. 심란한 것은 과학계가 식이 콜레스테롤 학설을 계속 존중했다는 점이다. 반대되는 연구 결과가 많음에도, 우리는 식이 콜레스테롤이 죽상동맥경화증을 일으킨다는 생각을 너무 오랫동안 의심 없이 받아들여 왔다. 나는 그 이유가 다른 생각을 받아들이려면 영양학의 역사 전체를 180도 뒤집어놓아야 하기 때문이라고 생각한다. 제5장에서 대략적으로 설명했듯이, 20세기 초에 이미 수십 년 동안 동물성 단백질은 가장 위대한 영양소로 추앙받고 있었고, 질병의 발생에서 단백질의 역할에 의문을 제기한 연구들은 빠르게 무시되었다. 20세기 초반에 이른바 생물가[29]를 측정하기 위해 등장한 새로운 분석적 방법들도 변함없이 동물성 단백질의 섭취를 선호했다.

대중의 경우는 정보가 부족할 뿐만 아니라 동물성 단백질의 섭취를 계속 허용하기 때문에 식이 콜레스테롤에 관한 학설을 받아들이는 사람이 많다고 생각한다. (제4장에서 다뤘던 내 친구 딕 워너가 생각난다. 그는 저지방 식품을 먹는 것은 좋아했지만, 고기를 끊는 것은 어려워했다.) 탈지우유나 지방이 없는 고기 부위처럼 동물성 식품에서 콜레스테롤과 포화지방을 제거하기는 쉽지만, 식탁에서 단백질을 완전히 빼버리면 썩 구미가 당기지 않는 만찬이 될 것이다. 가령 우유에서 단백질을 제거하면, 지방과 물과 약간의 젖당으로 이루어진 먹을 수 없는 뿌연 액체만 남는다. 그런 스무디를 마신다고 상상해보자!

결국 학계의 관심은 식이 콜레스테롤에서 지방, 특히 포화지방으로 점차 옮겨갔다. 실제로 나는 포화지방에 대한 높아진 관심을 생활 속에서 체험했다. 1940년대에 나는 동트기 전에 일어나서 우리 가족이 먹을 소 두 마리분의 우유를 손으로 직접 짰다(그러다가 내 아버지가 목장을 확장하기로 결심하고 착유기를 도입하면서 그만두게 되었다). 그 시절에 어린 암소의 가치는 그 부모의 혈통, 생산하는 우유의 양, 우유 속 유지방 함량으로 결정되었다. 그러나 1940년대 후반이 되자, 고지방 우유가 일반적으로 생각하는 것만큼 좋은 게 아닐 수도 있다는 이야기가 들리기 시작했다. 그 이후로는 우리가 쓸 우유만 조금 남기고, 나머지 우유는 모두 지방을 원심분리하여 버터를 만들었다. 그 버터 역시 대부분 우리가 썼고, 남은 탈지우유는 돼지들에게 먹였다. 지금 생각해도 수동 우유 원심분리기를 돌리는 일은 정말 지루했다.

지금 내가 알고 있는 것에 비추어 그 시절을 돌이켜보면, 내 아버지 같은 농민들에게 전해진 메시지는 분명 앤설 키스의 초기 연구에서 나왔을 것이다. 1952년, 키스는 "영양학적 증거에 의하면 식이 지방과 같은 것은 소량만 필요"하며, 식단의 30~40퍼센트인 당시의 지방 권장량을 "전체 열량의 15~25퍼센트로 낮춰도… 영양학적으로 아무런 해가 없다"고 제안했다.[30] 얼마 후, 그는 지중해 연안 국가들과 일본에서 그의 유명한 '7

개국 연구Seven Countries Study'를 시작했다. 이 연구는 피 속에서 콜레스테롤 수치를 높이는 주범은 콜레스테롤이 아니라 포화지방이라는 그의 학설을 뒷받침하는 증거가 되었다.[31, 32] 오늘날 우리가 알고 있는 것에 비춰볼 때 포화지방에 대한 그의 결론에는 오류가 있지만(포화지방에 관해서는 짤막하게 다룰 것이다), 콜레스테롤에 대한 일반적인 믿음에 대한 그의 비판은 여전히 유효하다.

그럼에도, 많은 이들이 높은 혈중 콜레스테롤과 죽상동맥경화증 같은 관련 질환의 주된 원인이 식이 콜레스테롤이라는 주장을 계속했다. 대체로 권위 있는 식품 및 보건 정책 "전문가"들이 이를 부추겼는데, 그들은 2002년까지도 식생활 지침에서 콜레스테롤 섭취 권장량을 정했다.[33] 질병의 형성에서 식이 콜레스테롤의 역할을 강조함으로써, 우리는 본의 아니게 수백만 명의 목숨을 희생시켰다. 우리는 동물성 단백질을 가장 중요한 영양소로 고수해왔다. "몸에 좋은" 육류와 유제품을 위한 완전히 새로운 가짜 시장도 창조했다. 콜레스테롤을 낮추는 스타틴 같은 약물과 스텐트 같은 시술을 상업적으로 개발하기 위한 기반을 다졌다. 그리고 그 동안 내내, 과학적 이해가 진보하고 있다는 잘못된 인상을 고취시켰다.

2. 포화지방: 동물성 단백질에서 떼어낸 희생양

포화지방 섭취가 혈중 콜레스테롤 수치를 높이고 심장병과 연관이 있다고 알려지게 된 것은 앞서 언급한 앤설 키스의 연구 덕분이다.[10, 34, 35] 이런 사실이 알려지자, 포화지방에는 빠르게 "나쁜 지방"이라는 꼬리표가 붙었다. 반대로, 혈중 콜레스테롤 수치를 낮추고 심장병과 연관이 적은 불포화지방은 "좋은 지방"으로 분류되었다. 불행하게도, 이례적으로 단순화된 이런 구분은 대체로 핵심을 벗어나 있고, 그 결과 불필요한 혼란이 많이 초래되었다.

그 이유를 설명하기에 앞서, 이 용어들의 뜻을 간단히 설명하려고 한다. 어떤 부분에서는 분자 수준의 상세한 내용까지 들어가는 것을 용서해 주기 바란다. 하지만 이런 설명이 완전한 그림을 이해하는 데 도움이 될 것이라고 생각한다. 다음 표에서 볼 수 있듯이, 지방은 기본적으로 포화지방, 불포화지방, 트랜스지방이라는 세 종류로 구분된다. 불포화지방은 다시 단일불포화지방과 다가불포화지방으로 세분된다.

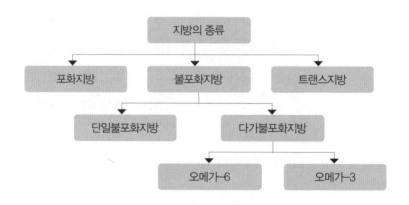

포화지방 또는 포화지방산은 상온에서 고체 상태이며 일반적으로 동물성 식품과 연관이 있다(예, 버터, 돼지기름). 불포화지방 또는 불포화지방산은 상온에서 액체이며 일반적으로 식물성 식품과 연관이 있다(예, 옥수수유, 올리브유). 이것이 포화지방과 불포화지방의 가장 기본적인 차이점이다. 그러나 분자 수준에서는 그 차이점이 화학적 구조와 관계가 있다.

포화지방이든 불포화지방이든 관계없이, 모든 지방산은 탄소 원자의 사슬로 이루어져 있다. 이 사슬의 한쪽 끝에는 산성을 띠는 카르복시기(-COOH)가 있고, 다른 쪽 끝에는 메틸기(CH3 -)가 있다. 각각의 지방산은 탄소(C) 사슬의 길이와 탄소 원자들을 연결하는 화학 결합의 종류에 의해 다시 구분된다. 대부분의 지방산은 짝수 개의 탄소 원자로 이루어져 있지만, 일부 홀수 개로 이루어져 있는 것도 있다. 종종 탄소 사슬의 길이에 따라 짧은 사슬(2~6개의 탄소), 중간 사슬(8~12개의 탄소), 긴 사슬(14~24개의 탄소) 지방산으로 묘사하기도 한다. 만약 사슬을 이루는 모든 탄소 원자가 각각 두 개의 수소(H) 원자와 연결되어 있으면, 이 지방산은 포화되어 있다고 말한다. 반대로, 수소 원자가 하나뿐인 탄소 두 개가 이웃해 있는 결합이 하나 이상 있을 때에는 불포화되어 있다고 한다(-CH=CH -). 지방산 사슬 전체에서 불포화 결합이 딱 하나일 때에는 단일불포화지방이라고 하며(예, 올리브유), 두 개 이상일 때에는 다가불포화지방이라고 한다(예, 옥수수유).

포화지방산

단일불포화지방산

다가불포화지방산

지방산은 일반적으로 글리세롤glycerol 분자와 연결되는데, 글리세롤에 지방산 분자 한 개가 연결되면 모노글리세리드monoglyceride가 된다. 지방산이 두 개일 때는 디글리세리드diglyceride, 세 개일 때에는 트리글리세리드가 된다. 다음의 트리글리세리드 모형에 결합된 지방산은 각각 10개의 탄소 원자 사슬로 이루어져 있는데, 위의 두 사슬은 포화되어 있고 맨 아래에 있는 것은 불포화 상태이다.

■ 글리세롤　■ 카르복시기　■ 지방산　= 이중결합

　내가 앞서 말했던 것처럼, 우리가 먹는 식품에서 포화지방은 일반적으로 동물성 식품과 연관이 있고 불포화지방은 일반적으로 식물성 식품과 연관이 있다. 그러나 이런 구분은 조금 단순화되어 있다. 실제로는, 동물성 식품은 포화지방의 비율이 높고 식물성 식품은 불포화지방의 비율이 높다고 말하는 것이 정확할 것이다. 다양한 식품과 식품 지방에서 포화지방, 단일불포화지방, 다가불포화지방의 비율은 다음 표와 같다.

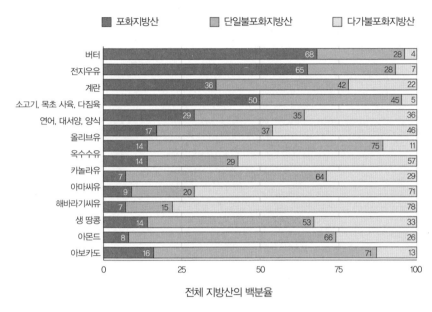

출처: 오리건 주립대학, 라이너스 폴링 연구소

분자 수준에서 이 지방산들의 차이가 얼마나 미묘한지를 생각하면, 불포화지방산은 "좋은 지방"이고 포화지방산은 "나쁜 지방"이라는 단순한 설명이 그렇게 자주 들리는 이유는 무엇일까? 이런 꼬리표의 기원은 다음의 세 그래프에 잘 드러난다. 이 그래프는 전문 학계와 일반 대중 사이에 큰 영향을 준 대규모 국제 상관관계 연구의 결과를 함축적으로 보여준다.[36] 첫 번째 그래프는 전체 식이지방 섭취량과 유방암에 대한 연령-보정 사망률 사이의 직접적인 관계를 나타낸다(전체 식이지방에는 포화지방과 불포화지방이 모두 포함된다). 이 연관성은 수십 년 동안 식품과 보건 정책 권장 사항에 중요한 영향을 끼쳤다.[37-42] 질병 사망률과 전체 지방 섭취량 사이에 나타나는 일직선 관계(첫 번째 그래프)는 포화지방만의 특별한 영향으로 잘 설명되며(두 번째 그래프), 불포화지방과는 어떤 관계도 없기 않기 때문이다(세 번째 그래프).

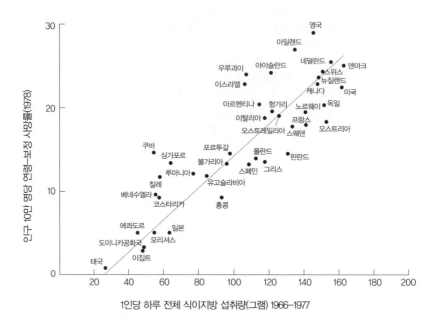

인구 10만 명당 연령-보정 사망률(1978)

1인당 하루 전체 식이지방 섭취량(그램) 1966~1977

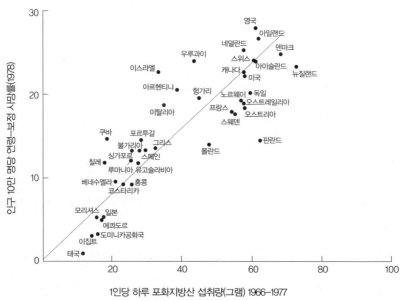

인구 10만 명당 연령-보정 사망률(1978)

1인당 하루 포화지방산 섭취량(그램) 1966~1977

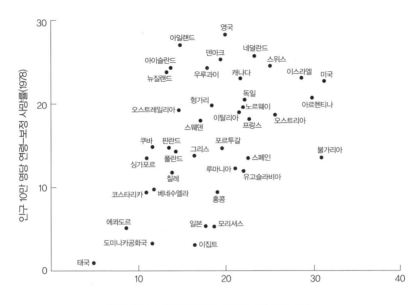

1인당 하루 다가불포화지방산 섭취량(그램) 1966–1977

이런 연관성이 처음 발견되었을 때, 일반적인 해석은 당연히 포화지방은 "나쁜 지방"이고 불포화지방은 "좋은 지방" 또는 가장 덜 해로운 지방이라는 것이었다. 이 해석이 만족스럽게 느껴질 수는 있겠지만, 나는 여기에 심각한 오류가 있다고 생각한다. 여기서 나는 이 단락에서 가장 중요한 제안을 하고자 한다. 질병에 대해서 전체 지방과 포화지방에 나타나는 인상적인 연관성은 동물성 단백질과 질병의 연관성으로 해석하는 것이 옳고, 공교롭게도 포화지방과도 높은 연관성이 나타난 것뿐이다.[43]

이 해석을 뒷받침하는 증거는 많다.

1. 약 9만 명의 동일 집단에 대한 하버드 간호사 건강 연구에서는, 식이지방이 전체 열량의 50~55퍼센트에서 20~25퍼센트로 줄었을

때 유방암 발병 위험이 감소하지 않았다.[44, 45] 논문의 주요 저자가 종종 지적하듯이, (통계적으로 무의미하지만) 만약 질병 위험이 조금 증가했다면 이는 그들의 저지방 식단에서 높아진 단백질 농도와 연관이 있을 가능성이 있다.

2. 생화학적으로 말하자면, 포화지방은 비교적 활발한 반응을 하지 않는 편이다. 따라서 질병의 원인이 될 가능성이 적다. 오히려 불포화지방이 질병을 일으키는 주범일 확률이 크다. 불포화지방은 포화지방보다 생물학적으로 활성이 크고, 암과 심장병과 같은 질환을 촉진하는 대단히 반응성이 큰 활성산소의 형성에 기여하며, 동물 실험 연구에서 암을 더 많이 일으킨다. 일례로, 옥수수유(불포화지방이 풍부하다)는 코코넛유보다 암을 훨씬 더 많이 유발하는데,[46-48] 코코넛유는 식물성 기름으로서는 특이하게 포화지방의 함량이 대단히 높다.

3. 오스트레일리아의 유명한 어느 연구진은 2014년에 다음과 같이 썼다. "포화지방이 고콜레스테롤혈증(혈청 콜레스테롤이 높은 상태)의 주요 원인으로 보고된 이래로 50년 이상이 흘렀다. 그 결과 포화지방은 서구 세계에서 관상동맥성 심장병의 주요 발병 원인이자, 이환율(특정 지역에서 일정 기간 동안 병에 걸린 환자의 비율-옮긴이)과 사망률을 높이는 원인으로 인식되었다…. 이런 일반적인 믿음과 지난 50년간의 풍부한 역학 연구와 인간 개입 연구에도 불구하고, 포화지방산의 섭취와 혈중 콜레스테롤 수치 사이의 연관성을 확실하게 보여주는 결정적 증거는 존재하지 않는다…. (그리고) 이것(원인-결과 연관성)의 메커니즘도 아직 불분명하다."[49] 이는 매우 중요한 점이다. 암이

나 심장병에서 포화지방이 질병을 일으키는 방식을 확실하게 보여주는 실제 증거는 없다.

4. 최근인 2018년에는 오스트레일리아 연구진 중 한 명이 인터뷰에서 다음과 같이 말했다. "모든 원인의 사망률이나 심혈관계 질환 사망률은 식이 포화지방의 감소를 통해서 어떤 일관적인 이득이 나타나지 않는 것으로 보인다."[50]

5. "지방의 효과"에 대한 다른 설명도 존재한다. 예를 들면, 1979년의 한 인간 개입 연구에서, 단순한 저지방 식단은 저지방, 콩 단백질 식단에 비해서 혈청 콜레스테롤의 감소가 적었다.[27, 51] 다시 말해서, 동물성 단백질이 없는 것이 더 중요한 효과가 있다.

포화지방이 어떻게 질병을 일으킬 수 있는지에 대한 이해에는 여러 구멍이 있음에도, 수십 년 동안 포화지방은 많은 비난을 받아왔다. 왜 그럴까? 나는 이것이 편리한 알리바이였다고 생각한다. 그 뒤에 숨어서 비난을 피한 진짜 원인은 동물성 단백질 기반 식품이다. 앞서 언급했듯이, 포화지방은 화학적으로 딱히 활발한 반응을 하지 않았다. 활발한 반응성은 질병을 일으키거나 질병을 유발하는 사건의 개시를 위해서 반드시 필요한 특성이다.

전체 지방과 포화지방이 (콜레스테롤과 함께) 질병의 원인이라는 가설을 탄탄하게 뒷받침하지 못하는 미약한 증거들이 의문을 불러일으키자, 엄청난 혼란이 발생했다. 육식을 열렬히 좋아하는 많은 이들은 포화지방이 그렇게 나쁘지 않다고 주장하기 위해서 그 증거의 실질적인 오류를 지적했지만(과학적으로 타당하다), 결국 포화 지방이 있는 동물성 식품도 그렇게 나쁜 것이 아니라는 황당한 결론에 이르렀다(과학적으로 타당하지 않다). 포화지방은 많은 사람이 생각하는 것처럼 악당이 아니라는 것은 사실이지만, 그래도 질병과는 연관이 있다. 그리고 너무 자주 간과되고 있는 그 이유는 포화지방이 동물성 단백질의 훌륭한 대리물이라는 것이다. 우리는 내리물만 비난하느라, 큰 맥락을 완전히 놓치고 있다. 대부분의 서구식 식단에서 매우 큰 부분을 차지하는 동물성 단백질 함유 식품은 암과 심장병의 대단히 중요한 결정 요인이다.

포화지방과 달리, 동물성 단백질은 그 섭취와 질병이 연관된 생화학적 메커니즘이 무수히 많다. 포화지방과 달리, 동물성 단백질은 생물학적으로 활발한 반응을 한다. 동물성 단백질의 섭취가 늘어나면 유리기의 산화와 성장호르몬의 활동과 그 외 다른 것들이 증가하는 것으로 밝혀졌다. 그리고 결정적으로, 포화지방과 달리 동물성 단백질은 동물성 식품에서 제거할 수가 없다.

3. 트랜스지방, 오메가-3, 오메가-6

포화지방이 "나쁜 지방"이라고 불리며 부당하게 악마 취급을 받아온 것처럼, 불포화지방도 "좋은 지방"이라고 불리며 어울리지 않게 유명세를 탔다. 이런 허위는 우리가 동물성 단백질 섭취의 유해한 효과를 무시한 결과이며, 완전히 새로운 종류의 문제를 일으킨다.

그런 문제 중 하나가 트랜스지방이다. 불포화지방을 섭취하면 콜레스테롤 섭취가 줄어들고 심장병도 감소한다는 것이 명백해지자, 모두가 동물 기반 식품의 "나쁜" 포화지방을 식물 기반 식품의 "좋은" 지방으로 바꾸고 싶어 했다. 그러나 포화지방을 자연식품에서 나오는 불포화지방으로 바꾸기는 쉽지 않다. 다진 호두는 버터처럼 토스트 위에 쉽게 펴발라지지 않는다. 식물에서 분리하여 추출한 이른바 좋은 기름도 마찬가지다 (불포화지방의 혜택을 보려면 분리된 기름이 아니라 온전한 식물로 먹어야만 한다는 점에 대한 이야기는 잠시 미뤄두자). 마침내 수수께끼가 풀렸다. 기름에 (촉매와 함께) 수소 기체를 주입하여 탄소 사슬의 이중결합을 부분적으로 수소 기체로 포화시킴으로써, 식물성 기름을 펴바를 수 있는 고체 상태로 만들 수 있었다(예, 마가린과 쇼트닝). 이제 "좋은 지방"은 다양한 활용이 가능해졌다. 취향에 따라 액체로도, 고체로도 쓸 수 있었다. 게다가 버터의 익숙함을 선호하는 사람들까지도 만족시킬 수 있었다.

그러나 이런 인공적인 포화에는 문제가 있다. 수소 원자들이 자연에서처럼 완벽하게 정렬되지 않고, 작지만 유의미한 수의 수소 원자가 지방산 사슬의 반대편에 달라붙게 된다. 우리가 아는 트랜스지방은 이렇게 만들어진다. 복잡한 이야기를 간단히 요약하자면, 이후 트랜스지방이 심장병 발병 위험을 크게 높인다는 것이 드러났고, 관리 당국에서는 트랜스 지방을 시장에서 퇴출시키기 위해서 상당한 노력을 기울이기 시작했다.

우리는 거대한 자연이라는 맥락에 주의를 기울이는 대신 기술로 해결해보려는 유혹에 종종 빠지고, 그렇게 찾은 해결책에는 대체로 결함이 있다. 트랜스지방의 이야기에는 그런 점들이 잘 드러난다. 우리는 "나쁜 지방"을 "좋은 지방"으로 대체하고 싶어 했다. 잘못된 전제이지만 여기까지는 이해할 수 있다. 그러나 "좋은 지방"을 친숙한 형태나 다양한 활용이 가능한 형태로 만들기 위해서 화학적으로 변형을 가하는 것은 사리에 맞지 않았다. 게다가, 불포화지방은 초기 상관관계 연구 결과에 암시되었던 것보다 훨씬 더 복잡했다. 맥락을 고려하지 않고, 불포화지방은 무조건 몸에 좋다고 생각해서는 결코 안 된다. 특히 전체 지방이라는 완전히 다른 수준의 맥락을 고려해야 한다.

불포화지방에 대한 조사에서 가장 중요한 변화 중 하나는 가장 잘 알려진 두 종류의 지방산, 오메가-3와 오메가-6에 초점이 맞춰진 것이다. 내 대학원생들 중 한 명은 이 지방들이 췌장암을 조절하는 능력을 조사하기 위한 실험을 수행했다. 연구 결과는 《미국 국립암연구소 저널》에 발표되었고, 잡지의 표지에 소개되었다.[52, 53] 이 연구에서 밝혀진 것을 간단히 소개하자면, 오메가-3는 암의 성장을 억제하지만 오메가-6는 암의 성장을 촉진했다. 나중에 다른 연구자도 이와 비슷한 결과를 얻었는데, 그 연구에서는 오메가-3는 염증을 억제하고 오메가-6는 염증을 유발하는 특성이 발견되었다.

여기서 의문이 하나 생긴다. 오메가 지방에 대한 이런 정보를 불포화지방에 대한 논의에 어떻게 통합시킬 수 있을까? 이번에도 간단히 생화학적으로 세부적인 내용을 설명하는 것이 도움이 될 것이라고 생각한다. 오메가-3와 오메가-6 지방산(각각 n-3와 n-6, 또는 알파-리놀렌산alpha-linolenic acid[ALA]과 리놀레산linoleic acid[LA]이라고도 불린다)은 알맞은 균형을 이루고 있을 때에는 건강한 신체 작용을 위해서 반드시 필요하다. 둘 다 우리 몸에서 만들어지지 않기 때문에 우리는 둘 다 섭취를 해야만 한다. 오메가-3와 오메가-6라는 명칭은 앞서 설명한 지방산 분자의 구조에서, 메틸기(CH_3, 아래 그림의 왼쪽)가 있는 쪽 끝에서부터 이중 결합의 위치를 나타낸다.

리놀레산(18:2 n-6)

메틸기에서 여섯 번째와 아홉 번째 위치에 이중결합이 있는 오메가-6 지방산

알파-리놀렌산(18:3 n-3)

메틸기에서 세 번째, 여섯 번째, 아홉 번째 위치에 이중결합이 있는 오메가-3 지방산

사소한 것처럼 보이지만, 이중 결합의 위치는 중요한 차이를 만든다. 오메가-6 지방산은 염증을 유발하지만(심장병 같은 만성 질환을 촉진할 수 있다), 오메가-3 지방산은 염증을 억제한다(그런 질환을 억제할 수 있다). 수십 년에 걸친 연구로 밝혀진 바에 따르면, 오메가 지방은 여러 메커니즘을 통해서 건강과 질환에서 다양한 결과를 낸다. 놀라운 일은 아니지만 안타깝게도, 염증을 억제하는 오메가-3와 염증을 유발하는 오메가-6라는 이런 대중적인 구분은 너무 단순화되어 있다. 게다가 이런 영양소에 대한 논의 방식은 종종 혼란과 충돌을 일으키는데, 대체로 그 이유는 이 영양소들이 마치 독립적으로 작용하는 것처럼 논의되기 때문이다.

오메가-3와 오메가-6 지방산을 둘러싼 혼란에는 몇 가지 이유가 있다. 첫 번째, 그리고 어쩌면 가장 결정적인 이유는 이 영양소들이 온전한 자연 상태의 식품 속에 있을 때에는 보충제 속에 있을 때와 같은 방식으로 작용하지 않는다는 점이다. 엄청난 양의 홍보에도 불구하고, 과학은 명확하다. 이 영양소들은 장기적인 건강을 지탱하기 위해서 독립적으로 (이를테면 보충제 속에 있는 것처럼) 작용하지 않는다. 2018년에 발표된 한 보고서와 "n-3 지방이 심혈관계 건강에 미치는 효과에 대한 가장 규모가

크고 체계적인 평가에서는… 오메가-3 보충제는 효과가 없다는 결론을 내렸다."[54] 그러나 오메가-3 보충제는 잘 팔린다. 사실 일반적으로 보충제는 팔기가 쉽다. 많은 소비자들은 보충제들의 가치를 믿고 싶어 한다. 진짜 건강을 가져다주는 식습관의 변화보다는 알약을 삼키는 것이 말 그대로 훨씬 쉽기 때문이다. 오메가-3와 오메가-6 지방산을 둘러싼 혼란의 두 번째 이유는 이 영양소들의 기능에 영향을 주는 조건들(예, 실험되고 있는 식단 속 다른 영양소들의 다양한 양)을 종종 무시하면서 대화가 이루어진다는 점이다. 세 번째로, 오메가-3와 오메가-6 지방산은 물질 대사를 통해서 다른 종류의 화학적 산물이 된다. 이런 화학적 산물은 염증을 유발하거나 억제하는 두 지방산의 기능을 보조하는데, 그 중 어떤 (대사)산물이 관여하는지는 세포 내 조건이 끊임없이 바뀌기 때문에 늘 뚜렷하지 않다. 이런 모든 혼란의 원인에는 중요한 공통점이 있다. 모두 생물학적 맥락을 무시하고 있다는 점이다.

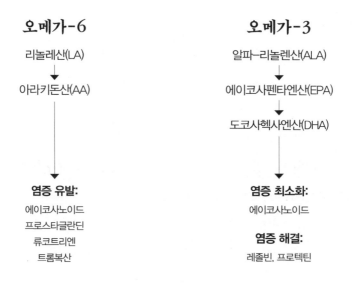

체내에서 오메가-3와 오메가-6의 균형은 비율로 표현되는데, 이 비율은 특정 양의 지방을 각각 따로 섭취하는 것보다 훨씬 더 중요하다. 앞에서 말했듯이, 무엇보다도 균형이 중요하기 때문이다. 나는 이런 균형, 즉 비율의 중요성을 설득력 있게 주장한 아테미스 시모폴로스라는 의학 박사의 연구에 깊은 인상을 받았다.[55, 56] 오메가-3와 오메가-6 지방산에 대한 논의를 각 지방산의 섭취보다는 그 비율에 초점을 맞춰 재구성하는 가장 뚜렷한 이유는 그것이 두 지방산 사이의 상호 의존성을 강조하기 때문이다. 우리가 섭취하는 영양소에서 관찰되는 효과들이 체내에서 복합적으로 작용하여 상승효과를 일으키는 다양한 메커니즘의 결과라는 사실을 인정하는 것이다.

이런 관점에 지방 섭취를 생각하면, 20세기에 일어난 급격한 식단 변화가 뚜렷하게 보인다. 오메가-6:오메가-3 비율이 가장 낮을 때에는 1:1 이었다가 점점 증가하여 오늘날에는 20:1로 그 격차가 크게 벌어졌다.[55] 이는 오메가-6는 많이, 오메가-3는 적게 함유된 식품을 섭취하는 쪽으로 우리 식습관이 근본적으로 변화했음을 보여준다. 이런 변화의 생물학적 결과는 기록으로 잘 남아 있다. 심장병에서는 "혈액의 점도, 혈관 경련, 혈관 수축"이 증가했고, 당뇨병과 비만과 암의 원인이 되는 많은 메커니즘에도 변화가 일어났다.[55]

우리는 어쩌다가 이런 염증 유발 식단을 갖게 되었을까? 그것을 설명해줄 이유 중 하나는 공장형 축산의 증가다. 공장형 농장에서는 성장과 생산을 최대화하기 위해서, 점점 더 많은 양의 곡물, 특히 옥수수를 사료로 먹인다. 곡물은 오메가-6 지방산의 함량이 특히 높다.[57] 그 결과, 이런 동물은 풀을 먹여 키운 소나 과거에 사냥으로 잡은 야생동물에 비해서 조직 속 오메가-6의 농도가 높다. 게다가 우리가 먹는 동물 기반 식품의 수가 증가하면서, 이런 변화는 악화되었다. 공장형 축산으로 생산된 고기와 유제품과 계란이 식탁에서 큰 부분을 차지하면서, 오메가-6 지방산도 많이 축적되었다. 다시 말해서, 우리가 "질 좋은" 동물성 단백질을 열심히 섭취하는 동안 오메가-6:오메가-3 비율은 매우 위험한 방향으로 크게 바뀌었다.

오메가-6:오메가-3의 비율 변화를 설명해줄 또 다른 원인은 오메가-3 지방산(ALA)의 전환과 연관이 있다. 오메가-3 지방산은 물질대사를 통해서 생물학적으로 활성화된 대사산물(EPA와 DHA)로 전환된다. ALA가 EPA로 전환되고, EPA가 DHA로 전환되기 위해서는 특정 효소의 활동이 필요하다. 그런데 현재 제시되고 있는 증거에 따르면, 오메가-6도 같은 효소의 활동을 놓고 경쟁을 벌인다. 만약 체내에 오메가-6 지방산의 농도가 높으면, 오메가-3 지방산이 생물학적으로 활성화된 대사산물로 잘 전환되지 못하고 문제가 더 악화된다는 뜻이다.

세 번째이자 어쩌면 가장 중요한 이유는 첨가유 섭취의 증가다. 아래 표에서 알 수 있듯이, 아마씨유를 제외한 대부분의 첨가유의 성분에는 오메가-6 지방산의 비율이 크다. 산화에 민감하고 염증을 일으키는 이런 기름들은 오늘날 우리 시대의 모든 "간편"식 속에 들어 있다. 그렇기 때문에 다가불포화지방산은 첨가유로 섭취했을 때 "좋은 지방"이 아니고, 그렇게 여겨서도 안 된다. 앞서 나왔던 포화지방에 대한 내용을 떠올려보자. 첨가유로서의 불포화지방은 비교적 활성이 없는 포화지방산에 비해 실험 환경에서 암과 다른 만성, 퇴행성 질환을 촉진한다.[46-48] (이 표에는 이 중결합이 하나뿐인 오메가-9 지방산도 함께 나타나 있다는 점을 주의하자.)

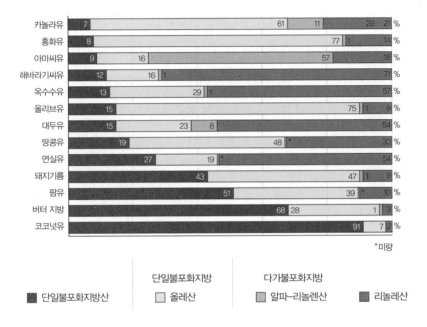

식이지방

백분율로 나타낸 지방산 함량

	단일불포화지방	다가불포화지방	
단일불포화지방산	올레산	알파-리놀렌산	리놀레산

*미량

자료 출처: POS Pilot Plant Corporation

그나마 다행스러운 사실은 온전한 자연식품 속에 들어 있는 다가불포화지방은 식물에서 추출해서 병 속에 넣었을 때와는 완전히 다르다는 것이다. 온전한 자연식품에는 여러 산화방지 성분(항산화제, 무기염류)이 들어 있어서, 이런 기름을 따로 섭취할 때 생성될 수 있는 자유라디칼의 위험을 조절할 수 있다. 분리된 기름으로 섭취하는 것은 심장병과 암과 비만과 이에 관련된 만성 질환의 위험을 최소화하기 위해서 피해야 하지만, 이런 지방을 함유한 자연 식물 식품(견과류, 씨앗류, 아보카도 등)은 적당히 섭취하면 일반적으로 몸에 좋다. 견과류 섭취에 관한 15개의 연구에 대한 대규모 통합 분석(35만 5000명 대상, 380만 인년[person-years, 모든 대상 인원에 대한 연구 기간의 합-옮긴이])의 결과에 따르면, 일주일에 한 번 또는 하루 한 번씩 1회분의 견과류를 섭취하면 모든 사인에 대해서는 각각 4퍼센트와 27퍼센트의 사망률 감소가 나타났고, 심혈관계 질환에 대해서는 각각 7퍼센트와 37퍼센트의 사망률 감소가 나타났다. 암 사망률은 14퍼센트까지 낮아졌다.[58] 2017년에 나온 14개의 연구에 대한 요약에서는 견과류 섭취가 심혈관계 질환의 발병 위험뿐 아니라, 고혈압과 전체 혈중 콜레스테롤 수치까지도 낮추는 것으로 밝혀졌다.[59]

나는 이 장에서 꽤 많은 정보를 다뤘다는 것을 깨달았다. 여기에는 분자 구조와 기능에 관한 상세한 설명도 포함된다. 이런 상세한 설명 중 어떤 것은 헷갈릴 수도 있겠지만, 개의치 않았으면 좋겠다. 이 주제는 이렇게 압축적인 방식으로 다루기에는 너무 복잡하다. 그래도 대강의 이야기는 다음과 같이 요약될 수 있다. 심장병, 암, 그 외 서구 사회에서 흔히 볼 수 있는 다른 질환에 대한 식이 지방의 영향은 1950년대부터 주목받기 시작했고, 그 이래로 최우선 연구 주제로 취급되어 왔다.[31, 60-65] 이런 질환의 원인에서 식이지방의 역할은 처음에는 섭취한 식이지방의 총량을 중심으로 해석되었다. 그러다가 논의의 초점이 지방의 양에서 종류로 바뀌었고, 특히 포화지방은 "나쁜 지방"으로 주목을 받았다. 그러나 포화지방이 혈청 콜레스테롤과 심장병의 위험을 증가시킨다는 가정은 큰 비판을 불러왔다. "포화지방산 섭취와 혈중 콜레스테롤 농도 사이의 연관성을 확립할 결정적 증거가 존재하지 않는다"는 주장이 나왔기 때문이다.[49] 그 결과, 다양한 종류의 불포화지방이 관심을 끌기 시작했다.[66, 67] 최근 약 20년간의 연구는 점점 더 다가불포화지방인 오메가-3와 오메가-6 지방의 역할에 초점이 맞춰지고 있다.[49, 55]

이처럼 연구의 초점이 지방에만 맞춰지면서 동물성 단백질의 영향은 완전히 간과되어왔다. 사실, 이와 같은 집중적인 지방 연구는 우리가 동물성 단백질에 초점을 맞추기를 거부하면서 발생한 부차적 결과이다. 우리는 지방의 총량으로 질병을 예측할 수 있는지, 또는 포화지방은 항상 나쁜지와 같은 논의에만 정신이 팔려서 포화지방과 연관된 동물성 식품과 그런 식품에 함유된 단백질을 무시해왔다. 마찬가지로, 불포화지방, 그 중에서도 특히 오메가-3의 이로움에 대한 논의에 정신이 팔려서 건강을 증진하는 자연적인 식물성 식품의 힘을 무시하고 "건강에 좋은" 기름의 섭취를 암암리에 지지해왔다. 그러나 그 기름은 실제로는 건강에 좋지 않다.

우리가 동물성 단백질에 대한 논의를 내켜하지 않는 상황에서, 지방에 대한 대중의 생각이 혼란스러운 것이 이상한가? 아니면 단순히 좋은 지방-나쁜 지방 논의에만 의지하는 것이 이상한가? 많은 사람들은 그냥 될 대로 되라는 식으로 체념하고, 무엇이든지 그들이 선호하는 것을 계속 즐기고 있다. 그리고는 일종의 대비책으로 오메가-3 보충제를 사서 최선의 결과를 기대한다. 그 사람들의 건강과 우리 사회의 건강을 생각하면, 이런 경향이 계속되는 것이 두려울 뿐이다.

이런 대중의 혼란과 사실 왜곡을 퇴치하기 위해서, 나는 간단하지만 모든 것을 아우르는 해결책을 제시하고자 한다. 만약 심장병과 다른 만성 대사질환의 원인에 대해 식습관의 맥락에서 광범위하게 생각하기보다는 하나의 원흉을 지목하기를 원한다면, 가장 중요한 원인은 동물성 단백질이다. 심장병이 동물성 단백질만으로 설명되기 때문이 아니라, 동물성 단백질의 섭취가 증가하면서 심장을 보호하는 자연적인 식물성 식품의 섭취가 줄기 때문이다. 동물성 단백질의 섭취와 연관된 여러 메커니즘은 몇 가지 질병(예, 심혈관계 질환, 당뇨병, 암, 그 외 다른 노화 관련 질환)의 결과에 악영향을 끼친다. (1) 자유 라디칼의 산화를 증가시키고,[68-70] (2) 부신 호르몬의 활동을 좋지 않은 방향으로 변화시키고(성호르몬인 에스트로겐estrogen과 테스토스테론testosterone 증가),[71] (3) 대사 산증(체내의 pH가 낮아지는 병)을 일으키고, (4) 성장호르몬의 활동을 증가시키고(세포분열 증가), (5) 항산화제의 활동을 축소시킨다. 여기에 식물 섭취 감소로 인해 생기는 비슷한 메커니즘의 집합을 추가하면, 동물 기반 단백질의 섭취 결정이 지방에 대한 어떤 권장 사항보다 나쁜 결과를 초래한다는 것이 분명하게 드러난다. 그러나 우리가 "질 좋은" 동물성 단백질에 대한 신화에 계속 집착하는 한, 그런 식습관에 정면으로 맞서는 일은 없을 것이다.

영양 이외의 다른 부수적 결과

우리가 질병 형성에서 동물성 단백질이 어떤 역할을 한다는 것을 인정하기를 거부하면서, 오늘날 영양 연구에 대한 대중의 오해 외에 다른 결과도 초래되었다. 여기서는 그 다른 결과들을 짚고 넘어가려고 한다.

암의 원인에 대한 혼란

첫 번째이자 가장 분명한 결과에 대해서는 이미 제1부에서 꽤 길게 다뤘다. 우리는 암의 예방과 치료에서 영양의 역할을 무시해왔을 뿐만 아니라, 암의 촉진에서도 (동물성 단백질 섭취로 인해 일어나는) 영양 이상의 역할을 무시해왔다. 암 연구자들은 영양에 초점을 맞추는 대신, 환경적 돌연변이를 유발하는 발암 화학물질에 관심을 기울였다. 여러 해 동안, 나는 이런 일반적인 통념에 어느 정도 영향을 받았다. 처음 일을 시작할 무렵, 나는 미국 국립보건원이 지원하는 한 연구 프로그램에 참여했다. 이 연구에서 조사한 아플라톡신은 대단히 강력한 발암물질로, 인간 간암의 1차적인 원인이었다. 이 독소의 화학적 구조[72]와 대단히 특별한 능력[73]은 매사추세츠 공과대학과 내 연구실의 두 연구진들에 의해 밝혀졌다.[74, 75] 이후 나는 아플라톡신의 물질대사와 독성에 대한 내용을 검토한 보고서를 발표했다.[76] 식품 속 아플라톡신의 존재를 검사하기 위해서 필리핀에 연구실을 꾸렸고,[77] 오줌 속에 있는 대사산물의 양을 측정함으로써 어린이의 아플라톡신 섭취를 알아내는 새로운 검사법을 개발했다.[78] 1980년에는 전문적인 생의학 학회 중에서 가장 큰 단체인 미국실험생물학 및 의학연맹의 요청으로 이 연맹의 회지에 발암 화학물질과 암에 관한 논문[79]을 쓰기도 했다.

물론, 그 무렵에는 환경의 발암물질과 암에 대해 내가 갖고 있던 일반적인 통념이 어느 정도 바뀌었다. 당시 나는 식단과 암에 대한 몇 가지 상관관계 연구와 동물 실험 연구를 통해서 식이 단백질이 이전에 생각했던 것보다 훨씬 더 큰 역할을 할지도 모른다는 것을 알게 되었기 때문이다.[80, 81] 1983~1984년에 중국 농촌에서 이루어진 인간 암에 대한 대규모 조사에서,[82] 우리는 아플라톡신 노출을 세 가지 다른 방식으로 기록했지만 어떤 방식도 간암 사망률과 유의미한 관계를 나타내지 않았다.[83] 오히려, B형 간염 바이러스 감염과 동물성 단백질 기반 식품의 섭취가 간암으로 인한 사망의 주원인이었다.[82] 동물성 단백질 섭취는 서구에서는 매우 적은 양으로 여겨지는 수준으로도 의미 있는 연관성을 나타내는 것으로 보였다. 이는 동물성 단백질 섭취를 단순히 줄이는 것으로는 소용이 없고, 가능한 한 완전히 피해야 한다는 것을 암시했다.

인간의 암과 아플라톡신 같은 환경 속 화학물질 사이의 연관성에 내가 처음 의문을 가진 이래로 수십 년이 흐른 현재, 나는 환경 속 화학물질에 의해 유발되는 유전자 돌연변이보다는 영양이 암에 훨씬 큰 영향을 미친다고 확신한다.[84] 그러나 과학계의 대부분과 일반 대중 사이에는 환경 속 화학물질을 강조하는 전통적인 학설이 여전히 굳건히 자리를 잡고 있다. 영양과 유전자 돌연변이에 관한 두 가설에서 암의 예방과 치료에 접근하는 방식은 사뭇 다르다. 이 가설들은 수많은 방식으로 관점을 형성한다. 영양 학설에서는 우리가 먹는 음식으로 돌연변이의 형성과 그에 따른 영향을 조절할 수 있고, 이미 돌연변이가 일어났더라도 조절이 가능하다고 말한다. 반면 유전자 돌연변이 학설에서는 암을 일으키는 요인들을 지속적으로 찾아낼 것을 독려하고, 일단 이런 돌연변이가 일어나면 우리에게는 돌이킬 방법이 없다고 말한다.

내가 볼 때, 유전자 돌연변이 학설에서 전제하는 돌연변이와 그 원인에 대한 이해는 대단히 단순하고 피상적이며 위험하다. 돌연변이는 화학적 요인이나 (돌연변이원이라고 불리는) 다른 요인에 의해 세포 속 DNA가 영구적으로 손상되는 것으로, 유전 기능에 영향을 준다. 돌연변이가 일어난 세포가 분열하여 딸세포들이 만들어질 때, DNA의 손상도 새로운 딸세포에 전달된다. 역逆돌연변이를 통해서 원 상태로 되돌아갈 확률은 극히 드물다고 여겨지고 있다.

그러나 자연에는 이 과정을 통제하기 위한 메커니즘이 적어도 두 가지가 있다. 첫 번째는 초기의 DNA 손상을 세포가 분열되기 전에 수선하는 것이다. 그러나 가끔씩 이런 수선이 제때에 이루어지지 않으면 손상된 DNA가 딸세포로 전달된다. 다행히도, 자연은 또 다른 대비책을 마련해두었다. 면역계를 통해서 "자연 살해 세포natural killer cell"를 만드는데, 이 세포는 새롭게 돌연변이를 일으킨 세포들이 증식하여 암(또는 다른 질환)으로 발전하기 전에 찾아내어 선택적으로 파괴하는 특별한 능력을 지니고 있다.

이런 안전장치들은 당연히 완벽하지 않다. 만약 동물성 단백질과 그와 짝을 이뤄 작용하는 여러 영양소를 섭취하는 경우처럼, 세포 환경이 세포의 분열과 성장에 좋은 경우라면, 이런 메커니즘이 있어도 돌연변이 세포가 축적되어 암을 형성하게 될 것이다. (나는 기본적으로 암에 대한 연구를 통해서 이 과정을 알게 되었지만, 다른 여러 질환의 발생에도 원칙적으로 이와 같은 과정이 적용된다고 확신한다. 올바른 영양 환경에서라면 우리 몸의 메커니즘이 여러 질환에 효과적으로 대처할 수 있지만, 영양 상태가 좋지 않을 때에는 방해를 받거나 제대로 작동하지 못한다.) 안타깝게도, 암을 연구하는 학계에서는 돌연변이를 처리하는 우리 몸의 자연적인 메커니즘을 강화하거나 세포 분열을 급격히 증가시키는 사람들의 습관을 바꾸는 것에 초점을 맞추기보다는 암을 일으키는 돌연변이원에 사실상 모든 관심과 자원을 집중시키고 있다.

수천억 달러의 돈을 지원받고 있는 암 연구에서는 세포가 스스로 돌연변이를 바로잡을 수 없다고 믿고 있다. 게다가 또 다른 중요한 실수도 저지르고 있다. 그들은 돌연변이를 일으키는 화학물질을 통제하면 암이 예방될 것이라는 전제 하에 연구를 하고 있다. 현실은 복잡해서, 돌연변이를 일으키는 화학물질에만 초점을 맞추면 우리는 매우 심각하고 난처한 상황에 놓이게 된다. 살충제, 제초제, 공업용 ,화학물질, 식품첨가물과 같은 이런 화학물질은 생물학적, 화학적 특성이 매우 다양해서,[85, 86] 대단히 광범위하고 예측하기 어려운 독성 효과와 질환을 일으킬 수 있다. 돌연변이를 일으키는 모든 화학물질이 다 암을 일으키는 것은 아니다. 또 돌연변이원이 암의 유일한 "원인"도 아니다. 돌연변이원이 아닌 다양한 식품, 화학적 혼합물도 발암물질로 구분되어 있다.[87, 88] 게다가, 모든 세포 내에서는 정상적인 세포 분열 과정에서 수천, 심지어 수십만 개까지 돌연변이가 일어난다! 이런 돌연변이들 중에서 실제로 어떤 것이 암을 일으키는지를 결정하는 것은 간단한 일이 아니다. 게다가 위에서 확인했듯이, 이런 돌연변이의 표현에는 다른 요인이 작용한다는 사실도 감안해야 한다. 이런 모든 복잡한 요소들에도 불구하고, 돌연변이원과 발암물질은 거의 같은 것이라는 믿음이 널리 퍼져서 혼란을 불러오고 연구 정책에서는 엉뚱한 데에 우선순위를 두고 있다.

암의 발병은 주로 돌연변이에 달려 있고, 일단 돌연변이가 생기면 가차 없이 앞으로만 나아간다는 생각에 집착하면서, 연구는 환경의 화학물질이 암을 일으킬 가능성을 검사하는 데에만 초점이 맞춰졌다. 그리고 검사해야 할 화학물질의 수는 엄청나게 많다. 지난 60~70년 동안, 발암물질로 의심되는 약 8만 종*의 화학물질을 평가하기 위해서 다양한 검사법이 개발되었다. 그러나 1970년대 초반 이래로, 주된 발암물질 검사 프로그램은 실험동물을 이용한 생물검정bioassay 프로그램이었다. 발암 의심 화학물질을 살아 있는 계에 시험하여 암 발생 가능성을 결정하는 생물검

---

* 8만 종의 화학물질이라는 수치는 지난 40년 동안 가장 널리 인용된 수치다. 실제로는 이보다 많을 것이다.

정 프로그램에서, 살아 있는 계는 주로 쥐나 생쥐였지만 특정 세포를 분리하여 실험실에서 배양한 조직도 있었다.[79, 89, 90] 미국 국립보건원(NIH)의 두 연구소인 미국 국립암연구소(NCI)와 미국 국립환경보건과학연구소(NIEHS)가 함께 개발한 이 프로그램은 현재 미국 보건복지부 내의 연합기관인 미국 국립독성학 프로그램에 의해 운영되고 있다.[91] 동물 실험을 통한 생물검정은 이 독성학 프로그램의 핵심 요소이며,[92, 93] 이 프로그램에서는 최근에 발암물질에 대한 제14차 보고서[94]를 내놓았다.

유전자 돌연변이 학설에 대한 연구에 이미 수십 년이라는 시간과 많은 자원을 바쳐온 상황에서, 영양 중심적인 관점에 귀를 기울이고 싶은 사람은 당연히 없을 것이다. 특히 그 관점이 동물성 단백질에 의문을 제기하는 경우에는 더욱 그럴 것이다. 동물성 단백질이 암의 원인이고 환경의 화학물질보다 큰 영향을 끼친다고 주장하는 것은 지금까지 한 분야가 들여온 모든 노력과 전제를 뒤흔드는 것이다. 나아가, 이 민감한 주제에 얼마나 많은 일자리가 걸려 있는지를 생각하면, 미래의 연구 노력까지 뒤흔들게 되는 셈이다.

1980년대에 나는 동물 생물검정 프로그램에 대한 내 관점을 공유하고자 하는 전문가 조직의 초청을 받았었다. 두 번은 미국(노스캐롤라이나 리서치트라이앵글파크에 있는 미국 국립환경보건과학연구소와 아칸소 제퍼슨에 위치한 이 연구소의 실험실)이었고, 한 번은 프랑스 리옹(유엔 세계보건기구의 국제 암연구소)이었다. 매번 내 과학적 해석에 대한 문제 제기는 전혀 없었지만, 나는 암에서 영양이 어떤 역할을 한다는 것 자체를 받아들이기를 완강히 거부한다는 느낌을 경험했다. 노스캐롤라이나에서는 프로그램 책임자가 수많은 청중을 앞에 두고, 내가 "백악관을 설득하지" 않는 한 프로그램의 변화는 결코 일어나지 않을 것이라고 내게 직접 말했다.

암에 대한 접근법이 본질적으로 기본적인 과학에 의존하지 않는다는 것은 서글픈 현실이다. 병리학 연구자들 중에는 단 하나의 확인 가능한 화학물질이 암의 주원인이라는 가정에 의존하는 사람이 너무 많다. 이런 경우는 공공기관과 사설기관의 연구실 모두에서 볼 수 있다. 게다가, 암은 처음 발견되었을 때부터 공격적이고 다시 되돌릴 수 없는 질환이라는 누명을 써왔다. 따라서 암은 일단 진단을 받으면, 특히 원래 발생한 곳에서 떨어져 있는 조직에까지 퍼진 후에는 되돌릴 수 없고 오로지 파괴만 할 수 있었다. 이른바 암 치사율은 말 그대로 무시무시하며, 확인 가능한 발암 화학물질을 찾기 위한 강도 높은 노력은 그런 두려움에서 나온 것이다. 나는 이 두 가지 이유가 동물 생물검정 프로그램이 그렇게 오랫동안 높은 우선순위에 놓여 있는지를 설명하는 데 도움이 될 것이라고 생각한다.

문제를 더 곤란하게 만드는 것은, 생물검정 프로그램이 동물 실험에 의존하는 탓에 이미 도덕적 논란으로 얼룩져 있다는 점이다.[95-97] 공공 당국에서는 인간 암의 해결책 탐색이라는 갸륵한 목표를 위해서라는 명목으로 생물검정 프로그램의 활용을 정당해왔다. 그러나 그들은 우리가 좋아하는 일부 음식이 화학적 오염과 관계없이 암을 유발할 수 있다는 것을 묵살하거나 인정하지 않음으로써, 추가적인 논란을 불러올 만한 일에는 관심을 두지 않는다. 앞서 언급한 우유의 동물성 단백질인 카세인은 이 괴물 같은 딜레마의 완벽한 본보기이다. 동물 연구에서, 카세인은 보통 수준의 섭취만으로도 암을 유발하는 대단히 강력한 반응을 보인다. 만약 카세인을 동물 실험을 통한 생물검정 방식으로 면밀히 조사한다면, 지금까지 발견된 것 중에서 가장 강력한 발암물질이 될 것이다! 다른 동물성 단백질도 크게 다르지 않을 것이다. 우리가 예찬하는 "과학"이 우리를 어떻게 저버리고 있는지를 이보다 더 잘 보여주는 사례는 없다고 생각한다.

동물 실험을 통한 생물검정 프로그램은 유전자 돌연변이 학설에서 유래한 전통적인 방식의 암 연구에서 중요한 부분을 차지하지만, 그래도 이것은 한 가지 예일 뿐이다. 유전과학자의 연구도 영양학에 초점을 맞추게 되면 위협을 받을 것이다. 이를테면, 인간 유전체 프로젝트는 암 연구에 지대한 영향을 미쳤다. 어떤 유전자 또는 유전자 산물이 어떤 암과 연관이 있는지와 같은 암 형성과 관련된 유전자 수준의 세부적인 내용들이 이 프로젝트를 통해서 자세히 밝혀지면서, 많은 사람들이 이 프로젝트를 지금까지 수행된 가장 위대한 연구 프로젝트가 될 것이라고 예상했다.[98] 이 모든 노력은 암이 "유전적 질환"이라는 신성불가침의 믿음을 더욱 강화해왔고, 미국 국립암연구소 웹사이트에서도 이 점을 강조한다.[99]

나는 환경의 화학물질과 유전자가 암의 형성에 아무 역할도 하지 않는다고 주장하려는 것이 아니다. 그 연관성을 부정하는 것은 옳지 않을 것이다. 그러나 우리가 확인한 것처럼, 이야기는 대다수의 사람들이 생각하는 것만큼 그렇게 간단하지는 않다.

마지막으로, 아래에 관해서 생각해보자. 암이 환경의 화학물질에 의해 유발되는 유전적 질환이라는 학설의 기반이 약화될 것이다.

1. 앞서 언급한 실험동물을 이용한 생물검정은 실험동물의 몸에서 독소로 작용한 화학물질이 인간의 몸에서도 독소로 작용한다고 가정

할 때에만 의미가 있다. 인간 개체군 연구에서도 실험동물에 대한 연구와 일관된 결과가 나오지 않는 한, 이렇게 다른 종에서 얻은 결과를 인간에 적용하는 종간 외삽법은 탄탄한 과학이라기보다는 맹신일 뿐이다. 현재까지 인간 개체군 연구에서는 영양에 대한 증거와 비교할 때, 환경의 화학물질과 인간의 암 사이에 인과적 연관성이 있다는 증거가 거의 나오지 않았다.

2. 실험실 연구에 따르면, 영양 섭취의 적당한 변화는 알려진 발암물질에 의해 개시되는 암의 결과에 상당한 변화를 일으킬 수 있다.[39] 우리 실험실에서는 아플라톡신에 의해 개시되는 간암의 발생에 변화를 줄 수 있는 식단의 능력을 반복적으로 증명했다. 고 동물성 단백질 식단은 암의 성장을 촉진했고, 저 동물성 단백질 식단은 암의 성장을 억제했다. (인간이 아닌 종에서 얻은 결과를 추정하는 생물검정 프로그램을 막 비판한 상황에서, 어쩌다보니 인간 개체군 연구의 결과가 영양과 암의 관계에 관한 내 연구 결과와 일치한다는 점을 지적하게 되었다. 이 연구에 대해서는 제3부에서 자세히 다룰 것이다.)

3. 돌연변이 유발 화학물질은 암을 촉진하는 식단이 함께 매우 높은 용량을 제공하면, (아플라톡신과 간암의 경우처럼) 실험상으로 특정 암과 연관이 있을 수 있지만, 영양과 암의 연관성만큼 영향의 범위가 인상적인 화학물질은 없다. 나쁜 영양은 하나의 암이 아니라 대다수 유형의 암에 영향을 미친다.

4. 이미 체내에서 돌연변이의 부담이 매우 심각한 상황에서는, 환경의 화학물질에 의한 추가적인 돌연변이가 암 반응의 원인인지는 의심스럽다. 모든 세포에서는 수천 개의 돌연변이가 일어날 수 있고, 이

미 존재한다는 점을 기억하자. 영양의 자극 없이, 추가적인 돌연변이가 어떤 반응을 하는지도 불분명하다. 우리는 실험실 연구를 통해서, 발암물질의 용량을 증가시키면 예상대로 돌연변이도 선형으로 증가한다는 것을 알아냈다. 그러나 이런 돌연변이는 동물성 단백질에 의해 촉진될 때에만 암으로 발전했다.[100-102] 적당한 영양의 자극이 없으면, 증가한 돌연변이는 암으로 발전하지 않는 것으로 보인다.[103]

이 모든 것을 감안하여, 나는 암이 기본적으로 독소로 유발되는 유전적 돌연변이에 의해 결정된다는 합의를 거부한다. 환경의 화학물질로 인해서 유전자가 유전적 돌연변이를 거쳐서 암 세포로 성장하고 진단 가능한 암으로 발전한다는 경로는 그 단순함이 매력적이지만, 그것만으로는 부족하며 지나치게 좁은 범위에만 초점을 맞췄다. 나아가, 개인이 암을 통제할 수 있다는 가능성을 노골적으로 무시한다. 암의 촉진에서 영양의 역할이 인간 관측 연구와 실험동물 연구에서 모두 증명되었는데도 이를 무시하는 것은, 암을 예방할 절호의 기회를 무시하고 개인의 주도권을 묵살하는 것이다. 인간의 건강에 관한 한, 이런 무관심한 태도는 분명 혐오스럽다. 그러나 이런 태도 덕분에 우리는 소중한 "질 좋은" 영양소인 동물성 단백질을 함유한 식품을 계속 편하게 즐길 수 있다.

환경적 우려

우리가 동물성 단백질의 유해성을 진지한 방식으로 다루기를 거부하면서, 인간의 건강뿐 아니라 지구의 건강도 중대한 영향을 받아왔다. 환경의 화학물질과 거대한 기업식 농업은 암을 유발할 뿐 아니라 지구와 지구상의 모든 생명까지도 위협하고 있다. 여러 지표는 우리가 처해 있는 환경 위기가 급속도로 환경 재앙으로 발전하고 있다는 것을 암시한다. 최근의 환경 보고서에 따르면, "지구가 섭씨 1.5도 이상 더워지는 것을 막기 위해서, 각 나라에서는 2030년까지 지구 전체의 이산화탄소 배출량을 2010년의 45퍼센트 수준으로 줄이고" 2050년까지 탄소 중립(배출되는 이산화탄소량과 식물이 흡수하는 이산화탄소량의 균형을 맞추는 것)을 연구해야 한다.[104] 이런 목표에 도달하기 위해서는 화석 연료에 대한 중독을 극복해야 하며, 경제계와 학계에서 어떻게 진실을 호도하는지를 진지하게 살펴야 할 것이다. 아무리 이익이 많이 난다고 하더라도 이런 보편적인 자해를 정당화할 수는 없다.

생물종의 손실과 관련해서, 우리는 대멸종의 한가운데에 있으며 그 원인은 인간의 활동이다. 《네이처Nature》에 발표된 수학적 모형들에 따르면, 종의 멸종 속도는 공동 멸종으로 인해 기하급수적으로 증가할 수 있다. "기후 변화와 인간의 활동은 단독이나 공동으로 작용하는 수많은 직간접적 메커니즘을 통해서 유례없이 빠른 속도로 종들을 파멸로 몰아넣고 있다. 이 중에서 환경 변화로 인한 1차적인 멸종은 빙산의 일각에 불과할 수도 있다."[105] 일부의 추정치에 따르면, 지구에서 동물종이 사라지는 속도는 정상적인 속도의 1000~1만 배에 이른다.[106] 가장 우려스러운 경향은 곤충 개체군에 나타나고 있다.[107] 전체 곤충종의 41퍼센트가 지난 10년 사이에 급격히 감소했고, 현재 과학자들은 지구상에 있는 곤충 약 3000만 종의 40퍼센트가 멸종 위기에 있다고 추정한다. 나비를 포함하는 곤충목인 인시목은 53퍼센트가 감소했고, 메뚜기와 귀뚜라미를 포함하는 직시목은 약 50퍼센트가 감소했다. 나와 비슷한 세대의 사람들은 그들이 일평생 목격한 변화에 대해 말하겠지만, 두려운 진실은 이런 변화가 가속화되기만 하고 있다는 것이다. 언젠가는 자연에서 메뚜기를 접할 수 없게 될지도 모른다고 생각하는 내 손주들의 이야기만 들어봐도, 짧은 생을 살아온 그 아이들조차도 변화를 알아차리고 있다는 것은 놀라운 일이다.

환경 영향 평가는 비교적 새로운 현상으로, 다양한 활동이 환경에 어느 정도 영향을 주는지에 대한 이해를 돕는다. 여론의 관심이 집중된 최초의 이런 평가는 유엔 식량농업기구가 내놓은 가축에 대한 2006년 보고서였다. 이 보고서는 온실기체 배출에서 가축이 차지하는 비율이 18퍼센트라고 선언했는데, 이는 인간의 모든 교통수단의 배출량을 합친 것보다 많았다. 이 비율은 2009년에 월드워치 연구소에 의해 51퍼센트로 다시 계산되었다.[108] 1996년에 레스터 브라운이 했던 경고[109]와 그보다 전에 힌드헤데가 내놓았던 제안[110]을 따른 계산 결과는 인간이 만든 다른 모든 요소들을 합친 것보다 많다. 이런 수치는 여전히 논쟁의 대상이지만, 가축 사육이 기후 변화에서 어울리지 않게 큰 역할을 하고 있다는 사실은 더 이상 부인할 수 없다. 만약 우리가 온실기체 배출을 다루고 싶다면, 우리는 반드시 가축 생산에 대해 다뤄야 할 것이다.

간단히 말해서, 그렇게 많은 사람들이 의도적으로 외면하려는 것처럼 보이는 불편한 진실은 이런 경향들이 우리가 먹는 식품과 그 식품을 생산하는 방식과 얽혀 있다는 점이다. 먹이사슬에서 위에 놓인 식품, 특히 동물성 식품을 즐기려면 많은 농지와 자원이 필요하다. 그 결과 세계 전역의 숲이 파괴되고, 거대한 트랙터와 콤바인의 바퀴가 들판을 짓밟고,

토지는 생태적인 건강과 지속보다는 언제나 단기적인 이익을 목적으로 경작되고, 호르몬 사용을 통해서 고기와 우유와 달걀의 생산이 가속화된 동물은 반은 감옥이고 반은 공장인 지옥에 갇혀서 생명력을 잃어간다.* 암 연구 학계에서는 환경의 화학물질에 대해 목소리를 높이지만, 우리는 엄청난 양의 그런 화학물질을 식품 체계에 쏟아붓고 있다. 겉으로 보면 그 명목은 즉각적으로 많은 소출을 내기 위한 잡초와 해충 퇴치이다. 그러나 그 대가는 무엇일까? 우리는 얼마나 오랫동안 환경과 전쟁을 치를 수 있을까? 그리고 그것으로 얻는 것은 무엇일까? 우리는 얼마나 더 오래 살기를 바라는 것일까?

동물성 단백질의 비중이 크고 가공식품으로 이루어진 식단, 그래서 영양가 있는 식물성 식품의 비중이 작은 식단에서 특징적으로 나타나는 영양 이상은 앞에서 다뤘던 환경의 화학물질보다 인간의 건강에 훨씬 더 큰 위협이 되는 것처럼 보인다. 그렇다고 환경의 화학물질에 아무 문제가 없다는 뜻이 아니다. 한쪽에서는 이런 화학물질에 대해 경종을 울리고 있는데, 동시에 한쪽에서는 질병의 원인이 되는 고단백질 식품을 많이 생산하기 위해서 우리 환경에 화학적 부담을 가중시키고 있으니…, 정말 우리는 우리 망상의 한계를 시험하기 위해 최선을 다하고 있는 것일까?

잡초 제거제인 라운드업Roundup의 광범위한 사용은 이런 모순의 가장 좋은 본보기이다. 라운드업은 1987년에는 세계에서 열일곱 번째로 많이 사용되는 농약이었지만, 2011년에는 세계 1위가 되었다.[111] 라운드업

---

* 한때 젖소의 평균 수명은 15~20년이었지만, 현재는 5년에 가깝다.

의 유효성분은 글리포세이트glyphosate이고, 상업적으로는 유전자 변형을 통해서 이 성분에 내성을 지닌 작물에 주로 쓰인다. 그래서 무차별적으로 라운드업을 뿌려도 유전자 변형 작물은 피해를 입지 않고 잡초만 선택적으로 죽일 수 있다. 라운드업이 없던 시절, 나와 내 형제들은 여름이면 곡물을 수확하는 콤바인을 운전하여 대학 등록금을 벌었다(그렇다. 우리도 농업 혁명에 참여했다). 어떤 경우에는 곡물과 함께 약간의 잡초 씨를 "수확"하는 것도 피할 수 없었지만, 수확한 곡물을 새로운 종자로 쓸 것이 아니라면 별 문제가 되지 않았다. 그로부터 거의 50년 가까이 지난 후, 잡초 없이 곡물만 자라는 들판이 많이 보이기 시작했고, 나는 어떻게 이런 결과가 나왔는지를 알게 되었다. 제초제와 유전자 변형이라는 기적의 조합이 이루어진 것이다.

강철 같은 의지로 자연을 통제하고 굴복시킬 수 있다고 믿는 것은 오만의 극치이지만, 우리는 그 극치가 어디까지인지를 늘 시험하고 있다. 우리는 잡초와 해충을 화학물질로 박멸할 수 있다고 주장하지만, 우리가 박멸하는 것은 화학물질과 잡초만이 아니다. 사실, 우리는 자연계를 상대로 화학전을 벌이고 있는 중이다. 농작물은 글리포세이트의 효과를 견딜 수 있도록 유전적으로 변형될 수 있을지 몰라도, 그런 화학물질과 어쩔 수 없이 접촉해야 하는 곤충과 다른 동물들은 그렇지 않다. 안타깝게도 꽃가루받이 매개동물은 의회에 영향력이 없다. 꿀벌들은 연합을 만들어서 그들과 생존을 위해 워싱턴 DC에서 싸울 수 없다. 한편, 글리포세이트가 인간의 몸에도 다양한 독성 효과를 나타낸다는 것을 암시하는 증거들이 나오고 있다. 2019년 5월 현재, 미국에서는 1만 3000명이 넘는 원고인단이 글리포세이트 제조사인 바이엘을 상대로 라운드업 관련 중독

문제에 대한 소송을 제기했다.[107]

우리가 이 책에서 어떤 주제를 다루든지, 궁극적으로 인류는 반드시 근시안적 경향을 드러낸다. 잡초만 겨냥하여 제거하는 화학물질에 의존하는 현재 농업은 암을 치료하기 위해 콜로이드-납에 의존했던 옛 화학 요법과 불안할 정도로 닮았다. 두 경우 모두 우리는 복잡한 문제와 체계를 다루기에는 지나치게 단순한 전략(거의 항상 검증도 되지 않고 결과도 알 수 없다!)에 의존했다. 매번 우리가 저지르는 일은 더 큰 맥락을 놓치고 있는 것 같다.

어쩌면 이것은 우리가 인지 부조화에 대처하는 방식일 것이다. 인지 부조화는 생각, 믿음, 태도가 일치하지 않을 때 발생하는 심리 현상이다. 우리는 건강과 발전과 안전에 관심을 가져야 한다고 주장하다가, 그 다음 순간에는 건강과 발전과 안전을 해치는 활동을 찬양한다. 특히 미국에서는 보건 서비스와 건강 정보에 접근할 수 있는 개인의 자유에 관심을 가져야 한다고 주장하지만, 보건 서비스와 건강 정보가 이해관계를 위협하지 않을 때에만 그렇다. 내가 보기에, 이런 인지 부조화에 대한 가장 일반적인 반응은 불편한 진실을 완전히 외면하고 각자 그 사실을 부정하며 자신만의 동굴 속으로 깊이 들어가는 것으로 보인다. 우리 몸과 "보건" 체계의 파괴에 대해 우리가 부조화를 겪는 것처럼, 환경 파괴에 대해서도 마찬가지이다. 크게 어긋나 있는 사람들에게 맞춰서 세심하게 조정된 눈속임인 것이다.

나는 미국 환경보호국(EPA), 어스세이브EarthSave, 시에라클럽Sierra Club을 포함한 여러 환경보호 단체와 이야기를 나눠왔다. 나를 초대한 사람들에 따르면, 안타깝게도 이 단체들은 환경 재앙을 다룰 때 인간의 건강에서 영양의 역할에 대해 듣는 것에는 관심이 없다. 한번은 소규모의 환경 애호가 토론 모임에 참석했는데, 미국 천연자원보호협회(NRDC)의 회장의 이야기를 들었다. 그는 죽음을 초래할 정도가 아니라면, 자신의 단체에서 기후 위기의 해결에 식단이 중요할지도 모른다는 이야기를 기부자들에게 주장하기는 어려울 것 같다고 말했다. 그 단체의 기부자들이 강하게 반대할 것이라는 게 그의 설명이었다. 현재 기후 변화의 주요 원인이 축산업이라는 확실한 증거가 있는데도 말이다.[108, 112] 다시 말해서, 미국 천연자원보호협회는 300만 회원에게 정보를 주고 그들 스스로 어떻게 행동할지를 결정하는 것이 아니라, 회원들을 대신해서 판단을 내리고 있었다. 아무리 좋게 봐도, 그것은 온정주의적이고 시혜적인 태도였다. 최악의 경우, 그 단체는 회장이 피하고 싶었던 자멸로 인한 죽음이라는 운명을 향해 계속 나아가게 될 것이다. 이런 실존적 위협을 제대로 책임감 있게 다루지 않으면, 운명은 정해져 있기 때문이다.

나는 이 단체가 유별난 사례라거나 그 단체에서 일하는 사람들이 의도가 불순하다는 이야기를 하려는 것이 아니다. 이것은 노골적인 부패의 사례가 아니다. 그들은 우리 환경에 쏟아 부어지고 있는 화학물질의 양을 줄이는 데 도움이 되는 법률 제정을 활발하게 지지해왔다. 그런 노력은 그 자체로 가치가 있다고 본다. 또 그들은 배출가스를 줄이기 위해서 가능하면 자전거 타기, 샤워 시간 줄이기, 재활용하기 등을 통한 대중의 동참도 독려한다. 그러나 식품이 어떻게 생산되는지와 관련된 체계와 영양 문제로 들어가면, 그들은 늘 한 발짝 뒤로 물러선다. 나는 이것이 여러 암 연구기관에서 영양에 대한 논의를 피하는 이유와 같은 것이라고 생각한다. 범접할 수 없는 어떤 체계가 그들의 옹호 범위를 제한하고 있는 것이다. 두 경우 모두, 동물성 단백질의 효과를 무시한 나태가 심각한 피해를 불러왔다.

이 부분을 잘 마무리하기 위해서, 나는 오늘날 환경이 직면해 있는 많은 문제를 해결할 수 있는 엄청난 기회가 농업에 있다는 것을 강조하고 싶다. 가축 생산의 기회비용을 생각해보자. 기회비용은 하나의 대안을 선택할 때 다른 대안의 잠재적 이득이나 손실로 정의된다. 축산업의 경우, 기회비용은 가축을 기르지 않음으로써 얻을 수 있는 모든 것이 된다. 내가 인용한 모든 증거들과 가축이 처한 모든 끔찍한 상황을 토대로 볼 때, 축산업의 기대비용은 지구상에서 우리가 아는 모든 생명의 존속이라고 생각한다.

현재 지구에서 해마다 약 700억 마리의 동물이 인간의 소비를 위해서 가축으로 길러지고 있다는 점을 생각해보자.[113] 이 모든 동물을 수용하고, 먹이고, 도축하고, 운반하기 위해 필요한 막대한 자원을 생각해보자. 이 체계는 본질적으로 비효율적이다. 잠재적 대안을 고려하면, 우리는 엄청난 가능성을 볼 수 있다. 경작 가능한 땅의 45퍼센트가 현재 가축과 사료를 위해 쓰이고 있다는 점도 생각해보자. 그럼에도 인간이 섭취하는 모든 열량 중에서 동물 기반 식품이 차지하는 부분은 20퍼센트에 불과하다. 인간이 섭취하는 모든 열량의 80퍼센트가 식물 기반 식품에서 유래한다는 뜻이다. 그리고 이 열량을 공급하기 위해서 사용되는 경작 가능한 땅은 얼마나 될까? 겨우 5퍼센트다.[114]

이것은 너무나 명백한 비효율성의 사례다. 만약 현재 기후 변화에 기여하는 가축을 기르고 먹기 위해 사용되는 그 땅에 다시 숲을 조성하고 거칠어진 토양에 생기를 불어넣는다고 상상해보자. 그렇게 함으로써,

우리는 모든 오염을 줄일 수 있을 것이다. 이런 오염에는 해마다 가축이 내놓는 20억 톤의 배설물로 인한 지하수 오염과 가축을 기르기 위해 사용되는 화석 연료 기반 비료가 포함되는데, 이 두 가지 모두 지구 전역에 죽음의 지대를 형성하고 있다.[115] 또한 우리는 세계에서 가장 거대한 삼림 지대를 만들 수도 있을 것이다.

이런 변화의 잠재적 혜택은 실로 엄청나지만, 결정타는 따로 있다. 결과적으로 우리가 건강해진다는 것이다. 지구에 좋은 것은 우리에게도 좋다.

유용한 논란에 대한 변호

여기서 다루고 있는 각각의 주제들은 대중의 사고방식에 고정되어 있는 것들이다. 하나같이 혼란과 잘못된 정보의 대상이었다. 영양에 관한 역기능이 오늘날의 기본이고, 이런 논쟁은 우리를 계속 피상적인 것에만 묶어둔다. 업계에 위협이 되는(하지만 생명을 구할 수도 있는) 영양에 대한 깊이 있는 이해를 피하기 위해서, 우리는 식생활의 다른 요소에 우리 자신을 잘못 연결시켜왔다. 사실상 우리는 영양에 대한 무지를 탓할 희생양을 찾고 있었다.

우리는 지방을 악당으로 만들었다. 그 결과 저지방 유제품과 지방이 없는 고기 부위에 대한 거대한 시장이 형성되었고, 이런 저지방 식품은 우리가 좋아하는 음식을 건강하게 즐길 수 있는 대안으로 광고되었다. 동물성 단백질과 심장병의 연관성을 나타내는 증거에도 불구하고, 우리는 심장병의 증가를 포화지방과 식이 콜레스테롤의 탓으로 돌렸다. 그리고 이런 날조된 문제와 싸우기 위해서 콜레스테롤 섭취를 제한하고 콜레스테롤을 낮추는 약과 시술을 개발했지만, 그 이면의 문제를 다루지는 못했다. 우리는 암 발병의 책임을 오로지 환경 속 화학물질과 유전자의 돌연변이를 일으키는 화학물질의 잘못 탓으로만 돌리고, 돌연변이의 발현을 조절하는 힘을 건강한 식생활을 통해서 얻게 될 가능성을 무시했다. 이렇게 환경 속 화학물질을 비난하면서도, 우리는 수많은 화학물질을 계속 환경에 쏟아 붓고 온실기체를 점점 더 많이 방출하고 있다. 그래야만 우리가 좋아하는 식품을 계속 즐길 수 있기 때문이다. 그러는 동안 내내, 우리는 1세기 전에 만들어진 유물이자 앞뒤가 맞지 않는 표현인 "질 좋은" 단백질의 섭취를 권장해왔고, 그 섭취를 위해서 무책임하고 비도덕적인 "안전 상한선"을 만들었다.

동물성 단백질에 대한 논의를 제한하면서 현 상태에 맞지 않는 증거를 모두 묵살하는 것은 혼란을 불러일으키기에도 훌륭한 방법이지만, 유용한 논란을 피하고 변화를 막기에도 효과적이다. 콜레스테롤과 지방을 둘러싼 요란하고 피상적인 소음은 이런 기피의 증거이자, 암과 환경에 관한 논의에서 영양의 부재를 보여주는 증거이기도 하다.

이런 관점에 볼 때, 자연식물식 식단과 이를 뒷받침하는 증거에 대한 묵살은 동물성 단백질에 대한 믿음을 바꾸는 것을 피하려는 한 방법이다. 이 경우에는 논란을 피하고 변화를 피하는 것은 좋지 않다. 현재의 체계는 붕괴되어야 한다. 우리가 동물성 단백질과의 관계를 끊지 못하고 그와 연관된 신화와 논쟁과 기분 전환에 사로잡혀 있는 한, 우리는 영양의 온전한 잠재력을 이해할 수 없고, 영양의 잠재력이 무엇이 될 수 있는지도 알 수 없을 것이다. 우리는 현재 만연해 있는 이야기들을 지나쳐 가야만 한다.

그러나 만약 우리가 당장 내일부터 영양과 건강 사이의 연관성에 관심을 갖게 된다고 해도, 앞의 두 장에서 소개한 사례들에서 확인할 수 있듯이, 대부분의 사람들은 여전히 좋은 영양이 무엇인지에 대해 혼란스러울 것이다. 달리 표현하자면, 무엇을 모르는지를 모르고 있는 것이다.

내가 볼 때, 좋은 영양이 무엇인지를 우리에게 알려줄 증거들은 차고 넘친다. 나는 그 증거 중 일부를 이미 소개했고, 이 책에 다음 부분에서 좀 더 자세히 다루려고 한다. 그러나 우리가 직면한 문제, 즉 이 수수께끼에서 논란이 되는 세 번째 조각은 자연식물식 식단을 지지하는 증거가 질병 관리와 영양에 관한 전통적인 태도에 도전하고 있듯이, 증거 그 자체에 대한 전통적인 태도에도 도전하고 있다는 점이다. 비판적인 의미에서 보면, 이 증거는 과학 산업 전체와 생물학적 현상을 연구하고 전달하는 방식에 도전한다. 우리 자신을 고찰하는 "과학," 즉 우리 자신을 분자들의 물리적 집합체라고 설명하는 "과학"에 도전한다. 다시 말해서, 우리가 생명을 설명하는 바로 그 수단에 대한 도전, 자연의 아름다움을 경험하고 포착하지 못한 실수에 대한 도전이다.

과학이라는
신조

Chapter 7

과학에 대한 급진적 도전

때때로 사람들이… 현미경으로 봐야만 하는 것들로 그들의 시야를 채우는 것은 거시적으로 보지 않기 위해서인 것 같다.

-매릴린 프라이

급진적, 또는 근본적이라는 뜻을 지닌 radical이라는 영어 단어는 뿌리를 뜻하는 라틴어 radix에서 유래했다. 이 radical이라는 단어가 일반적으로 사용되는 맥락을 몇 개 고려해보자. radical social reform(급진적 사회 개혁)은 우리 사회의 근본적인 것들을 고민한다. 다양한 생활철학에서 홍보하는 radical acceptance(전적인 수용) 개념은 사물을 있는 그대로, 겉모습뿐만 아니라 그 뿌리까지도 받아들일 것을 권장한다. radical revolution(급진적 혁명)은 우리 체계의 근본적 원인을 다루지 않는다면, 아마 떠벌리는 것처럼 급진적이지는 않을 것이다. 마찬가지로, radical critique(급진적 비평)은 그 주제의 근본적인 것들에 관해 고심하는 비평이고, radical challenge(급진적 도전)은 그 주제의 근본적인 것들에 맞서는 도전이다.

지금까지 우리는 자연식물식 식단이 현 상태에 급진적으로 도전하는 두 가지 중요한 방식을 탐구해왔다. 첫 번째 급진적 도전의 목표는 질병과 건강에 대한 믿음, 그리고 그것에 대항하는 힘이다. 이를테면, 우리는 질병이 다 다르다는 믿음에 도전한다. 질병에는 저마다 별개의 이름과 병리적 특성과 관리법이 있다. 그래서 우리는 충분한 정보만 주어지면, 각각의 질병을 기술적으로 특별하게 관리할 수 있다고 믿는다. 이는 우리가 개별적인 질병의 병리적 특성과 관리법을 현대 과학의 범위에서 자세히 밝히고자 하는 동기가 되었다. 그리고 원인 규명과 치료법 개선 모두에서, 점점 더 개별적이고 특이적인 해결책을 권장한다. 이는 충분히 공정하고 합리적인 것처럼 보일 수 있지만, 여기에는 비용이 든다. 우리를 자연의 본질인 상호 연결성 개념에서 벗어나게 하는 경향이 있다. 자연식물식 식단도 무시되는데, 자연식물식 식단의 효과도 자연의 상호 연결성으로 설명되기 때문이다. 자연식물식 식단을 지지하는 증거는, 이렇게 역사에 깊이 박혀 있고 제도적으로 강화된 질병과 그 원인에 대한 여러 태도에 도전한다. 그리고 그렇게 함으로써 광범위한 전통적 질병 치료법에 대한 이해와 접근법에도 도전한다.

자연식물식 식단이 제안하는 두 번째 급진적 도전은 영양 분야에 대한 도전이다. 영양 분야의 혼란과 잘못된 적용은 적어도 19세기 중반 이래로 계속되어왔다. 자연식물식 식단은 영양을 명확하게 설명하고, 대다수의 사람들을 위한 식습관 조언을 매우 단순한 두 가지 지침으로 종합하고(온전한 자연 식품을 섭취하고, 동물성 식품을 피한다), 개인의 자율에 맡긴다. 명확성과 단순성과 접근성을 추구한다는 면에서, 자연식물식은 오랫동안 영양을 지배해온 양식에 도전한다. 게다가 영양과학이 오랫동안 믿어온 신화, 특히 동물성 단백질에 대한 숭배에 도전한다. 나아가, 지방과 콜레스테롤 등에 대해 진행 중인 여러 논쟁에도 도전한다. 정확히 말하자면, 이런 논쟁이 완전히 사라지게 하는 것을 지향한다.

이제 우리는 자연식물식 식단이 논란이 되는 세 번째 이유에 다다랐다. 아마 이 이유가 가장 급진적일 것이다. 자연식물식 식단과 그것을 지지하는 증거는 과학과 증거 자체에 대한 태도에 도전한다. 이런 도전은 자연식물식 식단을 옹호하기 위해서 내가 이야기하고 있는 증거에서 찾을 수 있다. 왜냐하면 그 증거는 전통의 범위 안에서는 맞지 않는 것이기 때문이다. 여기서 내가 하고자 하는 말은 자연식물식 식단을 지지하는 증거가 "나쁜" 증거라는 뜻이 아니다. 오히려 반대로, 대단히 인상적이고 탄탄한 수많은 과학적 증거가 자연식물식 식단을 뒷받침해주고 있다. 다만, 많은 과학자들이 "좋은" 과학과 "좋은" 증거라고 지정하는 범위 안에 들어 있지 않을 뿐이다. 문제는 이런 지정이 인간의 가치 판단을 토대로 한다는 점이다. 과학계는 오랫동안 특정 종류의 증거, 특정 방법론, 특정 범위의 좁은 해석을 선호해왔고, 자연식물식 식단을 지지하는 증거가 늘 이 기준에 일치하지는 않았다. 간단히 말해서, 자연식물식 식단은 "좋은" 증거란 무엇인가에 대한 관념을 다시 생각하게 한다.

"객관적" 과학의 주관성

이런 가치 판단에 대한 내 비판을 전통 과학의 모든 면에 대한 주장이라고 받아들여서는 결코 안 된다. 나는 과학적 방법을 버려야 한다거나 그 목적을 불신해야 한다고 말하는 것이 아니다. 현대 과학이 우리 삶에 엄청난 가치를 더했다는 것에는 의심할 여지가 없으며, 완전히 봉인된 진실을 대하는 "객관적" 과학자의 이상은 훌륭하다. 내 제안은 이런 방법을 적용하면서 미묘한 차이를 좀 더 생각하자는 것이다.

"실제 세계"는 실험실 환경에서 수행되는 이중-맹검 실험처럼 쉽게 통제할 수 없고, 현재 수행되는 과학을 둘러싼 활동 역시 마찬가지이다. 연구비 경쟁, 학계의 정치, 정책 결정, 그 외 다른 부분에서 과학자들은 종종 옥신각신한다. "실제 세계"는 인간의 실수로 점철되어 있다. 이런 인간의 실수를 이해하려고 노력하기란 쉬운 일이 아니지만, 적어도 우리는 그런 실수가 존재한다는 것을 인정해야 한다. 우리는 특정 종류의 증거와 특정 연구 방법은 선택적으로 널리 알리는 반면, 어떤 증거와 연구 방법은 무시하거나 평가 절하한다. 이런 방식은 과학이 인간의 실수에 얼마나 취약해질 수 있는지를 보여주는 하나의 사례일 뿐이다.

나는 이것이 세계의 과학자들이 자행한 노골적인 음모라고 주장하는 것이 아니다. 하나의 맹점이고 단점이라고 말하는 것이다. 예를 하나 들면(나중에 더 많은 예를 들겠다), 종종 개입-기반 연구의 "황금률"이라고 불리는 이중-맹검, 위약-통제 연구에 대한 대단한 찬사가 항상 옳지만은 않으며, 영양 분야에서는 특히 그렇다. 이런 연구법은 한 번에 하나의 변수만 바꾸기 때문에 약의 효과에 대한 시험에서는 매우 훌륭한 연구 설계이다. 그러나 식생활 전체를 시험할 때는 그렇지 않다. 식생활에 포함된 수많은 변수들은 그 관계와 결과가 끊임없이 바뀌기 때문에 완전히 통제하는 것이 불가능하다. 따라서 이런 종류의 연구에 대한 선택적 인정은 약학적 해법에 대한 선택적 인정이고, 미묘한 영양학적 해법에 대한 선택적 무시이다.

나는 이중-맹검, 위약-통제 연구가 무조건 "나쁘다"고 말하는 것이 아니다. 항상 가장 좋은 것만은 아니며, 이런 연구 설계에 대한 찬사가 어떤 초인간적 권위를 부여받는 것이 아니라 오류를 범할 수 있는 우리 자신의 판단이라는 점을 말하고 있는 것이다. 이런 연구 설계의 매력은 명확하고 이해하기 쉽다는 점에 있다. 가장 단순하고 가장 정돈된 연구 설계에 끌리는 것은 당연하다. 이런 연구 설계는 인간 관찰자의 편향된 영향을 가능한 한 많이 제거하는 것처럼 보인다. 또 수세기에 걸쳐 환원론 과학을 향해 흘러온 추이를 반영하기도 하는데, 그 출발점은 19세기 중반에 나온 질병에 대한 국소병 학설이다.

이 책의 제3부에서, 나는 자연식물식 식단과 그것을 지지하는 증거를 비판하고 묵살하고 무시한 사람들에게 도전하고자 한다. 그들의 근거는 자연식물식 식단과 그 증거들이 오늘날 가장 엄격한 과학적 기준을 통해서 증명되지 않았다는 것이다. 나는 이 기준이 절대적이지 않다는 것을 명확히 밝히고 싶다. 우리는 영양과 관련해서는 더더욱 질문을 던져야 한다. 좋은 과학은 무엇이고, 좋은 증거는 무엇일까? 그리고 그 기준은 누가 정하는 것일까?

이 책의 앞부분에서 확인한 것처럼, 그 기준은 주로 기관들이 정한다. 기관의 분위기를 지배하는 것은 설립자들과 그들이 속한 집단의 성향이다. 보건과학이 의제 결정권자들의 성향에 좌지우지된 사례들을 떠올려 보자.

- 미국암연구협회(AACR)의 창립위원 11명 중에는 어떤 식으로든 영양학적 배경을 지닌 사람이 아무도 없었다. 이 단체로부터 연구비를

지원 받은 후속 연구는 그때나 지금이나 창립위원들이 선호한 치료 법, 특히 수술에 편중되어 있다.

- 미국암학회(ACS)의 발전에 중대한 의미가 있는 1926년 모홍크호 학 술대회에서는 유행병학의 선구자들(프레더릭 호프만)과 방사선학을 비판한 사람들(찰스 깁슨)이 발표자 명단에서 제외되었다.

- 같은 학술대회에서 임상외과 교수인 하워드 릴리엔솔은 자신이 선 호하는 암 치료법, 즉 수술을 추어올리기 위해서 깁슨의 연구를 노 골적으로 왜곡하여 전달했다.

- 영국암캠페인(BECC)의 후원을 받아 발표된 코프만과 그린우드의 1926년 연구에서, 저자들은 사망진단서를 재진단하여 그들이 예상 한 연구 결과와 일치하지 않는 자료를 폐기했다.

- 러셀 치턴던과 어빈 피셔라는 두 연구자는 둘 다 예일 대학교 교수 이며 식단과 운동 기량에 대한 연구를 했는데, 그들의 연구는 빠르 게 잊혔다. 1983년에 발표된 죽상동맥경화증의 진행에서 동물성 단 백질의 역할을 조사한 9편의 논문도 마찬가지였다.[1]

물론 이 사례들은 대단히 노골적이고 어떤 것은 오래 전의 이야기이 지만, 비슷한 편견과 그로 인한 영향이 이제는 사라졌다는 뜻은 아니다. 오늘날의 사례들은 대놓고 반칙의 냄새를 풍기지는 않지만, 위험할지도 모른다. 그 어느 때보다도 기관들 속에 깊이 자리 잡고, "최고의 과학"으 로 계속 추앙받고 있기 때문이다. 게다가 우리는 다른 대안이 존재한다는 것을 잊고 있는 것 같다.

환원론 과학과 증거의 기준

지난 세기 동안 영양뿐 아니라 다른 건강 및 의학 분야에서도 점점 더 많은 양의 연구가 수행되었지만, 이 분야의 과학에 대한 집단적 지혜가 발전했다고 말하기는 어렵다. 과학자들은 종종 저마다 동떨어져 있는 그들 분야의 극히 세부적인 내용을 놓고 서로 티격태격한다. 그런 세부적인 내용들이 사실상 우리를 거의 독점적으로 사로잡고 있는 현상을 과학적 환원론라고 한다. 이런 환원론적 시각은 어디에나 있기 때문에 간과하기 쉽다. 그러나 한번 의식하기 시작하면, 지나치기도 어렵다. 게다가 세부적인 내용에만 초점을 맞추는 환원론은 여러 결과를 초래한다.

지난 수십 년 동안 이루어진 과학적 발견의 대다수는 이런 과학적 환원론 진영에서 나왔다. 환원론의 과학은 아주 작은 것을 따로 떼어 매우 세밀한 부분까지 조사하는 과학이다. 세계를 구성하는 모든 요소를 자세히 관찰하고 기록하면 세계를 이해할 수 있다고 믿는 과학이고, 정보를 축적하여 실행 가능한 지혜로 통합하려는 과학이고, 구획이 나뉘어 있어서 종종 다른 과학 분야나 대중과 의사소통이 잘 되지 않는 과학이다.

환원론은 오늘날의 "좋은" 과학이다. 비할 데 없이 매우 특별한, 세상을 이해하는 주된 방식이다. 그리고 이런 환원론 체계의 중심인물은 전문가이다. 이 현대 과학의 주역은 흩어져 있는 진리의 단편을 찾아다닌다. 그리고 확실히, 환원론이 세상을 이해하는 주된 방식일 때 전문가들은 과학적 발견에서 가장 큰 역할을 할 것이다. 정확하고 세부적인 부분으로 파고드는 동안, 우리 사회는 계속 추가적인 전문화를 요구한다. 전문가가 생기는 것은 불가피하다. 표면적으로 볼 때, 이것은 비극은 아니다. 그러나 이 체계에는 균형을 잡아줄 평형추가 없다. 우리는 고립된 전문지식을 얻지만, 그 과정에서 맥락이 희생된다. 그 결과 전문지식은 쓸모가 제한되고, 상아탑의 다른 전문가들뿐 아니라 사회의 나머지 부분과도 분리된다.

그리고 오늘날 환원론 전문가들이 식단과 건강에 관한 주제에서 "좋은" 증거라고 생각하는 것은 무엇일까? 1965년에 브래드퍼드 힐 경이 만든, 증거의 질을 평가하기 위한 9가지 기준이라는 유명한 목록[2]이 훌륭한 출발점이다. 영양과 인간의 건강을 연구하는 연구자들은 새로운 증거의 가치를 결정할 때, 의식적으로나 무의식적으로나 이 기준을 가장 자주 사용한다. 이 기준을 더 많이 충족하고 명확하게 충족하는 증거일수록, 더 강력한 증거로 여겨졌다.

증거의 신뢰도 기준

기준	설명
1. 강도	강한 연관성이 존재할 때(예, 10배 크기의 효과 대 2배 크기의 효과)…, 일반적으로 신뢰할 수 있다고 여겨진다.
2. 일치성	서로 다른 저자의 가설과 서로 다른 연구 설계에서 나온 결과가 일치할 때…
3. 특수성	단일한 인과 요소의 중요성과 효과의 크기가 다른 요소들에 비해 월등히 클 때…
4. 시간성	원인이 결과를 선행할 때…
5. 점진성	노출에 따라, 또는 "용량"에 따라 효과가 증가할 때…
6. 타당성	가설의 원인이 자연스럽게 설명될 수 있을 때…
7. 일관성	연구 결과가 일반적으로 알려진 다른 사실과 일치할 때…
8. 실험	가설의 검증을 위해서 세심하게 설계된 실험들에서 동일한 결과가 나올 때…
9. 유사성	관찰된 인과 관계가 널리 알려진 다른 관계와 비슷한 점이 있을 때…

그리고 어떤 종류의 연구가 수행될까? 가장 높은 평가를 받는 연구는

당연히 가장 미세한 초점을 맞춘 연구다. 이런 연구는 연구자들이 연구 환경을 가능한 한 많이 통제할 수 있게 해준다. 영양 연구에서 주로 사용되는 다섯 가지 연구 유형은 다음과 같다.

- 개입 연구intervention study는 앞서 언급한 이중-맹검 무작위 통제 실험(이 실험에서는 피험자가 대조군과 치료군에 무작위로 배정되며, 그 중 어디에 속하는지는 연구자와 피험자 모두 알지 못한다)을 포함하며, 약물과 같은 것을 통해서 피험자에게 일종의 개입을 하는 연구이다.
- 동일 집단 연구cohort study에서는 일정 기간 동안 대규모 집단에 대해 질병이 발생하기 전까지의 식습관과 건강 정보를 수집한다. 그런 다음 질병 유발 가능성이 있는 인자들의 영향을 통계적으로 분석한다. (만약 식습관 정보가 질병 발생 전에 기록된다면 전향적 연구prospective study라고 하고, 질병이 발생한 후에 식습관 정보를 기억해낸 것이라면 후향적 연구 retrospective study라고 한다.)
- 관찰 연구observational study는 사람들의 집단(마을, 국가 등)에 대해 발병률과 식습관을 비교하는 연구로, 상관관계를 얻을 수도 있고 그렇지 않을 수도 있다. 관찰 연구는 종종 "한때의 스냅 사진"으로 묘사된다.
- 실험 연구laboratory study는 특정 식이 요소가 어떻게 질병을 촉진하는지 또는 저해하는지에 대한 생화학적 및 생리학적 설명을 탐색하는 연구로, 종종 실험동물이 이용된다.
- 마지막으로, 환자-대조군 연구case-control study는 질병이 있는 사람들(환자)과 질병이 없고 다른 면에서는 비슷한 사람들(대조군)을 비교

하여, 두 집단에서 질병의 유무를 설명할 수 있는 차이가 무엇인지를 평가한다.

현재의 조건 하에서는 당연히 개입 연구가 이런 증거 기준과 조사 연구들 중에서 가장 높게 평가되고 있으며, 개입 연구는 약물 연구와 같은 환원론적 연구 문제를 다룰 때에 가장 유용하다.

나는 독자를 지루하게 하려고 이런 연구 유형을 나열한 것이 아니다. 기초를 좀 더 탄탄하게 다지기 위해서다. 여기에 모아 놓은 것은 우리가 살고 있는 세상을 평가하기 위한 유용한 도구들이다. 그러나 우리가 그 도구들을 사용하는 방식에는 불균형이 있다. 항상 우리는 과학적 환원론이 최고이며 앞으로 나아갈 유일한 길이라는 광범위한 합의를 강화하는 방식으로 이 연구들을 적용하고 있다.

환원론의 작용

물론 환원론적 기술은 자주 환영받으며 유용하다. 지난 세기에 이루어진 해부학, 화학, 물리학, 생물학의 중요한 발전 중에서 환원론적 도구나 철학에서 유래한 방식의 혜택을 보지 않은 것은 찾아보기 어렵다. 아주 세부적인 부분을 연구하는 것이 때로는 매우 중요하다. 수백 미터 높이의 하늘에서 운반 기계를 설계하는 항공 기술자들은 반드시 그런 훈련을 받아야 한다고 생각한다.

그렇다면 문제는 환원론 자체가 아니다. 선택지가 환원론밖에 없는 상황이 문제인 것이다. 좁은 범위에 집중하는 환원론적 방식은 자연을 구성하는 미세한 요소에 대한 연구에는 잘 대처할 수 있지만, 조금 불완전하더라도 자연을 전체적으로 이해하려는 방식의 연구와는 배치된다. 달리 말하자면, 환원론은 세상의 부분들에 대한 묘사에는 유용할 수 있지만, 세상에 대한 이해에서는 그렇게 만족스럽지는 않다. 우리는 환원론이라는 줌 렌즈로 기적처럼 놀라우면서 대단히 아름다운 것을 발견할 수 있지만, 우리 자신을 어떤 한계 속에 가둬두고 다른 관점을 활용하지 못하고 있다.

환원론 개념의 핵심이 되는 가정은 세상이 부분들로 이루어져 있고, 각각의 경계가 뚜렷하게 나뉘어 있다는 것이다. 그리고 각각의 부분들을 개별적으로 연구함으로써 부분들로 이루어진 전체에 대한 진리를 얻을 수 있다는 생각한다. 그러나 자연에서는 어떤 것도 개별적으로 존재하지 않는다. 대동맥에서 효소, 양성자에 이르기까지, 환원론 과학에서 분석할 수 있는 세상의 모든 "부분"은 더 큰 맥락 안에서 존재한다. 그런 더 큰 맥락을 이루는 체계의 일부가 아니라면, 그 부분들은 무의미한 것으로 바뀌기 때문에 부분으로서 설명될 가치가 없어질 것이다(각각의 부분에 의미를 부여하는 것은 바로 맥락이다!). 나아가, 이런 개별적인 "것들"은 큰 체계로 통합되고, 이런 통합 체계는 러시아 인형처럼 무한히 반복된다. 다른 접근법을 함께 쓰지 않고 환원론에만 의존한다는 것은 무한히 복잡하게 얽혀 있는 우리 세계의 상호 연관성에 대한 이해 없이 세부 사항만 따지는 것이다.

어쩌면 이런 논의가 다소 학술적이거나 철학적이라는 생각에, 이 불균형의 현실적 영향에 의구심이 들 수도 있을 것이다. 오래 전에 한때는 나도 비슷한 주장을 했던 것 같다. 그러나 수십 년 동안 영양과학에 몸담아온 지금, 나는 연구 산업을 지배하는 환원론이 실제 세계에 초래한 결과를 보아왔다.

이런 나의 관점은 내 자신의 경험과 동료들의 경험에 의존하고 있지만, 그 경험이 적지만은 않다. 나는 수십 년 동안 연구 사업을 바닥부터 꼭대기까지 경험하면서 참여했다. 연구 지원서 창구의 안팎에 모두 앉아보았고, 수십 년 동안 공공 기금을 지원받기도 했으며, 셀 수 없이 많은 다른 과학자들의 연구 지원서를 검토하기도 했다. 만약 내가 환원론적 사고틀 안에서 연구를 할 의지와 능력을 보이지 않았다면, 나는 그런 연구비 지원을 받을 수 없었을 뿐만 아니라 경력을 시작조차 할 수 없었을지도 모른다. 또 나는 이런 연구 결과를 이용해서 공공 정책에 대한 자문을 하는 전문가 집단의 일원인 적도 있었다. 이런 경험을 통해서, 나는 어떤 연구 제안은 영양의 기능에서 대단히 특이적이고 상세한 부분에 충분히 초점을 맞추지 않았다는 이유로 즉시 묵살되기도 한다는 것을 안다. 비환원론적 연구, 즉 영양소들을 온전하게 자연 그대로의 조합으로 함께 섭취하는 자연 식품의 현실적인 복잡성을 인정하고 고려하는 연구 지원서는 통제된 환경에서 하나의 영양소에만 집중하는 연구에 비해서 초점이 부족하다는 조롱을 받는다. 내가 검토 위원으로 있었을 때, 이런 연구 지원서는 "낚시 원정대"나 "산탄총 접근법"이라고 불렸던 기억이 난다.

연구자가 선택하는 연구 설계는 몇 가지 요소에 의해 결정된다. 인간 개체군 연구를 할 생각인지, 실험실이 필요한지, 인간 연구를 위해서 승인이 필요한 것이 있는지, 지원받을 수 있는 자금은 얼마나 되는지 등에 의해 결정된다. 연구 설계에 영향을 주는 다른 요소로는 연구자가 환자를 직접 대하는 임상의인지, 적절한 장비를 갖춘 연구실이 있는지, 대규모 집단에 대한 자료에 접근할 수 있는지 여부가 포함된다. 그러나 이런 광범위한 연구 설계에 관계없이, 연구의 세밀한 부분은 특정 질병에서 특정 원인과 특정 메커니즘을 찾으려는 우리 내면의 경향에 의해 거의 무의식적으로 형성된다. 종종 유용할 때도 있지만, 이런 가정은 넓은 시야의 사고에서 멀어지게 만들기도 한다.

이런 환원론의 독점적 지배는 연구비 지원뿐 아니라 연구 결과의 해석에도 영향을 주었고, 과학이 대중과 소통하는 방식에도 많은 결과를 가져왔다. 전문가나 대중이나 똑같이, 많은 이들이 과학 연구 산업의 지나치게 단순화된 이해에 사로잡혀 있다. 그 중에는 무엇을 배웠는지 전달하는 방식에 대한 지나치게 단순화된 이해도 포함된다. 우리는 실험을 하고 그 결과가 "스스로 말하게" 두는 것이 결과를 큰 맥락 안에서 해석하는 것보다 좋은 연구라고 생각하는 것 같다. 결과가 스스로 말하게 둔다는 발상은 이론에서는 훌륭하지만, 서로 대립하는 연구들도 많기 때문에 큰 맥락에서 해석하는 것도 절대적으로 필요하다. 이것이 기본적인 이야기처럼 들릴 수도 있을 것이다. 사실 그래야 한다. 그러나 우리 중에는 해석의 필요성과 더 큰 맥락의 존재를 보지 못하는 사람이 너무 많다. 우리는 점점 더 세부적인 것을 발견하는 데에만 초점을 맞추면서, 그것에 대한 이해에는 등한시하고 있다.

실험은 흑백이 분명한 해답을 내놓음으로써 믿음이 옳은지 그른지를 확인해줄 때, 가장 좋은 것으로 여겨진다. 이런 명확한 객관성을 추구하면서, 우리는 가장 단순한 연구 설계에 끌리게 된다. 무작위 통제 실험에서, 실험 가능한 물질은 효과가 있을 수도 있고 없을 수도 있다. 실험 결과는 미래의 연구를 위한 의견(모든 연구 결과는 이렇게 여기는 것이 바람직하다)

이라기보다는 사실로 받아들여진다. 이런 체계에서 나온 결과는 대단히 전문적이고 기술적으로 상세한 내용과 특별한 관찰 결과만 망망대해처럼 펼쳐져 있고, 관찰 가능한 세상에 대한 맥락은 제거된다. 대중의 지식과 과학 연구 사이의 단절이 일어나는 것은 말할 것도 없고, 대중은 혼란에 빠지고 논란과도 씨름해야 한다. 우리가 무엇을 먹어야 하는지에 대한 이해의 경우에는 특히 그렇다. 제6장의 사례들은 이런 혼란과 논란 중에서도 특히 지방과 콜레스테롤을 둘러싼 논쟁을 잘 보여준다. 맥락을 살피지 않고 개별적인 영양소에만 초점을 맞춘 가장 유명한 연구에 대해, 그것과 상반된 연구 결과를 찾기는 매우 쉽다.

그래서 환원론의 작용은 과학 산업의 모든 단계에 엄청난 충격을 준다. 연구를 위한 자금 지원, 실험 설계, 결과, 발표, 의사소통에 이르기까지, 오늘날 거의 모든 연구가 환원론의 가치에 영향을 받는다. 하지만 앞서 내가 과학적 환원론이라는 용어를 소개하면서 "진영"으로 표현한 것을 기억할 것이다. 앞으로 알게 될 것처럼, 우리에게는 다른 접근법, 즉 다른 관점이 있다는 것을 암시하기 위해서 일부러 그런 표현을 썼다. 내가 전체론wholism이라고 부르는 이 관점은 1000년 된 아주 단순한 격언, "전체는 부분의 합보다 더 크다"는 말에서 유래한 개념이다.

전체론

먼저 영양과 관련해서 전체론을 간단히 정의하고 시작하겠다(전체론은 내 두 번째 책 『당신이 병드는 이유』의 기본 주제이다). 첫째, 식품 속에는 건강 증진을 돕거나 질병을 유발하는 다양한 물질이 사실상 무궁무진하다. 우리에게 친숙한 영양소 수십 개로는 그 전체 목록 근처에도 가지 못한다. 식물 속에는 영양소와 같은 성질을 지닌 화합물이 수십 만 개쯤은 우습게 존재한다. 둘째, 이런 물질들은 대단히 역동적인 방식으로 작용한다. 이 물질들은 수십조 개의 서로 다른 세포들과 상호작용을 하고, 몇 나노초 안에 변화한다. 셋째, 신체의 물질대사는 이런 역동적인 상호작용의 완전한 조합이며, 하나의 교향곡처럼 어우러져서 조절된다. 에너지를 아껴서 분배하고, 외부의 물질로부터 몸을 보호하고, 세포를 제거하고 재생함으로써, 질병을 예방하고 건강하게 살기 위해 계속 작용한다. 그리고 마지막으로 가장 중요한 넷째, 이 교향곡을 관리하는 힘은 "자연"에 있다.

환원론과 전체론의 차이와 관계를 간단히 살펴보는 것은 자연식물식 식단과 그것을 지지하는 증거로 인한 논란 전체를 제대로 인식하기 위해서도 중요하다. 먼저, 나는 전체론과 환원론 사이에는 어떤 긴장 관계나 충돌이 있을 필요가 없다는 점을 지적하고 싶다. 이 두 학설은 상호배타적이지 않다. 오히려 전체론은 환원론을 포용한다. 나는 전체론을 뜻하는 다른 단어인 holism과 구별하기 위해서, 일부러 "w"를 추가하여 wholism이라고 표기했다는 점을 말하고자 한다. holism은 그 이면에 종교적 의미가 강해서, 많은 과학자들의 외면을 받는다. holistic science(전체론적 과학)라는 문구를 보면, 많은 사람들이 머릿속에서 곧바로 가짜 과학으로 전환하여 생각한다. 그런 이들에게 holism은 진지하게 받아들여지지 않는 뉴에이지 체계를 떠오르게 한다. 반면, 내가 묘사하고 있는 과학은 어떤 종교적 의미와도 다르며, 그 자체의 장점으로 판단되어야 한다. 종교적 신조이든, 세계를 이해하고 연구하는 방법은 하나뿐이라고 믿는 환원론 과학자들의 신조이든, 신조로 판단되어서는 안 된다.

전체론이 환원론을 포용하며 부인하지 않는다는 점을 고려하면, 과학에서 전체론은 환원론적 연구에 대한 지속적인 연구비 지원이나 발표를 금하지 않을 것이다. 내가 두 학설 모두 우리에게 혜택을 줄 수 있다고 말할 때, 이것이 위험한 발언일 리는 거의 없지만 소수의견인 것만은 확실하다. 나는 1970년대와 1980년대에 미국 국립보건원의 국립암연구소(NCI)에서 연구 보조금 검토위원으로 있으면서, 암 연구에서 전체론적인 접근법(예, 광범위한 인과 요소의 효과에 대한 연구)을 제안하는 지원서를 많이 검토했다. 그 중에는 초점이나 목표를 명확하게 잡는 편이 정말로 득이 될 것 같은 연구도 있었지만, 대단히 초점이 잘 잡혀 있고 사실상 화학과 생물학에 대한 진정한 이해와 궤를 같이 하고 있는 연구도 있었다(이런 연구는 대개의 환원론적 연구 제안에서 설명하는 것보다 훨씬 더 복잡하다). 이런 연구 제안이 예외 없이 퇴짜를 맞았다는 것은 환원론이 얼마나 깊이 뿌리박혀 있는지를 보여주는 심란한 지표다. 과학에 대한 이해에 아주 약간이라도 전체론을 도입하면, 환원론적 연구가 지원을 받아 마땅한 유일한 연구 방식이라는 오랜 믿음이 흔들릴 것이다. 또 다음 장에서 제대로 다루게 될 대규모 상관관계 연구를 환원론에서는 일반적으로 가치가 없다고 생각하는데, 이 개념도 도전을 받게 될 것이다. 이는 그런 상관관계 연구만을 찬양하려는 것도 아니고, 그런 연구가 다른 연구 설계에 비해 우월하다고 주장하려는 것도 아니다. 단지 광범위하게 증거를 고려하려는 것이다.

일반적으로 전체론에서는 연구 전문가들이 그들의 분야에서 뿐만 아니라 다른 관련 분야와도 부지런하고 효과적으로 소통하도록 권장한다. 이 역시 위험한 제안이라고 생각하지 않는다. 환원론은 구획과 부분을 중시한다. 각각의 분야나 하위 분야는 그들만의 저널과 학술회의와 특유의 전문용어로 구별된다. 만약 각 분야 사이에서 유용한 발상의 교환이 허락된다면, 이런 특성이 문제될 것은 없다. 하지만 실제로 그렇기 때문에 문제가 된다. 그리고 그 결과, 우리에게는 자체적으로 지식을 쌓아두기만 하는 저장고들만 늘어나고 혼란이 증가한다. 이를테면, 영양과학 교수진 안에서조차도 "영양"이라는 단어의 의미를 놓고 큰 혼란이 벌어지고 있다. 환원론적으로 "영양"을 분해한 각각의 부분들은 그것을 정의하는 저마다의 방식이 있다. 내가 인용할 수 있는 사례만 해도 몇 개 있다. 그 오랜 시간 동안, 같은 영양학부의 교수진으로서 학문에 대한 자부심이 남다른 교수들이 제안한 것은 우리가 함께 모여서 그 단어의 의미에 대해 끝장 토론을 벌여서 결론을 내려야 한다는 것이었다!

방대한 연구 주제의 상호 연관성을 포용하는 전체론은 명확하게 딱떨어지는 단 하나의 해답을 찾지 않는다. 오히려 전체론은 우리가 끊임없이 발전하는 무지한 존재임을 겸허하게 받아들일 것을 권장한다. 전체론은 각각의 새로운 연구 결과가 세상을 더 잘 이해하도록 기여한다는 (또는 지금까지 잘못 알고 있던 것에 바로잡는다는) 생각이고, 어떻게 하면 그런 세상에서 효과적으로 잘 살 수 있는지에 대한 생각이다. 전체론은 우리 몸, 우리 환경, 우리 사회와 같은 것들로 이루어진 방대한 통합 체계를 더 완벽하게 이해하려고 노력한다. 하지만 우리는 오로지 노력만 할 뿐, 준엄한 최종 해답에는 결코 도달할 수 없다는 점을 강조한다. 이런 노력을 하는 과정에서, 전체론은 증거 기준을 손상시키지 않는다. 오히려 현재 기준보다 높은 수준의 증거를 요구한다. 증거를 받아들이지 않는 것이 아니라, 증거 전체를 고려하라고 요구한다. 우리가 다양한 유형의 연구를 활용할 것을 권장하고, 연구 주제에 따라 적절하거나 부적절한 연구 유형이 무엇인지를 이해할 것을 요구한다. 그리고 이런 다양한 유형의 연구를 동떨어진 별개의 사건으로서 보지 않고, 큰 전체의 부분으로 해석해야 한다.

전체론은 역학적 증거의 평가에 유용한 힐의 기준을 배척하지 않는다. 오히려 반대로, 이 기준을 훌륭하게 여기면서 여기에 열 번째 기준인 '범위breadth'를 새롭게 추가한다.

증거의 새로운 신뢰도 기준

기준	설명
1. 강도	강한 연관성이 존재할 때(예, 10배 크기의 효과 대 2배 크기의 효과)…, 일반적으로 신뢰할 수 있다고 여겨진다.
2. 일치성	서로 다른 저자의 가설과 서로 다른 연구 설계에서 나온 결과가 일치할 때…
3. 특수성	단일한 인과 요소의 중요성과 효과의 크기가 다른 요소들에 비해 월등히 클 때…
4. 시간성	원인이 결과를 선행할 때…
5. 점진성	노출에 따라, 또는 "용량"에 따라 효과가 증가할 때…
6. 타당성	가설의 원인이 자연스럽게 설명될 수 있을 때…
7. 일관성	연구 결과가 일반적으로 알려진 다른 사실과 일치할 때…
8. 실험	가설의 검증을 위해서 세심하게 설계된 실험들에서 동일한 결과가 나올 때…
9. 유사성	관찰된 인과 관계가 널리 알려진 다른 관계와 비슷한 점이 있을 때…
10. 범위	연령, 성, 민족 등의 구분에 따라 어떤 연관성이 존재할 때, 넓은 맥락에서 연관성이 존재할 때… 신뢰할 수 있다고 봐야 한다.

효과의 범위는 영양 효과의 사례에서 특히 중요하며, 이에 관해서는 제8장에서 깊이 다룰 것이다. 범위는 어떤 개입이 전반적인 질환의 치료에 쓰일 수 있는지를 묻는다. 연령, 민족, 성별에 관계없이, 모두에게 적어도 부분적으로라도 적용될 수 있는 권장사항이 있는지를 묻는다. 그리고

결정적으로, 어떤 개입이 질병의 치료와 예방을 둘 다 할 수 있는지를 묻는다. 간단히 말해서, 이 기준 하나의 추가로 엄청난 차이가 생긴다. 효과의 범위를 강조하면 결과적으로 현재의 약리학적 치료 프로토콜을 크게 벗어나게 된다. 현재의 프로토콜에서는 질병에 따라, 심지어 하나의 질병에서도 치료법에 따라, 개별적인 증상의 완화만을 표적으로 삼는다!

다시 한 번 말하지만, 이것이 기존의 아홉 가지 기준에 대한 부정으로 받아들여져서는 안 된다. 힐의 원래 기준은 대단히 유용하다는 것은 의심할 나위가 없다. 하지만 이 기준은 질병의 원인에 대한 환원론적 모형을 따르기도 한다. 범위를 추가함으로써, 다시 말해서 관심을 다시 전체에 집중시킨다. 증거에 대한 환원론적 평가는 오해를 불러일으키거나 심지어 잠재적인 위험이 있을 수도 있지만, 범위를 넓히면 훨씬 명확하게 보인다. 이를테면, 어떤 식단에 체중 감량을 촉진하는 효과가 있다는 것을 암시하는 대단히 설득력 있는 증거가 있고, 그 증거가 기존의 9가지 기준을 매우 잘 만족시킬 수도 있다고 해보자. 그런데 그 식단이 다른 건강 척도에 대해서는 부정적인 효과를 나타낸다면 어떨까? 만약 노인들에게는 힘이나 균형 감각의 상실도 촉진한다면 어떨까? 만약 젊은 여성에게만 체중 감소 효과가 나타나고, 나이든 남자에게는 비슷한 좋은 효과가 나타나지 않는다면 어떨까? 확실히, 우리는 긍정적인 효과가 폭넓게 작용하는 식단을 선호할 것이다. 그런데 왜 우리는 어떤 개입의 증거에 대해서는 다방면으로 폭넓게 고려하지 않는 것일까?

내가 되풀이하여 강조하고 있는 요점은 좋은 증거는 환원론과 전체론의 원리를 모두 만족시켜야 한다는 것이다. 어떤 메커니즘이 어떤 작용을 하고, 어떤 개입이 그 메커니즘에 어떤 효과를 내는지를 아는 것은 분명

가치 있는 일이다. 그러나 이런 지식은 더 큰 맥락에서도 의미가 있을 것이다. 만약 한 조각의 "좋은" 증거가 전체의 진정한 특성을 밝히는 데 도움이 될 수 없다면, 그것이 특정 메커니즘을 아무리 잘 설명한다고 해도 중요하지 않다. 만약 우리가 진정으로 유용한 과학에 전념한다면, 우리는 전체라는 소중한 것에 촉각을 곤두세워야 할 것이다. 그리고 대중이 이해할 수도, 활용할 수도 없는 시시콜콜한 것들을 대단히 세밀하게 탐색하면서 자축을 반복하는 챗바퀴에 빠져들어서는 안 될 것이다. 좀 더 부드럽게 말하자면, 우리에게는 균형이 필요하다.

건강을 위하여

나는 환원론과 전체론을 꽤 일반적이고 추상적인 의미로 소개하는 쪽을 선택했다. 왜냐하면 환원론의 한계와 전체론의 장점이 모든 과학 분야에 (그리고 다른 곳에도) 적용된다고 믿기 때문이다. 그러나 분명히 짚고 넘어가야 할 것은, 어떤 과학 분야에서는 환원론의 배타적 지배가 다른 분야에 비해서 훨씬 더 유해하다는 점이다. 그런 과학 분야의 목록 맨 윗줄에, 나는 보건과학이 있다고 생각한다.

보건과학 종사자의 대다수는 개인적으로는 다 좋은 사람들이다. 그러나 그 체계가 그들을, 그리고 우리를 망치고 있다. 의학에서 환원론이 지배한다는 것은 개개의 질병과 그 질병의 특별한 치료법에 점점 더 예리하게 초점을 맞춘다는 것을 의미한다. 모든 질병에 저마다 반드시 특별한 치료법이 있다고 가정된다. 이 체계의 단계마다 우리는 대단히 숙련된 전문가를 만난다. 질병의 세세한 메커니즘을 연구하는 사람, 약을 개발하는 사람, 수술을 하는 사람, 심지어 청구된 비용을 누가 지불할 것인지를 고심하는 사람도 전문가이다. 그러나 우리가 지불해야 하는 비용은 많아지고 있다. 자연은 전문가라는 외양에 속아 넘어가지 않기 때문이다. 건강 위기도 마찬가지이다. 수많은 원인들이 역동적으로, 마치 교향악처럼 상호작용을 함으로써 나타나는 결과이다. 현재 우리가 선호하는 치료법(약물, 보충제, 수술 포함)의 모든 "부"작용을 통해서 알 수 있듯이, 환원론적 치료 관행에는 결점이 있고 질병과 건강에는 전체론적인 특성이 있다. 암과 같은 예방 가능한 질병에 대한 "치료"는 그 원인을 사전에 다루기보다는 증상에 반응하는 것이 특징이다. 위험하고 자연스럽지 않은 약학적 "해결책"은 충격적일 정도로 성공률이 낮고 의도치 않은 여러 문제들을 일으키고, 환자 개인은 물론 사회 전체에도 엄청난 비용을 가중시킨다.

따라서 보건 체계는 항상 따라가기에만 급급했다. 환원론적 전문화는 우리가 질병을 확실하게 규명하게 될 때 완벽하게 들어맞는 질병 연구법이다. 건강은 단순히 병이 없는 것이 아니라 사실상 질병과 상반되는 상태로, 어떤 하나의 전문 분야가 되기에는 너무 큰 주제이다. 사실상 모든 의료 전문가들의 시간과 에너지가 질병에 반응하는 치료에 묶여 있는 한, 우리 의료 체계의 좌우명은 결코 건강 증진이 될 수 없다. 심지어 개개의 전문 분야 안에서도, 시간과 에너지에서 질병 치료가 차지하는 부분이 너무 많아서 질병 예방을 다룰 수가 없다. 이런 상황을 바꾸기 위해서는 건강과 질병에 대해서 현 체계에서 다룰 수 있는 것보다 훨씬 더 폭넓게 이해해야 한다.

다시 한 번 말하지만, 이것은 "보건" 체계를 구성하고 있는 신뢰 받는 전문가들에 대한 개인적인 비판이 아니다. 나는 그들이 두려운 것이 아니라, 염려된다. 그들이 이루려는 건강 증진이 이미 질병에 장악되어 불가능한 임무는 아닌지 염려된다. 전문화는 경이로운 도구이지만, 유일한 도구가 되어서는 안 된다.

그렇다면 우리는 어디에 있는 것일까? 그리고 영양의 경우는 어떨까? 영양 분야에 정통한 전문가들은 질병 통제에 대한 논의를 잘 갖춰야 한다. 식품은 약이나 외과적인 절차보다 훨씬 자연스럽게 건강, 질병, 예방, 치료와 연결되어 있기 때문이다. 우리는 건강을 증진하는 식품을 먹으면 건강해진다고 느끼고, 건강에 나쁜 식품을 먹으면 건강이 나빠진다고 느낀다. 건강에 해로운 결과를 예방하려면 단지 주의 깊게 관찰하고 적절한 행동을 하기만 하면 된다. 큰 집단을 고려하면 지나치게 단순화된 것처럼 보일 수 있겠지만, 큰 틀에서 볼 때 내 요점은 이렇다. 약물과 수술은 반응을 하지만, 식품은 자극을 한다. 건강을 유발하는 자극에 대해 의식적으로 생각하지 않는다고 하더라도, 우리는 식품의 지배를 벗어날 수는 없다. 우리는 그저 식품의 자연적인 힘을 망각하고, 아무 생각 없이 식품이 우리를 질병과 죽음으로 이끌도록 내버려두고 있을 뿐이다.

이때, 자극을 유발하지만 자연스러운 과학인 영양은 현재 우리 사회에 부담이 되고 있는 질병-유지 체계를 벗어나서 급진적인 도전을 할 수 있는 독특한 기회를 제공한다. 아마 이것이 영양의 중요한 역할일 것이다. 그러나 현재의 영양은 이런 도전에 대처하지 못하고 있다. 이는 광범위한 의료 체계의 잘못이며, 영양과학자들 스스로의 잘못이다. 다른 과학과 비교할 때, 영양학 분야는 반응에 민감하고, 환원론적이고, 대단히 전문화된 접근법을 적용해왔다. 이런 접근법은 영양이 실제로 작용하는 방식과 일치하지 않는다. 사실, "환원론적 영양"이라는 개념 자체도 모순이다.

그러나 안타깝게도 이 분야는 이렇게 되었고, 이렇게 되는 과정에서 우리가 가장 두려워하는 여러 질병을 예방하고 치료할 수 있는 영양의 잠재력도 감소해왔다. 영양을 가장 작은 요소들로 쪼갬으로써, 그리고 이 요소들을 극단적으로 단순화하여 개별적으로 연구함으로써, 영양은 쓸모없다고 여겨질 정도로 가치가 낮아졌다. 이제 우리에게 필요한 것은 환원론적 영양을 근본적으로 재검토해야 한다.

Chapter 8
환원론적 영양의 한계

사람들을 위한 식품 산업은 건강에 신경을 쓰지 않고, 사람들을 치료하는 보건 산업은 식품에 신경을 쓰지 않는다.

-웬들 베리

우리는 영양학의 실패에 초점을 맞추는 것을 두려워해서는 안 된다. 이 분야 전체를 지배하고 있는 오해를 솔직하고 온전한 방식으로 다뤄야 한다. 여기에는 제2부에서 논했던 영양학 내부의 역기능에 대한 문제들 뿐 아니라, 제7장에서 소개한 광범위한 문제들도 포함되어야 할 것이다. 이 문제들은 영양의 범위를 넘어, 영양을 함정에 빠트리는 도전이다. 여기에는 역기능이라는 거미줄이 더 크게 펼쳐져 있다. 그것은 환원론이 배타적으로 지배하는 모든 과학의 역기능이다. 건강한 계나 건강한 신체에서와 달리, 이런 역기능은 단순히 우리가 저지른 모든 실수의 합이 아니다. 실패 전체는 그 부분의 합을 훨씬 능가한다.

어쩌면 내가 제1부에서 검토한 역사에 대한 분석이 생각날 수도 있을 것이다. 영양학은 암과 다른 대사 질환에 대한 연구와 치료에서 오랫동안 소외와 무시를 당해왔고, 전통적인 치료 프로토콜은 소수의 강력한 단체들에 의해 굳건히 자리 잡을 수 있었고, 오늘날까지 계속 연구와 치료를 지배하고 있다. 이런 소외는 지금 우리가 어디에 있는지를 이해하는 데 매우 중요하다고 믿지만, 나는 잠시 그것을 잠시 덮어두고 싶다. 영양과 암 사이의 연관성을 연구하는 연구자들을 부패하고 배타적인 체계의 희생자들로 그리기는 쉽지만, 그런 이야기에는 우리를 앞으로 나아가게 할 추진력은 없다. 그것은 사실에 기반을 둔 비판이었지만, 매우 중요한 요점이 빠져 있다. 비난할 곳은 사방에 널려 있고, 영양과학자도 예외가 아니다.

만약 이것이 오로지 부패하고 배타적인 체계에 관한 이야기에 불과했다면, 미국 국립의학도서관의 펍메드 웹사이트에서 "식단과 암Diet and Cancer"과 "영양과 암Nutrition and Cancer"이라는 검색어로 그렇게 많은 동료 평가 논문을 찾을 수는 없을 것이다. 2020년 초에 검색된 논문은 5만 5000편이 넘었다. 그 수를 생각하면, 암과 영양 사이에 명확한 연관성이 존재하는지 여부와 같은 중요한 질문에 대해 (합의까지는 아니더라도) 많은 답들이 나왔어야 하지 않을까? 근본적으로, 왜 영양 연구기관들은 지금까지도 가장 건강한 식단에 대한 합의에 도달하지 못하고 있을까? 나는 그 실패가 개인의 실수를 보여주는 증거가 아님을 알고 있다. 그것은 잘못된 개념의 증거이고, 전세계적 오해의 증거이며, (환원론적 과학이 이끌어온) 영양에 대한 질문이 뿌리부터 저주를 받았다는 증거이다.

지난 50~75년 동안 엄청난 양의 연구가 수행되었음에도 많은 영양학자들이 세부적인 것들로 계속 옥신각신하고 있다는 점에 대해, 나는 영양학 연구자의 사람으로서 부끄럽게 생각한다. 내가 언급한 약 5만 5000편의 동료 검토 논문 중, 압도적인 다수가 환원론적 영양학을 분석틀로 쓰고 있다. 그 결과는 큰 의미를 지닌다. 다른 과학 분야에서는 환원론을 이용하여 표적 특이적 수용체 위치에 쓰일 약제를 설계한다거나 시험할 수 있지만, 이와 달리 영양학에서는 환원론의 배타적인 지배가 득보다는 해가 훨씬 더 많다. 우리가 다루고 있는 것은 자연이다. 자연은 엄청나게 다양한 영양학적 요구를 물질대사를 통해서 충족시킨다. 이는 우리가 환원론적 연구 결과를 해석할 때 매우 신중해야 한다는 것을 의미한다. 자연의 과정을 환원론적으로만 묘사하거나 해석하는 것은 불충분하며, 더러는 위험하기도 하다.

지금까지 우리는 별로 신중하지 않았다. 오히려 환원론적 사고라는 우물 속에 깊이 빠져 있었다. 그렇기 때문에 건강을 유지하고 질병을 예방하는 식품의 능력을 개개의 영양소에 대해서만 묘사하고 있다. 개개의 영양소에 대한 정보는 경우에 따라서는 도움이 되기도 하지만, 이런 접근법으로 인해서 시야가 터널처럼 좁아질 위험도 있다. 우리가 온전한 자연 식품의 복잡성을 지적 수준에서는 받아들인다고 하더라도, 환원론이 대단히 규격화되어 있기 때문에 영양소의 독립적 활동에 대한 실험과 탐구에서는 종종 그 복잡성이 노골적으로 무시된다. 우리는 영양소가 개별적으로 작용할 때와 온전한 자연 식품 속에서 작용할 때의 효과가 같은 것처럼 생각하면서 개개의 영양소에 대한 연구를 진행해왔다. 그러나 현실에서는 둘 사이에 종종 여러 중대한 차이가 있다(따로 분리되어 보충제를 통해 전달되는 영양소의 경우에는 예기치 못한 피해를 일으키기도 한다).

이렇게 식품 속에서 "독립적으로" 작용하는 영양소에만 초점을 맞춘 접근법은 수십 년 동안 식품과 건강에 대한 연구의 핵심적인 방식이었다. 1940년대 초반부터 2002년까지 식품 섭취에 대한 식생활 지침은 개개의 영양소에 대한 1일 권장 허용량을 토대로 만들어졌다. 2002년에는 식생활 권장 사항이 확대되어, 개개의 영양소에 대한 "안전" 섭취 기준이 포함되었다. 마찬가지로, 식품 포장의 영양 성분표와 건강 정보에서도 개개의 영양소의 중요성을 오랫동안 강조해왔다. 이는 대중의 지식에 스며들면서 특정 식품에 대한 가치 판단을 형성했다. 우리는 당근에 들어 있는 베타카로틴beta carotene은 시력에 좋고, 오렌지 속의 비타민 C는 감기를 예방하고, 우유는 비타민 D와 칼슘을 공급하여 뼈와 이를 튼튼하게 만든다고 말한다. 나는 자라는 동안 계속 간을 먹으라는 이야기를 들었다! 간은 훌륭한 철분 급원이다. 빈혈에 걸리고 싶은 사람은 없다. 그렇지 않은가? 많은 사람이 "칼륨"이라는 말을 들었을 때 떠올리는 식품은 바나나이다. 한편, 같은 논리는 다른 방향으로도 적용된다. 시금치를 너무 많이 먹으면 시금치 속의 수산염 때문에 칼슘 흡수가 감소한다거나, 감자 속의 탄수화물은 비만과 당뇨의 위험을 증가시킨다거나, 콩 속의 에스트로겐이 유방암을 일으킨다는 이야기를 들어본 적이 있을 것이다. 지방의 많은 견과류가 심장병 위험을 증가시킨다는 이야기를 들어봤을 수도 있겠지만, 견과류에 대해서는 그 반대의 이야기를 들어봤을 가능성이 더 클 것이다.

우리를 괴롭히는 유행병 목록에 혼란이라는 항목을 추가해야 할 때가 된 것일까?

어쩌면 당신은 이런 세세한 영양 정보가 딱히 위협적인 것 같지는 않다고 생각할지도 모른다. 그러나 우리가 우리 자신에게 들려주는 이야기는 매우 중요하다. 그런 이야기들은 믿음과 행동을 형성한다. 자신의 삶을 한번 생각해보자. 만약 끊임없이 자신에게 부족하다고 이야기한다면, 어떤 결과가 나타날까? 자신감, 자존감, 깨달음이 생길까? 당연히 그렇지 않을 것이다. 우리 사회에 널리 퍼져 있고 믿음과 행동을 형성하는 이야기들은 이런 방식으로 작용한다. 우리가 자신에게 하는 "건강한 영양"에 대한 이야기가 거의 모두 단편적이고 모순되며 맥락이 빠져 있다면, 어떻게 건강한 결과를 기대할 수 있을까? health(건강)라는 영어 단어의 어원은 고대 영어에서 "전체(whole)"를 뜻하는 hælth라는 단어에서 유래했다. 그러나 건강한 식사에 관한 개념 속에는 식품에 대한 단편적인 사실들이 마구 뒤섞여 있는데, 그 중 일부는 옳고 일부는 그렇지 않다.

그래서 현재 우리가 갖고 있는 영양과 건강에 대한 개념은 서로 맞지 않는다. 우리는 환원론적 영양에만 초점을 맞추면서 건강의 전체론적 특성을 의도적으로 무시하고 있다. 그리고 영양이 건강의 전체론적 특성을 인정하고 충족시키지 못하는 한, 이런 개념들은 서로 모순된 상태로 계속 남게 될 것이다. 방금 뇌졸중에 걸린 환자에게 1일분의 토마토나 리코펜 lycopene(토마토 속에 많이 들어 있는 붉은 색소-옮긴이) 보충제를 처방하는 것이 상상되는가? 물론 어떤 의사도 그런 충고를 하려고 하지 않을 것이며, 지푸라기라도 잡아야 하는 환자만이 웃으면서 그 권고를 받아들일 것이다. 그러면서 그들이 듣고 있는 이야기가 전부는 아닐 것이라고 의심할 것이다(그리고 당연히 그렇다). 아마 오늘날 영양학자들이 솜씨 좋은 외과의사와 신약 개발자들만큼 존경을 받고 있지 못하는 것도 이런 이유 때문일 것이다. 영양학자, 외과의사, 신약 개발자가 내놓은 해결책은 모두 불완전하다. 모두 질병의 이면에 있는 원인을 온전하게 설명하지 못하지만, 적어도 외과의사나 신약 개발자의 해결책은 확실하고 기술적으로 효과적이며 생산적인 것처럼 느껴진다.

"완전한 식생활을 점검"하는 권장 사항은 토마토 처방보다는 훨씬 덜 수동적이지만, 오늘날의 영양학자들이 권장하도록 배운 것과는 다르다. 오늘날 임상 영양사와 영양학자들은 영양 및 식이요법학회(AND)의 "교육"을 받는다. 그리고 나는 그들이 전체론적 영양을 옹호하지 않는다는 것을 분명히 말할 수 있다. 나는 이 단체의 전국 총회에서 주제 발표를 해 달라는 요청을 세 번 받았고, 그 중 가장 최근은 2008년에 시카고에서 열린 총회였다. 그때 참석자 전원에게 제공되는 기념품 가방에 자랑스럽게 소개되어 있는 이 학회의 협찬 기업에는 제약회사(글락소스미스클라인), 인스턴트식품과 음료회사(코카콜라, 펩시콜라), 낙농업 이익단체(전미 낙농업협회)가 포함되어 있었다. 그 해에 그들과는 상반된 나의 관점을 밝힌 후로, 내가 그 회의에 다시 초대되는 일은 없었다.

이처럼 통제된 환경 속에서, 오늘날의 영양학자들은 그 분야의 잠재력을 완전히 발휘하지 못하고 있다. 그들이 나쁜 사람이어서가 아니라 체계 자체가 병들어 있기 때문이다. 그들의 조언은 쉽고 위협적이지 않으며 무난하다. 등을 토닥이면서 저지방 요구르트에 기회를 주자고 제안한다. 어떤 사람은 보충제를 팔기도 한다. 당연한 일이다. 환원론적 영양학은 바로 이런 사례들로 이루어져 있다. 게다가 과거의 영양학자들은 완전한 식생활 점검에 대한 연구를 하지도 못했다(적어도 대체로 그랬다). 연구자들이 암과 심장병 같은 질환에서 영양의 역할에 대한 포괄적인 증거를 탐색한 사례가 소수 있었지만,[1] 이 연구자들은 상당한 반발에 부딪혔다.

과거와 이런 현재를 생각하면, 영양의 미래가 현재와 마찬가지로 무력해 보이는 것도 당연하다. 다음 사례들을 생각해보자.

- 미국에서는 약 130개의 분야가 의학 관련 전공으로 인정받고 있는데, 그 중에 영양학은 없다.
- 의과대학에서는 영양학을 사실상 가르치지 않는다.
- 내과의사들이 영양 상담을 하고 그 비용을 보험으로 처리하는 것은 거의 불가능하다.
- 암 치료에서 영양의 잠재적 역할을 암시하는 여러 국제 역학 연구와 실험 연구의 인상적인 결과에도 불구하고, 영양 요법은 여전히 치료 프로토콜로 받아들여지지 않고 있으며, 심지어 가능성조차도 일축되고 있다.
- 최근 미국 국립보건원이 영양 연구에 투자한 총 금액은 2020년에 19억 달러로 추정된다. 약 4500건에 대한 연구비로 지출된 이 금액은 이 기관의 전체 예산의 1퍼센트가 조금 넘는다. 나는 미국 국립보건원의 특정 질병 범주에서 추가적인 영양 연구비 지원이 발생한다는 주장을 익히 알고 있다. 이 주장은 명목상으로는 어느 정도 사실일 수 있는데, 그 돈은 특정 영양소가 들어간 약(영양제)과 들어가지 않은 약과 수술 치료와 연관된 조사를 위한 것이기 때문이다.*
- 이런 시각에서 생각해보자. 제약 연구 개발에 연간 들어가는 돈은 아주 적게 잡아도 대략 714억 달러로, 영양 연구비의 거의 40배에 이른다. (이 추정치는 기업의 추정치에 비하면 크게 적다. 반면, 영양 연구에 투입된 19억 달러 중에는 영양의 기능에 대한 근본적인 조사와는 상관없는 연구가 다수

---

* 내 경험은 미국 국립암연구소 소장실 직원들에게 영양 연구의 우선순위와 자금 지원에 대해 두 번의 비공개 설명회를 하면서 나온 것이다.

포함되어 있고, 전체론적 방향의 영양 연구는 아예 없다. 이런 점을 고려하면, 그 비율은 100:1에 가깝다고 말할 수 있을 것이다)

그러나 이번에도, 전문가들은 이런 배제와 저평가에 대한 비난을 면할 수 없다. 우리는 환원론에 전념하면서, 우리 자신의 가치가 더 이상 보이지 않을 정도로 영양학 분야 속으로 점점 더 파고들었다. 아무도 달리 할 수 없었다는 것에 놀라서는 안 된다.

환원론적 영양의 그림

내가 1960년대에 생화학 입문을 가르치고 있을 때, 나는 지금은 잘 알려져 있는 생화학 반응 경로 하나를 가르쳤다. 세포 내에서 일련의 반응이 "끝에서 끝까지" 이어지는 이 반응 경로는 당 분자(포도당)에서 시작되는데, 이 당 분자는 식물에서 만들어지고 광합성 과정을 통해서 태양 에너지를 저장한다. 꽤 복잡한 체계처럼 보이지 않는가?

복잡하다고 말할 수도 있지만, 복잡성은 상대적이다. 새로워진 표를 보면, 지난 50년 동안 얼마나 많은 반응이 새롭게 발견되어 이 경로에 대한 이해에 추가되었는지를 한 눈에 확인할 수 있을 것이다.

보다시피 매우 복잡한 이 표도 겉핥기나 다름없고, 그물처럼 얽혀 있는 전체 반응의 극히 일부분만 보여준다. 이 표는 물질대사, 즉 자연의 무한한 복잡성을 보여주기에는 턱없이 부족하다. 지금 불완전하기 때문이기도 하지만, 앞으로도 항상 불완전할 것이기 때문이기도 하다. 유한은 언제나 무한을 설명하면서 힘겨운 시간을 보내왔다. 시인은 이런 걸림돌

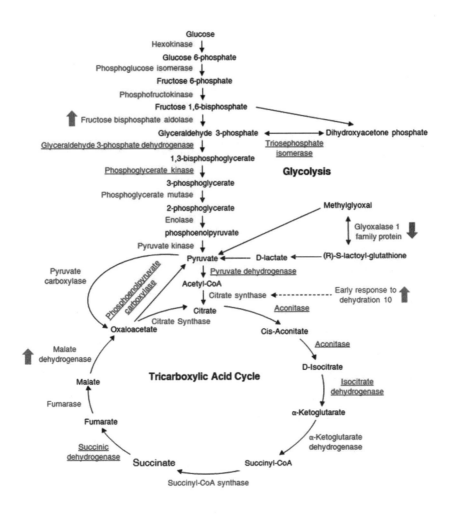

그림 출처 Alqurashi, M., Gehring, C., and Marondedze, C., from DOI: 10.3390/ijms17060852, reproduced under Creative Commons License (CC BY 4.0).

을 잘 알고 있다. 과학자 중에는 이런 걸림돌이 없는 척 하는 사람이 너무 많다.

그러나 목적을 위해서는 이 그림만으로도 충분히 명확하다. 이렇게 복

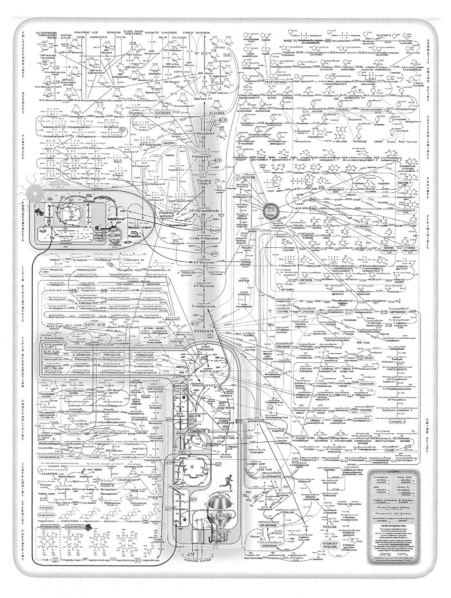

국제생화학 및 분자생물학연합International Union of Biochemistry and Molecular Biology을 대
표하여 도널드 니콜슨Donald Nicholson 박사가 작성한 물질대사 지도.

잡하게 뒤얽힌 정보는 아무 것도 알 수 없음을 입증한다. 나에게는 이것이 우리가 식품과 건강과 질병의 열역학적 관계와 메커니즘을 결코 이해할 수 없다는 암시처럼 보인다. 우리는 심연을 들여다보고 있고, 언제나 그래왔다. 그리고 영양에 대한 탐구에서, 우리는 오만한 행동에 순진한 정신을 결합시켰다. 자연을 표로 나타낼 수 있다고 생각하면서, 우리 자신은 대단하게 여기고 자연은 대수롭지 않게 무시했을 것이다. 그러나 그것은 괜찮다. 우리가 알고 있는 것이 얼마나 미미한지를 알고 있는 지금, 중요한 것은 한 걸음 물러나서 큰 그림을 보는 것이다. 우리에게 바람직한 식품, 이런 무한히 복잡한 과정에 최적화된 식품을 찾아야 하고, 우리에게는 지금의 방식을 벗어날 수 있는 지혜가 있음을 알아야 한다. 환원론적 영양의 길을 계속 따라가는 선택은 용납할 수 없다.

모든 것을 불러내보자

환원론이 어떻게 영양을 명확하게 설명하지 못했을 뿐 아니라 그 명확성을 가로막고 있었는지를 보여주는 세 가지 사례를 간단히 살펴보자. 이는 우리가 영양 밀도에 따라 식품의 순위를 매기는 경향과 함께 시작되었다. 이런 관행은 영양이 그 잠재력에서 얼마나 멀리 벗어나 있는지와 환원론적 방법에 얼마나 단단히 고착되어 있는지를 둘 다 보여주는 완벽한 사례로, 같은 동전의 양면과도 같다. 또한 이것은 주류 관행이 되었기 때문에 훌륭한 사례이다. 거의 모든 사람이 영양 밀도라는 개념에 적어도 어느 정도는 친숙하다. 이 경우, 전통적인 지혜는 집단적 우매화와 비슷한 것이 된다.

몇 년 전까지만 해도 영양 밀도가 높은 식품 목록에서 우유가 1위를 독차지했지만, 지금은 케일이 1위인 경우가 훨씬 많다. 이런 목록의 순위는 어떤 영양소를 측정하는지, 어떤 생물학적 목표가 영향을 받고 있는지에 따라 결정된다. 나는 어떤 영양소를 지표로 선택하는지, 그리고 영양소의 다양한 기능 중에서 어떤 기능을 선체적인 가치 결정에 활용하는지를 토대로, 여러 식품을 손쉽게 영양 밀도가 가장 높은 식품으로 만들 수 있다. 이런 융통성 덕분에 그 식품을 좋게 표현하는 "창조적 해석"이 가능한 것이다. 그러나 식품의 순위를 매기는 이런 체계는 입맛대로 취사선택을 하기에 적합하다는 문제가 있을 뿐 아니라, 측정 자체도 대단히 가변적이고 현실적인 권장 사항에도 도움이 되지 않는다.

이런 점들을 설명하기 위해서, 일반적으로 영양가가 비슷하다고 여겨지는 일곱 가지 채소에서 세 가지 영양소의 함량을 따져보자(모든 수치는 가장 공신력이 있다고 여겨지는 미국 농무부의 "중앙 식품 자료FoodData Central" 데이터베이스[3]에서 가져왔고, 유효숫자 2자리로 반올림했다).

표1. 7종의 표본 식품에 대한 영양소 가변성

비타민 C, 100그램당 밀리그램	날것일 때	익힌 후	변화율(퍼센트)
케일	93	18	−81
브로콜리	89	65	−27
녹색 피망	80	74	−8
순무 무청	60	27	−55
완두콩	40	14	−40
근대	30	18	−40
시금치	28	10	−64

베타카로틴, 100그램당 마이크로그램			
순무 무청	7000	0	–
시금치	5600	6300	+12
근대	3600	3600	0
케일	2900	1700	−41
완두콩	450	470	+4
브로콜리	360	930	+158
녹색 피망	210	260	+24

마그네슘, 100그램당 밀리그램			
근대	81	86	+6
시금치	79	87	+10
케일	33	25	−24
완두콩	33	39	+18
순무 무청	31	22	−29
브로콜리	21	21	0
녹색 피망	10	10	0

순위	비타민 C	베타카로틴	마그네슘
케일	1	4	3
녹색 피망	3	7	7
완두콩	5	5	4
순무 무청	4	1	5
근대	6	3	1
시금치	7	2	2
브로콜리	2	6	6

내가 이런 자료를 제시한 목적은 식품 속 영양소 함량이 얼마나 다양
한지를 보여주기 위해서이다. 이런 관측은 대중에게 공유되거나 알려지

는 일이 거의 없었다. 일곱 가지 채소에서 수용성 비타민(비타민 C), 지용성 비타민(베타카로틴), 무기염류(마그네슘)라는 세 가지 특정 영양소의 함량을 비교하면, 이런 영양소의 함량이 대단히 다양하다는 것을 알 수 있다. (날것 상태인 식품도 함량이 다양하지만, 익혔을 때에도 그렇다. 익힌 식품은 일반적으로 영양소 함량이 줄어들지만, 반드시 그런 것은 아니다.) 표의 순위에서 알 수 있듯이, 어떤 식품이 "영양 밀도가 가장 높은지"는 어떤 영양소를 염두에 두고 있는지에 전적으로 달려 있다. 여러 다른 식품-영양소 조합에서도 비슷한 결과를 확인할 수 있다. 자기만의 식품 목록을 만들어보자. 그 식품들의 영양소 함량을 찾아보면 같은 현상을 볼 수 있을 것이다.

그렇다면 이 식품들의 공통점은 영양소가 유별나게 다양하다는 점이다. 그리고 이 7종의 식품은 적어도 다른 식품군과 비교하면 이미 상대적으로 비슷하다.

영양소의 변화량을 생각하면, 나는 대중이 이 정보를 어떻게 활용할지 잘 모르겠다. 나의 생 브로콜리가 당신의 생 시금치보다 비타민 C가 3.2배 많다는 것을 알고 좋아해야 할까? 그런데 생 시금치는 생 브로콜리에 비해서 베타카로틴은 15.6배 많고, 마그네슘은 3.8배 많다. 이런 차이는 엄청나지만, 여기서 알 수 있는 것은 단편에 불과하다. 특히, 이들 식품의 다른 영양소는 어떨까? 그리고 그 영양소들의 상호작용으로 인한 효과는 어떨까? 어떤 식품이 건강한 식품이라고 누가 말할 수 있을까? 이런 수치를 기반으로 어떻게 식생활에 대한 조언을 끌어내거나 건강을 예측할 수 있을까? 생 브로콜리를 먹는 나는 생 시금치를 먹는 누군가에 비해서 감기에 걸릴 확률이 1/3로 줄어들게 될까? 다른 것은 어떨까? 베타카로틴(브로콜리에 비해 시금치의 순위가 높다)에 대해서는, 나는 시력 개선의 잠재적 기회를 놓치고 있는 걸까?

영양 밀도 순위를 식품을 비교하는 수단으로 활용하고 구체적인 건강 상의 차이를 추론하는 것은 터무니없는 일이 될 것이다. 대단히 복잡한 논리가 필요할 뿐만 아니라, 가장 꼼꼼한 소비자도 확인하기 어렵기 때문이다. 이런 순위를 기반으로 최적의 식단을 결정하려면 슈퍼컴퓨터는 물론이고, 현재 우리가 알고 있는 것보다 훨씬 더 많은 정보가 필요할 것이다. 동네 식료품점에서 이런 정보를 분석할 열정과 시간이 있는 사람이 과연 있겠는가?

그렇다면, 이런 영양소 함량 정보라는 정글에서 이익을 보는 사람이 우리처럼 식품을 구매하는 사람이 아니라면, 도대체 누구일까? 그리고 그들이 얻는 것은 무엇일까? 내가 봤을 때, 가장 확실한 수혜자는 식품을 가공하고 판매하는 전문가들이다. 그들은 점점 더 불온한 자본주의 전문가 유형을 만들어내고 있는 집단이다. 그들의 세계에서는, 이윤과 성장이 우리 신체와 사회와 환경의 건강보다 우선한다. 이는 건강과 이윤이 절대 공존할 수 없다는 말이 아니다. 다만 건강, 특히 장기적인 건강이 이런 식품 가공업자들의 우선순위 목록에서 낮은 순위를 기록하고 있다는 뜻이다. 그들에게도 건강은 여전히 매우 중요하지만, 당신과 같은 방식으로 건강을 생각하지는 않을 것이다. 대개 그들은 인류 공통의 관심사로서 건강을 생각하는 것이 아니라, 큰 이윤과 기업의 성장으로 가는 지름길로서 건강을 포장하고 상품화한다. 이런 상품화를 확인하기 위해서 영양생화학자를 데려갈 필요는 없다. 우리가 사는 지역의 "건강식품" 상점 중 한 곳의 진열대 사이를 걷다보면, 진열대의 대부분이 식품이 아닌 가공된 상품으로 채워져 있는 것을 볼 수 있을 것이다. 그 상품들은 건강에 대한 최신 주장을 홍보하는 각양각색의 재치 있는 상표가 붙어 있지만 건강은 없다. 그곳에서 제조업자들이 판매에 성공한 것은 건강의 이미지이다.

나는 미국 국립과학원의 요청으로 3년 동안 미국 연방통상위원회 청문회에서 건강 관련 의견에 대한 주요 증인을 서면서 이 사정을 매우 잘 알게 되었다. 증언의 주된 내용은 채소, 과일, 통곡물의 섭취 증가를 옹호하는 1982년 국립과학원 보고서 내용을 판매에 활용하려는 한 식품회사에 대한 우려를 표하는 것이었다. 그들은 자연식품에만 적용되는 증거를 들어서 그들의 보충제가 몸에 좋다는 주장을 하려고 했다. (이는 식품과 의약품에 관한 규제 개정을 위한 대대적인 활동의 일환이기도 했고, 영양보조제 산업 발달의 계기가 되었다.) 그들의 요청은 받아들여지지 않았지만, 장기적으로는 그들과 다른 이들의 노력이 성공을 거둬서 오늘날 우리가 알고 있는 것과 같은 비타민 보충제 산업이 시작되었다.

특히 영양 밀도라는 개념은 건강의 대명사 구실을 하면서 수많은 판매 전략에 이용되었다. 때로는 이 개념이 완벽하게 좋은 식품에 활용되기도 하는데, 이른바 슈퍼푸드superfood가 그런 사례에 속한다. 슈퍼푸드는 이런 저런 영양소 때문에 건강에 특별히 좋다는 이유로 시장에서 우리에게 소비를 권하는 식품이다. 대체로 그 식품들이 좋은 식품인 것은 사실이다. 나는 케일, 석류, 그 외 슈퍼푸드로 불리는 다른 여러 식품도 좋아하지만, 이런 식품에 대한 묘사에는 중요한 것이 빠져 있다. 먼저, 슈퍼푸드를 강조한다고 해서 미국인 표준 식단에 광범위한 식생활 변화가 일어나기는 어렵다. 실제로는 소비자들이 허위로 안도감과 자기만족을 느끼게 하는 역효과를 일으킬 수도 있다. 안타깝게도, 대다수의 미국인에게는 훨씬 더 급격한 식단 변화가 필요하다. 아사이베리는 맛있을지는 모르지만, 그런 것 하나 더 먹는다고 해서 될 일이 아니다. 바닥부터 완전히 바꿔야 한다.

게다가 수퍼푸드로 광고되는 식품에는 비싼 가격표가 붙는 경우도 많다. 이는 보통 소비자들에게 건강이 부자들의 전유물이라는 잘못된 인식을 심어준다. 건강이 점점 상품화되는 동안, 가격이 높을수록 영양가도 높다는 분위기가 형성되었다. 건강하게 먹다가는 살림이 거덜 날 것이라는 이야기는 건강한 식습관에 대한 가장 일반적이고 위험한 속설 중 하나다. 이런 속설은 되도록 빨리 없애는 것이 좋다. 마카 분말의 기적적인 효능을 호들갑스럽게 떠드는 기사 제목이 흥미로울 수도 있고, 어쩌면 엘리트 계층에게는 도움이 될 수도 있겠지만, 우리는 병아리콩, 으깬 귀리, 고구마와 같은 우리를 살릴 "소박한 식품"에 눈길을 돌리는 편이 훨씬 더 좋을 것이다. 안타깝게도, 그런 식품들은 슈퍼푸드와 같은 광채가 나지는 않는다. 그 이유는 그런 식품이 너무 흔한 탓도 어느 정도 있고, 아무나 누릴 수 없는 특별한 식품이라는 것이 매력의 핵심이기 때문이기도 하다. 이것이 바로 마케팅의 기본으로, 건강의 이미지뿐 아니라 특별함에서 유래하는 우월감까지도 판매하는 것이다.

식품 가공과 마케팅 전문가들은 다른 방식으로도 영양 밀도 순위에서 이득을 보는데, 그 중에는 건강식품 판매보다 훨씬 더 교활한 것도 있다. 어쩌면 그 중 가장 중요한 것은 가장 기본적인 것일지도 모른다. 영양소의 순위는 영양의 중심에서 개개의 영양소의 위치를 강조한다. 영양소를 품고 있는 온전한 자연 식품이나 식습관보다 영양소 자체에 특별한 권한을 부여함으로써, 온갖 속임수가 난무하게 만들었다. 개개의 영양소가 우선시되는 세계에서는, 소비자들은 이런 영양소가 추출되어 병에 담긴 보충제가 되어도(이런 관행의 잠재적 위험에 대해서는 아래에서 다룰 것이다), 건강하지 않은 식품을 "강화하여"(이렇게 하면 특정 영양소 함량을 높일 수는 있어도 식품 전체가 건강해진다는 보장은 없다) 건강한 식품인 척해도 눈 하나 깜짝하지 않는다. 눈 하나 깜짝하지 않기는 생산자도 마찬가지이며, 오히려 그들은 입맛을 다실 것이다.

영양소 함량의 추가적인 가변성

지금까지 나는 이 문제들을 다루면서, 두 가지 가정이 옳다는 믿음 하에 논의를 진행했다. 하나는 식품의 영양소 함량이 정확하게 측정된다는 것이고, 다른 하나는 측정이 정확할수록 식품에 대해 많은 것을 알게 된다는 것이다. 이 두 가지 가정을 전제한 이유는 영양 밀도에 대한 주제를 심각하게 받아들이고, 그 자체를 기반으로 영양 밀도의 유용성을 반박하기 위해서였다. 그러나 이제는 한 발 물러나서 이 가정들을 검토해야만 한다. 체계가 망가지게 되면 어떤 것도 신뢰할 수 없기 때문이다.

무엇보다도 먼저, 미국 농무부의 영양소 함량 측정은 다른 모든 반복 측정과 같은 수준의 변화가 나타난다. 단일 표본, 이를테면 브로콜리 한 조각에서 영양소 함량을 측정할 때에는 가장 보수적인 추정치라도 평균에서 약간의 변화가 생길 것을 가정하는데, 모든 수정 변수를 고려할 때 그 범위는 5~20퍼센트이다. 그런 단일 표본보다 많은 수의 표본으로 이루어진 큰 집단에서 영양소 함량을 고려하면, 신뢰할 수 있는 평균 추정치를 얻을 수 있다. 그러나 밝혀진 바에 따르면, 우리가 좋아하는 식품의 영양소 함량을 급격히 바꿀 수 있는 것은 끓는 물 한 냄비만이 아니다. 같은 표본이라도 여러 번 분석하면 변화가 생기고, 몇 가지 다른 요소는 그 변화를 더 커지게 한다. 식물이 수확되는 시기, 수확되는 장소, 가공 방식, 소비되기 전까지 경과된 시간과 같은 이런 각각의 요소로 인해 동일한 식품의 다른 표본 사이에서 추가적인 영양소 함량의 변화가 생길 것이다. 이 모든 것이 함께 작용해서, 영양소 함량에 대한 불확실성은 놀라울 정도로 커진다. 요점은 이렇다. 우리는 식품을 소비할 때, 우리가 먹고 있는 식품의 영양소 함량을 대략적으로만 알 수 있다.

놀라운 사실은 미국 농무부 데이터베이스에는 이런 가변성에 대한 언급이 없다는 점이다. 오히려, 대단히 정확하다는 느낌을 풍기려고 애쓰는 것처럼 보인다. 예를 들어 이 데이터베이스에 기록된 포도잎의 베타카로틴 함량은 100그램당 1만 6194.00마이크로그램으로, 유효숫자가 무려 일곱 자리이다! 어쨌든 이 수치에 변동이 있다는 것을 알고 있으니, 이 수치를 유효숫자 세 자리로 반올림해서 1만 6200정도로 나타내는 것이 타당할까? 나는 이 영양소 데이터베이스를 만든 사람들의 동기를 추측만 해볼 수 있을 뿐이다. 아마 그들은 정확한 느낌을 내고 싶었을 것이다. 내가 알고 있는 한, 수치가 대단히 정확하다고 해서 그 과학이 신뢰할 만하다는 뜻은 아니다. 흔히 하는 말로, 거짓말쟁이들은 청중의 반응에서 불신과 불확실성을 예상하고 그것을 상쇄하기 위해서 필요 이상으로 자세한 정보를 제공한다고들 한다. 이것도 같은 경우는 아닐지 의심스럽다.

만약 이것이 불쾌하다면, 식품이나 알약의 형태로 어떤 영양소를 삼키고 몸을 따라 흘러가게 두면 사정은 복잡해진다. 입을 지나서 소화계를 따라 이동하는 동안, 영양소는 여러 단계에 걸쳐 걸러지면서 조금씩 모습이 바뀐다. 소화되고, 소장에서 흡수되고, 혈청을 통해 운반되고, 세포 속으로 들어가고, 세포들 사이에서 물질대사를 하고, 마침내 몸 전체로 분배된다. 각각의 단계를 세심하게 관리하는 우리 몸속의 기관계는 얼마나 많은 영양소를 얼마나 빨리 통과시킬지를 조절한다. 한 단계에서 다음 단계로 운반되는 속도의 차이는 종종 중요하다. 광범위한 증거로 밝혀진 바에 따르면, 각 단계를 통과하는 양은 30퍼센트까지 쉽게 변할 수 있다. 소장 흡수에서는 이런 변화가 90퍼센트에 이를 수도 있다.[4] 요약하자면, 불확실하고 복잡한 수많은 단계를 거쳐서 마침내 그것이 기능하는 위치에 도달한 영양소의 양과 처음 섭취한 영양소의 양 사이의 관계를 계산하는 것은 불가능하다.* 쉽게 말해서, 자연은 작용 부위에 전달할 영양소의 양을 마음대로 쉽게 조절할 수 있는 도구를 가지고 있다. 자연은 모든 패를 마음대로 주무르며 게임을 하면서 우리에게 이렇게 말한다. "내게 맡겨. 적정 속도가 어떻게 되든지, 어디로 가야하든지, 내가 하고픈 대로 운전할거야. 너는 적당한 물품만 공급하면 돼. 나머지는 내가 알아서 할게. 아, 맞다. 그런데 치우는 데 내 에너지를 써야 하는 것은 너무 많이 주지마!"

앞서 우리는 자연이 얼마나 복잡할 수 있는지, 심지어 같은 종의 식물에서도 영양소 변화에 얼마나 영향을 줄 수 있는지를 확인했다. 하지만 우리가 종종 잊어버리는 중요한 사실이 있다. 인간도 자연이라는 점이다.

---

* 자유 연구 수학자인 내 친구 데이먼 디마스 박사의 계산에 따르면, 1280마이크로그램의 영양소를 섭취하고 영양소가 기능하는 위치에 이동하기 위해서 여섯 개의 관문을 통과할 때마다 그 양이 50퍼센트씩 줄어든다고 가정하면, 평균적으로 겨우 20마이크로그램만 최종 목적지에 도달하게 된다. 그러나 각각의 관문 "통과"에서 상당히 정상적인 변화를 가정하면, 자연에서는 8.6마이크로그램 이하가 전달될 수도 있고 30퍼센트보다 많은 31.4마이크로그램 이상이 전달될 수도 있다.

그렇다. 우리가 아무리 다른 척 해도, 우리도 자연의 일부이다. 인간 이외의 다른 자연과 마찬가지로, 우리 몸도 우리가 생각하는 것보다 훨씬 복잡한 균형을 유지하고 있다. 이 단계에서 저 단계로 얼마나 많은 영양소를 얼마나 빠르게 전달할지를 결정한다. 얼마나 많은 영양소를 물질대사에 이용할지, 다시 말해서 우리 몸속에서 실제 영양소의 기능을 수행하는 물질인 대사산물로 얼마나 바꿀지, 대사산물을 언제 어디서 이용할지를 결정한다. 각각의 대사산물은 다양한 조직에서 각기 다른 능력을 발휘하며 작용할 수 있다. 어떤 영양소의 대사산물은 원래 영양소보다 무려 1000배나 활발한 작용을 할 수도 있다.

만약 하나의 영양소가 만들어내는 모든 대사산물을 알아내고 그 반응속도를 모두 측정하는 것이 환원론적 과학으로 가능하다고 하더라도, 그런 정보는 여전히 쓸모가 없을 것이다. 반응 속도는 계속 바뀌기 때문이다. 다른 영양소의 존재에 따라서도 바뀌고, 시간이 1나노초만 흘러도 바뀐다. 그리고 이런 과정은 우리 몸을 구성하는 수십조 개의 세포 하나하나에서 항상 일어나고 있다. 우리가 섭취한 영양소를 통합하기 위한 우리 몸의 과정은 대단히 역동적인 반응계이다. 체내의 여러 단계에서 일어나며, 최적의 기능을 확립하기 위해서 끊임없이 작동한다.

이런 모든 불확실성이 혼란스러워 보일 수도 있겠지만, 그럴 필요는 없다. 우리 몸의 엄청난 복잡성을 이해할 수 없다고 하더라도 너무 염려하지 않아도 된다. 중요한 것은 실제로 알고 있는 것보다 더 많은 것을 안다고 자신을 속이지 않는 것이다. 이렇게 멋진 체계 안에서, 환원론적 생화학이 우리를 이끌고 갈 수 있는 곳은 여기까지이다. 드디어 겸손과 같은 다른 미덕을 끌어내야 할 때가 되었다. 나는 생물화학에 일생을 바친 사람으로서 이렇게 말한다. 우리는 모든 것을 알고자하는 욕구를 버려야한다. 우리는 더 영리하게 관찰하고, 우리가 이미 알고 있는 것을 존중해야 한다. 일단 그렇게 하면, 불확실성은 더 이상 절망감을 낳지 않을 것이다. 오히려, 인간의 몸은 대단히 지적인 자연의 힘이라는 큰 깨달음을 얻게 해줄 것이다. 필요한 사원을 공급하고 외부 환경을 잘 관리하면, 몸은 알아서 스스로를 돌볼 것이다. 우리는 너무나 많은 시간과 노력을 헛되이 쏟아왔다. 우리 중 가장 똑똑하고 야심찬 이들은 현미경과 분광광도계로 무장하고, 이런 장치들을 통해서 그 복잡한 세계의 가장 깊은 곳까지 정확하고 철저하게 알아내려고 했다. 그러나 몸을 어떻게 관리해야 하는지를 알기 위해서는 환원론적 영양에만 배타적으로 초점을 맞추는 연구를 극복해야 한다. 다시 말해서, 개개의 식품에서 발견되는 수많은 영양소에 대한 집착을 넘어서 앞으로 나아가야 한다.

열량 논쟁

환원론적 영양의 두 번째 사례는 열량에 과도하게 집중된 관심에서 찾을 수 있다. 이 주제는 식품과 건강 관련 공동체에 수년 동안 스며들어 있는데, 제대로 설명하지 않으면 계속 혼란을 일으키게 될 것이다.

논쟁을 지나치게 단순화시킬 위험이 있지만, 우리는 두 가지 관점을 고려해야 한다. 첫 번째 관점에서는 식단이 건강에 미치는 영향은 기본적으로 소비되는 식품의 양 때문이라고 주장한다. 두 번째 관점은 양보다는 소비되는 식품의 유형이 중요하다고 주장한다.

나는 1976년과 1977년에 미국 상원의 맥거번 위원회가 심장병의 발생을 조절하기 위한 노력으로 평균 식이지방의 양을 전체 열량의 35~40퍼센트에서 전체 열량의 30퍼센트까지 줄일 것을 권고했을 때, 이 논쟁을 처음 접했다. 대단히 온건한 제안이었지만, 이 권장안은 축산업을 포함한 여러 산업을 위협했다. 그래서 이에 대한 반론으로 건강에 영향을 미치는 것은 소비되는 식품의 유형이 아니라 그 양이라는 주장이 나왔다. 식품 섭취량 역시 열량으로 표시되므로, 총 섭취 열량이 너무 많지만 않으면 열량의 40퍼센트를 지방으로 섭취하더라도 심장병을 일으킬 염려가 없다는 것이다. 열량만 계산하고, 마음대로 먹으면 된다.

이런 들어오는 열량, 나가는 열량에 대한 제안에 많은 이들이 의문을 제기했다. 왜냐하면 고섬유질, 식물 기반 식단(다시 말해서, 특정 유형의 식품을 먹는 것)이 열량에 어떻게 쓰이는지를 관리하는 데 도움이 된다는 것이 증명되었기 때문이다. 이를테면, 과도한 열량은 추가적인 운동 그리고/또는 체온 유지를 위한 열량의 연소를 통해서 버려진다.[5] 심지어 어떤 사람은 올바른 종류의 식품을 먹기만 한다면, 더 많이 먹어도 체중이 감소할 수 있다고도 말한다.[6, 7]

오늘날까지도 과학자들은 어떤 합의에 이르지 못했고, 두 관점 모두 어느 정도 일리가 있기 때문에 이 문제는 여전히 공개적으로 논의되고 있다. 의심할 여지없이, 열량 섭취를 세심하게 관찰하면서 증가된 열량을 소모하기 위해 규칙적인 운동을 하면 체중은 조절될 것이다[8] 게다가, 자연식물식 식단을 하더라도, 과도한 열량과 운동 부족이 결합되면 체중이 증가할 수 있다는 것이 관찰되었다.[8] 동료 평가를 거쳐서 전문 학술지에 발표된 논문들 중에서, 이런 관측에 대해 모두를 만족시킬 수 있는 방식으로 다룬 연구를 아직 보지 못했다.

그러나 이것만은 아주 분명하다. 열량에 주로 초점을 맞추는 사이, 우리는 건강에 대한 큰 맥락을 놓치고 있다. 주된 초점을 열량에 맞춰도, 식단의 종류에 관계없이 원하는 체중에 도달하는 것이 가능할 것이다. 그러나 이는 장기적으로 봤을 때 건강을 보장하지는 않는다. 체중을 건강의 중심 척도로 보는 것도 환원론적이다. 과체중이나 비만이 여러 건강 문제와 연관이 있기는 하지만, 체중 감소가 건강 개선의 전부라는 뜻은 아니다. 메스암페타민methamphetamine(필로폰)을 포함해서, 건강하지 않은 방식으로 체중을 줄이는 방법은 많다. 체중은 줄여주지만 건강을 지탱해주지 않는 식단은 본질적으로 건강한 식단이 아니다. 그러나 피상적인 이미지에 집착하는 우리 사회에는 매력적일 수도 있다.

그 문제는 차치하고, 분명한 것은 수십 년에 걸친 이 논쟁이 열량에 지나치게 집중되면서 건강 증진에서 영양의 역할이 잘 밝혀지지 않았다는 점이다. 사실, 이 논쟁으로 인해서 대중의 관심은 영양의 가장 중요한 역할에서 멀어져갔다. 그 역할은 체중 관리보다는 치명적인 질병을 억제하고 건강을 호전시키는 일과 관련이 있다.

작은 영양소가 큰 산업을 만든다

환원론적 영양이 현재 질병 유지 체계를 바로잡는 데 거의 도움이 되지 않는 빈약한 껍데기라는 것이 이제는 분명해졌다. 환원론 모형에 대한 영양과학자들의 고집스러운 충성심은 여러 결과를 초래해왔는데, 앞서 나는 그 중 두 가지(영양 밀도에 대한 부정확한 이해와 열량에 대한 혼란스러운 논쟁)를 다뤘다. 그 세 번째 결과는 영양 보충제 산업의 발달과 성장이다.

여기서 말하는 보충제는 주로 개별적인 비타민과 무기염류, 그리고 이들이 조합된 것인데, 이런 보충제들은 1982년에 식단과 영양소와 암에 관한 미국 국립과학원의 보고서가 발표되면서 매출이 크게 신장되었다.[1] 오늘날과 비교했을 때, 비타민과 무기염류 보충제 산업은 작고 체계가 잡혀 있지 않았지만, 이런 영양소의 소비에 대한 대중의 관심은 상당했다. 1920년대와 1930년대에 비타민과 무기염류가 발견된 이후,[9] 보충제 산업의 시장 규모는 1925년에는 70만 달러에서, 1935년에는 3200만 달러, 1940년에는 8300만 달러로 성장했다. 현재 추세라면 2026년에는 2163억 달러 규모가 될 것으로 예상된다.[10] 토끼굴로 내려가다가 금맥을 찾은 이야기를 해보자!

20세기 중반에 걸쳐, 이런 보충제가 시장에서 안전하게 판매될 수 있도록 하는 법과 규제에 대해 상당한 논의가 이루어졌다. 규제와 관련해서 가장 중요한 문제는 이 물질들이 식품인지, 약품인지, 아니면 둘 다 아닌지를 구분하는 것으로 보였다. 반면 의학적으로 가장 중요한 문제는 그 물질들의 효능과 안전성이었다. 1982년에 미국 국립과학원 보고서가 발표될 무렵에, 비타민 보충제에 관한 가장 중요한 규정은 1976년에 제정된 프록스마이어 수정안이었다. 이 수정안은 비타민 1일 권장 허용량의 150퍼센트라는 "안전" 상한선을 지켜야 한다는 기존의 미국 식품의약국의 보충제 규정을 뒤집었다. 이때까지는 대중의 관심 증가가 상당한 정치적 압력으로 변환되고 있었다.

그런 관심 때문에, 1982년 미국 국립과학원 보고서에서는 보충제의 형태로 분리된 영양소가 암의 통제에서 (만약 역할이 있다면) 어떤 역할을 할 수 있는지에 관한 문제를 다루기로 했다. 우리는 권장 목표가 영양소가 온전한 자연 식품에 관한 것이며, 영양 보충제에 관한 것이 아님을 개요에 똑바로 명시했다.[1] 나는 우리가 개요에서 "이 권장 사항이 영양소의 식품에 대해서만 적용되며, 개별 영양소의 식이 보충제에는 해당되지 않는다"는 점을 얼마나 명확하게 강조했는지를 기억한다.

그럼에도, 보충제 업계가 그들의 상품을 팔고 건강에 대한 그들의 주장을 알리기 위해서 느슨한 규제 환경을 만들려고 얼마나 애썼는지도 잘 기억한다.[11, 12] 막연히 "건강"과 관련이 있는 작은 회사들은 이 시기를 "거물이 될" 기회로 보고, 대중이 찾고 있는 보충제 제품에 전력을 기울였다. 그래서 1982년 미국 국립과학원 보고서가 나온 직후, 미국 국립과학원은 영양 보조제에 우호적인 건강 주장에 대한 행정 법원 청문회를 열 것을 미국 연방통상위원회에 요청했다. 미국 국립과학원의 요청에 따라,* 나는 3년 동안 그 주장에 의문을 제기하는 주요 증인이 되었다.[13] 당시의 가장 최신 증거를 토대로 그때 증언한 내용과 현재의 내 의견은 같다. 영양 보충제 업계의 주장은 대체로 합당하지 않다는 것이다. 몇몇 연구는 보충제가 효과가 없다는 것을 증명했고,[14-16] 심지어 때로는 영양 보충제가 위험할 수도 있다는 신호를 보내기도 했다. 하지만 당시에는 그런 것이 문제가 되지 않는 것처럼 보였고, 지금도 문제가 되지 않는 것처럼 보인다. 미국 연방통상위원회의 청문회는 과속방지턱에 불과했고, 그 이래로 보충제 업계는 쾌속으로 질주하고 있다. 판촉을 위한 그들의 이야기는 너무 솔깃했고, 더 잘 알아야하는 사람들은 이에 대해 거의 문제를 제

---

* 나는 어떤 사적인 보수도 받지 않았다.

기하지 않았다. 좋아하는 것은 먹고 싫어하는 것은 피하면서, 그 구멍은 마법의 약으로 매우면 된다. 구멍이 어디에 생겼는지 잘 모르겠는가? 우리가 찾아줄 테니, 걱정할 것 없다. 심장병, 암, 당뇨병처럼 목숨을 위협하는 큰 병은 거의 다 과잉의 결과인 이 시대에, 보충제 산업은 우리가 뭔가 결핍되어 있을 것이라고 주장한다.* 확실히 말도 안 되는 궤변이지만, 적어도 방울양배추는 먹지 않아도 된다.

마침내 1994년에 미국 식품의약국 규정이 또 한 번 크게 개정되면서, 보충제 업계의 노력이 결실을 맺었다. 식이 보충제 건강 및 교육법Dietary Supplement Health and Education Act (DSHEA)이라고 불리는 이 법은 이제 20세기의 식품 및 약품 규정 중에서 가장 중요한 법으로 업계의 인정을 받고 있다. 이 법은 무수히 많은 식이 보충제가 개발되고 거대한 시장이 시작되는 입구를 넓혔다. 1982년의 미국 국립과학원 보고서 이래로 크게 확장된 이 산업은 이미 1994년에 40억 달러의 매출과 4000가지의 제품, 성인 인구의 약 절반을 포함하는 고객층이 있는 것으로 보고되었다. 그러나 1994년의 법 개정은 큰 성장을 위한 길을 닦아주었다. 그로부터 26년이 지난 현재, 미국인의 77퍼센트가 식이 보충제를 소비한다는 보고와 함께, 2027년이 되면 전세계적으로 2300억 달러 규모의 시장이 될 것으로 전망되고 있다!

1980년대 초반의 미국 연방통상위원회 청문회 이래로, 과학 연구계에

---

* 식단이 주로 가공식품으로 구성되어 있을 때에는 당연히 어떤 결핍이 생길 수 있지만, 이것이 보충제의 사용을 정당화하지는 않는다. 오히려 자연식물식이 옳다는 것을 강하게 대변한다. 보충제 섭취를 늘리는 것은 결핍을 일으키는 나쁜 습관을 강화할 뿐이다.

서는 미국 국립과학원의 지원을 받아서 영양 보충제가 개별적이나 복합적으로 효과가 있는지를 결정하기 위한 수많은 0인간 개입 연구가 수행되었다. 이 연구들의 결과는 미국 국립과학원 보고서의 주장과 결이 같았다. 즉, 비관적이었다. 대개 영양보충제는 질병의 위험 감소에 전혀 또는 거의 영향을 미치지 않았고, 질병 위험을 증가시킨 사례도 발견되었다.[17] 단일 영양소의 효과에 대한 가정에 초점을 맞춘 이런 초기 연구들 중에는 비타민 A의 대사산물인 항산화제 베타카로틴에 관한 연구도 있었다.* 베타카로틴 함량이 높은 식사를 하는 흡연자들은 폐암 위험이 상당히 낮은 것으로 드러났다.[18] 남성 흡연자 1954명을 대상으로 한 두 번째 연구에서는 베타카로틴 섭취의 네 가지 범주에 걸쳐서 폐암 발생률이 7배까지 감소한 것으로 나타났다. 베타카로틴 섭취가 많을수록 폐암 발생률이 감소하는 이런 놀라운 연관성은 실험 대상자들 중에서 최소 30년 이상 담배를 피워온 집단에서 특히 두드러졌다.[19] 그렇다고 베타카로틴이 풍부한 식품을 섭취하는 한 마음껏 담배를 피워도 된다는 말은 아니지만, 이 연구 결과는 매우 놀라웠고 보충제 산업의 엄청난 관심을 끌었다. 이후, 베타카로틴 보충제가 다른 흡연자 집단에서도 비슷한 효과를 내는지를 알아보기 위한 8년 기간의 연구가 계획되었다. 그러나 연구자들은 연구를 조기에 중단해야 했는데, 보충제 집단의 암 발생률이 36퍼센트에서

---

* 비타민 A는 발견되었을 때 레티놀retinol이라고 불렸다(지금도 그렇게 불리고 있다). 영양소는 우리 몸에서 만들 수 없기 때문에 반드시 섭취해야 하는 것으로 정의된다. 이 정의에 의하면, 레티놀은 비타민도 아니고 영양소도 아니다. 레티놀은 우리가 섭취하는 베타카로틴을 이용해서 간에서 만들 수 있기 때문이다. 따라서 진짜 비타민은 레티놀이 아니라 (식물에서 만들어지는) 베타카로틴이다.

59퍼센트로 치솟았기 때문이다.[14]

영양소에 대한 연구에서, 식품에서 분리된 영양소가 식품 속에 있을 때 추정된 것과는 정반대의 효과를 내는 사례는 많다. 사실, 너무 많아서 지금쯤이면 영양 연구자들이 실마리를 잡았어야 할 것 같아 보인다. 게다가 추가적으로 이루어진 개개의 영양소에 대한 평가의 연구 요약(메타 분석)을 통해서도, 보충제가 건강에 주는 유의미한 혜택이 없다는 것이 확인되었다.[16, 20] 몇몇 권위 있는 보도 매체들은 이런 연구 결과들을 계속 알렸다. 2013년, 웹MDWebMD에는 〈전문가들의 말, 종합비타민제에 돈을 낭비하지 마세요Experts: Don't Waste Your Money on Multivitamins〉라는 제목의 기사가 실렸다.[21] 사이언스데일리Science-Daily도 2018년에 〈연구 결과, 가장 인기 있는 비타민 및 무기염류 보충제 건강에 아무 혜택 없어Most Popular Vitamin and Mineral Supplements Provide No Health Benefit, Study Finds〉라는 비슷한 제목의 기사를 냈다.[22]

보충제가 효과가 없다는 것을 알리는 이런 개입 실험과 대체로 일관된 메시지를 보면, 이런 가짜 산업은 오래 전에 종말을 고했어야 했다. 그런데, 이게 무슨 일일까? 서글프게도, 보충제 산업의 가장 큰 생명줄은 건강을 향한 대중의 갈망이다. 우리는 아파질수록 건강으로 가는 지름길을 많이 찾게 된다. 지름길을 많이 찾을수록, 우리는 업계의 주장에 취약해진다. 특히 그들의 권장 사항이 우리 입맛에 잘 맞고 힘이 덜 들 때는 더욱 그렇다. 비타민 보충제 업계에서 내놓은 최근의 한 보고서[23]는 이 점을 대단히 직접적으로 언급했다. "건강 전망: 인구의 고령화와 건강에 대한 염려 증가로 보충제 산업이 성장할 것이다." 이 "건강" 전망의 예측에 따르면, 2018년에 연간 310억 달러였던 보충제 산업의 수익은 1.9퍼센트 증가하고, 고용은 1383개 업체에 걸쳐 3만 6404명으로 고정될 것이다. 이 보고서에서 보충제 업계는 "주류 소비자들 사이에 증가하고 있는 건강과 영양에 대한 관심"을 충족시키고 있다는 점을 자축하고 있다. 한편, 미래에는 주류 소비자들이 보충제에 많은 관심을 보이게 될 것이라는 다른 예측도 있다. 미국을 기반으로 시장 조사와 자문을 하는 회사인 그랜드뷰리서치는[24] (식물 성분, 비타민, 무기염류, 아미노산, 효소를 포함한) 식이 보충제 시장의 규모가 앞서 언급한 것처럼, 2027년이 되면 2300억 달러에 이를 것으로 예상한다. 이런 예상의 근거는 선진국에서 계속 빠르게 증가하는 비만율과 "인도와 중국을 포함한 신흥국"의 패스트푸드 판매와 좌식 생활방식이며, 이로 인해서 "심혈관계 장애, 당뇨병, 비만이 증가"할 것으로 내다본다.

이런 예측들은 지금 확실히 알아야 할 것에 대한 추가적인 증거를 제공한다. 즉효를 바라고 갑자기 흥하게 된 산업은 질병 증가의 결과일 뿐만 아니라 가장 큰 원인이기도 하다. 만약 우리가 영양과 관련해서 예방 가능한 질병을 퇴치하고자 한다면, 우리는 그것으로 부당한 이득을 취하는 사람들과 마주해야 한다. 그러나 무엇보다도 중요한 것은 우리가 자신의 안일함과 마주하게 된다는 사실이다. 같은 그랜드뷰리서치의 예측에 따르면, 미래에는 고소득층일수록 점점 "식이보충제를 처방약의 대안으로… 인식할 것으로 예상된다."

영양 보충제에 대한 연구 결과는 보충제의 지속적 사용을 권장하는 대체로 잘못된 주장이나 이에 대한 대중의 태도와 더 없이 뚜렷한 대비를 이룬다. 보충제 광고와 믿음은 거의 40년에 걸친 연구를 직접적으로 부정한다. 또한 식품 기반 영양과 암[1]이나 다른 관련 질환[25-27]의 연관성에 대한 여러 전문 연구자 집단의 보고도 부정한다. 이런 연구에서 나온 메시지들은 일반적으로 희망적이다. 우리가 먹는 것은 변화를 가져온다. 그러나 분리된 영양소들을 따로 보충하는 것으로는 같은 결과를 볼 수 없다. 보충제는 환원론, 시장성, 하강 곡선을 그리고 있는 우리 사회의 건강이 결합되어 만들어진 추악한 결과물일 뿐이다.

앞의 두 단락의 사례와 같은 환원론적 영양 보충은 영양 밀도로 식품의 순위를 매기는 관행이나 열량을 둘러싼 논쟁과 함께, 영양에 대한 대중과 전문가의 관심을 분산시킨다. 영양을 통해서 질병을 예방하고 어쩌면 치료까지도 바라볼 수 있는 방법으로부터 우리를 멀어지게 하고, 불필요한 혼란을 너무 많이 만들어낸다. 이 세 가지 사례 모두 영양학 분야의 잠재력을 훼손해왔다. 우리가 더 신중하지 않으면, 그리고 환원론적 영양의 대안을 생각하지 않으면, 미래는 불투명할지도 모른다.

대안: 전체론적 영양

이 중 어느 것도 영양과학에서 환원론이 설 자리가 없다는 주장은 아니다. 제7장에서 여러 번 강조했듯이, 내 비판의 초점은 환원론 자체가 아니라 환원론의 독점적 지배이다. 균형이 회복되기 전까지, 영양과학은 내가 이 장에서 묘사한 상태로 남아 있을 것이다. 즉, 상충하는 정보들이 모여 있는 정교한 체계에서 의학 전문가와 대중 모두 어떻게 적용해야 할지 갈피를 잡지 못하고 있을 것이다.

균형을 되찾고 영양과학의 잠재력을 극대화하기 위해서, 나는 새롭게 정의된 전체론적 영양을 제안한다.

전체론적 영양에서는 특정 영양소에 대한 증거와 권장 사항이 더 큰 맥락에서 이해를 풍성하게 할 때에만 논쟁이 벌어질 것이다. 특정 영양소에 대한 증거와 권장 사항이 더 큰 맥락에서 이해를 풍성하게 하는 경우는 분명히 있지만, 우리는 항상 경계하면서 그런 증거와 권장 사항의 목적을 결코 망각해서는 안 된다. 가공되지 않은 자연 식품을 먹고 전체적인 건강을 추구하는 것은 더 큰 과학적 맥락에서 볼 때 궁극적으로 사회와 동식물 종과 지구를 건강하게 만든다. 마찬가지로, 특정 식품에 대한 통찰은 슈퍼푸드에 대한 연구처럼 이런 논의의 장을 만들 수도 있다. 그러나 우리는 특정 식품이나 식품군에 대해 우리가 묻는 질문의 종류를 훨씬 잘 파악하고 있어야 하고, 그것을 뒷받침하는 증거의 적합성에 대해서는 훨씬 더 비판적으로 평가해야 하며, 그 증거를 전하는 방식에서는 훨씬 더 책임감 있는 태도를 취해야 한다. 제7장의 요점을 다시 강조하자면, 전체론은 증거를 거부하는 것이 아니라 더 높은 기준의 증거를 요구하는 것이다. 그것은 증거 전체를 고려하라는 요구이다. 환원론의 좁은 시야에 갇히면, 분리된 수산염이 칼슘 흡수에 미치는 효과 때문에 시금치에 대한 소비자들의 가치 평가가 갈팡질팡하기 쉽다. 그러나 건강을 증진하는 시금치의 효과에 대한 증거 전체를 신중하게 이해하고 소통하면, 우리는 훨씬 더 논리적인 결론에 도달할 수 있다. 말하자면, 샐러드로 먹자는 결론이 나오는 것이다.

한 걸음 더 앞으로 나아가자면, 영양에 대한 전체론적 관점은 특정 영양소나 식품을 권장하는 접근 방식을 개선할 뿐 아니라, 특정 영양소와 식품이 우리 몸에서 어떻게 작용하는지에 대한 평가를 조금 덜 단순한 방식으로 하기를 요구한다. 전체론은 영양소가 대단히 통합적인 방식으로 작용한다는 점을 인정하고, 그 점을 높이 사기도 한다. 전체론은 개개의 메커니즘보다는 수많은 메커니즘이 어떻게 협력하여 건강이라는 하나의 종착점을 향해 함께 나아가는지를 생각한다. 나아가, 전체론은 영양이 건강과 질병에 미치는 효과에서 파생되는 광범위한 결과를 생각한다. 그런 의미에서, 전체론은 그 깊이가 깊은 만큼 그 폭도 넓다.

영양과 건강에 대한 전체론적 관점을 적용하면, 두 가지 중요한 교훈이 모습을 드러낸다. 첫째, 전체론은 건강과 영양과 온전한 자연 상태의 식품을 강조하며, 부자연스럽게 해체된 식품의 조각들에 대한 섭취를 본질적으로 반대한다. 여기에는 보충제뿐만 아니라 고도로 가공된 제품도 포함된다. 정제된 설탕과 기름, 그 외 약물과 같은 물질들은 우리 몸과 공동체와 지구를 괴롭히지만 그래도 계속 원하도록 우리 몸을 조작한다. 모든 증거는 물론, 대중의 인식에서도 이런 제품이 건강에 해롭다는 것에는 대체로 이견이 없다. 형태와 규모에 관계없이 식이요법을 쓰는 사람이라면 탄산음료가 건강하지 않은 음료라는 것에 대체로 동의하지만, 나는 이에 동의하지 않는 사람도 있을 것이라고 확신한다. (확실히 오늘날에도 지구가 평평하다고 믿는 사람들도 있으니 말이다!) 이런 합의는 놀라운 일이 아니다. 우리가 그것을 "쓰레기 음식junk food"이라고 부르는 데에는 이유가 있다. 사과맛 시리얼에 심하게 중독된 사람일지라도 그들이 퍼먹는 시리얼이 사과와 같은 자연식품이 제공하는 온전한 물질과는 다른 단편적인 대체품에 불과하다는 것을 직감적으로 알 수 있다. 둘째, 전체론이 강조하는 광범위하고 다양한 증거를 토대로 볼 때, 가장 건강한 식생활은 식물만을 기반으로 하는 식생활이다. 이 두 가지 교훈을 종합하여 나온 하나의 식단이 지난 30년 동안 내 연구의 중심이 된 자연식물식 식단이다.

이 책의 초반에서 나는 이 식단을 엄청난 논란의 중심으로 소개한 다음, 그 논란들을 하나하나 자세히 설명하려고 노력했다. 나는 이 논란들을 질병 관리와 연관해서도 설명했고, 동물성 단백질과 그 외 영양에 대한 속설과도 관련해서 설명했다. 그리고 이제 과학과 증거에 관련해서 설명하려고 한다. 내가 이 논란을 하나씩 다룰 때마다, 나는 자연식물식 식생활에 우호적인 증거의 조각들로 당신의 관심을 끌어왔다. 그러나 이제는 증거에 명확하고 온전하게 집중하는 것이 중요하다. 철저한 검증을 견딜 수 없다면, 그 논란은 논의할 가치도 없다.

Chapter 9

전체론적 과학의 사례 연구

앞뒤에 놓인 문제들은 우리 안에 있는 문제들에 비하면 아무 것도 아니다.
-랄프 왈도 에머슨

　환원론적 연구에 사용되는 전형적인 과학적 절차를 통해서 자연식물식 식단을 연구하려는 시도는 줄자 하나로 말의 체중을 재려는 것과 같다. 연구 주제와 연구 수단이 근본적으로 맞지 않는 것이다. 자연식물식 식단은 몇 가지 분명한 실험 운영상의 문제 때문에 "황금률"이라고 불리는 이중 맹검, 무작위 통제 실험을 통해 검증이 될 수 없다. 하나의 식품에 대해서는 이런 실험이 가능할지도 모른다. 이를테면 진짜 아마씨 가루와 식감과 풍미가 같은 가짜 아마씨 가루를 채운 캡슐을 만들어서 위약 실험을 할 수는 있겠지만, 식단 전체에 대해서 같은 실험을 한다는 것은 불가능하다. 특히 온전한 자연식품을 강조하는 사람에게는 더욱 불가능한 실험이다.

　따라서 우리는 자연식물식 영양과 관련해서 증거들을 광범위하게 고려해야 한다. 광범위한 조사 연구들을 살펴야 하는데, 여기에는 환원론과 "좋은" 조사 기준을 만족시키는 연구와 그렇지 않은 연구가 모두 포함된다. 그리고 이 연구들을 큰 맥락 안에서, 전체의 일부로서 해석해야 한다. 나아가, 이 증거는 가능한 최고의 기준을 고수해야 한다. 자연식물식 식단을 옹호하는 증거는 압도적이어야 한다. 이는 그 증거가 완벽해야 한다는 말이 아니다. 폐암의 경우 담배에 비난을 돌리는 증거가 완벽하지 않은 것처럼, 특정 식단에 호의적인 증거도 절대 완벽할 수 없다. 그럼에도 이성적인 사람이라면 증거에서 담배가 차지하는 압도적 비중에 이의를 제기하는 사람은 없을 것이고, 그러면서도 계속 담배를 피우는 사람도 있을 것이다. 나는 식단에 대해서도 이와 비슷한 결론에 도달할 수 있다고 믿는다. 이것은 매우 오래된 발상이다. 완벽한 증거가 없는 상황에서는 신중한 접근법을 취해야 하고, 구할 수 있는 최선의 증거를 활용해야 한다. 특히 그 증거에 대한 반증이 없을 때에는 더욱 그렇다.

전체론적 접근법을 어떻게 정의할지에 대해 항상 완전히 인식하고 있었다고 할 수는 없지만, 나는 연구 경력 중반부터 쭉 그런 접근법으로 연구를 해왔다. 그 과정 내내, 나는 동시대의 연구뿐 아니라 내가 태어나기 이전의 연구에서 나온 엄청난 양의 증거에도 의지했다. 경력 초기에는 여러 해 동안 환원론의 궤적을 따라가면서 그런 연구에서 나온 귀중한 정보를 많이 배웠다. 1965년부터 1997년까지는 주로 실험실에 머물면서, 단순한 질문을 하고 단순한 실험을 했다. 하나의 원인이나 효과나 설명 메커니즘을 연구함으로써, 나는 비교적 구미가 당기는 문제들을 큰 부담 없이 탐구할 수 있었다. 그 문제들은 대부분 식단과 영양이 암에 미치는 효과에 관한 것이었다. 그러나 제약이 많고 고립된 학계의 보수적인 분위기 속에서는 그 연구 중 어떤 것도 오늘날처럼 전체적 맥락에서 가치가 증명되지 않았다. 호기심을 유발하는 작은 단편도 없었다. 넓은 맥락에서, 내가 사물의 자연적인 질서라고 생각하는 것의 테두리 안에서 그 연구 결과들을 통합하자, 비로소 눈이 확 트이기 시작했다.

자연식물식 식단을 지지하는 증거

자연식물식 식단에 호의적인 증거를 다 담으려면 책 한 권으로는 부족할 것이다. 『무엇을 먹을 것인가』를 포함한 다른 책에서는 그런 증거의 일부를 이 책에서보다 완벽하게 다뤘지만, 이 분야의 지속적인 발전을 포착하기에는 그것만으로도 역부족이다. 이 부분을 간결하게 유지하고 이 책의 다른 가치 있는 요소들을 희생시키지 않기 위해서, 나는 증거와 관련해서는 선택에 신중을 기했다. 그래서 이제부터 다룰 내용은 내가 생각하기에 가장 밀접한 연관이 있고 가장 강력한 증거들이다.

이 증거의 조각들이 각기 따로 존재하는 것이 아님을 잊지 말자. 이 증거들은 서로의 관계 속에서 가장 잘 평가된다. 나는 식물 기반 공동체에 속한 사람들에게도 다른 사람들에게 하듯이 이런 주의를 준다. 내 경험상, 식물 기반 식단을 지지하는 사람들도 다른 사람들과 마찬가지로 환원론에 면역이 되어 있지 않다. 영양 보충제의 판매가 되었든지, 개인의 부와 명예가 되었든지, 많은 이들이 특별한 이해관계에 상충한다. 그리고 이와 관련해서 우리 자신의 오류 가능성을 무시하는 것은 크나큰 실수가 될 것이다. 따라서, 이런 증거의 조각들을 분리하면 이해를 쉽게 만들어 줄 수는 있지만, 영양과 영양이 인간의 건강에 미치는 영향을 깊이 있게 이해하기 위해서는 증거들을 통합해야만 한다.

상관관계 연구

영양학 분야의 환원론적 연구자들은 관찰을 통한 상관관계를 활용해서 뭔가를 지지하는 연구를 대체로 동의하지 않는다. 상관관계가 인과관계를 증명하는 것은 아니기 때문이다. 이는 과학자들이 가장 먼저 배우는 교훈으로, 나 또한 대학교수로서 오랫동안 학생들에게 이렇게 가르쳤다. 그리고 만약 우리가 하나의 효과를 일으키는 하나의 원인을 찾고 있다면, 예를 들어 난소암을 촉진하는 하나의 특정 영양소를 찾고 있다면, 이는 완벽하게 유효한 교훈이다. 단, 환원론적 영양의 경우에 그렇다. 환원론적 영양에서는 쉽게 이렇게 말할 수 있다. "포화지방은 난소암과 상관관계가 있는 것으로 보이지만, 반드시 난소암을 촉진하는 것은 아닐지도 모른다. 상관관계에는 아무 의미가 없고, x나 y나 z에 의해서 난소암이 생길 수도 있다." 그러나 이 평가의 중대한 오류는 애초에 난소암이 하나의 원인에 의해 일어난다고 가정한 것이다.

반면, 만약 우리가 영양의 전체론적 정의에 따라 다수의 영양소가 동시에 작용한다고 가정하고, 특정 영양소보다는 광범위한 식습관 유형을 참고하여 상관관계 연구를 해석한다면, 우리는 훨씬 더 많은 통찰을 얻을 수 있다. 전체론적 영양의 정의에 의하면, 우리는 하나의 상관관계에서 "포화지방이 난소암을 일으킨다"거나 "x나 y나 z가 난소암을 일으킬 수도 있다"는 추정을 하는 것이 아니라, 다양한 영양소가 어떻게 동시에 함께 작용하여 몇 가지 암을 촉진할 수 있는지를 고려한다. 암의 원인에 대한 생각을 바꿔서 다중적인 원인으로 개념의 틀을 재구성함으로써, 우리는 상관관계 연구를 해석하면서 맥락을 벗어나서 특정 영양소를 탓하는 것을 멈추게 된다. 오히려, 특정 영양소-질병의 관계는 식습관을 큰 맥락에서 조명하는 수단으로만 여겨진다. 그러나 잊지 말아야 할 것이 있다. 만약 전체론적 주장을 다중적 요인에 의한 인과관계 비슷한 것으로 재해석하게 되면, 우리가 섭취하는 요인들에만 초점을 맞추고 그 요인들이 세포 조직 속에서 독립적으로 작동한다고 가정하는 한계를 불러올 수 있다. 나는 더 완벽한 설명이 되려면 물질대사에서 여러 요인의 상호작용까지도 포함해야 한다고 생각한다. 인과 관계에 대한 통계적 분석에서는 이 것을 2차, 3차 분산이라고 부른다.

예를 들면, 다음의 모든 상관관계 연구에서, 나는 동물성 단백질이나 그 대리*를 독립 변수로 사용했다. 그러나 나는 환원론적 해석에서 암시하는 것처럼, 다양한 암의 발생 원인이 동물성 단백질만이라고 제안하기 위해서 그렇게 한 것은 아니다. 내가 동물성 단백질을 활용한 이유는 앞서 다뤘듯이 동물성 단백질의 소비가 광범위한 식습관 유형의 결정에서 가장 두드러진 요인이기 때문이다. 전체적인 식품의 맥락에서 볼 때, 동물성 단백질은 동물성 식품을 섭취하지 않고서는 섭취할 수 없다. 포화지방과 달리, 동물성 단백질은 동물성 식품에서 제거될 수 없다. 따라서 여기에서는 큰 범위에서 식습관 경향을 나타내는 지표로서 사용된다. 특히 먹는 것과 배가 부르게 되는 것은 사실상 제로섬zero-sum 게임이기 때문

---

* 여기서 대리surrogate라는 용어는 통계적으로 유의미한 상관관계가 있는 대체물을 나타낸다. 상관관계가 대단히 큰 대리를 사용하면 질환의 발생과 건강에 다양한 변수가 기여한다는 것을 강조할 수 있다.

에, 동물성 단백질을 많이 먹는다는 것은 식물을 적게 먹는다는 뜻이기도 하다. 나는 입수할 수 있는 연구를 기반으로 볼 때, 뗄 수 없는 관계에 있는 두 유형 모두 퇴행성 질환의 발달에 기여한다고 생각한다.

다음 쪽에 있는 10개의 그래프는 여러 나라의 식단과 질병 비율(그래프에 따라서 사망률 또는 발병률이 될 수 있다)을 보여준다. 모든 그래프는 그들이 발표한 자료 그대로 재구성한 것이며, 질병 비율(또는 그 지표)이 동물성 단백질(또는 그 대리물) 섭취와 일직선 관계를 나타낸다.*

그래프 1은 전체 지방, 포화지방, 불포화지방과 유방암 사망률의 관계에 대한 논문에서 얻은 것이다.[1] 나는 1989년에 이 논문 저자인 켄 캐럴 교수의 허락을 얻은 후, 지방 섭취를 "동물성 단백질 섭취"로 바꿨다. 당시 뛰어난 식단과 암 관련 연구자였던 캐럴 교수는 내 해석이 참신하고 정확하다면서 동의해주었다. 여기에는 나타나지 않지만, 이 연구는 유방암이 식물성 단백질과는 연관이 없다는 것을 증명했다. 나는 그 해에 미국 국립과학원의 한 위원회에서 이 해석을 처음으로 발표했는데, 캐럴이 소속되어 있던 그 위원회에서는 식단과 질병에 관한 중요한 보고서를 준비하고 있었다.[2] 한참 시간이 흐른 뒤인 2017년에 나는 심장병과 관련된 해석을 발표했다.[3] 그 이유는 (1) 동물성 지방의 섭취가 동물성 단백질의 섭취와 높은 상관관계가 있고(r=0.94[상관계수인 r은 −1에서 1사이의 값으로 표시

---

* 모든 직선(선형 회귀)은 하나(그래프 8)만 제외하고 직선 양쪽에 있는 자료점의 수가 동일하게 그려졌다. 이 선들이 직선이고, 동물성 단백질이 0이 되는 그래프의 원점을 지나간다는 점을 주목하자. 이는 동물성 단백질이 없는 식단은 암 발병률과 사망률이 0으로 감소한다는 것을 나타낸다.

되며, 1에 가까울수록 상관관계가 크다-옮긴이]),[4] (2) 동물성 단백질이 콜레스테롤 자체보다 초기 심장병을 증가시킨다는 것을 실험적으로 암시한 1900년대 초반의 동물 실험들[5]에 대해 알게 되었기 때문이다.

그래프 2는 2005년에 서로 다른 집단의 연구자들에 의해 발표되었다.[6] 이 그래프는 사망률보다는 발병률을 기록하고, 동물성 단백질(유제품과 계란도 포함) 섭취보다는 육류 섭취를 독립 변수로 들었다. 이런 차이에도 불구하고, 결과는 본질적으로 같다. 육류 섭취와 유방암 발병률 사이에서 관측된 연관성은 그래프 1의 유방암 사망률 결과를 강화하고, 육류 섭취 증가가 유방암 발생 위험 증가와 이론적으로 연관이 있다는 것을 암시한다.

그래프 3은 여러 나라의 자궁암 발병률과 전체 지방 섭취량 사이의 관계[4]를 보여준다. 그래프 1과 마찬가지로, 전체 지방은 동물성 단백질과 높은 상관관계를 나타냄으로써 동물성 단백질의 효과적인 대리물이 된다. 역시 그래프 2와 마찬가지로, 그래프 3은 식단과 생식계 암 사이의 강한 상관관계를 나타낸다.

그래프 4는 여성의 대장암 발병률과 육류 섭취의 연관성을, 그래프 5는 남성의 신장암 발병률과 동물성 단백질 섭취의 연관성을 보여준다.[4]

그래프 6은 전립선암 사망률과 무지방 우유의 연관성을 보여준다. 무지방 우유도 훌륭한 대리물인데, 지방이 제거되어 주로 동물성 단백질로만 구성되어 있기 때문이다. 이번에도 동물성 단백질을 많이 포함하는 식단이 암, 이 경우에는 전립선암의 발병률을 증가시킨다는 것을 암시한다.

암 이외의 다른 질병으로 넘어가면, 그래프 7(거의 50년 전에 만들어졌다!)은 24개국의 콜레스테롤 섭취와 심장병 사이의 선형 연관성을 보여준다.[7] 이 그래프에 나타난 바에 따르면, 콜레스테롤 섭취가 감소하면 심장병 위험도 감소한다. 콜레스테롤은 동물성 식품에서만 발견되므로, 콜레스테롤 섭취는 동물성 단백질 섭취의 훌륭한 대리물이다.

1959년에 발표된 그래프 8은 동물성 단백질 섭취와 (20세기) 심장병 사망률 사이의 로그함수적 연관성을 보여준다.[8]

마지막으로, 그래프 9와 10은 골절 비율에 관한 것이다. 골절은 골다공증의 지표이며, 만성 퇴행성 질환인 골다공증은 종종 노화의 불가피한 결과로 잘못 가정되곤 한다. 두 그래프는 각각 칼슘 섭취, 동물성 단백질 섭취와 골절의 연관성을 보여주며, 칼슘과 동물성 단백질은 주로 유제품을 통해서 공급된다. 이 그래프들은 무지방 우유와 전립선암의 관계를 보여주는 그래프 6과 비슷하다.

질병의 유일한 원인보다는 광범위한 식습관 유형의 지표로서 동물성 단백질과 그 대리물로 초점을 옮기면, 그리고 이 그래프들을 통합적인 방식으로 해석하면(병이 개별적으로 발생한다는 가정에 의문을 제기하고, 모든 것의 저변에서 종종 무시되는 식단과의 관계를 눈여겨보면), 우리는 이런 종류의 연구에서 이루어지는 일반적인 해석 방식에 근본적인 도전을 하게 된다. 내가 지금 제안하려는 해석에 대해, 전통적인 과학계가 우려하고 있는 한, 나는 아무 지지도 받지 못하는 어려운 처지라는 것을 안다. 그러나 이는 내가 자처한 것이다. 어쨌든 나는 이런 정보를 실용적으로, 하지만 의미 있고 신뢰감 있게 대중에게 소개하는 일에 관심이 있다. 그것이 가장 효과가 크다고 확신한다. 그 이해와 함께, 여기 몇 가지 요점을 소개한다.

• 모든 그래프는 원본 자료를 바꾸지 않았고, 원본 자료와 같은 결론

을 내포한다. 다만, 동물성 단백질 섭취가 질병과 거의 또는 전혀 상관관계가 없다는 결론은 제외이다.

- 이런 동물성 단백질 관련 상관관계는 모두 동물성 단백질에 의한 직접적 효과와 식물 기반 자연 식품의 섭취 감소로 인한 간접적 효과를 종합하여 해석해야 한다. 나는 반反식물기반 식품(이것도 허용된다)보다는 동물성 단백질이라는 용어를 씀으로써, 육류와 다른 동물성 식품을 양질의 영양을 얻기 위한 수단으로 소비하는 많은 사람들의 거의 광신에 가까운 오랜 욕망을 강조했다.
- 동물성 단백질이 다양한 질환(여러 암, 심장병, 골다공증)에 미치는 효과의 범위는 매우 인상적이다.[9]
- 어떤 상관관계 연구에서도 이와 상반된 관계가 밝혀진 적은 없다. 즉, 높은 단백질 섭취가 이런 질병의 발병률이나 사망률 감소와 연관이 있다는 연구는 없었다. 이는 이런 상관관계의 신뢰도가 높다는 것을 의미한다.
- 이 신뢰도는 이런 연구 결과들의 놀라운 일관성에 의해 더욱 강화된다. 이 연구 결과들은 여러 유형의 질병에 대한 여러 저자들의 수십 년 연구를 대변한다.
- 이런 일관성이 우연일 가능성은, 특히 이를 반박하는 연구가 전혀 없는 상황을 감안하면, 믿을 수 없을 정도로 낮다.

나는 다시 시작점으로 돌아가서, 하나의 물질이 하나의 질환을 일으킨다는 가설을 세울 때, 환원론적 모형에서는 상관관계가 인과관계와 같지 않다는 것을 강조하고자 한다. 그러나 중요한 것은, 영양은 환원론적 모형에 속하지 않는다는 것이다. 질병의 형성에서 다양한 요인을 고려하기 위해 시야를 넓히고, 동물성 단백질의 경우처럼 넓은 범위에서 식습관 유형을 대변하는 요소들만 고려함으로써, 우리는 교란 변수들의 가능성을 사실상 제거한다. 나아가, 나는 이런 연구 결과가 영양과 무관한 요인의 탓일 가능성이 극히 희박하다는 것을 알아냈다. 이런 만성 질환은 오랫동안 영양과 연관이 있을 뿐 아니라, 다른 어떤 생활방식이나 환경 요인(이를테면, 좌식 생활방식, 환경 독소 등)보다 영양과 확실한 연관이 있기 때문이다.

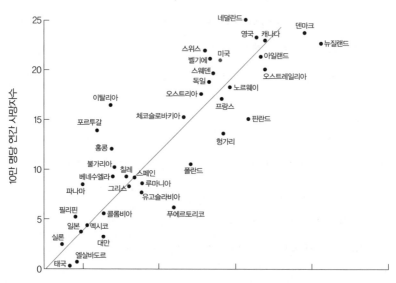

그래프 1: 유방암 사망률

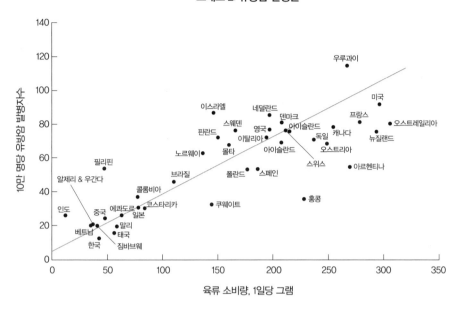

그래프 2: 유방암 발병률

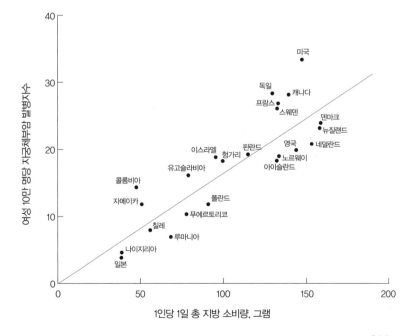

그래프 3: 자궁암 발병률

그래프 4: 대장암 발병률

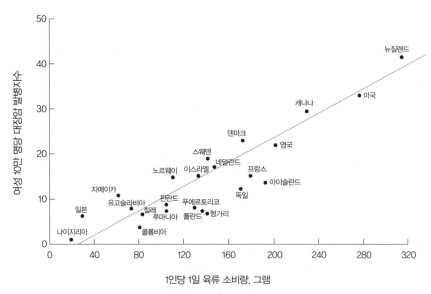

여성 10만 명당 대장암 발병자수

1인당 1일 육류 소비량, 그램

그래프 5: 신장암 발병률

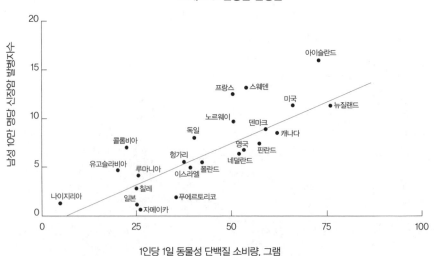

남성 10만 명당 신장암 발병자수

1인당 1일 동물성 단백질 소비량, 그램

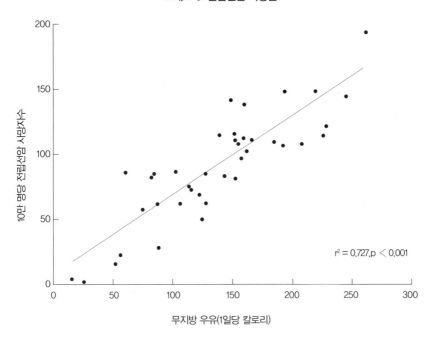

그래프 6: 전립선암 사망률

10만 명당 전립선암 사망지수

무지방 우유(1일당 칼로리)

$r^2 = 0.727, p < 0.001$

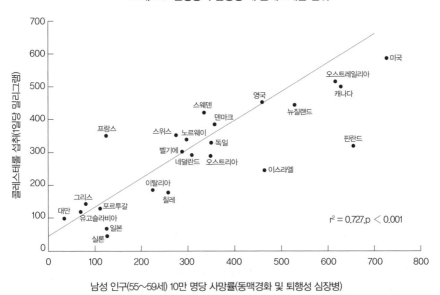

그래프 7: 관상동맥 심장병 대 콜레스테롤 섭취

콜레스테롤 섭취(1일당 밀리그램)

남성 인구(55~59세) 10만 명당 사망률(동맥경화 및 퇴행성 심장병)

미국
오스트레일리아
캐나다
영국
뉴질랜드
스웨덴
핀란드
덴마크
프랑스
스위스
노르웨이
독일
벨기에
네덜란드
오스트리아
이스라엘
이탈리아
그리스
칠레
포르투갈
대만
유고슬라비아
일본
실론

$r^2 = 0.727, p < 0.001$

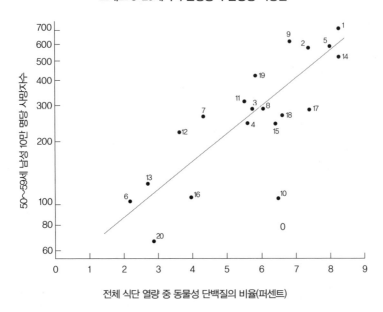

그래프 8: 20세기의 관상동맥 심장병 사망률

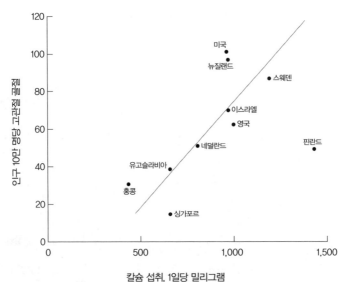

그래프 9: 고관절 골절과 칼슘

Hegsted 외, 《영양학 저널Journal of Nutrition》, 1986

314

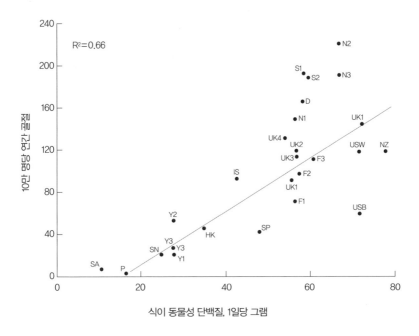

그래프 10: 골절과 동물성 단백질

내가 동물 기반 단백질에 부여한 "운전자" 상태에 대해 여기서 너무 중언부언 하지 않도록 미리 말해두자면, 이론적으로 가공식품은 영양 조성이 대단히 다양하므로 동물성 단백질과 결합하여 운전자가 되는 것이 적어도 어느 정도는 가능하다. 그러나 가공식품은 영양의 효과와 영양소 함량이 대단히 다양하다. 그래서 그런 식품 속 어떤 성분이 어떤 표적에 영향을 주어 이런 일반화된 효과가 설명되는지를 결정하기란 사실상 불가능하고, 그 성분이 운전자로서 작용할 수 있을지 여부도 불투명하다. 가장 중요한 것은, 광범위한 식품의 범주 속에서 설명 메커니즘들을 식별하기란 거의 불가능할 것이라는 점이다. 그런 설명 메커니즘(아래에서 다룰 것이다)은 그 자체는 환원론적이지만, 전체론적 증거(예. 위에서 언급한 상관관계 연구)를 강하게 뒷받침한다.

마지막으로, 동물성 단백질이 풍부한 식단과 심장병, 유방암, 자궁암, 대장암, 신장암, 전립선암의 연관성에 관한 증거(그래프 1~6)보다는 제한적이기는 하지만, 구강암, 인두암, 후두암, 비인두암, 식도암, 폐암, 위암, 췌장암, 간암, 자궁내막암, 자궁경부암에 대해서도 비슷한 연구 결과가 존재한다. 이 내용은 식단과 암에 관한 매우 큰 규모의 보고서[10]와 영양이 흑색종에 미치는 큰 효과를 보여주는 한 연구[11]에 요약되어 있다.

이런 상관관계 연구에서 나온 증거는 그 자체로 설득력이 있다. 만약 생물학적 타당성을 보완하는 증거, 즉 동물성 단백질이 어떻게 이런 효과를 만드는지를 보여주는 증거가 존재했다면, 이 사례는 확실하게 납득이 되었을 것이다. 머지않아 그렇게 될 것이다. 그러나 먼저, 우리는 자연식물식 식단의 혜택을 뒷받침하는 대단히 인상적인 다른 유형의 증거를 고려해야 할 것이다.

개입 연구

나는 앞서 모든 조사 연구의 황금률로 여겨지는 무작위 통제 실험이 왜 자연식 식단 실험에서는 종종 효과가 없는지 설명했다. 모든 피험자가 자신이 어떤 집단에 속해 있는지를 알고 있고, 나아가 피험자들을 각각의 집단에 무작위로 배정하는 것은 거의 불가능하다. 온갖 개인적인 이유로 좋아하지 않는 식단을 성실하게 섭취하는 사람을 상상할 수 있는가? 게다가 어떤 식단의 장기적 효과를 평가하기 위해서 장기간 지속되어야 하는 이런 연구에서는 더더욱 상상하기 어려울 것이다. 영양학 분야에서 이런 유형의 개입 연구는 약물이나 약물과 유사한 보충제에 대한 시험에는 이상적이지만, 그 유용성은 거기서 끝난다. 그래서 우리는 다른 유형의 개입 연구를 찾아야 한다. 그 과정에서, 특히 심장병 개입 연구의 사례에서, 우리는 자연식물식 영양의 효과가 심장병의 예방과 치료에 탁월한 효과가 있다는 것을 발견했다.

환원론 모형에 가장 가깝게, 환자를 치료군이나 대조군에 임의로 배정한 식단 연구는 1946년부터 1968년까지 수행되었다.[12, 13] 이 연구에 대해서는 제1장에서 짧게 소개했었다. 레스터 모리슨이라는 연구자는 1차 진료 의사의 소견으로 넘어온 환자를 진료하는 심장병 전문의였는데, 그는 심장병 진단을 받은 환자 100명(평균 연령 60세)에게 번갈아 두 식단 중 한 식단에 배정했다. 한 식단은 하루 200~1800밀리그램의 콜레스테롤을 포함하는 고콜레스테롤 식단이었다. 다른 식단은 저지방, 저열량 식단으로, 전체 지방은 하루 총 열량인 1500칼로리의 15퍼센트를 넘지 않는 20~25그램이고, 콜레스테롤은 50~70밀리그램에 불과했다. 첫 번째 식단은 전형적인 미국식 식단에 가깝고, 두 번째 식단은 오늘날 일부에서 말하는 "융통성 있는 채식주의자flexitarian" 식단과 비슷하다. 이들은 대체로 채식을 하지만 엄격하게 자연식물식 식단을 고수하지는 않는다. 이 실험에서, 저지방 집단의 결과는 인상적이었다. 고콜레스테롤 식단 환자는 12년의 연구 기간 안에 50명 전원이 사망한 반면, 저콜레스테롤, 저지방 식단 환자는 38퍼센트가 생존했다. 이는 다양한 식단의 스펙트럼에서 자연식물식 식단 쪽으로 조금이라도 가까이 가는 것이 대체로 고지방이고 동물성 식품으로 이루어진 일반적인 미국식 식단과 비교할 때 이로울 수 있음을 암시한다.

그러나 인상적인 연구 결과가 나왔음에도, 그리고 명성 높은 단체(미국 의학협회)로부터 연구비를 지원받고 저명한 저널(《미국 의학협회 저널Journal of the American Medical Association》)을 통해서 연구 결과가 발표되었음에도, 이 연구는 불신에 부딪혔다. 콜레스테롤, 지방, 심장병에 관한 수십 년 논쟁을 다룬 최근의 한 논문에 따르면, 당시 일부에서는 이 연구를 "요행(또는 나쁜 것)"으로 취급했고, 심지어 한 비평가는 이 연구에서 적절한 무작위 선택이 이루어지지 않았다고 투덜거렸다(그러나 콜레스테롤 억제약인 스타틴을 적극적으로 옹호하는 그의 태도에서 그의 편향된 생각을 가늠해볼 수 있다).[14]

그로부터 거의 40년이 지난 후, 딘 오니시 외 연구진[15]은 환자 28명을 선정하여 저지방, 채식 식단이 특징인 1년 길이의 생활방식 개입 연구를 했다. 환자의 82퍼센트는 지질 농도를 낮추는 약을 쓰지 않고도 병의 진행이 호전되었다(동맥이 좁아지는 협착이 덜 나타났다). 저지방 식사를 한 집단은 이후 4년에 걸쳐 혈관 건강이 계속 개선된 반면, 보통의 고지방 식사를 한 집단은 혈관 건강이 계속 나빠져서 이후 동맥이 좁아졌다. 게다가 고지방 식사 집단은 4년 동안 심근 경색이나 허혈성 심부전 같은 급작스러운 관상동맥 문제를 5배 많이 겪었다.

콜드웰 에셀스틴 외 연구진[16-18]도 거의 비슷한 시기에 이와 유사한 개입 연구를 수행했고, 지방을 낮추는 약의 선택을 허용했다. 5년[17]과 12년[16]의 연구 결과에서는 놀라운 감소가 나타났고, 심지어 관상동맥 심장병의 병세가 호전되기도 했다. 12년 동안 자연식물식에 상응하는 식단을 유지한 환자 18명의 평균 혈청 콜레스테롤은 1데시리터당 145밀리그램이었다.[16] 그러나 인상적인 점은, 이 연구의 지시를 따르는 동안 환자들은 "만성 질환의 확대나 관상동맥의 문제가 전혀 없었고, 어떤 시술도" 받지 않았다는 점이다. 이런 일관된 결과는 대단히 놀랍다. 그 환자들에게 심장병 병력이 있다는 것을 감안하면, 특히 그렇다. 연구를 시작하기 전의 8년 동안, 그 18명의 환자는 총 49회의 급작스러운 관상동맥 문제를 겪었다!

"확실히 자리 잡은 심혈관계 질환"을 앓고 있는 198명의 환자에 대한 후속 연구에서는 평균 3.7년의 추적 조사에서 이와 비슷한 이례적인 결과가 나왔다. 모든 환자는 식물 기반 영양에 대해서 5시간 분량의 전문 상담을 받았다. 그 지시를 잘 따른 89퍼센트의 환자 중에서 뇌졸중 사례는 단 한 건 보고되었다. 무려 0.6퍼센트라는 놀라운 재발률이었다! 실험실에서 이루어진 자세한 검사에 따르면, "부정적인 사건의 발생률은 가장 크게 잡아도 10퍼센트"였다. 지시를 따르지 않은 집단의 재발률이 62퍼센트인 것에 비하면(25~30퍼센트로 예상된 재발률과 비교했을 때 이례적으로 높았다), 이 역시 대단히 인상적인 결과였다.

그래프 7과 8로 표현된 상관관계 연구와 함께, 이런 개입 연구들은 연간 미국인 65만 명의 목숨을 앗아가는 심장병의 예방과 치료에 자연식물식 영양이 깊은 연관이 있음을 암시한다. 동물성 단백질[8]과 그 대리물인 콜레스테롤은 심장병과 선형 상관관계를 나타낸다. 이 관계는 그래프에서 원점을 지나는 직선으로 표시되는데, 이는 동물성 단백질을 조금이라도 섭취하면 심장병의 위험이 증가하기 시작하고, 그 영향이 평생 지속된다는 뜻이다. 그러나 이런 개입 연구들은 자연식물식 영양이 단기간에 강력한 효과를 발휘한다는 것도 증명한다. 자연식물식 식단은 우리를 죽음에 이르게 하는 가장 중대한 병을 예방하고 병세를 호전시킨다는 것을 임상적으로 증명했다. 게다가 다른 어떤 식단이나 약이나 수술로도 보여주지 못한 이런 성과를 불과 몇 달 만에 해냈다.

이런 장기 효과와 단기 효과의 조합은 단순히 고무적인 정도가 아니다. 제7장에서 소개한 힐의 기준도 강도, 일치성, 점진성, 그리고 새로 추가된 범위 측면에서 충족시킨다. 다수의 연구를 통해서 심장병과 다른 병의 위험을 크게 줄이는 식물 기반 식품의 능력이 확인되었고, 동물 기반 식품을 많이 먹으면 식물 기반 식품을 덜 먹게 된다는 것을 고려하면,* 일관성도 이 목록에 추가할 수 있을 것이다.

실험 연구

전체론적인 이런 상관관계 연구와 함께, 암에 대한 자연식물식 식단의 효과를 뒷받침하는 기본적인 증거는 실험 연구에서 나온다. 그렇다, 이는 환원론적 방법이다. 이 두 유형의 연구는 대단히 멋지게 상호 보완된다. 실험 연구는 동물성 단백질과 암의 관계를 생물학적 수준에서 설명함으로써 상관관계 연구에 깊이와 신뢰도를 더한다. "육류 섭취가 암의 발생에 어떻게 기여하는가?"라는 질문에 대해, 실험 연구는 그 답이자 결정적 증거가 된다. 전문적인 용어로 설명하면, 실험 연구는 점진성과 타당성과 실험 검증이라는 힐의 기준을 세 가지 만족시킨다.

나는 1960년대 중반에 버지니아 공과대학에 있을 때부터 이런 유형의 연구를 시작했고, 이후 코넬 대학교에서 20년(추후의 평가를 고려하면 30년)

---

* 식품 선택은 제로섬 게임에 가깝다는 것을 기억하자. 동물 기반 식품을 많이 먹을수록, 열량 중 남은 용량은 줄게 되고, 식물성 식품이 들어갈 자리도 조금밖에 남지 않는다.

넘게 계속했다. 연구 경력 초기에 버지니아 공과대학에 있을 때, 나는 제 5장에서 다뤘던 것처럼, 미국 국무부의 지원으로 필리핀 영양실조 아동의 영양 개선을 위한 연구를 하고 있었다. 내가 연구하고 있던 아플라톡신[19, 20]은 땅콩(값싸고 쓸모가 많은 단백질으로, 어린이 영양 개선이라는 임무에 딱 맞는 식품)에서 발견되는 강력한 발암물질이었다. 앞서 언급한 것처럼, 나는 비슷한 시기에 실험쥐를 이용한 한 실험 연구에 대해 알게 되었다. 인도에서 수행된 이 연구에서는 아플라톡신에 노출된 쥐들에게 열량의 5퍼센트나 20퍼센트가 동물성 단백질(특히 카세인)인 사료를 먹였다.[23] 그 결과, 고단백질 식단을 먹은 쥐가 간암에 많이 걸린 것으로 나타났다. 이 연구 결과는 내 세계관을 뒤흔들었고, 내 직업의 방향을 바꿔놓았다.

나는 버지니아 공과대학의 내 실험실에서 이 문제를 연구할 방도를 찾았고, 미국 국립보건원에서 연구비를 지원 받았다. 나는 먼저 인도 연구자들의 연구 결과를 확인한 다음,* 가능하다면 그것을 설명할지도 모를 메커니즘을 조사할 계획이었다. 연구 결과가 이렇게 도발적이라는 것을 감안할 때, 메커니즘을 이해하는 것은 특히 중요했다. 동물성 단백질은 어쨌든 대단히 높이 평가되는 영양소이므로, 우리는 무슨 일이 일어나고 있는지 뿐만 아니라 어떻게 그 일이 일어나고 있는지도 설명할 수 있어야 했다. 즉, 힐의 기준으로 다시 돌아가서, 그 메커니즘을 정확히 찾아

---

* 우리는 동물성 단백질이 10퍼센트 이상인 식단에서 암 발생이 증가하기 시작한다는 연구 결과를 확인했고, 우리 몸이 필요로 하는 단백질이 10퍼센트라는 것도 처음으로 확인했다. 식물 기반 단백질(밀단백질이나 콩단백질 따위)은 암 발생에 어떤 영향도 미치지 않았다.[24, 25]

내야만 생물학적 타당성을 증명하고 초기 연구 결과에 신빙성을 부여할 수 있었다.

내 실험 결과를 설명하기에 앞서, 암 발생의 세 단계를 이해하는 것이 중요하다. 개시initiation(돌연변이가 만들어질 때), 촉진promotion(암세포가 스스로 복제를 하고 있을 때), 진행progression(암세포가 악화되고 다른 조직으로 전이될 때)으로 나뉘는 각 단계는 저마다 대단히 많은 사건과 반응을 포함하고 있다. 바로 이런 사건과 반응 속에서 약물 개발자들은 치료법을 찾고, 바로 이런 사건과 반응 속에서 우리는 동물성 단백질이 암에 미치는 영향을 찾았다.

암 발생 단계

개시(돌연변이 단계)

진행(전이)

촉진(세포 증식)

양방향을 가리키는 한 쌍의 화살표는 암 발생 과정의 가역성을 나타낸다.

앞서 인도 연구자들처럼, 우리도 아플라톡신을 이용하여 암을 개시시켰다. 아플라톡신은 돌연변이를 일으켰고, 간암이 발생하기 시작했다. 우리는 개시 단계 동안 세포 내로 들어간 아플라톡신(AF)이 혼합 기능 산화효소mixed function oxidase(MFO)라는 효소에 의해서 반응성이 높은 대사산물인 아플라톡신에폭시드aflatoxin epoxide(AFepox)로 전환되는 것을 관찰했다. 그런 다음 이 대사산물은 간세포의 DNA에 결합되는데(AF-DNA), 만약 세포 분열이 일어나기 전에 DNA가 수선되지 않으면 돌연변이는 다음 세대의 세포로 전달된다(촉진). 그리고 결국에는 그 세포들이 전이된다. 공격적으로 변한 세포들은 새로운 조직으로 이동하고, 그곳에서 진행 단계를 시작한다.

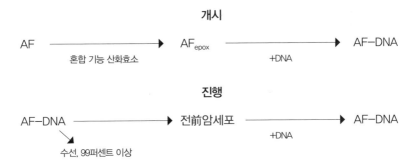

우리는 암의 개시와 촉진 단계에서, 동물성 단백질의 암 촉진 효과를 설명해줄 가능성이 있다고 생각한 10개의 메커니즘을 조사했다. 그리고 개시 단계에서 동물성 단백질 섭취가 다음과 같은 역할을 하는 것을 발견했다.

1. 세포로 들어오는 발암물질(아플라톡신)의 양을 증가시킨다.
2. 아플라톡신을 활성화시키는 MFO 효소의 양을 증가시킨다.
3. MFO 효소의 3차 구조를 바꿔서, 새로운 MFO 효소와 오래된 MFO 효소의 활성을 증가시킨다.[26, 27]
4. 아플라톡신 대사산물(AFepox)의 DNA 결합을 증가시켜서 손상을

증가시킨다.[28, 29]

5. 손상된 AF-DNA의 수선을 감소시킨다.*

이 연쇄적인 반응에서 동물성 단백질의 해로운 효과를 점점 더 많이 발견하는 동안, 나는 암 발생 증가의 가장 큰 원인이 되는 단 하나의 반응을 찾아낼 수 있을지에 대한 의문이 들기 시작했다. 나아가, 촉진 단계에서 우리가 발견한 메커니즘은 모두 같은 양상을 나타냈다. 우리는 촉진 단계에서 발견한 동물성 단백질의 역할은 다음과 같다.

1. 암세포를 파괴하는 일을 담당하는 자연 살해 세포의 수를 감소시킨다.
2. 자발적인 에너지 소비량을 감소시킨다(쥐가 쳇바퀴를 돌린 시간으로 측정되었다).[30, 31]
3. 체온 유지를 돕고 비자발적인 신체 활동(장운동, 심장 박동, 호흡 따위)을 증가시키는 갈색 지방 조직을 통한 에너지 소비량을 감소시킨다.
4. 성장호르몬을 증가시켜서 암세포의 성장을 자극한다.
5. 암 발생을 촉진하는 활성 산소 분자의 형성을 증가시킨다.[32, 33]

나는 이 메커니즘 중 아무 거나 하나만 탐구해도 평생의 연구 경력을

---

* 이 연구 결과는 나와 같은 연구실에 있던 론다 벨의 연구에도 나타나 있었다. 그는 내 동료 연구진 중 한 사람인 로드니 디터트와 함께 DNA 수선에서 식이 단백질의 효과도 측정했고, 고단백질 식단이 DNA 수선을 억제한다는 것도 밝혀냈다.

쌓을 수 있을 것이라고 확신한다. 또 동일한 환원론적 방식으로 많은 메커니즘을 발견할 수 있었을 것이라는 점도 의심의 여지가 없다. 그러나 여기에는 훨씬 더 큰 이야기가 있다는 것을 느끼기 시작했다. 암의 개시와 촉진 단계 모두에서, 우리에게는 생물학적 타당성을 갖춘 증거가 있었다. 동물성 단백질 함량이 높은 식단을 통해서 활동이 증가된 여덟 가지 메커니즘은 일반적으로 암의 성장을 증가시켰고, 억제된 두 가지 메커니즘은 일반적으로 암의 발생을 막아주었다.

얼핏 보면, 우리가 반대 방향으로 작동하는 메커니즘을 하나도 발견하지 못한 것, 다시 말해서 고단백질 식단과 암 억제가 연관된 메커니즘이 하나도 없다는 점이 놀랍게 보일 수도 있을 것이다. 그러나 잘 생각해보면, 아마 이것이 가장 당연한 발견일 것이다. 내게는 그런 메커니즘이 존재한다는 것이 거의 있을 법하지 않은 일로 보인다. 있었다면 다른 모든 메커니즘의 순차적 작용을 심하게 방해했을 것이다. 이런 혼란스럽고 자기 모순적인 체계를 자연이 왜 만들겠는가? (적어도 물질대사의 영역에서는 들어본 적이 없다. 일련의 효소들이 연속적으로 작용하는 메커니즘에서, 한 메커니즘이 나중 단계의 효소를 차단하는 예는 있다. 그러나 "속도 제한"이라고 불리는 이런 사례는 다른 메커니즘과 모순되지는 않는다. 사실, 나중 단계의 효소는 진행 속도를 늦추라고 앞선 단계에 보내는 메시지인 경우가 종종 있다. 다시 말해서, 이 메커니즘들은 서로 협력하면서 항상 균형을 찾는다.) 나아가 개체군 연구의 결과를 심각하게 약화시킬 것이다. 그렇듯이, 우리 연구실의 실험에서 발견한 이 메커니즘들은 위에서 언급한 연구를 포함하여 기존의 개체군 연구를 더욱 보강해주었다.

내 관점에서 볼 때 또 다른 중요한 이야기는 영양의 기능이 대단히 통합적이고, 여러 메커니즘이 복합되어 있고, 완전히 조화롭다는 것을 암시하는 증거가 지속적으로 나오고 있다는 것이다. 이것이 바로 내가 현재 전체론적 영양의 초점이라고 생각하는 것이다. 자연이 다른 모든 메커니즘을 거스르는 하나의 메커니즘을 고안하여 암의 진행시킨다는 것이 말이 되지 않는 것처럼, 연달아 일어나는 모든 메커니즘 중에서 하나의 메커니즘을 중시하는 것도 말이 되지 않는다. 마찬가지로, 개개의 영양소가 독립적으로 작용한다거나 특정 영양소가 건강이나 병의 형성을 설명하는 메커니즘에서 다른 영양소보다 중요한 역할을 한다는 것도 말이 되지 않는다. 이것이 환원론과 대척되는 전체론의 주장이다! 역설적이게도, 과학이 구분과 환원론을 계속 강조할수록 전체론적 특징들이 점점 더 또렷하게 저절로 드러나는 것 같다. 전체론은 자연의 본질이므로, 이는 당연한 일이다. 심지어 위에서 설명한 메커니즘의 순서조차도 단순하고 선형적이지 않을 것이다. 이후, 다양한 단일 영양소가 다중의 메커니즘을 따라 고도로 통합된 방식으로 작동한다는 것이 여러 연구를 통해서 증명되었다. 전체론이 영양의 본질임을 보여주는 추가적인 증거였다.

완전한 자연식물식으로의 전환을 위한 증거

지금까지 다룬 모든 증거가 나타내는 것은 하나다. 동물성 단백질의 섭취를 최소화하고 자연적인 식물성 식품의 섭취를 늘려야 한다는 것이다. 이는 우리가 어릴 적에 듣던 "채소를 남기지 말고 먹어라!"라는 잔소리와 다르지 않다. (이것은 사실상 과학계의 모든 사람이 이미 동의하고 있는 충고이다.) 채소를 많이 먹을수록, 설탕, 소금, 지방의 비중이 지나치게 높은 동물성 식품과 자연적이지 않은 식물성 식품이 들어갈 자리가 줄어든다. 내가 동물성 단백질을 지목한 이유는 그것이 식습관의 선택과 가장 밀접한 관계가 있는 지표 또는 동기이기 때문이다. 너무나 오랫동안, 동물성 단백질은 신성한 영양소들 중에서도 가장 성스러운 영양소로 여겨져 왔다. 그러나 동물성 단백질에 대한 숭배는 유효기간이 한참 지났다. 이제는 단백질과 고기를 동의어 취급하는 것을 그만두고, 식물로도 충분한 단백질을 얻을 수 있다는 것을 인정할 때이다. 그리고 "그럼 단백질을 어디서 얻을까?"와 같은 상투적인 질문을 잠재울 때이다. 이제는 다른 종류의 질문을 듣고 싶다. 산화 스트레스와 만성 염증을 유발하는 평균적인 서구식 식단은 항산화제를 어디서 얻을까? 엽산, 칼슘, 섬유질을 어디서 얻을까? 무엇보다도, 화학적으로 분해되지 않거나 조작되지 않은 진짜 식품을 어디에서 얻을까? 우리는 자연이 주는 가장 몸에 좋은 식품에 스스로 굶주리면서 과잉 속에서 죽어가고 있다.

그래도, 왜 동물성 단백질을 식단에서 완전히 퇴출시키라고 제안하는지 궁금할 것이다. 이를테면, 80퍼센트나 95퍼센트의 자연식물식 식단을 추천해도 될 것 같은데 말이다. 이는 추가적으로 고려할 만한 합리적인 질문이다. 어쨌든 이 질문에 대해서는 연구가 충분하지 않다고 주장하는 사람들이 많을 것이다. 또 다양한 건강 식단들에 대한 비교 연구(예, 자연식물식과 1주일에 두 번 생선을 포함하는 변형 자연식물식의 비교)도 많지 않다고 할 것이다. 나는 이런 연구들과 다른 연구들이 검증되는 것을 보고 싶기는 하지만, 동물성 단백질을 단칼에 끊는 접근법을 지지하는 증거는 매우 강력하다고 믿는다.

그 첫 번째 이유는, 위의 상관관계 연구에서 나타난 그래프의 직선들이 x축과 y축이 교차하는 지점인 원점을 통과하거나 매우 가깝게 지나간다는 것이다. 이는 소량이라도 동물성 단백질을 섭취하면 질병을 촉진하는 효과가 있을지 모른다는 것을 나타낸다. 당신은 어떨지 모르겠지만, 나는 사실상 어떤 위험도 없는 음식을 먹고 싶다. 특히 그 음식이 맛도 좋고 다른 장점도 아주 많다면 더 말할 것도 없다.

또 다른 의미 있는 증거는 심혈관계 질환과 그와 연관된 퇴행성 질환에 관한 것으로, 내 첫 번째 책에서 초점을 맞췄던 중국 농촌에 대한 내연구에서 나왔다.[34] 그곳에서 130개의 마을을 조사한 우리는 그들의 심장병 사망률*이 서구 국가에 비해 월등히 낮다는 것을 발견했다.** 중국의 일부 현에서는 사망진단서 1000건 중 심장병 사망자수는 평균 1명 이하이다(이에 비해 미국에서는 1000건의 사망 진단 중 200건에 육박한다!).[35] 게다가심장병과 다른 서구형 질환의 발생률이 지리적으로 몰려 있어서, 지역의식습관 유형이 중요한 역할을 한다는 것을 암시했다. 서구 국가에는 흔한이런 질병(이를테면 심장병, 암, 당뇨병 따위) 집단은 혈중 콜레스테롤 농도와높은 상관관계를 나타냈고,*** 혈중 콜레스테롤 농도는 동물성 단백질섭취와 높은 상관관계를 나타냈다.[36] 서구형 질환은 혈중 콜레스테롤 농도가 데시리터당 88~165밀리그램 범위(평균은 데시리터당 127밀리그램)****보다 높아졌을 때 나타나기 시작했다. 혈중 콜레스테롤 농도가 이 정도

* 연령이 35~64세인 사람들 중에서
** 다른 개체군에 대해서는 비슷한 비교를 할 수 없는데, 그 이유는 고려되는 연령층에 따라서도 다르고 전체 인구에 대한 관계에 따라서도 달라지기 때문이다.
*** p값이 0.001 이하였는데, 이는 1000명 중 999명 이상이 혈중 콜레스테롤 농도가 높을수록 서구형 질환에 걸릴 확률이 높아진다는 뜻이다.
**** 이 범위에 활용된 수치는 현의 평균으로, 혈중 콜레스테롤 농도가 데시리터당 88밀리그램보다 더 낮은 사람도 있었다.

범위에 있으려면 동물성 단백질을 하루 1~12그램 정도의 소량만 섭취해야 한다. 이에 비해, 우리 서구에서는 하루 30~65그램의 동물성 단백질을 섭취하고,[34] 혈중 콜레스테롤의 범위는 데시리터당 150~300밀리그램이다.

다시 말해서, 중국 농촌에서 동물성 단백질을 가장 많이 섭취하는 사람도 서구 국가의 그런 사람에 비하면 섭취량이 10퍼센트에 불과했다. 그러나 동물성 단백질은 소량 섭취의 범위에 들어간다고 해도, 서구형 질환의 사망률 증가에 기여하는 것이 관측되었다. 따라서 이론적으로, 질병 위험 최소화의 특징은 동물 기반 단백질 함유 식품을 완전히 배제한 식단(즉, 자연식물식 식단)과 데시리터당 90밀리그램 이하의 혈중 콜레스테롤 농도가 될 것이다.

이 수치가 너무 낮아서 충격적으로 느껴지는가? 당신만 그런 것이 아니다. 수십 년 동안, 서구에서 정상 범위로 간주된 혈중 콜레스테롤 농도는 데시리터당 150~300밀리그램이었다. 오늘날 대부분의 전문가는 데시리터당 200밀리그램 이하가 "바람직하다"고 말한다. 심장병과 혈중 콜레스테롤에 대한 가장 유명한 연구 중 하나는 MRFIT(다중 위험 인자 개입 실험Mutiple Risk Factor Intervention Trial)인데, 36만 1662명의 남성을 대상으로 한 이 연구의 그래프에 나타난 혈중 콜레스테롤과 심장병 사이의 관계는 중국 시골 마을에서 우리가 관찰한 것과 같았다. 그러나 여기서는 그 연관성이 서구의 기준에서 "정상"으로 여겨지는 훨씬 더 높은 범위에서 나타난다.[37] 서구의 자료에서는 데시리터당 182밀리그램 이하라는 "낮은" 콜레스테롤 농도에서도 나이가 많을수록 여전히 높은 수준의 사망률을 나타냈다(사망자 1000명당 약 10건). 이를 중국의 자료와 비교하여 생각하면,

그보다 더 낮은 범위의 콜레스테롤 농도도 가능할 것이다. 또한 식습관이나 그와 연관된 수단을 통해서 심장병을 효과적으로 피할 수 있다는 생각에도 힘을 보탠다. 실제로, 중국의 어느 시골 현에서는 26만 5000건의 사망 진단서 중에서 심장병으로 인한 사망이 단 한 건 보고되었다!

전체론적 과학의 사례 연구

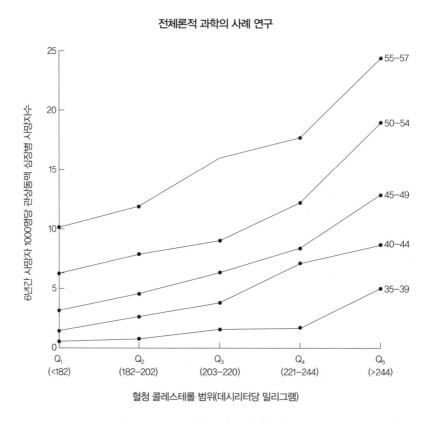

혈청 콜레스테롤 범위(데시리터당 밀리그램)

우리는 이런 "정상" 범위(데시리터당 150~300밀리그램)를 염두에 두고, 중국에서 혈중 콜레스테롤 농도를 검사하고 평균이 데시리터당 127밀리그램이라는 결과를 얻었다. 서구적인 사고방식에 갇혀 있던 우리는 이 수치가 위험할 정도로 낮은 것이 아닌지 걱정했다. 이런 맥락에서, 우리는 표본을 다른 실험실에서 다른 방법으로 재조사할 필요성을 느꼈다. 우리가 발견한 것은 이런 중국의 콜레스테롤 농도가 전혀 위험하지 않다는 것이었다. 심혈관계 질환의 발생 위험이 감소하는 것을 위험하다고 믿는 사람은 없을 것이다. 우리 몸은 놀라울 정도로 적응력이 뛰어나고, "정상"이라고 여겨지는 범위는 유동적이다. 그러나 우리 사회의 정상이 가장 적절하다는 의미는 아니다. 정상적인 혈중 콜레스테롤 농도, 또는 "정상적인" 건강에 대해서는, 우리는 서구 국가의 의료 기관이 우리에게 하는 이야기를 매우 경계해야 한다. 만성적이고 예방 가능한 질환을 젊은 층에서조차도 정상적인 노화의 일부로 받아들이고 있기 때문이다.

내가 자연식물식 식단으로 완전히 바꿀 것을 주장하는 마지막 이유이자 어쩌면 가장 중요한 이유는 한 번씩 옛 습관으로 돌아가면 이런(또는 다른) 식생활을 고수하기가 어려워지기 때문이다. 다시 말해서, 단칼에 끊는 접근법이 쉬울 수도 있다. 같은 이유에서, 금연을 하려는 사람에게도 가끔씩 "담배 피는 날"을 즐기도록 권장하지 않는다. 증거를 통해서 내가 확신하는 것처럼, 자연식물식 식단이 가장 건강한 식단이라면, 이따금씩 우리 자신을 유혹에 빠지게 할 이유가 없다.

논란이 있는 과학만이 진짜 과학이다

조금 축약되어 있기는 하지만 그 증거는 다음과 같이 소개할 수 있다. 자연식물식은 전체론적 방법과 환원론적 방법을 둘 다 써서 과학에 어떻게 접근해야 하는지에 대한 하나의 사례 연구이다. 이 책의 처음 두 장에서 소개한 이유들로 인해 논란이 일어난 것처럼, 이 접근법에도 논란이 있다.

하지만 논란은 모든 과학에 반드시 필요한 혈액과 같은 것은 아닐까? 나는 어쩌다 과학의 길로 흘러 들어와서 악한이나 무지한의 역할을 하는 사람들을 인신공격하고자 하는 것이 아니다. 제7장의 첫머리에서 말했듯이, 급진적인 논란에 대해 말하고 있는 것이다. 이 급진적인 논란은 정체되어 있는 현 상태에 대해 근본적인 이의를 제기한다. 논란이 된다는 이유로 자연식물식 식단에 유리한 증거를 묵살하는 것은 과학을 하는 정직한 자세가 아니다. 증거가 불완전하다는 주장은 논쟁의 가치가 있지만, 노골적인 묵살은 과학을 아주 좁게 환원론적으로만 접근했다는 증거다. 그리고 나는 지금까지 그 접근법이 우리에게 좋은 기여를 했다고 생각하지 않는다.

나는 광범위한 건강과 질병에 관해서 증거가 많아지는 것, 증거가 다양해지는 것이 도움이 된다는 점을 부인하지 않는다. 여기에는 이미 논한 것과 비슷한 조사 연구뿐 아니라 다른 종류의 연구도 포함된다. 그러나 한편으로는 자연식물식 식단에 호의적인 증거 전체를 (일반적인 미국식 식단을 포함한) 다른 식생활 방식에 호의적인 증거 전체와 비교해보아야 할 것이다. 반증이 빈약한 상태로 있는 한, 즉 위에서 설명한 내용과 상반된 효과를 나타내는 상관관계 연구, 개입 연구, 실험 연구가 나오지 않는 한, 우리는 우리가 갖고 있는 긍정적인 증거들을 전체론적 방식으로 잘 고려할 것이다.

우리는 증거의 단편 하나하나에 대한 게으른 비판을 근거로 그 증거의 전체적인 교훈을 무시해서는 안 된다. 만약 모든 연구가 만성 질환과 동물 기반 식단의 연관성에 대한 상관관계 연구뿐이었다면, 그 연구들은 대단히 설득력 있고 많은 의문을 불러일으켰겠지만 반드시 결론이 확정되지는 않았을 것이다. 만약 모든 연구가 심장병(그리고 여기서 다루지 않은 여러 다른 질환)의 호전과 자연식물식 영양의 연관성에 대한 개입 연구뿐이었다면, 그 연구들은 설득력 있고 많은 의문을 불러 일으켰을 것이다. 그러나 흡연에 대한 연구에서 100퍼센트 확실한 결론이 나오지 않은 것처럼, 이번에도 결론이 반드시 확정적일 필요는 없을 것이다. 만약 모든 연구가 동물성 단백질이 어떤 메커니즘을 통해서 암의 성장을 촉진하는지를 증명하는 실험 연구뿐이었다면, 이번에도 그 연구들은 설득력 있고 많은 의문을 불러일으켰을 것이다. 하지만 그 결과를 큰 맥락에서 봐야 한다는 정당한 주장도 많이 나왔을 것이다.

그러나 이 조각들을 모두 합치면, 자연식물식 식단은 광범위하고 다양하며 풍부한 맥락을 지닌 증거 전체에 의해 지탱되고 있음을 알게 될 것이다. 다음에 누군가가 자연식물식에 대한 증거가 불충분하다는 것을 당신에게 설득시키려고 하면, 증거가 충분한 식생활 방식은 무엇인지 그에게 되물어보라. 단기적인 증거와 장기적인 증거에 대해 모두 물어보자. 연구의 범위(질병 유형, 치료와 예방 따위), 연구의 깊이(메커니즘들에 대한 개체군 연구와 실험 연구가 대규모와 소규모로 이루어졌는지 따위)에 대해 질문하자. 그들이 어떤 제품을 팔고 있는 것은 아닌지 항상 의심하자. 그리고 그 제품이 건강에 미치는 효과가 장단기 연구를 통해서 잘 기록되어 있는지도 물어보자. 그들의 증거는 강력할 수도 있고 약할 수도 있다. 그러나 질문을 던지고 큰 맥락에서 증거를 해석하는 것은 항상 당신의 몫이다.

미래
내다보기

THE FUTURE of NUTRITION

Chapter ⑩

당부의 말

가능하면 평화를, 어떤 대가를 치르더라도 진실을
-마틴 루서

　자연식물식 식단에 대한 논란은 우리 기관들의 연구 방식과 관련해서 여러 소중한 교훈을 드러낸다. 우리는 기관들이 어떤 종류의 과학을 높이 사고 어떤 종류의 과학을 도외시하는 방법과 이유를 알기 시작했다. 그리고 그것이 미래 과학에 대한 연구비 지원, 발표, 수용에 어떤 영향을 미치는지, 왜 그런 영향을 주는지를 알기 시작했다. 오늘날 우리 기관들의 태도와 우리가 기억하는 (또는 기억하지 못하는) 과거의 태도 사이의 연관성은 대단히 명확하다. 하지만 어쩌면 이런 논란의 영역을 통해서 우리 기관들이 공공의 이익과 관련해서 얼마나 일을 하지 않는지가 드러났다고 말하는 것이 정확할지도 모른다.

　현재의 체계를 분석하여 잘못을 따지는 것도 유용하지만, 우리는 건설적으로도 생각을 해야 한다. 우리가 직면한 난제는 복합적이기도 하지만,

우리에게는 하나의 단순 해결책 이상의 것이 필요하다. 그렇기 때문에 전체론은 우리가 추구하는 과학의 특징을 나타내는 하나의 구조 원리로서, 이런 난제에 도전하기 위해 나아가기에 좋은 첫걸음이 될 것이다. 이는 결함이 있는 환원론적 관행에 의문을 제기할 뿐 아니라, 매력적이고 적극적인 대안을 제공한다. 우리는 대안을 제시함으로써, 현 체계를 단순히 무너뜨리기보다는 개선을 하려고 한다. 이것이 목표가 되어도 괜찮을 것이다. 기관들은 많이 망가져 있기는 해도, 철저히 파괴해야 할 정도로 가치가 없지는 않다.

기관들은 건강과 과학에서 늘 어느 정도의 역할을 할 것이다. 광범위한 정보를 꽤 훌륭하게 취합해낸다(그러나 그 정보의 해석에는 기관의 편견이 끼어들 수 있고, 돈줄을 고려해야 할 때에는 특히 그렇다). 과학에서, 전문기관들이 주관하는 학술회의는 특히 큰 돈벌이가 될 수 있다. 물론, 그에 상응하는 충분한 이익이 제공되어야 할 것이다. 그리고 특정 규제와 법과 사업 목표는 그 기관들만 가능한 집단적 행동을 통해서 달성할 수 있다.

그렇다면 문제는 이 기관들을 어떻게 없애느냐가 아니라, 어떻게 하면 역사라는 대본을 휘리릭 넘겨서 체계를 급진적으로 전환하느냐가 될 것이다. 그래야만 기관들이 더 이상 성장에 걸림돌이 되지 않고, 성장을 가속화시키게 된다. 우리는 어떻게 하면 그들의 힘을 활용하여 긍정적인 변화를 이끌어내고, 사람들에게 권한을 줄 수 있을까?

1. 기관의 역할에 항상 의문을 제기하자

권력을 지닌 모든 기관의 근면성실함과 정직은 감시의 대상이 되어야 한다. 기관의 영향을 받는 사람은 누구나 감시자가 되며, 여기에는 전문가와 일반인이 모두 포함된다. 그 기관이 공적으로 운영되든지 사적으로 운영되든지, 정치 체계와 얽혀 있든지 그렇지 않은지, 그 목적이 비영리 자선단체인지, 우리 아이들을 먹여 살리는 것인지, 학생을 교육하는 것인지는 중요하지 않다. 어떤 기관과 그 기관의 영향을 받는 사람들 사이에 힘의 불균형이 있을 때에는 반드시 그 기관의 역할이 명확하게 설명되어야 한다. 사람들은 이 불균형을 통해서 혜택을 얻을 테지만, 그 혜택이 정확히 무엇인지를 알고 동의할 수 있어야 한다.

그러나 만약 어떤 기관이 그 힘을 정당하게 사용하지 못하면, 그 정당성을 의심해야 한다. 만약 어떤 기관이 공공을 위해 일한다고 주장하지만 공익사업에 손해를 끼치면서 기업 같은 사적인 대상에게 열심히 봉사해 왔다는 것이 밝혀지면, 그 정당성이 의심스러울 것이다. 정직하지만 비능률적으로 그들의 의제를 따라가는 기관과 숨겨진 의제들을 처리하는 기관 사이에는 엄청난 차이가 있다. 두 기관 중 한 쪽은 바로잡을 수 있을지 모른다. 다른 한 쪽은 바로잡지 못할 정도로 불법적일지 모른다. 만약 어떤 기관이 내가 여기서 설명한 종류의 근면성실함과 정직을 권장하지 않거나 억압한다면, 후자의 기관일 수도 있다는 중대한 위험 신호다.

오늘날의 질병 유지 체계에서, 모든 기관은 철저한 조사와 의심에 직면해야 한다. 많은 기관이 한때 그들이 지니고 있었을지도 모르는 정당성을 무너뜨리기로 결심한 것처럼 보인다. 이것은 일부 기관이 개선될 수 없다는 뜻이 아니라, 우리 자신의 힘으로 충분히 조절할 수 있는 문제에 대한 그들의 절대적 권한 행사를 최소한 제한해야 한다는 뜻이다. 물론 내가 여기서 말하고 있는 것은 영양과 건강의 혜택에 대한 이야기이다.

그리고 그 혜택을 모든 이들이 폭넓게 접할 수 있어야 한다. 영양은 다른 어떤 생의학 분야보다도 개인의 능동적인 활동을 촉진한다. 우리는 자신이 먹을 약을 직접 만들거나 자신의 몸을 직접 수술할 수는 없지만, 장바구니에 담을 식료품은 직접 고를 수 있다. 따라서 영양의 의미를 명확하게 하는 것은 질병을 예방하고 치료할 수 있는 능력 때문만이 아니라 독립성과 자기결정권의 회복을 위해서도 특히 중요하다. 잘 먹는 것은 생리적인 면에서 혜택을 줄 뿐 아니라, 심리적으로나 사회적으로도 이롭다. 영양의 잠재력을 최대로 끌어올리기 위해서 지식의 명확성이 중요하듯이, 지식의 접근성도 중요하다. 하나의 학문으로서의 영양은 그 결정들이 개개인의 판단이라는 점을 기억할 때 가장 강력하다. 그 결정은 네슬레의 선택도, 펩시의 선택도, 미국 축산협회의 선택도 아니다. 코넬 대학교나 미국 암학회나 다른 신성한 기관에 속한 것도 아니다. 영양은 이렇게 자율적이고 평등한 과학이다. 따라서 영양의 명확성이나 접근성에 영향을 미치는 기관은 가능한 한 높은 기준을 유지해야 하며, 명확성을 저해하거나 접근성을 제한하는 기관에 대해서는 그 정당성에 의문이 제기되어야 마땅하다.

이제 곤란한 문제가 남았다. 우리는 공익을 명분으로 신성한 기관의 정당성에 의문을 제기하는 누군가를 믿을 수 있을까?

다른 기관들이 균형을 맞춰주는가?

아마 당신은 기관들의 자체 감찰을 어느 정도 믿을 수 있다는 주장을 들어봤거나, 그런 말을 듣기를 기대할지도 모른다. 어쨌든 기관들은 저마다 공익을 위해 봉사한다고 주장하기 때문이다. 그러나 내 경험상, 이는 희망사항일 뿐이다. 나는 이런 "감찰"을 직접 본 적이 있는데, 우리가 기대하는 종류의 감찰과는 정반대인 경우가 많다. 사실 이런 감찰은 궁극적으로 현 상태를 강화하고 대중의 관심이 닿지 않는 곳에서 소수 의견을 짓뭉개는 또 다른 방법일 뿐이다.

내가 염두에 두고 있는 세 곳의 사례 중에서 두 곳은 암 연구기관인 미국암연구소(AICR)와 미국암학회(ACS)이다. 앞에서 여러 번 언급된 적이 있는 미국암학회는 꽤 오래 전에 설립되었다. 이와 달리, 1982년에 설립된 미국암연구소는 식단과 영양과 암에 대한 교육과 연구의 지원에 초점을 맞추고 있는 매우 독특한 기관이다. 나는 이 단체의 최초이자 유일한 과학 고문으로서 초기 활동(1983~1987년, 1992~1997년)에 깊이 관여했는데, 식단과 암에 대한 1982년 미국 국립과학원(NAS) 보고서 내용을 요약하여 의사 5만 명에게 배포한 3절 팸플릿 제작에 공저자로 참여한 것도 그런 활동 중 하나였다.

이처럼 미국 암연구소는 암 연구에 영양을 접목시키는 일에 관심을 보였고, 이 독특한 관심이 성과가 없었던 것은 아니다. 언젠가는 뉴욕주 북부에서 카운티 영양 증진 담당 공무원들에게 발표를 하고 있었는데, 사회자가 내 발표 슬라이드 중 하나에 관해 물었다. 그 슬라이드에는 새로운 비영리 암 연구기관인 미국암연구소가 언급되었다. 그 사회자는 미국암연구소의 자문위원회에 소속된 내과의사 중에 의료사고로 기소된 사람이 있다는 "뉴스 보도"를 언급하면서(미국에서 의료사고가 형사 기소되는 일은 드물다), 이 기관의 오점을 알고 있는지 물었다. 그 자문위원회의 위원장은 나였다. 그 주장은 허위 사실이고 명예훼손이었다. 악의적인 거짓말이었다. 나는 미국암연구소에 대한 미국암학회의 적대감은 익히 알고 있었다. 미국암학회가 한 보고서의 발표와 관련해서 미국 국립과학원 소속의 우리 위원회에 협력을 요청했을 때, 우리 위원회와의 논의 과정에서 적대감을 드러냈기 때문이다. 그들의 우려는 이 보고서로 인해서 미국암학회가 암 연구에 대한 이런 시각을 대중에게 계속 알려야 하는 그들의 책임에 소홀한 기관으로 묘사될지도 모른다는 것이었다. 공교롭게도 그들의 우려는 맞아떨어졌다. 나는 중상모략에 가까운 이런 오보의 진원이 미국암학회의 고위 인사 중 한 사람일 것이라고 늘 의심하고 있다.

미국암학회 같은 조직이 외견상 상호보완적인 조직의 연구 신뢰도를 훼손하기 위해서 다른 이들과 결탁하여 공작을 벌일 수 있다는 이야기가 안타깝게도 내게는 꽤나 설득력 있고 그럴싸하게 들린다. 미국암학회는 미국암연구소를 공공 자금 지원에서 잠재적 경쟁상대로 보았고, 암을 조절하는 잠재적 요소로서 영양에 대한 언급은 그 내용에 관계없이 무조건 반대했다. 그들은 의료계를 지원하는 것을 그들의 사명으로 보았다.* 원래의 논점을 돌아가서, 만약 이 사례가 경쟁 관계에 있는 기관에 우리가 기대하는 일종의 "감시"를 암시한다면, 우리는 진짜 감시를 할 수 있는 다른 곳을 찾아야 할 것이다. 이런 종류의 감시는 감시자들과 그들과 친분이 있는 업계의 이익을 위해서만 작동하기 때문이다. 그 감시는 현 상태를 무너뜨리지 않을 뿐만 아니라, 이런 사정을 모르는 대중에 대한 통제를 강화한다.

---

* 1913년 미국암학회의 설립에서 프레더릭 호프만의 역할에 관한 제2장의 논의를 떠올려보자. 영양을 진지하게 받아들이자는 그의 의견은 무참히 버려졌는데, 이 조직을 넘겨받은 외과의사들이 국소병 학설을 선호했기 때문이다.

두 번째 사례로, 내가 나중에 알게 된 또 다른 "감찰" 집단은 기업을 열정적으로 대변하는 과학자들이었다. 나는 1985년 12월에 오헤어 힐튼 호텔에서 그런 이들과 만나서, 미국육류협회와 전미낙농업협회가 청취를 원할 수도 있는 "대단히 중요한" 프로젝트를 논의했다. 나는 전작에서 이 위원회를 "공항 클럽"[1]이라고 불렀는데, 이들이 종종 모이는 장소가 공항의 주요 고객 라운지였기 때문이다. 나는 그들이 처음에 논의한 9개(나중에는 12개)의 관심 프로젝트 중 두 프로젝트에 관여하는 이상한 "영예"를 얻게 되었다. 하나는 불과 2년 전에 시작되어 아직 알려지지 않은 중국에서의 프로젝트였고, 다른 하나는 미국암연구소와 관련된 것이었다. 이번에도, 이 사례는 과학의 영역을 침범하는 업계의 불쾌한 관행을 보여준다. 이 사례에서는 누가 누구를 통제하고 있는 것일까?

또 다른 사례는 17인의 위원으로 구성된 한 위원회에 관한 것이다. 1980년에 미국영양학협회(AIN, 현 미국영양학회)에 의해 만들어진 이 위원회는 시장에서 주장하는 영양과 식단에 관한 잘못된 사실들을 다루는 것이 목적이었다. 미국영양학협회 학부모연맹의 홍보 담당자는 내게 의결권 없는 특별위원으로 참여해줄 것을 요청했다. 당시 내가 미국실험생물학연맹의 의회 연락담당자였기 때문이었다. 이 새로운 위원회는 영양 정보의 최고 결정권자가 되겠다는 대단한 포부가 있었다. 이 분야에서 일종의 "대법원"처럼, 영양과 관련된 모든 것의 정당성을 결정할 수 있기를 바랐다.

뒤이어 일어난 일들은 당황스러웠다. 대법원이 되고자 했던 이 기관은 다른 기관들의 권위를 견제하고 균형을 맞추기보다는 어느새 자신들이 불가침의 권위를 얻은 듯이 행동하면서, 영양의 효용성에 대해 자신들 마음대로 주장할 수 있다고 여겼다. 나는 1980년에 열린 이 단체의 첫 번째 회의에서 그 이유를 곧바로 포착했다. 이 회의에서 나는 이 단체의 위원장이 제안한 보도 자료를 보았는데, 그 보도 자료에 발표된 식습관 목표에는 잘 알려져 있지만 받아들일 수 없는 건강에 대한 주장들(이를테면, 건강에 미치는 심각한 위험 때문에 금지된 레이어트릴laetrile의 활용으로 얻는 건강상의 혜택, 종종 비타민으로 잘못 알려져 있는 판가민산pangamic acid)이 두루뭉술하고 장황하게 나열되어 있었다. 증거에 기반한 식습관 목표와 이런 입증되지 않은 건강에 대한 주장들을 뒤섞어놓음으로써, 그들은 당시 큰 논란을 일으킨 식단과 심장병에 대한 맥거번 상원위원의 1977년 보고서를 훼손할 방법을 모색했다. 맥거번 상원위원의 발표와 적극적인 홍보로 대중에게 널리 알려진 이 보고서에서는 과일과 채소를 많이 먹고 지방을 덜 섭취할 것을 조심스럽게 권장했다. 물론, 이 기관에서 제시한 식습관 목표가 완전히 사기이거나 주목할 가치가 전혀 없는 것은 아니었다. 나는 내 옆자리에 앉아 있던 다른 위원이자 예전 내 선배에게 이 문제를 제기했다. 그는 내 반응을 불쾌하게 느끼는 것처럼 보였지만, 그 보도 자료는 철회되었다.

이 위원회는 1981년 미국 실험생물학 및 의학연맹의 연례 총회 기간에 두 번째 회합을 가졌다. 이번 회의의 의제에는 위원회가 영양 정보의 대법원이 되기를 희망한다는 것을 영양학협회의 새로운 감시 위원회인 학부모연맹에 공식적으로 알려야할지를 결정하는 투표가 포함되었다. 회의 참석자 중에는 미국 영양학협회 회장으로서 임기 마지막 주를 맞고 있는 로버트 올슨 교수가 있었다. 내가 봤을 때, 그는 위원회의 호의로 공식적인 추천을 받기 위해 그 자리에 있는 것이 분명했다. 그렇게 미국영양학협회 전체의 승인을 얻어서 전국적인 명성을 기대했을 것이다.

표결 시간이 되자, 위원회의 그 누구도 이 권장안에 의문을 제기하지 않았다. 그럼에도, 나는 목소리를 내야 한다고 느꼈다. 나는 이 위원회의 첫 해 활동이 특별히 인상적이지 않았다고 설명했다.* 심지어 우리는 사기성 주장을 어떻게 판단할 수 있을지에 대한 명확한 전략도 확립하지 않았다. 표면적으로는 그것이 우리가 모이는 이유였는데도 말이다! 그런 명확한 전략이 없는 상황에서, 나는 위원회가 기업의 이익과 어긋날 것 같은 특정 식습관 권장안을 충분히 정당한 이유 없이 표적으로 삼게 될까봐 우려되었다.

내가 이런 우려를 설명하자, 위원장은 자리에서 일어나서 긴 직사각형인 회의용 탁자의 한쪽 끝에서 쿵쾅거리며 돌아다니더니 내 의자의 팔걸이를 잡고 거세게 흔들었다. 그는 내게 회의실 밖으로 나가서 이야기를 하자고 요구했다. 나는 그의 요구를 거부하면서, 위원회의 지난해 활동이 인상적이지 않았다는 말을 반복했다. 바로 그때, 연합통신사의 기자 한 사람이 우리 회의실의 문을 두드렸다. 그 기자는 사전에 협의된 대로 우리 위원회의 "긍정적" 결정을 알리는 보도 자료를 받아들기 위해서 그곳에 있었던 것이 분명했다.

모든 것이 계획대로 되었다면, 즉 의심스러운 제안이 어떤 진지한 논의나 반대 의견 청취 없이 억지로 강요되었다면, 미국영양학협회의 올슨

---

* 이런 활동 중에는 사기성 주장을 주제로 하는 미국 실험생물학 및 의학연맹의 학술토론회가 있었는데, 참여가 매우 저조했던 이 학술토론회는 사실상 이 위원회 부위원장의 새 책을 홍보하는 데 이용되었다.

회장은 그 직후에 열린 미국영양학협회의 회원 총회에서 그것을 좋은 소식으로 소개했을 것이다. 그의 발표는 아마 푸념 섞인 동의나 침묵과 마주쳤을 것이다. 그럼에도, 표결은 결코 이루어지지 않았다.

나는 이와 다른 여러 경험을 통해서, 만약 우리 기관들이 서로를 감시하도록 내버려둔다면 이런 종류의 활동이 계속될 것이라는 확신을 얻었다. 아무도 권력자들 사이에서는 높은 기준의 정당성을 요구하지 않을 것이다. 대신 그들은 제5장에서 소개한 오래되고 친숙한 개념인 집단사고를 하는 경향을 나타낼 것이다. 나는 이 개념을 확장시켜서 문제점의 하나로 포함시키고자 한다. 이는 정치철학자인 한나 아렌트의 방식으로, 아렌트는 1963년에 홀로코스트를 지휘한 아돌프 아이히만의 재판에서 자신이 목격한 것을 묘사하기 위해 "악의 평범성"이라는 유명한 표현을 만들어냈다. 아렌트의 요점은 나치 독일의 해악을 과소평가하는 것이 아니라, 때로는 악이 얼마나 친절하고 겸손하게 보일 수 있는지를 강조한다. 나는 집단사고가 기관이라는 상황에서 이와 비슷하게 무난한 수준에서 작동한다는 것을 말하고 싶다. 물론, 종종 극적인 일도 일어난다. 내가 직접 겪어본 적도 있다. 그러나 집단사고는 가장 핵심으로 들어가면, 할리우드 심리스릴러 영화스러운 줄거리보다는 복종과 순응과 출세 제일주의라는 역학적인 힘에 많이 의존한다는 것도 알고 있다. 집단사고는 일상 속을 파고든다. 그리고 여느 일상이 그렇듯이, 부지불식간에 영향을 받기 쉽다. 만약 내가 기관의 자기 교정 능력과 서로를 감시하는 능력에 회의적이라면, 그것은 대체로 인간 본성의 이런 측면, 즉 평범하지만 잔혹한 집단사고 때문이다.

미디어의 기여

신뢰받는 기관들은 계속 미디어의 주시를 받고 있을 것이라는 주장도 들어봤을 것이다. 이번에도, 내 경험상 이 주장은 조금 낙관적으로 보인다. 그 주장은 얼마나 많은 미디어가 기업과 단단히 유착되어 있는지를 간과하고 있기 때문이다. 이 역시 명확한 사례가 생각난다. 2016년 가을, 나는 영국방송공사(BBC)로부터 곧 방영될 프로그램을 위한 인터뷰 요청을 받았다. 나는 옥스퍼드 대학교에서 안식년을 보내던 1980년대 중반부터 오랫동안 BBC 프로그램에 대해 좋은 인상을 가지고 있었기에, 흔쾌히 인터뷰를 수락했다. 나는 방송국에서 제안한 인터뷰 시간에 이미 시카고에서 강연 일정이 잡혀 있었기 때문에, 시카고로 가는 도중에 클리블랜드에 있는 내 친구 콜드웰 에셀스틴 주니어의 집에서 그들을 만나기로 했다. 마침 에셀스틴도 같은 프로그램의 인터뷰가 잡혀 있었다.

내가 속았다는 것을 깨닫기까지는 그리 오랜 시간이 걸리지 않았다. 인터뷰 진행자인 자일스 여 박사는 캠브리지 대학교의 유전학자였는데, 내 연구에 대해 이미 확고한 선입견을 갖고 있었고 어떤 새로운 관점을 듣는 일에는 전혀 흥미가 없어 보였다. 인터뷰 초장부터 그는 자신이 "비타협적인 육식동물"임을 내게 솔직하게 말했다. 2~3시간에 걸쳐 인터뷰를 하는 거의 내내, 우리는 골프 카트를 타고 클리블랜드 근처의 과수원을 돌아다니면서 『무엇을 먹을 것인가』에 실린 연구 결과들에 관한 이야기를 나눴다. 우리 뒤를 따라다니는 BBC 촬영진의 카메라가 돌아가는 동안, 여 박사는 내 책 『무엇을 먹을 것인가』가 전세계적으로 얼마나 큰 반향을 일으켰는지에 대해 몇 마디 이야기를 했지만, 나는 그의 말이 긍정적인 뜻이 아님을 알 수 있었다. 그는 이렇게 성공을 거둔 상황에서는 대중을 향해 하는 말에 내가 특별히 신중을 기해야 할 것이라고 넌지시 말했다.

그 후에 나는 여 박사가 에셀스틴과 그의 환자 세 명과 함께 인터뷰를 하는 모습을 지켜보았다. 그 환자들은 병세가 심각했는데 자연식물식 식단으로 바꾼 다음부터는 놀라울 정도로 몸이 회복되었다고 말했다. 환자들은 매우 분명하게 설명했고 그들의 이야기는 인상적이었지만, 내게는 믿지 못하겠다는 여 박사의 태도가 똑똑히 보였다.

두 달 후에 BBC로부터 완성된 프로그램의 방영 전 녹화본이 왔을 때, 내 우려와 의심은 사실로 확인되었다. 그것은 내 명예와 자연식물식 식단의 증거를 둘 다 훼손하기 위해 계획된 것이 분명한, 악의적인 중상모략이었다. 프로그램은 『무엇을 먹을 것인가』의 표지를 보여주면서 시작된다. 그 다음에는 대체로 신빙성이 크게 떨어지는 다른 건강 서적들과 이 책을 같은 부류로 엮어나가기 시작했다. 그 책들의 저자 중에는 암 환자의 치료 행위 때문에 감옥에 간 사람도 있었다! 에셀스틴 박사의 인터뷰와 그의 환자들의 인상적인 증언은 어땠을까? 예상대로 둘 다 포함되지 않았다. 그 인터뷰 내용은 이미 정해져 있던 프로그램의 취지에서 너무나 극단적으로 벗어나 있었기 때문일 것이다.

여 박사에 대해 말하자면, 그는 자신의 편견과 업계의 연줄을 그대로 대변한다. 인터뷰를 하고 약 두 달 후, 여 박사는 그의 관심 분야가 반영된 비만의 유전적 근거 규명에 대한 논문을 발표했다. 그 논문에서 암시하는 것은 전형적인 환원론적 연구였다. 만약 정확한 유전자 하나(또는 여러 개)를 확인할 수만 있다면, 그 유전자의 표현을 막을 수 있는 약을 합성할 수 있을지도 모른다는 것이었다(비만을 유발하거나 예방하는 식품에 대해서는 전혀 고려하지 않았다!). 논문의 맨 끝에, 여 박사는 헬름홀츠 얼라이언스 ICEMED로부터 연구비를 지원받았음을 인정한다. 헬름홀츠 얼라이언스 ICEMED는 "사노피 아벤티스 제약회사의 협력으로 강화된 연구팀과 연구센터들, 그리고 캠브리지 대학교의 선구적인 국제 당뇨병과 비만 연구센터…"로 구성된다. 내가 생각하기에, 세계에서 다섯 번째로 큰 제약회사인 사노피는 뱃살 예방약 같은 제품을 우리에게 팔게 된다면 더없이 기뻐할 것이다.

당연히, 나는 그 프로그램을 사람들이 어떻게 받아들일지 걱정스러웠다. 내 연구에 친숙한 사람이라면 프로그램의 투명한 속내를 금세 알아차릴 수 있을 테지만, 대부분의 시청자들은 그들이 보고 있는 모든 TV 프로그램에 대해 낱낱이 사실 확인을 할 시간도 여력도 없을 것이다. 결과물이 얼마나 엉성한지에 관계없이, BBC처럼 믿을만한 방송사라면 더 잘 알고 있을 것이라고 간단히 추측하는 사람도 많다. 그 주에 CNN을 통해서도 이 프로그램이 방송된다는 말을 들었을 때, 나는 대응을 해야 한다는 것을 알았다. 나는 녹화본에 대한 내 감상을 알리기 위해서 서둘러 BBC 감독에게 이메일을 보냈고, 웹사이트에 올릴 간단한 요약과 비평을 썼다. 감독은 그와 상의 없이 그런 글을 올린 것을 불쾌해했고, 에셀스틴 박사와 그의 환자의 반응과 함께 자신의 반응도 올려줄 것을 요청했다. 나는 그 요청을 받아주었다.*

프로그램이 방영되고 몇 달 후, 나는 고든 매켄지라는 한 영국 신사의 이야기를 들었다. 방송을 본 그는 사실에 대한 왜곡된 묘사가 신경이 쓰였다. 그는 BBC에 연락해서 어떤 식으로든 내게 대응할 기회를 주어야 한다고 제안했다. 아무 반응이 없자, 그는 영국 정부의 미디어 감시기구인 OFCOM에 항의했다. 그러나 이번에도 허사였다. 이 글을 쓰는 동안에도, 그는 항의를 계속 하고 있다. 한편, 클라우스 미첼이라는 진취적인 영국 기자도 내게 연락을 해왔다. 여 박사는 내가 주장을 뒷받침할 증거가 없다는 것을 그가 시인하게 만들었다는 주장을 한동안 공공연히 하고 다녔다. 그 소문을 들은 미첼은 한 컨퍼런스에서 회의에 참석한 여에게 인터뷰를 요청했다. 여는 미첼이 방송에서 잘못 표현된 부분과 내 연구에 대해 매우 잘 알고 있다는 사실을 미처 알지 못하고 있었다. 예상대로, 여는 내가 증거 부족을 시인했다는 점을 또 다시 강조했다. 이후 미첼은 인터뷰 영상을 우리에게 보냈고, 나는 그 영상에서 설명이 잘못되거나 전제가 틀리거나 과학이 빈약한 부분에 대해 내 의견을 추가했다.

나는 이 책 전체에 걸쳐, 건강과 영양에 대한 유용하고 증거에 기반한 정보가 종종 침묵을 당하는 여러 방식을 자세히 다뤘다. BBC 사건은 그 침묵을 무엇이 채우는지, 선정적으로 다뤄지는 잘못된 정보는 어떻게 창조되어서 진실이 사라진 빈자리로 어떻게 흘러들어오는지를 잘 보여준다. 이 특별한 사례는 유명 언론사(BBC), 명문 대학교(캠브리지 대학교), 정부의 유력 미디어 감시기구(OFCOM), 수십억 달러 규모의 거대 제약회사(사노피)가 복잡하게 얽히고 뒤틀려 있는 관계를 보여준다. 이 기관들은 진실이라는 최종 목표를 향해 힘을 합치고 있는 것도 아니고, 서로 견제

---

* https://nutritionstudies.org/british-broadcasting-corporation-bbc-your-credibility-is-tarnished/
  https://nutritionstudies.org/hidden-british-broadcasting-corporation-bbc-agenda-dr-yeo-gives-answers/
  https://nutritionstudies.org/british-broadcasting-corporation-bbc-credibility-tarnished-part-2/

와 균형을 이루고 있는 것도 아니다. 각자의 이익을 위해 공생을 계속할 뿐이다.

*　*　*

기관의 역할에 대한 질문은 누구의 몫인가? 양심적인 과학자? 보통 국민들? 삶을 조식하는 체계의 안팎에 있는 사람들? 모두 저마다 오점이 있고 한계가 있는 보통 사람들에게 이런 요구를 한다면, 순진한 생각일까? 만약 힘 있는 체계의 안팎에 있는 사람들의 다수가 선량하지 않다면, 우리는 누구를 신뢰할 수 있을까?

나는 이 책 전반에서 다룬 기관들에 깊게 관여해온 사람으로서 말한다. 특히 1972년부터 1997년까지 과학계의 여러 주요 기관에서 일하면서 전문가 패널에 참여하고, 공동으로 보고서를 쓰고, 연구비를 지원받았다. 한때 나는 미국암학회의 무기한 회원으로서, 미국암학회가 어떤 신청서에 연구비를 지원할지를 심사하는 평가단에 참여하기도 했다.* 내 연구의 약 90퍼센트는 미국 정부 산하 국립암연구소로부터 연구비를 지원 받았고(1972~2007), 중국 전역의 농촌 지역에 대한 대규모 프로젝트 (1983~1994)도 그런 연구 중 하나이다.** 그 외에도, 미국 국립암연구소의

---

* 나는 당시 미국암학회의 부회장이었던 존 스티븐스의 요청으로 앨런 베고츠키가 수장을 맡고 있는 심사 평가단에 들어가게 되었다. 아쉽게도 2년 후에 그 일을 그만두어야 했는데, 다른 프로젝트로 너무 버거웠기 때문이었다. 스티븐스와 베고츠키는 기꺼이 나를 불러주었다.

** 연구비 외에 다른 지원도 받았다. (1) 각각 천준시 박사와 리준야오 박사가 관리를 맡고 있는 중국 예방의학과학원과 중국 의학과학원. 이들은 300인년(person-year, 한 사람이 1년에 처리하는 작업량을 나타내는 단위)의 전문적인 노동을 제공했으며, 여기에는 코넬 대학교에 있는 내 실험실에서 (세계은행의 지원을 받은) 중국의 중견 과학자들의 20인년 연구도 포함된다. (2) 생물학적 표본을 분석한 6개국의 24개 실험실. (3) 리처드 페토 경과 질 보어햄 박사가 지휘하는 옥스퍼드 대학교 래드클리프병원의 임상실험실.

화학적 발암물질 연구 부서에서도 일했고, 미국 국립암연구소의 연속적인 행정을 위한 연구소장의 세미나에도 참석했고, 미국 국립암연구소의 새로운 연구부서를 위한 탄원서를 성공적으로 작성하기도 했다(불행히도, 내가 제안한 "영양"이라는 단어는 제목에서 삭제되었다!). 또한 나는 오랫동안 미국 암연구협회(AACR)의 전문가 회원이었다. 내 연구 결과는 그들이 동료 평가를 하는《암 연구Cancer Research》저널(최고의 암 연구 저널 중 하나)에 발표되었다.[2-5] 896쪽에 달하는 중국 프로젝트 논문[6]도 이 저널의 표지에 실렸다. 마지막으로, 최근에는 앞서 설명한 것처럼 미국암연구소에 관여했다. 거기서 16인의 국제적인 패널로 구성된 협의회의 공동 의장으로서 회원들과 국제적 전망에 대한 670쪽 분량의 연구서[7]를 만들었고, (미국과 영국 양쪽에서) 그들의 연구 부서를 조직하고 대표를 맡았다.

이런 전문가 단체와 기관으로부터 내가 혜택을 받았다는 것은 의심의 여지가 없다. 여러 걸림돌도 있었고 내 연구가 시류를 역행하는 일도 종종 있었지만, 미국의 영양과학 전문 분야에서 가장 명망 높은 지위라고 묘사되는 위치에 있는 것도 사실이다. 나는 영양과학 분야에서는 미국 최고로 손꼽히는 대학의 종신 교수 자리에 있다. 그리고 학부에서 가장 규모가 크고, 가장 많은 연구비가 지원되고, 가장 많이 발표된 프로젝트를 수행했다.* 따라서 이런 기관들의 정당성에 대해 가벼운 마음으로 의문을 제기하는 것도 아니고, 평생 따돌림을 당해서 앙심을 품은 것도 아니다. 내가 염려하는 것은 대중이고, 이런 기관들의 청렴성이다. 만약 그런

---

* 코넬 대학교 영양과학부 재무실장의 말.

청렴성이 있었다면, 나는 그런 청렴성이 개입해야 하는 상황을 사적으로 볼 수 있을 정도로 충분히 가까이 있었지만, 그렇지 않았다.

기관들이 기대치에 미치지 못하고 있다는 느낌은 오늘날 공통된 우려이고, 우리 기관들의 공신력은 사상 최저치를 기록하고 있는 것으로 보인다. 이는 고등교육기관, 미디어, 정부, 그리고 과학 그 자체를 대하는 대중의 태도에 특히 뚜렷하게 나타난다. 서글프게도, 이것이 새로운 규범일지도 모른다. 한때는 믿을 수 없을 정도로 따분하다거나 피해망상이라고 치부되었을 의견들이 이제는 흔해졌다. 이런 환경을 생각하면, 나는 많은 독자들이 이런 사례들에 대한 내용을 읽으면서 분노보다는 무덤덤한 기분이 들까봐 걱정된다. 내가 걱정되는 것은 우리가 조작과 검열과 부정직함에 지나치게 둔감해지는 것, 기업의 이익이 영양에 대한 집단적 이해보다 우선한다는 이야기를 듣고 놀라는 사람이 별로 없는 것, 내가 여기에 쓴 사례들이 별로 이례적이지 않은 것이다.

그럼에도, 내가 들은 말들과 언론이 이 문제를 보도하는(또는 보도하지 않는) 방식으로 판단할 때, 업계의 영향력이 얼마나 큰지를 제대로 알고 있는 사람은 매우 드물다. 자신의 잇속만 차리기 위한 연구 보조금, 금전적 보상이 따르는 전문 상담, 잔혹한 음해에 이르기까지, 업계는 대중이 알지 못하는 이면에서 그들의 영향력을 행사한다. 그런 이유 때문에, 나는 이 책 전체에 걸쳐서 내가 직접 경험한 다양한 사례에 초점을 맞췄다. 그 사례들 중에는 이전 책에서 언급했던 것도 있고, 다시 논하기에는 내 마음이 편치 않은 것도 있지만, 나는 이 새로운 맥락에서 그 사례들이 유용할 것이라고 굳게 확신한다. 나는 "진흙탕 속에서" 살 수 있는 이상한 행운이 있었다. 즉, 이런 기관들과 매우 긴밀한 협력을 하면서 일할 수 있었다. 대중은 그들이 낸 세금이 어떻게 쓰이는지, 그들의 건강이 어떤 영향을 받고 있는지, 지배적인 관점이 어떻게 형성되는지를 알 권리가 있다. 워싱턴 DC나 "고등한" 교육기관의 강의실에서는 그 답을 내놓아야 한다. 나아가 우리가 무덤덤할 정도로 평범한 일이 된다고 하더라도, 더 이상 업계의 영향력이 통하는 일은 없어야 할 것이다. 영양과 건강에 대해 우리가 알고 있는 것들은 오직 증거로만 결정되어야 하며, 식품과 의약품 업체들이 행사하는 힘에 의해 결정되어서는 안 된다.

나는 진흙탕 속에서 사는 것에 지쳤다.

2. 학문의 자유를 보호하고 회복하자

기관들을 어떻게 개선할지에 대한 두 번째 당부는 첫 번째 당부와 연관이 있다. 만약 학문의 자유가 없었다면, 내 경력은 아마 수십 년 전에 도랑에 처박히고 말았을 것이다. 나는 『당신이 병드는 이유』나 『무엇을 먹을 것인가』를 쓰지 못했을 것이다. 지금처럼 이 책을 쓰면서 기관의 역할에 대해 의문을 던지는 일도 없었을 것이다.

학문의 자유는 수세기 동안 지식인의 삶에서 중요한 부분을 차지해왔고, 오랫동안 종신 재직권은 이 자유를 보호하는 도구의 역할을 했다. 자격을 갖춘 교수에게 그 직을 무기한 유지할 수 있는 권리를 주는 현대적인 종신 재직권 체계가 미국에서 처음 구상된 것은 1915년이었다. '학문의 자유와 종신 재직권에 대한 원칙'[8]은 1940년에 만들어졌고, 1970년에 개정되었다. 대법관과 마찬가지로, 종신 재직권을 통해서 직위를 평생 보호받는다는 것은 대학의 내외부적으로 어떤 압력이 작용하더라도 교수의 연구와 발언의 자유를 보장한다는 의미이다. 물론, 종신 재직권이 늘 그렇게 완벽하게 작동한 것은 아니다. 세상 일이 다 그렇듯이, 목표로 하는 이상이 항상 완벽하게 실현되지는 않는다. 종신 재직권을 반대하는 일부 사람들은 이것이 교수들의 나태와 안일함을 조장한다고 주장한다. 그러나 내가 생각하기에, 이런 위험은 종종 과장되어 있다. 특히 다른 대안과 비교할 때 더욱 그렇다. 종신 재직권의 보호를 받지 못하면, 학문의 자유는 조작과 부패에 너무 취약해진다.

게다가 종신 교수의 지위는 쉽게 주어지지 않는다. 일반적으로 종신 재직권은 조교수가 7년의 관찰 기간을 거쳐 부교수로 진급한 후에 부여되는데, 이런 관찰에는 동료 위원회의 집중적인 검토가 포함된다. 그 후 부교수는 다시 7년에서 15년 후에 정교수로 승진할 수 있다. 확실히 종신 재직권은 쉽거나 빨리 얻을 수 있는 것은 아니다. 종신 재직권을 얻으려면 야망이 있어야 한다. 대학이 이런 절차를 엄격하게 지키는 한, 종신 교수직을 얻는 부류의 사람들이 종종 나오는 비판처럼 게으르거나 안일할 가능성은 드물다.

나는 버지니아 공과대학의 교수로 있을 때 서른다섯 살의 나이로 종신 교수직을 얻었다. 다행스럽게도, 내 종신 재직권은 6년 뒤에 코넬 대학교로 자리를 옮겼을 때에도 인정되었다. 내 경력을 통틀어 내 직업과 관련해서 일어난 모든 사건 중에서, 비교적 젊은 나이에 종신 교수직을 얻은 일은 확실히 가장 중요한 성과 중 하나였다. 종신 재직권은 내 입을 틀어막거나 나를 해고시키려는 수많은 노력을 막아주었다. 딱 하나만 예를 들자면, 한 번은 미국 양계협회(가금류 산업 옹호 단체)의 회장이 코넬 대학교의 총장인 데일 코슨과 농업대학 학장인 데이비드 콜에게 나의 해고를 요청하기도 했다. 코슨 총장과 콜 학장은 나를 잘 아는 사람들이었다. 사실 내가 1974년에 처음 코넬 대학교 교수직에 지원했을 때, 코슨은 콜 학장의 전임자인 키스 케네디와 함께 나를 면접하기도 했다. 그러나 그런 사연이 없었더라도, 종신 재직권은 나를 보호해주었을 것이다.

물론, 종신 재직권은 모든 형태의 외적인 위협과 조롱과 무시로부터 학자를 보호해주지는 못한다. 고용 보장과 학문의 자유가 중요한 만큼, 모든 형태의 인신공격을 완전히 막을 수는 없다. 그럼에도, 학문의 자유에 대한 보호에서는 여전히 중요한 역할을 하고 있다. 내 경우, 코넬 대학교 영양과학부의 높은 분들은 내가 하던 연구를 못마땅하게 여겼지만, 내 자리는 확고했다. 사적인 이익단체들이 내 해고를 요구했을 때조차도, 공적 자금을 지원받는 내 연구는 잘 되고 있었다.

이 안전장치의 운명은 어떻게 되었을까? 현재는 줄어들고 있는 중이다. 다음 그래프에 나타난 바에 따르면, 미국 의과대학의 기초과학 분야에서는 단 19년(1980~1999년) 동안 종신 재직권이 있는 교수직의 수가 33퍼센트 감소했다. 2004년에는 종신 재직권이 보장되는 자리는 그렇지 않은 자리보다 적어지게 되었다.[9] 그 이래로, 종신 재직권은 점점 무너져가고 있다. 학문의 자유가 거세되어 가는 것, 진리에 대한 탐구가 검열을 받고 감찰되는 것이 그리 놀라운 일은 아닌 것 같다.

종신 재직권의 감소는 학문의 자유에만 위협이 되는 것이 아니다. 2018년 4월 30일, 연합통신사는 〈대학과 보수 기부자들 사이의 관계, 문건으로 드러나다〉라는 제목의 기사를 게재했다. 이 기사는 진리의 객관적 탐구라는 대학의 공적 책임이 거액의 기부자들로 인해 어떻게 위태로워지는지를 폭로한다.[10] 기사는 다음과 같이 시작한다.

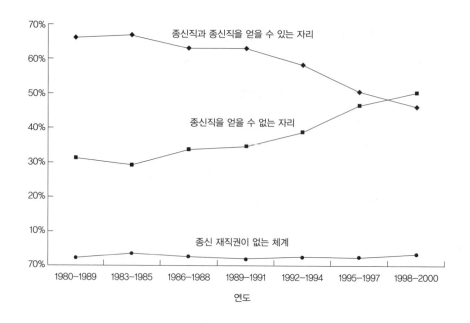

최근 공개된 문서에 따르면, 버지니아에서 가장 큰 공립대학은 보수 성향의 찰스 코크 재단에 교수 임용과 해고에 대한 발언권을 주는 대가로 수백만 달러의 기부금을 받았다. 조지 메이슨 대학교와 재단 간의 기부 합의서가 공개되기 전까지 이 대학의 관리자들은 코크 재단의 기부가 학문의 자유를 방해한다는 것을 수년간 부정해 왔다.

이 내용은 법원의 공개 명령이 떨어진 후에야 대중에게 알려졌는데, 대학 측은 수년 동안 공개를 반대했다. 이 문서에는 코크 재단이 교수 채용 위원회 소속 위원 5명 중 2명을 지명할 수 있는 권리를 통해서 캠퍼스에 상당한 영향력을 행사하는 방식이 자세히 담겨 있었다. 게다가 코크 재단은 "기준 미달 교수에 대한 해임을 권고할 수 있는… 권한을 지닌 자문위원회에 대해 임명권과 비슷한 권리를 지녔다." 그러나 두려워할 것은 없다! 대학 측은 이런 기부가 "학문의 자유를 저해"하지는 않았다고 대중과 학생들에게 장담한다. 그들의 말을 과연 믿을 수 있을까?

며칠 후, 《뉴욕타임스New York Times》가 내놓은 비슷한 기사에서는 미국 전역에 걸쳐서 기업의 이해관계가 학문적 공간에 대단히 놀라운 범위까지 침투해 있다는 것을 자세히 다뤘다.[11] 공정하게 말하자면, 대학과 코크 재단 모두 이런 합의가 그 이래로 만료되었음을 지적할 것이다. 그럼에도, 기존의 모든 합의를 대중이 철저히 검토할 수 없다는 점과 이 합의를 수년 동안 의도적으로 숨기고 있었다는 점을 감안하면, 이와 비슷한 화기애애한 관계가 어딘가에 존재하지 않는다고 믿기는 매우 어렵다.

누군가는 이런 기부자-기관 관계는 "평범한 일"이므로 딱히 대수롭지 않다고 말할지도 모른다. 나도 이런 점을 어느 정도 인정한다. 이런 관계는 확실히 업무적인 거래 방식을 반영한다. 그러나 그런 관계가 규범이 될 필요는 없고, 그래서도 안 된다. 또 어떤 사람들은 기부자도 그들의 돈이 어떻게 쓰이는지 영향력을 행사할 권리가 있다면서, 특히 그들의 영향력이 그런 위원회에서 소수 위원으로 제한되어 있었다고 말할지도 모른다. 그러나 학계에서 수십 년 동안 수많은 경험을 하면서, 나는 그런 "학술" 위원회의 소수 위원이 미치는 영향력이 작지만은 않다는 것을 알고 있다. 이런 방식의 이해 충돌을 정량화하거나 통제하는 것은 거의 불가능하다. 이런 자문위원회에서 대학 구성원이 다수를 차지한다고 해도, 향후의 자금 지원 여부를 저울질하고 있을지도 모른다는 것을 알고 있기 때문에 기부자 측 위원은 그 존재만으로도 대학 측 대표자들을 난감한 상황에 놓이게 한다.

개개의 연구 프로젝트에 대한 공정성과 학문적 진실성 주장도 의문이 제기되어야 한다. 대놓고 기업의 자금을 지원받는 연구 프로젝트에 참여할 때, 연구자들과 관리자들이 기관의 신뢰성과 객관성을 유지하는 것이 가능할까? 현실을 직시하자. 이런 체계는 코크 재단 같은 기부자들에게 극히 유리하다. 대학이 그들의 신성한 이름이 지닌 신뢰성을 돈을 받고 팔려고 하는 한(조지 메이슨 대학교의 경우는 약 5000만 달러), 어떤 연구는 이해 관계의 충족을 위해 수행될 것이고 어떤 연구자들은 매수가 될 것이다. 그리고 다른 것들은 그대로 내팽개쳐질 것이다.

이는 대단히 복잡한 음모라기보다는 아주 단순한 경제학이다. 대학은 그들이 진리를 탐구하고 학문의 자유를 보호한다고 주장하지만, 이런 거래는 그런 주장과 완전히 상반된다. 무엇보다도 최악인 것은 이런 기업과의 거래가 대중에 미치는 충격이다. 대중에게는 그들이 낸 세금에 상응하는 영향력이 부여되지 않는다. 여기서 한 번 더, 나는 세금의 지원을 받은 연구를 기반으로 하는 온라인 식물 기반 영양 전문가 과정의 성공을 대중에게 알리고자 한 코넬 대학교 홍보실이 어떤 방해를 받았는지를 상기시키고자 한다. 코넬 대학교는 그들의 온라인 프로그램인 e코넬과 좋은 관계를 이어갔지만, 그 성공을 널리 알리지 않았다. 도대체 무엇 때문일까? 영향력 있는 업계의 연구비 지원이 끊길까봐 두려웠을까?

우리는 하나의 사회로서 스스로에게 물어보아야 한다. 우리 대학의 신뢰성은 매매되어야 하는가? 공공기관에 대한 기부는 사적인 이득을 조건으로 해야 하는가? 그리고 얼마나 오랫동안 해야 하는가? 학문의 자유, 공익 재단, 심지어 언론의 자유까지도 그저 협상을 위한 카드로 바뀔 수 있고, 바뀌어야 하는가?

나는 이런 지적들이 불필요했으면 좋겠다. 많은 이들은 너무 명확한 것들이라고 말할 것이다. 그러나 나는 정통을 거스르는 연구를 수행하는 다음 세대의 과학자들이 걱정된다. 이를테면, 동물성 단백질 섭취가 암과 심장병 같은 질환에 미치는 이례적으로 광범위하고 근본적인 영향에 대한 조사와 같은 연구 말이다. 나는 그런 질문을 꺼내는 것조차 허용되지 않을까 우려스럽다. 오늘날의 연구 환경은 내가 그런 종류의 연구를 할 때보다도 어려워졌다. 만약 우리가 학문의 자유를 보호하고 회복하는 데 실패한다면, 유용한 논란을 일으키는 연구 주제에 대한 의견 교환을 어떻게 보호하고 보존할 수 있을까?

3. 기술과 산업으로부터 과학을 구하자

과학의 목적은 기술의 목적과 다르다는 것에는 많은 이들이 동의할 것이다. 그러나 그 목적은 무엇이고, 그런 구별은 왜 중요할까? 내가 생각하기에, 과학은 관찰하는 학문이며 그 목적은 지식의 추구이다. 지식은 경계도 없고 뚜렷한 종착점도 없다. 과학은 그렇게 의식 너머에 있는 지식의 영역을 탐구한다. 이에 비해 기술은 문제를 해결하여 제품을 만들어 내는 것과 관련된 건설적인 모험이다. 과학자에게 이상적인 탐구는 아직 알지 못하는 것을 추적하는 것이다. 종종 과학자들은 무슨 의문을 품어야 하는지도 다 알지 못한 채 탐구 여정을 시작하기도 한다. 어쨌든 이미 알고 있는 것이라면 이런 활동은 무의미하다. 이에 비해 기술자들은 일반적으로 인식 가능한 문제의 해결책을 탐구한다. 기술자들은 미지의 것에 이

끌리기보다는 그들이 이미 중요하다고 결정한 문제를 해결하려고 한다. 어떻게 하면 우리는 이 체계를 효과적으로 작동하게 만들 수 있을까? 어떻게 하면 우리는 이 문제를 해결하고, 그 틈을 메우고, 과제를 개선할 수 있을까? 종종 과학은 기술을 선도한다. 물론 기술이 과학적 과정에 도움을 주기도 한다.

내가 과학과 기술을 이렇게 구분하는 이유는 여러 과학 분야가 기술과 비슷하게 바뀌어가고 있는 것을 내내 봐왔기 때문이다. 영양학도 그런 과학 분야에 포함된다. 영양학 분야의 "과학자들"은 미지의 것이나 아직까지 고려된 적 없는 의문에 점점 더 흥미를 잃어가고 있다. 오늘날 영양"과학"에서 가장 무난하게 받아들여지는 종류의 문제들은 중요성이 미리 결정되어 있는 문제들이다. 어떻게 하면 충분한 단백질을 얻을 수 있을까? 어떻게 하면 영양 밀도를 정량화하고 분류하기 위한 완벽한 목록을 만들어서 활용할 수 있을까? 어떻게 하면 혈청 콜레스테롤 수치를 낮출 수 있을까? 아마 이런 질문들이 그리 나쁘게 들리지는 않을 것이다. 그러나 제기되는 문제가 이런 질문들뿐이라면, 그리고 이 질문들의 근본적인 유용성에 의문을 제기하는 사람이 아무도 없다면, 심각한 문제가 발생한다. 영양에서 기술의 장악을 명확하게 보여주는 특별한 사례는 맥락을 고려하지 않는 환원론적 영양 연구이다. 이런 연구는 맥락 없이 영양소를 (보충제로) 만들어서 문제(영양 결핍)를 해결할 수 있다는 믿음에 기초하며, 덤으로 돈도 벌 수 있다.

간단히 말해서, 영양과학은 기술의 용도로 이용되고 있다. 분석적 문제 해결을 위해서 열린 마음으로 질문을 던지는 특성은 사라졌다. 문제들은 (대부분) 이미 결정되어 있고, 그 문제의 해결을 위한 도구는 제한되어 있다. 여러 가지 면에서, 현대의 영양학은 과학과 상반된 것이 되어가고 있다. 이는 영양학만의 문제는 아니다. 많은 과학 분야가 어느 정도 기술에 굴복하고 있지만, 그렇다고 해서 영양학 분야의 변화가 덜 중요해지거나 우려가 감소되는 것은 아니다.

자연식물식 영양학은 기성 영양"과학"과는 잘 맞지 않는다. 이것은 전혀 기술이 아니기 때문이다. 온전한 자연 식품이 생산된다는 것은 알약이 생산된다는 것과는 의미가 다르다. 온전한 자연 식품은 (창조주를 기술자라고 상상하지 않는 한) 기술적인 해결책이 아니다. 게다가 자연 식품을 창조하기 위한 조건(비옥한 땅, 비, 햇빛 등)도 생산을 필요로 하지 않는다. 이런 조건과 "제품"은 이미 존재한다. 이런 것들은 대자연의 기적에 의해, 또는 우주의 우연과 설명할 수 없는 행운의 조합에 의해 결정되고 세밀하게 조정된다. 그리고 이미 존재하는 이런 조건들은 기술의 영향을 필요로 하지 않는다. 이는 기술이 식량 체계에 영향이 없다는 말이 아니다. 오늘날의 농업에서 기술은 매우 중요하다. 오늘날의 농민은 기술자가 되어야 했다. 농가의 소득은 전적으로 중장비에 달려 있고, "대형화 아니면 포기"라는 기술 천국의 논리에 의존한다. 그러나 자연식물식 영양학 자체는 기술적인 해결책이 아니다. 사실 그 반대에 가까워서, 기존 기술-과학 체계의 관심이나 연구비 지원을 잘 받지 못하고 있다.

나는 과학철학자인 체하는 것이 아니다. 나는 오랫동안 과학계에 몸담고 있으면서 그 일을 몹시 좋아한 일개 연구자일 뿐이다. 내가 알고 있는 과학은 내게 아주 특별한 기회를 제공했다. 나는 스스로 대장이 되어 광범위하고 매혹적인 의문들을 탐구했고, 그 의문이 이끄는 대로 어디로든 따라갈 수 있었다. 내 연구비 지원 신청서를 심사하고 내 논문을 평가한 전문가 동료들은 내게 설명을 요구했다. 그들은 종종 회의적이었고, 자연스럽게 시민의 논쟁이 이어졌다. 과학은 그래야 한다. 이런 회의적인 태도와 논쟁이 없었다면, 과학자로서의 내 경력은 훨씬 덜 의미 있고, 덜 생산적이었을 것이다. 그러나 이런 종류의 공개적인 시민 논쟁은 영양학 분야에서 점차 사라져가고 있다.

기술과 달리, 연구는 제품이 아니며 제품이 되어서도 안 된다. 연구는 점점 나아가는 작업일 뿐이다. 세상을 바라보는 정확하고 유용한 시각을 결정하는 과정이다. 우리는 그 과정에서 의문을 제기하고, 틀을 새로 짜고, 새로운 의문을 발견한다. 어떤 연구자는 매우 특별한 발견을 심도 있게 연구하는 것을 좋아한다. 아마 양적 특성과 타당성이 확고하게 확립되기까지는 오랜 시간이 걸릴 것이다. 어떤 연구자는 결과의 범위와 깊이와 맥락을 동시에 조사하는 실험을 좋아한다. 두 경우 모두, 시간이나 연구비가 동날 때까지 가설의 검증을 계속할 것이다. 우리는 단 한 번의 실험 결과에 시선을 고정시키는 일은 거의 없을 것이며, 우리가 의문을 제기할 가치가 있는 질문이 떨어지는 일도 결코 없을 것이다.

기술의 세계에서, 제품은 그것이 하려던 것을 하는 데 성공할 수도 있고 실패할 수도 있다. 이런 성공이나 실패는 검증하고 개선하기가 비교적 쉽다. 과학은 그렇지 않다. 과학에서는 열린 마음으로 관찰 가능한 미지의 세계에 자신을 밀어 넣는다. 그리고 그렇게 할 때에는 매우 신중해야 한다. 만약 성공이나 실패에 관해 어떤 선입견을 갖고 연구를 시작한다면, 우리는 이미 길을 잃은 것이다. 성공과 실패는 관찰 행위와는 완전히 분리되어 있는 가치 판단이기 때문이다. 기술에서는 연구가 향하고자 하는 지평이 뚜렷하게 보이는 편이다. 반면, 과학에서는 그 지평이 흐릿하고 아주 멀리 있다. 나는 과학이 해석되거나 활용되어서는 안 된다는 주장을 하려는 것이 아니다. 결국 우리는 우리가 관찰한 것을 돌이켜보면서 적절한 행동과 미래의 질문을 결정해야 한다. 그러나 관찰과 그 관찰에 대한 가치 판단을 뒤죽박죽으로 섞어놓는 것은 특별한 결과를 찾고 있는 사람의 역할로 빠져 들어가는 것이다. 이는 과학이 아니다.

물론 기술이 우리 삶을 풍요롭게 만들어주는 것도 사실이다. 당신의 손에 들려 있는(또는 화면에 떠 있거나 귀로 듣고 있는) 바로 이 책이 기술의 본보기이다. 책은 시간과 공간을 가로질러 언어를 전달하는 방법이라는 수수께끼에 대한 해결책이며, 우리 인간종의 발전에 엄청난 영향을 끼쳐왔다. 마찬가지로, 기술도 건강과 안녕의 증진에 큰 역할을 한다. 만약 허벅지 뼈가 부러져서 병원에 가게 된다면, 나는 X-선 촬영에 대해 저항하지 않을 것이다. 그러나 영양과 영양으로 조절되는 질병에 대해서는 기술 이외의 것을 볼 수 있어야 하고, 그에 따른 연구비도 지원될 수 있어야 한다고 생각한다.

그러려면 생각에 중대한 변화가 필요하다. 오늘날 영양보조제nutraceutical(영양nutrition과 제약pharmaceutical의 합성어로, 병의 예방이나 치료에 도움이 되는 식품이나 보조제)라는 단어가 눈에 띄는 것은 우리에게 시사하는 바가 크다. 현재 우리가 영양과 기술을 분리하고 있는 것이 아니라 얽히게 하고 있다는 것을 보여주기 때문이다. 영양보조제라는 단어는 약으로서의 영양소, 다시 말해서 기술로서의 영양을 언어적 수준에서 찬양하는 것이다. 내가 정말로 두려운 것은 이 단어가 영양학을 진지한 "과학"으로 강조할 때 종종 쓰인다는 점이다. 제약이라는 놀라운 기술에 함축된 의미를 도입함으로써, 영양을 강력하고 중요한 것처럼 보이게 하는 것이다.

그러나 영양소는 약이 아니다. 그리고 영양보조제 개념은 완전히 허상이다. 짙은 안개에 불과하고, 아무 데도 갈 수 없는 다리이다.

전체론적 영양의 과학은 X-선 촬영 기술과는 편안하게 공존할 수 있지만, 전체론적 영양은 기술로서의 영양에 대한 개념과는 양립할 수 없다.

기업이라는 옷을 입은 과학

과학과 기술의 경계선이 이렇게 흐릿해진 결과, 과학은 이윤을 낼 수단으로서 기술을 요구하는 기업과 점점 더 얽히게 되었다. 미국에서 이런 기업-기술-과학의 복잡한 관계가 어떻게 형성되었는지를 알고 싶으면 식생활 지침의 발전 과정만 살펴보면 된다. 1980년 이래로, 미국 농무부와 보건복지부가 함께 이 지침의 개발을 지원했다. 농무부가 축산업의 영향을 받는다는 것은 부인할 수 없는 사실이다. 사실, 미국 농무부는 1862년에 처음 만들어졌을 때부터 줄곧 농업을 위해 일하는 것이 주목적이었다. 이는 표면적으로는 나쁜 것이 아니다(미국 농민의 이익은 대변되어야 하고, 소중히 여겨져야 한다). 그러나 1862년 이래로, 상황은 엄청나게 많이 바뀌었다. 오늘날 미국의 농업은 마음속에 남아 있는 작고 오래된 가족 농장이 아니다. 가축과 관련 작물의 생산 효율성 극대화를 위해 내달리는 거대한 사업으로서, 최고의 건강이 아니라 최고의 이익 달성을 목표로 하고 있다. (영양과학이 점점 기술에 초점을 맞추고 있는 것처럼, 농업도 마찬가지이다.) 그러므로 미국 농무부가 식생활 지침을 만드는 작업에 착수했을 때, 과학에서 하는 말을 그대로 따라서 미국의 기업형 농업 기술을 약화시킬지도 모르는 권장안을 과연 내놓을 수 있었을까? 정부가 한 업계와 얽혀 있는 한,

정부의 권장안도 그 업계의 이익과 얽힐 수밖에 없을 것이다. 한편, 농무부와 함께 미국 식생활 지침을 개발한 미국 보건복지부는 제약업계로부터 비슷한 영향을 받고 있다. 이는 그리 놀라운 사실은 아니다. 건강과 건강을 유지하기 위한 체계에 대한 개념이 약과 수술의 활용에 중점을 두고 있는 상황에서, 미국 보건복지부가 어떻게 제약업계의 영향을 받지 않을 수 있겠는가?

식생활 지침 자문위원회가 5년마다 식생활 지침을 갱신할 때, 대중에게 어느 정도 지적할 기회를 주는 것은 어쩌면 투명하고 공정하다는 인상을 주기 위한 것일지도 모른다. 최근 보고서에 따르면, 대중은 75일 동안 의견을 제시할 수 있었다.[12] 이 절차에 대해 들었을 때, 많은 사람들이 좋은 인상을 받는다. 나는 그렇지 않았다. 보여주기식 대중 참여는 그렇다손 치더라도, 전체적인 체계도 정치적으로 통제되고 있다. 첫째, 식생활 지침 갱신을 위한 과학 자문위원회에 선정된 위원들은 기업의 이익에 도전하는 것을 꺼리는 경향이 있다. 실제로 그들 중에는 기업과 관련해서 개인적 이해 충돌을 일으키는 사람이 종종 있다. 둘째, 대중의 의견을 수렴하기 위해 만들어지는 최종 보고서는 농무부 장관의 승인을 받아야 하는데, 장관은 과학자도 아니고 감시의 눈초리로 축산업을 계속 지켜볼 만한 사람도 아니다. 그런데 자문위원회의 위원들은 축산업계에 신세를 지고 있고, 궁극적으로 그들에게 보고를 해야 하는 처지이다.

나는 내 친구인 하버드 대학교의 마크 헤그스테드 교수와 미국 식품의약국의 앨런 포브스가 1980년에 내 옆 사무실에서 첫 번째 식생활 지침 보고서를 썼을 때부터 이 프로그램의 변화를 가까이에서 봐왔다. 마찬가지로, 나도 이와 비슷한 정책 위원회에서 몇 번 일한 적이 있었다. 그래서 2015년 5월에 75일간의 대중 참여 기간이 시작되었을 때, 나는 33개의 전문 참고문헌과 함께 적절한 근거 자료를 달아서 2015~2020년 보고서 초안에 간과되었다고 생각한 몇 가지 문제점에 대한 773단어 분량의 논평을 제출했다.[13] 저명한 의회 신문인 《더힐The Hill》(의회 사무실에 두루 배포된다)은 그 보고서에 대한 2만 9000여 개의 의견 중에서 내 논평을 1면에 다뤘다. 내 논평이 큰 관심을 받고 있다는 사실에 나는 잠시 고무되기도 했지만, 미국 농무부 집단은 그 관심을 무시했다.*

가장 최근 식생활 지침(2015~2020년)[12]에 수록된 "행동 전략"에서, 이 지침의 저자들은 "식품 소매업계와 식품 서비스업계에서 〈식생활 지침〉에 맞는 식품의 (판촉,) 개발, 적용"을 장려한다. 이 특별한 지침은 다음과 같이 가정하고 있다. (1) 미국 농무부의 지침은 "유익한" 변화를 장려할 수 있는 위치에 있다. (2) 업계는 그들의 노력을 기울일 것이다. 그리고 가장 중요한 것은, (3) 그 영향력은 지침에서 업계 쪽으로 일방적으로 행사되고 있다. 나는 이 문제에 대해 다른 시각을 가지고 있다. 지난 20~30년의 관행을 고려할 때, 업계가 이 지침을 따르기보다는 이 지침이 기업의 영향력에 휘둘리는 경우가 확실히 많다.

업계의 영향을 받지 않는 건강한 식생활 지침을 기대한다는 것이 비현실적이거나 순진하다는 생각이 든다면, 이런 경우를 생각해보자. 캐나

---

* 그 권장 사항 중에서, 내가 제안한 것들은 다음과 같다. (1) 에셀스틴과 오니시의 심장병 호전 증거를 인용해야 하는데, 그 보고서에는 그런 연구가 없다는 의미를 내비치고 있었기 때문이다. (2) 암에서 영양의 효과에 대해 언급해야 한다(그런 언급은 사실상 전무했다). (3) 현재 미국에서 시행되는 의료 서비스 비용은 세계에서 가장 높지만, 투자에 비해 돌아오는 건강은 가장 낮다는 점을 지적해야 한다.

다는 2019년 식품 지침[14]을 개발할 때, 업계의 참여를 제한했고, 그 결과 대중을 위한 올바른 방향으로 새로운 발걸음을 내딛을 수 있었다. 권장사항에는 "식물에서 유래한 단백질 식품을 많이 선택하고…, 영양 요구량을 맞추기 위해서 다량의 단백질 식품을 섭취할 필요가 없으며…, 음료로는 물을 선택하라"는 것이 포함되었다. 다른 변화로는 놀랍게도, 폐기된 권장사항도 있었다.

1인분 또는 1일분에 대한 구체적인 권장량은… "아무도 실제로 따르지 않고, 1인분이 얼마나 되는지 아무도 몰랐다…." 요니 프리드호프 박사는 이렇게 말했다. "그러나 그런 권장량은 식품업계에 막강한 힘을 부여했다. 특히 유제품업계는 하루에 얼마나 많은 유제품을 먹어야 하는지, 캐나다인들의 유제품 소비가 이에 얼마나 못 미치는지에 관해 이야기했다."

내가 볼 때, 캐나다의 권장사항은 최적의 식단이 되기에는 아직 갈 길이 멀다. 과학을 기반으로 비판할 부분이 있다. 그러나 이 과정에서 업계의 영향을 줄이려는 시도를 했다는 점에서 대단히 높은 평가를 받아 마땅하다. 이 권장사항의 발표에 불만을 표한 집단 중에는 캐나다 낙농가협회도 있는데[14], 내 생각에 이는 좋은 징조이다. 만약 훗날 언젠가 미국 식생활 지침이 업계의 손아귀에서 벗어날 수 있다면, 우리도 미국 가축생산자협회와 미국인의 건강을 제물로 삼고 있는 다른 특정 이익단체로부터 이와 비슷한 반대 의견을 듣게 될지도 모른다.

***

    기술의 목적과 산업의 영향을 벗겨내면, 우리에게는 무엇이 남게 될까? 이 두 개의 닻으로부터 자유로워지면, 과학은 무엇을 할 수 있을까? 아마 상황에 따라 다를 것이다. 나는 오직 과학을 위해서 모든 과학을 무조건 옹호하지는 않을 것이다. 언젠가는 확실한 과학 이론으로 정립될지도 모르는 과학적 가설의 가치는 여러 가지에 의해 결정된다. 이를테면, 아무리 영리하게 연구를 설계하고 아무리 정확하게 측정을 한다고 해도, 큰 의미를 지닌 연구라는 보장이 없다. 그럼에도 올바른 조건만 주어진다면, 과학은 기술로서의 과학과 사업으로서의 과학에 비해 훨씬 더 큰 성과를 얻을 수 있다.

    우리가 모든 일원의 안녕과 미래를 생각하는 사회라면, 우리는 과학의 거칠 것 없는 자유를 소중히 여기고 그 온전함을 믿겠다는 결단을 내려야 한다. 오늘날의 "과학"은 외적 요인에 너무 많이 얽매여 있다. 정책과 규제와 마케팅에 대한 결정은 실질적으로 기업 보호, 현상 유지, 대중에 대한 시혜적 태도, 비용 지불, 복지부동을 기반으로 이루어진다. 과학은 외부의 이익단체에 기대지 않고 온전히 공적자금의 지원만으로 독립적으로 연구될 때조차도, 인정을 받기 위해 안간힘을 쓸 것이다. 과학의 가치는 이렇게 폄하되어서는 안 된다. 관찰의 방법으로서의 과학은 그 자체만으로도 매력적이지만, 과학의 진정한 유용성은 훗날 상반된 해석들이 나와서 교차 검증이 되고 일생일대의 중요한 결정을 내리기 위한 통찰들이 모일 때 비로소 나타나기 때문이다. 그리고 그 정점에는 예의를 갖춰 진행되는 시민 논쟁이 있다.

그러나 과학이 기술과 산업의 손아귀에 잡혀 있는 한, 그렇게 배려하는 논쟁은 충분히 관심을 받지 못할 것이고 "과학"은 그 잠재력을 계속 제대로 발휘하지 못할 것이다.

4. 영양을 치유하자

위의 세 가지 당부는 여러 과학 분야와 그 외의 일상에까지도 적용될 수 있는 일반적인 내용이었다. 이와 함께, 나는 영양학 분야만을 위한 특별한 당부를 하려고 한다. 이 당부는 지금까지 내가 다뤘던 모든 문제의 정점이라고 할 수 있는데, 바로 과학다운 과학에 의해 정보를 얻기 위한 치유 절차이다.

1. 공인된 모든 의과대학의 교육 과정을 위한 효과적인 영양과학 교육 프로그램을 만든다. 영양과학에 대한 적절한 훈련이 되지 않은 의료기관은 정부의 지원을 받아서는 안 된다. 적절한 훈련을 제대로 받기 위해서는 교실 수업과 실습(최소 2주 동안 자연식물식 식단을 실천하고 그 결과를 실험실에서 약식으로 평가해볼 수도 있을 것이다)이 모두 필요하다.

2. 이런 영양학 교육을 적용하는 1차 진료 내과의사를 위한 지원 절차를 개발한다. 이런 지원이 없는 현재의 상황은 개인적, 직업적, 제도적, 사회적, 도덕적으로 부끄러운 일이다.

3. 새로운 국립 영양학 기관을 설립한다(현재 27개인 미국 국립보건원 산하 기관에 포함시킨다).

4. 식품 보조금 프로그램을 개선하여, 신뢰할 만한 영양학적 증거와 잘 맞고 소비자를 보호하는 식품 생산을 권장한다.
5. 소비자의 이익을 위해 봉사하고, 순수한 기부 신탁의 지원을 통해서 기업의 금전적 이해관계의 영향을 전혀 받지 않는 식품 및 영양 자문위원회를 만든다.

이제 우리는 용감해져야 한다. 과학다운 과학이라는 개념으로 돌아가면, 영양 분야에서는 엄청난 붕괴가 일어날 것이다. 그러나 여기서는 바로 이런 붕괴가 중요하다. 아이러니하게도, 이와 가장 비슷한 종류의 붕괴는 기술의 세계에서 나왔다. 새롭게 부상하고 있는 "와해성 기술 disruptive technology"은 오래된 기술을 진부한 것으로 만들어버릴 정도로 업무 수행 방식을 크게 변화시키는 기술을 말한다. 의료 분야에서 앞으로 유용할 것으로 예견되는 와해성 기술의 사례로는 인공지능(AI)이 있다. 스탠포드 대학교의 한 연구진에 따르면, "최근 대규모 자료 집합과 딥러닝이 발전하면서, 당뇨망막병증의 감지,[15] 피부암 분류,[16] 부정맥 감지[17]를 포함한 의료 영상 작업에서 알고리즘은 전문 의료인보다 뛰어난 기량을 보였다."[17] 따라서 의료계에서 AI의 사례는 와해성 기술은 질병의 진단 업무에서 인간 전문가의 자리를 위협할 뿐만 아니라 기술적으로 정확한 진단을 제공한다.

그러나 자연식물식 식단은 기술이 아니므로 "와해성 기술"이라는 이름을 붙일 수 없다. 그래서 표현을 조금 바꿔보려고 한다. 자연식물식 영양은 와해성 과학이라고 하는 편이 잘 맞는다. 자연식물식 영양은 제약, 식품 생산, 치료, 입원과 관련된 많은 산업의 붕괴를 위협하며, 그 산업에서도 이런 위협을 잘 알고 있다. 만약 자연식물식 영양이 광범위하게 적용된다면, 그런 산업과 관련된 일자리가 많이 사라질 것이고 많은 이들의 재산이 위협을 받을 것이다. 그러나 우리는 그런 불편한 사실이 건강 개선을 방해하게 두어서는 안 된다. 아니면 새로운 방향으로 혁신을 이뤄낼 능력에 확신이 없는 것일까?

나는 와해를 찬성하는 쪽에 한 표를 던지고 싶다. 내가 아는 긍정적 변화 중에서 이전의 것을 무너뜨리지 않고 이뤄진 것은 없었다. 그리고 영양에 대한 무지는 생의학 연구와 진료 체계 전반에 속속들이 스며들어서 너무나 큰 피해를 일으켰으므로 붕괴되어야 마땅하다. 영양 이상은 의문의 여지가 없는 1등 사망 원인이고, 끝없이 치솟는 비용의 원인이고, 최근에는 환경 재앙의 가장 큰 원인이다. 만약 우리가 이런 마지막 결론을 무시한다면, 지금까지 내가 이 책에 쓴 글은 모두 쓸모없는 이야기가 되어버린다. 그러므로 나는 살고자하는 마음을 담아서 미래를 위해 마지막으로 한 번 당부한다. 영양을 치유하자.

식단을 바꾸면 코로나19를 물리칠 수 있을까?

이 책은 2020년 초반에 거의 완성되었고, 7월 말까지 편집만 남은 상태였다. 그 사이 신종 코로나바이러스 사태가 터지면서 삶은 유례없이 큰 혼란에 빠졌다. 일자리가 사라졌고, 유치원부터 대학까지 모든 교육기관이 폐쇄되었다. 군중이 모이는 행사는 취소되고 금지되었으며, 전세계에서 기업들이 문을 닫았다. 나는 이 책의 중심 메시지가 코로나19 같은 바이러스성 질환에도 적용될 수 있을지에 대한 문제를 잠시 생각하지 않으면, 여기서 내가 하고자 하는 이야기가 불완전해질 것 같은 느낌이 들었다.

결론부터 말하자면, 적용될 수 있다! 게다가 이 재앙은 물론, 앞으로 닥칠 바이러스성 전염병과 전세계적 유행병에 대해서도 엄청난 차이를 만들어낼 힘이 있다고 믿는다. 마스크 쓰기, 자주 손 씻기, 공공장소의 소독, 사회적 거리두기와 같은 기본적이고 실용적인 조치들은 쉽게 이해할 수 있고 반드시 필요하지만, 나는 영양의 힘에 관해서도 여기서 다하지 못한 강력한 이야기가 있다고 믿는다. 우리는 이 이야기에 귀를 기울여야 한다. 그것도 되도록 빨리! 그렇지 않으면 나는 우리가 이 행성에서 존재를 스스로 위험하게 만들까봐 두렵다.

이 정보를 가족, 친구, 대중에게 전달하는 과정에는 여러 걸림돌이 있다. 농업, 식품, 약물, 의료 기반시설과 관련된 산업을 합친 규모는 우리 경제에서 엄청난 비중을 차지한다. 그리고 식생활의 대대적 변화를 장려하는 것은 그들에게 그다지 이익을 가져다주지 않는다. 나는 내 경력을 이어가는 내내 그들의 막강한 힘을 여러 번 봐왔다. 그런 힘의 행사에 대한 내 관점은 언제나 같다. 나는 다른 사람들에게 지레 겁을 주어 내 조언을 듣게 하거나, 권위 있어 보이는 학회가 기업의 승인을 얻어 내놓는 "지침"에는 관심이 없다. 나는 사람들 스스로 선택할 수 있고, 그래야 한다고 확신한다. 의료와 식품 접근성에 대한 인종과 경제력에 따른 불균형을 포함하여, 설명되어야 할 다른 걸림돌도 분명 있다. 그러나 중요한 것은, 영양과 질병에 관한 신뢰할 수 있는 정보를 대중에게 모두 준다는 것이다. 그리고 내가 65년 동안 이 일을 해오면서 알게 된 정보의 상당 부분은 업계를 위협한다.

내가 코로나바이러스 판데믹과 관련이 있다고 생각하는 정보는 전문적인 조사와 동료 검토를 통해 발표된 중국 농촌에 대한 연구에서 나온 자료이다. 나는 1980년대 초반에 이 연구를 조직했고, 중국과 옥스퍼드 대학교의 뛰어난 연구진이 함께 연구를 지휘했다. 이 연구는 1983년에 (130개의 마을에서 35~64세의 성인 6500명을 대상으로) 수행되었고,[1] 1989년에 다시 이루어졌다(이번에는 중국의 138개 마을에 타이완에 있는 16개 지역이 추가되었고, 총 인원은 8900명이었다).[2] 질병 사망률, 생활 방식, 식단, 영양에 관해서, 비길 수 없을 만큼 방대한 양의 자료가 (식품 섭취 기록과 혈청 표본 채취를 통해서) 수집되었다. 이 정보 중 일부는 내 이전 책들에서 이미 다뤘지만, 현재의 위기 상황과 관련해서 가장 흥미로운 자료는 네 가지 바이러스와 다양한 암의 관계이다. 특히, 우리는 간암과 그로 인한 사망의 주된 원인인 B형 간염 바이러스(HBV)를 연구했다.

이야기를 진행하기에 앞서, 나는 바이러스와 관련해서 기본적인 것이지만 종종 잘못 알고 있는 것에 대해 설명하고자 한다. 바로 바이러스가 대단히 다양할 것이라는 생각이다. 어떤 면에서 보면, 바이러스들은 모두 다르고 각각의 변이 바이러스는 저마다 독특한 증상을 만든다. 그러나 결정적으로, 모든 바이러스에는 공통점도 있다. 바이러스가 우리 몸에 침투하는 과정, 면역계가 각각의 변이 바이러스에 맞춰 방호벽과 항체를 만드는 과정은 모든 바이러스가 대체로 동일하다.

이 사실을 염두에 두고, HBV 바이러스에 대해서 통계적으로 유의미한 상관관계가 있는 네 개의 자료 집합을 얻었다. 두 개는 항체와 항원의 양성률과 식물성 식품 인자의 연관성에 관한 자료 집합이었고, 다른 두 개는 동일한 항체와 항원 양성률과 동물성 식품 섭취 표지의 연관성에 관한 자료 집합이었다.[2]

각각의 자료 집합은 일관적이고 독립적으로 같은 결론을 지지했다. 식물 기반 식품 섭취는 항체 증가와 항원 감소와 연관이 있는 반면, 동물 기반 식품 섭취의 표지들은 이와 반대로 항체 감소와 항원 증가와 연관이 있었다. 놀랍게도, (미국의 평균 섭취량에 비해) 소량의 동물 기반 식품 섭취도 이런 효과를 냈다. 게다가 이런 소량의 섭취는 간암 사망률과도 높은 상관관계를 나타냈다 (P<0.001). 채소의 섭취는 항체 양성률과 특별히 높은 상관관계를 나타냈다(P<0.001). 다시 말해서, 식물 기반 식품은 면역을 촉진한다. 반대로, 동물 기반 식품은 죽음을 촉진한다.

동물 실험 연구도 간암 사망률과 동물성 식품 섭취의 연관성을 추가적으로 뒷받침해주었다. HBV 바이러스에 의해 간암이 발생하도록 유전적으로 조작된 생쥐는 동물성 단백질의 양이 좋은 건강을 유지하는 데 필요한 최소량 이상으로 증가했을 때에만 간암이 발생했다. 이 충격적인 결과는 조직학적으로, 생화학적으로 모두 관찰되었다.[3-5]

나는 이런 연구 결과가 코로나19에도 똑같이 적용된다고 자신 있게 주장한다. 특히 심장병이나 다른 만성 퇴행성 질환과 같은 영양 관련 질환을 이미 갖고 있는, 흔히 동반 질환이라고 불리는 상태의 고령자에게도 적용될 수 있다. 평생에 걸쳐 자연식물식 식단을 실천하면, 코로나 19에 대한 민감성은 낮아지는 동시에 코로나 19의 항체는 증가하는 상승효과가 나타나야 할 것이다. 다른 연구에 따르면, 항체와 같은 면역 반응은 수일 내에 시작될 수 있어서 아직 코로나 19에 감염되지 않은 사람들에게 면역력을 증강시킬 충분한 시간을 제공할 수도 있다.

나아가, 코로나 19에 감염되었던 사람도 재감염이 될 수 있다는 최근의 뉴스를 생각하면, 이런 식습관이 유지되어야만 할 것이다. 이런 상황에서 식생활의 변화는 하나의 대비책일 뿐만 아니라 늘 대비하고 있는 상태로 만들어줄 것이다.

그래서 결론을 내리자면, 코로나19와 영양 사이의 연관성에 대한 직접적인 증거는 없지만, 그런 영양 전략으로 코로나19 같은 바이러스성 질환에 빠르고 안전하고 종합적으로 대처할 수 있는 장기적인 프로그램을 만들 수 있다고 확신한다. 그런 영양이 전체적인 면역을 강화하고 방금 다뤘던 바이러스 특이적 과정의 여러 부분을 보강해주기 때문이다. 만약 내가 옳다면, 미래에는 새로운 바이러스의 유전적 특징을 알아내고 효과적인 검사 절차를 개발하자마자, 전염병에 관습적으로 이용되는 관행 이외의 사회적 관행이 부과될 필요가 없을 것이라고 생각한다. 그리고 무력감을 느끼면서 엄청나게 비싼 약이나 효과와 안전성이 천차만별인 백신이 개발되기를 기다리지 않아도 될 것이다.

우연히도 내가 후기를 쓰기 시작한 직후, 데이비드 겔러스와 제시 드러커는 《뉴욕타임스》에 코로나바이러스 백신에 대한 기업의 경쟁과 관련된 기사를 발표했다.[6] 일부 개인적인 벤처 자금도 있지만 대부분 세금인 수십억 달러의 자금이 백신 개발에 대한 희망과 함께 물처럼 흘러간다. 한 번도 약을 개발해본 적 없는 조직마저도 뛰어들면서, 과장 광고와 허위 주장이 난무한다. 이런 노력은 무엇보다도 "간절한 대중"을 위해서 이루어져야 한다는 것을 이 기사는 올바르게 지적한다. 그러나 이 기사, 그리고 비슷한 다른 논평들이 놓치고 있는 것이 있다. 대중을 구성하는 개인들이 자신의 운명을 통제할 수 있다는 가능성이다.

요약하자면, 나는 여기에 인용된 경험적 증거와 전체적인 건강에 자연식물식 영양이 미치는 포괄적 효과를 증명하는 수많은 증거를 토대로 이 가능성을 굳게 믿는다. 누누이 내가 강조하는 것처럼, 여기서 내가 제안하는 영양의 효과는 분리된 영양소가 아니라 온전한 자연 식품에서만 얻을 수 있다.

마지막으로, 나는 코로나19라는 이 무서운 경험이 우리 사회 전반에 걸친 영양의 역할과 그 장대한 메시지를 실천할 기회라고 생각한다. 큰 비용을 치르고 있는 만큼, 지금이 바로 위기를 기회로 삼아야 할 순간이다. 그 비용에 대한 보상을 받아내자!

자연의 마지막 말

논픽션 책은 종종 행동을 요구하는 글로 끝을 맺는다. 여기서 저자는 독자들에게 다음 행보를 처방한다. 행동 요구의 질은 전환율을 계산하여 정량화할 수 있다. 다시 말해서, 저자가 바라는 행동을 취한 독자의 비율로 가늠할 수 있다. 영양에 대한 정보는 모든 종류의 행동 요구가 가능하다. 우리 협회에 등록하세요! 관리법을 구매하세요! 아마존 열대우림의 놀라운 건강 비결을 모두 담아낸 기적적인 종합비타민을 구입하세요! 이런 혐오스러운 사례들은 일상적인 대화와 마케팅의 논리를 가르는 장막이 얼마나 얇아졌는지를 단적으로 보여준다. 우리 사회에서는 건강과 개인의 안녕에 관한 이야기조차도 마케팅의 술수에 의존하지 않고서는 마무리를 짓기 어려워 보인다.

건강과 영양에 관한 한, 나는 지나치게 단순화된 행동 요구 형식에 넌

더리가 난다. 이 주제 곳곳에 스며들어 있는 복잡성과 난해함을 생각하면, 이런 행동 요구들은 불충분할 뿐만 아니라 군대의 행진과 같은 획일적인 모습이 연상된다. 요구하는 행동도 너무 많고, 반사적인 반응도 너무 많고, 또 다른 상품을 팔려는 광고와 사기꾼도 너무 많아서 두렵다. 눈보라처럼 휘몰아치는 이 모든 혼란스러운 식단과 영양 정보들은 그것을 뒷받침하는 "증거"까지 들면서 대중의 행동을 요구한다. 이론적으로 따지면, 미국인의 표준 식단(공교롭게도 미국인의 표준 식단standard American diet의 약자는 슬프다는 뜻의 SAD가 된다)이 재앙이라는 증거도 찾을 수 있다. 중요한 것은 안목이다. 온갖 행동 요구가 난무하는 가운데, 증거를 만드는 사람들(영양학과 의학 전문가들)과 그 증거에 의지하는 사람들(대중) 중 어느 누구도 행동의 토대가 되는 증거의 질에는 주의를 기울이지 않는다. 과학이라는 외국어를 번역할 장비를 아무도 갖추고 있지 않은 그들의 모습은 자신의 지식 저장고에만 틀어박혀 연구하는 외곬의 과학자들과 흡사하다.

내가 대안을 제시할 수 있다면, 행동에 세심한 주의와 신중을 기하라고 요구하고 싶다. 이는 병들어 있는 현 상태에 도전하고, 건강과 관련해서 문제가 많은 우리 사회를 바꾸려는 개인이나 집단에게 아무런 행동도 해서는 안 된다고 제안하는 것이 아니다. 나는 그런 일을 하는 단체들을 당당히 지지한다.

그러나 나는 더 나아가, 다음과 같은 제안을 하고 싶다.

비판적인 성찰에 대한 요구. 지난 날, 우리를 하나로 결속시키는 기관이라는 제약, 건강에 대한 시각에 영향을 미치는 그릇된 통념들, 과학 그 자체를 정의하는 방식을 자세히 돌이켜보아야 한다. 기관들이 질병 연구와 치료의 여러 분야를 장악하게 된 방식과 그런 장악이 가져온 엄혹한 결과를 반성해야 한다. 100년이 훌쩍 넘는 세월 동안, 우리는 질병에 반응하는 독한 약을 비싼 값에 팔아왔다. 앞서 언급한 몇 가지 사례를 다시이야기하자면, 2009년에서 2013년 사이에 허가를 받은 암 치료제 중 다수(57퍼센트)가 "암 환자의 수명이나 삶의 질을 개선했다"는 어떤 증거도없이 시장에 나왔고,[1] 세포 독성 약물을 이용한 화학 요법을 받은 환자의5년 생존율은 위약 효과의 비율과 별로 다를 바 없는 2.1퍼센트였다.[2] 이런 무익함은 새로운 일이 아니다. 애초에 어떤 유망한 증거도 없이 이런"해결책"을 고안한 역사를 떠올리자. 이런 치료 프로토콜을 무턱대고 추진한 이유를 반성하자. 우리는 어쩌다가 독을 건강 추구의 수단으로 여기게 되었을까? 어느 정도는 어리석음과 무지의 탓일 수도 있겠지만, 오만도 한 몫을 했을 것이다. "칼을 두려워하는" 소심한 사람만이 수술을 반대할 것이라는 옛 외과의사의 비판을 기억하자. 그들의 권력과 부가 그칼에 달려 있는 사람들도 기억하자.

우리는 개인적으로 그리고 집합적으로 진화라는 거대한 시간의 흐름속에 있다는 점을 생각하자. 어떤 영역에서는 우리가 얼마나 정체되어 있는지를 생각하자. 동물성 단백질이 함유된 식품이 우리에게 해가 된다는것을 암시하는 증거가 그렇게 많은데, 왜 우리는 계속해서 "질 좋은" 동물성 단백질을 찬양할까? 동물 실험 연구, 인간 개입 연구, 국제적인 상관관계 연구 모두 같은 결론을 암시하는데, 왜 우리는 그런 그릇된 통념을계속 높이 평가할까? 왜 우리는 영양 밀도나 영양 보조제의 경우처럼 개개의 영양소에만 계속 초점을 맞출까? 왜 우리는 체중 조절을 위해서 칼로리는 계산하지만, 식품의 광범위한 효과는 외면할까? 그리고 우리가환경에 얼마나 큰 충격을 주고 있는지를 생각하자. 과학자들은 우리가 여섯 번째 대멸종의 한가운데에 있다고 말한다. 가까운 미래가 아닌, 지금 대멸종이 진행 중이라는 것이다. 우리는 현실에 안주하며 이 상황을 가속화시킬 것인가? 아니면 이런 상황을 초래한 행동을 반성할 것인가? 우리는 이런 종류의 정직함을 가질 수 있을까? 누군가 우리에게 세상의 종말을 떠먹이고 있다. 그 목적은 무엇이고, 그것을 지휘하는 사람은 누구일까? 개인과 지구의 건강에 해를 끼치는 식품과 금전적 이득을 향한 끝없는 탐욕이 과연 지킬 가치가 있는 것일까? 우리는 생존보다 전능한 시장을 정말로 중요하게 여기는 것일까? 우리가 좋아하는 것은 시장이 강요하는 과잉 소비일까, 아니면 지속 가능한 소비일까? 만약 우리가 이런 위협들에 대해 성찰을 하지 않는다면, 우리는 자연의 최후통첩을 듣게 될 것이다. 우리에게 익숙한 방식의 행동은 더 이상 요구되지 않을 것이다. 어느 한 종과는 비교할 수 없이 뛰어난 회복력을 지닌 자연은 끊임없이 자신의 요구를 외치고 있었을지 모르지만, 우리 인간은 그 소리에 귀를 기울이려 하지 않았다.

진정한 대화에 대한 요구. 과학적 증거에 대해서, 학문의 자유와 투명한 정책 개발처럼 우리가 중요하게 여기는 것에 대해서, 우리가 향하고 있는 미래에 대해서 대화를 해야 한다. 우리는 공동체를 나은 것으로 만들기 위한 대화를 해야 한다. 이런 대화에는 학문적 논쟁만 있는 것이 아니다. 이런 대화를 현실과 연관성이 별로 없는 학문적 논쟁이라고만 생각한다면, 우리 사회는 건강과 교육과 권력과의 관계를 결코 개선할 수 없을 것이다. 우리는 행동과 건강에 대한 책임을 모두 직업적인 "전문가"에게만 떠넘겨서는 안 된다. 사실상 영양과학을 배우지 않은 전문가들은 부패와 조작에 취약하고, 대중과 잘 소통을 못하는 경우가 너무 많다. 만약 발전에 대한 희망이 대학 강의실과 정책 회의실에만 묶여 있다면, 그 희망은 한낱 헛된 꿈에 지나지 않을 것이다.

더 큰 희망은 사람들의 일상적인 행동에 있다. 단, 그 행동을 우리 사회에서 눈에 보이는 공간으로 가져와야 한다. 영양이 풍부한 선택에 대한 수요가 있다는 것을 지역 사업가들이 알게 하고, 영양 상태를 악화시키는 중독성 강한 식품을 만드는 흡혈귀 같은 기업에는 분노를 표하자. 분노를 표하는 방법에는 조용한 방법과 시끄러운 방법이 있다. 만약 웬디스의 간판 앞에서 피켓 시위를 하는 것[3]이 당신과 맞지 않는다면, 은행 계좌로도 그들의 권력에 저항할 수 있다. 아니면, 소통하고 싶은 메시지에 맞춰서 생활 습관을 조절하는 쉬운 방법도 있다. 건강이 자신에게 정말 중요하다면, 건강을 추구하는 방법을 부지런히 따라야 할 것이다. 우리 사회와 지구의 건강이 자신에게 중요하다면, 정말 훌륭한 일이다! 하지만 넘을 수 없을 것 같은 그런 목표들 때문에 우리가 건강에서 통제할 수 있는 대부분의 다른 측면을 소홀히 여겨서는 안 될 것이다. 우리 자신의 힘을 기억하자. 우리 자신의 가족, 우리 자신의 건강에서부터 시작하자. 우리 사회는 좋은 본보기가 될 만한 대상을 찾는 것을 매우 중요하게 여기는 만큼, 좋은 본보기가 되기 위한 내적 노력은 강력한 형태의 실천이다. 그러나 이런 점은 너무 자주 간과되고 있다.

진정한 대화에 대한 요구는 건강한 사회적 기능에 대한 요구이다. 우리가 고립되고 반사회적이 될수록 담론은 더 분열되고, 담론이 분열될수록 그 악영향은 더 커진다. 산업은 항상 고립의 이야기를 팔려고 한다. 그들의 광고는 사회적이나 심리적으로 우리가 가장 크게 느끼는 불안감을 겨냥한다. 그들은 우리에게 우리가 혼자이고, 사랑받지 못하고 있으며,

불완전하다고 말한다. 우리는 해결책이 필요한 외로운 개체이며, 그 해결책을 줄 수 있는 것은 오로지 그들뿐이라는 것이다. 이런 서사는 그들의 권력을 오래도록 지켜주지만, 신기루에 불과하다. 우리는 고립되어 있지 않다. 건강과 영양에 관해서, 광범위한 가치들에 관해서 공동체 안팎에서 이루어지는 진정한 대화는 그 사실을 증명하는 최고의 방법이다.

시민 논쟁에 대한 요구. 시민답게, 즉 공개적이고 상호 존중하는 방식으로 의사소통을 하자. 되도록 정직하고 허심탄회하게 과학을 다루자. 같은 방식으로 부정직함에 대해서도 다루자. 과학의 정신, 의심하는 정신이 판단을 이끌게 하자. 그러나 애초에 무조건 밀어낼 핑계로 삼지는 말자. 그 정신으로, 나는 이 책에 제시된 증거에 대한 어떤 다른 해석도 기꺼이 고려할 것이다. 고려할 뿐만, 아니라 그런 해석을 적극 환영한다. 만약 내 의견이 이 문제에 대한 마지막 말이라면, 나는 매우 실망스러울 것 같다. 과학에는 "마지막 말"이 있을 자리가 없기 때문이다. 내 연구를 수행할 때조차도, 나는 종종 의심을 하려고 애썼다. 이 정보가 정말 옳은 것일까? 내 개인적 유산이자 문화적 유산의 일부인 동물성 식품에 대해 주장되는 놀라운 건강상의 특성은 정말로 과장된 것일까? 심지어 동물성 식품이 암과 다른 대사질환도 일으킬 수 있다는 것도 정말 사실일까? 내 연구에서 나온 여러 흥미로운 결과들과 다른 연구 결과들을 종합하면서, 나는 영양이 정의되는 방식에 대해 기본적으로 다른 관점을 갖게 되었다. 그러나 이 관점에 대해서는 앞으로 많은 고찰이 필요하다. 나는 회의론자들에게 말한다. 하고 싶은 말이 있다면, 앞으로 나와서 우리가 들을 수 있게 이야기하라. 당신의 침묵은 나에게도, 사회에도 크게 이득이 되지 않는다.

다른 대중의 의견에 대한 반대도 시민답게 하자. 사람들이 있는 곳(우리가 사람들을 만날 수 있는 유일한 곳이다!)에서 사람들을 만나고, 영양이 건강에 미치는 큰 효과에 대해 논의하자. 지난 20년 동안, 공개된 자리에서 내게 다가와서 자연식물식 식단을 시도하고 큰 효과를 봤다는 이야기를 해준 사람이 많았다. 이는 내게 깊은 인상을 주었다. 식단이 민감한 주제라는 이유만으로, 이런 이야기를 서로 숨기거나 피해서는 안 된다. 당신의 뜻은 당연히 존중한다. 그러나 만약 당신이 수많은 약을 끊고 당신의 몸에 들어가는 음식을 바꾸고 있다는 것만으로 당신의 의사를 충격에 빠뜨린 많은 이들 중 한 사람이라면, 당신의 이야기를 하는 것만으로도 세상에 큰 도움을 줄 수 있다. 힘을 가진 사람은 그들의 힘을 공유할 책임이 있다고 말하고 싶다. 본보기를 통해서든지, 사려 깊은 약속을 통해서든지 그 힘을 함께 나눠야 한다.

인정과 수용에 대한 요구. 자연을 받아들이고 우리 자신을 받아들이자(마치 둘 사이에 아무런 구별도 없는 것처럼!). 자연의 길잡이 원칙은 그 본질이 전체론적이라는 것을 인정하자. 제8장에서 소개된 실험 결과를 떠올려보자. 그 결과는 내 과학 탐구 여정에 지대한 영향을 주었다. 10년 넘게, 연구는 동물성 단백질에 의한 암 성장을 촉진하는 하나의 생물학적 메커니즘을 찾기 위한 노력에 집중되었다. 결과는 놀라웠다! 하나의 메커니즘이 아닌 여러 메커니즘이 고도로 복잡하게 얽혀 있는 복합적인 과정의 각기 다른 부분에 작용하지만, 그 끝은 모두 같았다. 동물성 단백질은 암의 성장을 돕는 메커니즘의 활성을 증가시켰고, 암의 성장을 억제하는 메커니즘의 활성을 감소시켰다. 다양한 메커니즘이 끊임없이 작동하고 있는 신체라는 맥락에서 생각할 때, 이런 통합적인 결과는 동물성 단백질이 암을 촉진한다는 것과 영양소가 생물에서 전체론적 효과를 일으키는 일반적인 수단이라는 것을 모두 설명한다. 이런 영양의 효과는 약물에 의존하여 건강을 관리하는 환원론적 방식의 비효율성을 보여준다. 아마 가장 놀라운 기적은 이런 전체론적 지혜가 우리 몸의 기본이라는 점일 것이다. 매순간, 우리 몸은 생물학적인 조화인 항상성을 회복하고 유지한다.

맥락과 소통과 통합이라는 면에서 볼 때, 전체론의 길잡이 원칙이 우리 세상을 바꿀 수단으로서 확대되지 않을 이유가 없다고 생각한다. 언젠가는 이 원칙이 모든 대인 관계의 토대가 될 수도 있지 않을까? 모든 수준에서 사회 조직에 영향을 끼칠 수도 있지 않을까? 세포의 집단들이 공동의 목적을 위해서 기관이라는 큰 전체의 일부로서 특정 임무를 수행하듯이, 기관들이 공동의 목적을 위해서 몸 전체라는 큰 맥락 안에서 각각의 역할을 조정하듯이, 우리 인간의 집단들도 전체를 존중하는 방식으로 공동의 목적을 위해서 협동할 수 있어야 한다. 재능을 함께 나누고, 솔직하게 터놓고 소통하고, 뿌리가 되는 더 큰 맥락을 존중함으로써, 우리는 우리 공동체의 건강을 개선하고 지구의 건강도 지킬 수 있다. 오늘날 자유롭게 이용할 수 있는 플랫폼 중에는 지역에서 모임이나 조직을 쉽게 만들 수 있는 것들이 많다. 소셜미디어는 문제점도 많지만, 이런 면에서는 강력한 도구가 될 수 있다. 이 도구를 지혜롭게 활용하면서 전통적인 방식의 단체 조직도 병행하면, 우리 공동체 내의 집단행동에 대해 논의할 수도 있을 것이다. 하지만 오를 엄두도 내지 못할 정도로 아득히 먼 산을 바라보듯 이 문제들을 대한다면, 그 문제들은 그렇게 남아 있게 될 것이다. 걱정스러운 학부모들이 미국 농무부 학교 급식 프로그램의 악영향에 대해 논의하기 위해서 다른 학부모들과 연대하려는 행동을 막는 것은 무엇일까? 걱정하는 학부모 단체들이 그런 논의를 지역 학교 이사회 회의로 가져가려는 시도를 막는 것은 무엇일까? 자부심 강한 지역 사회에서 이런 문제들을 다루지 못하게 막는 것은 무엇일까? 이 문제들은 우리 사회의 모든 이들에게 영향을 주는 정치적 문제들이다. 내가 말하는 것은 텔레비전 뉴스에서 가끔씩 볼 수 있는 거창한 정치가 아니라 개인적인 수준의 정치이다. 즉, 살아남기 위한 투쟁으로서의 정치이다.

누군가는 이런 목표가 뜬구름 잡기 식의 허황된 이상주의로 보일 것이다. 그런 점은 나도 인정한다. 위에서 설명한 세포 간 의사소통은 거의 즉각적으로 이루어지는 데 비해서, 규모가 큰 사람들 사이의 의사소통은 협상의 진행이 훨씬 더 굼뜨다. 어느 정도까지는 사실일 수도 있겠지만, 현재의 권력 구조가 우리에게 믿게끔 하려는 것이 바로 이것이다. 나는 그렇게 냉소적이지는 않다. 개인적인 수준에서나, 집단적인 수준에서나, 의미 있는 변화를 가로막고 있는 가장 큰 장애물은 우리 자신이다. 그러나 우리를 위한 가장 큰 기회 역시 우리 자신이다.

나는 어떤 어려움이 있어도 자연의 길잡이 원칙을 버려서는 안 된다고 믿는다. 게다가 우리는 습관적 반대론자들이 생각하는 것보다, 이미 자연의 모습에 훨씬 더 가깝다. 우리 모두를 하나로 묶는 유형의 실체가 있기 때문이다. 그 실체는 바로 식품이다. 우리가 농업과 식품 생산을 소수의 기업에 맡김으로써 우리와 식품 사이에는 어느 정도 분리가 이루어졌지만, 우리는 식품으로부터 결코 자유로울 수 없다. 식품은 보편적인 관심사이다. 태양에서 식물로, 식물에서 동물로, 동물에서 다른 동물로 이어지는 생화학적 에너지 교환을 통해서, 우리 모두는 결국 같은 그릇에 담긴 에너지를 함께 나눠 먹는다. 식품은 에너지를 전달하고 분배하기 위한 일시적인 운송 수단에 불과하며, 보편적인 중요성은 어떤 에너지 급원을 섭취해야 하는지를 결정하는 것에 있다.

"고기를 단칼에 끊고" 식물이 제공하는 에너지를 향해 똑바로 나아가자는 내 주장의 토대가 된 것은 영양과학에 대한 전체론적 이해이다. 개념으로서의 영양에 매력을 느끼는 사람은 식품에 비해 훨씬 적다. 영양이 전달하는 의미는 따분하고 위협적이다(아마 그렇게 때문에 푸드네트워크 방송에 견줄 만한 영양 전문 방송이 없을 것이다). 그러나 그렇다고 해서 영양이 미치는 영향이 식품보다 덜 보편적인 것은 아니다. 우리는 식품에서 작용을 하는 것이 영양이라는 것을 잊어서는 안 된다. 식품 속 영양소들을 서로 연결하고 그 영양소들과 관찰 가능한 외부세계를 서로 연결하는 생물학적 경로를 포함하여, 식품을 구성하는 영양소들의 작용에 대한 반복 가능한 증거들은 존재가 전체론적 자연과 맺어져 있다는 것을 명백하게 증명한다. 그리고 만약 존재가 전체론적 자연과 맺어져 있다면, 자연은 본질적으로 개인적, 사회적, 도덕적으로 중요하다. 자연이 강하다면 우리도 강하다. 아마 우리는 그 힘을 활용하는 법을 잊었을지도 모르지만, 그렇다고 그 힘이 우리에게서 영원히 사라졌다는 뜻은 아니다.

그렇다, 그래서 우리는 앞으로 나아가야 한다. 자연에서 우리 각자의 자리를 받아들이고 기쁘게 여겨야 한다. 자연에 대한 융화와 상호의존성을 인식하는 것, 여기에는 우리가 제한된 언어의 테두리 안에서 말로 할 수 있는 것보다 훨씬 심원한 뜻이 담겨 있기 때문이다. 대단히 근시안적이고 기회주의적인 환원론의 시대인 오늘날, 이런 인식은 급진적인 대안을 제공한다. 현대 생활의 요란법석 아래에서, 우리가 생각하고 상상하는 모든 단계의 구분과 허상의 사이사이에서, 이 대안은 우리가 사실 생물학의 기적이라고 말한다.

　우리가 자연과 분리되었다고 확신하게 된 이유에 대해서는 따로 추측을 해보지는 않겠지만, 우리는 그런 환상이 존재한다는 것을 인정해야 한다. 우리처럼 불균형이 심각해진 동물은 자연의 어디에서도 볼 수 없다. 참나무와 버드나무 가지마다 "건강"식품점이나 체중 감량 센터가 자리 잡고 있는 모습도 볼 수 없다. 자연계에도 질병과 파괴는 존재하지만, 인간에 의해 일어난 질병과 파괴에 비하면 아주 미미한 수준이다. 그리고 이런 복잡한 문제의 기원을 조사할 때, 우리는 자연이 균형을 회복하고 유지하는 수단을 많이 발견한다. 우리는 자연의 피조물들이 단식과 같은 자연적인 메커니즘을 통해서 건강을 회복하는 것을 발견한다. 우리가 알고 있는 다른 동물은 살기 위해서 분리되어 합성된 자연의 물질에 의지하지 않는다(모든 약물은 분리되어 합성된 자연의 화합물이다). 다른 생물들은 효과 없는 "암과의 전쟁"을 계속 벌이지 않는다(그러면서 동시에 암 발병률을 높일 가능성이 있는 방식으로 행동하지도 않는다). 그들 스스로 만든 문제를 다루기 위해서 "국가 기관"을 조직하지도 않는다. 장기적인 건강에 대한 고려 없이 단기적인 효과를 광고하는 장사꾼들의 먹이가 되지도 않는다. 내가 아는 한, 다른 생명체는 그들의 재주를 우리처럼 자화자찬하지도 않고 그럴 필요도 없다. 대신 그들은 타고난 지혜를 발휘한다.

　우리에게도 타고난 지혜가 있다. 우리가 그것을 받아들이고, 놀라운 자연에 맞춰 행동해야 한다. 만약 우리가 마치 행동에 자연의 운명이 달려 있는 것처럼 행동한다면, 그렇게 해야 하기 때문일 것이다. 만약 우리가 먹는 것에 자연의 운명이 달려 있는 것처럼 먹는다면, 그렇게 해야 하기 때문일 것이다. 만약 우리가 어떤 전체의 일부인 것처럼 체계를 잡는다면, 우리가 그렇기 때문이다. 모두를 위한 미래가 어쩌면 아직은 있을지도 모른다. 자연은 그런 미래를 마련해두고 있다. 함께 가보지 않겠는가?

주

들어가는 글과 감사의 글

1. Yzaguirre, M. R. The decline of university tenure makes it harder to defend politically. The Hill.(2017).
https://thehill.com/blogs/pundits-blog/education/319979-the-decline-of-university
-tenure-makes-it-harder-to-defend.

서론

1. US Senate, Select Committee on Nutrition and Human Needs. Dietary goals for the United States, 2nd ed. (US Government Printing Office, 1977), 83.
2. National Research Council. Recommended dietary allowances, 9th ed. (National Academies Press, 1980).
3. Committee on Diet, Nutrition, and Cancer. Diet, nutrition and cancer. (National Academies Press, 1982).
4. Committee on Diet, Nutrition, and Cancer. Diet, nutrition and cancer: Directions for research. (National Academies Press, 1983).
5. Jukes, T. H. The day that food was declared a poison. 42-45 (Council for Agricultural Science and Technology, Ames, IO, 1982).
6. Garst, J. E. Comments on diet, nutrition and cancer. 28–29 (Ames, IA, 1982).

Chapter 1   오늘날의 질병 관리

1. Nichols, H. What are the leading causes of death in the US Medical News Today (2019). https://www.medicalnewstoday.com/articles/282929.php.
2. Esselstyn, C. B. Jr. Gendy, G. Doyle, J. Golubic, M. & Roizen, M. F. A way to reverse CAD J Fam. Pract. 63, 356–364b (2014).
3. Doll, R. & Peto, R. The causes of cancer: quantitative estimates of avoidable risks of cancer in the United States today. J Natl Cancer Inst 66, 1191–1308 (1981).

4. Statista. Global pharmaceutical industry—statistics and facts (2017). https://www.statista.com/topics/1764/global-pharmaceutical-industry/

5. Preidt, R. Americans taking more prescription drugs than ever. WebMD (2017). https://www.webmd.com/drug-medication/news/20170803/americans-taking-more-prescription-drugs-than-ever-survey.

6. Fuller, P. Kiwi doctors lobby for crackdown on drug ads. Stuff (2018). https://www.stuff.co.nz/national/health/107546694/advertising-prescription-drugs-should-it-be-allowed-in-nz.

7. Amadeo, K. The rising cost of health care by year and its causes. The Balance (2019). https://www.thebalance.com/causes-of-rising-healthcare-costs-4064878.

8. Kane, J. Health care costs: how the U.S. compares with other countries. PBS News Hour (2012). https://www.pbs.org/newshour/health/health-costs-how-the-us-compares-with-other-countries.

9. World Health Organization. Diet, nutrition and the prevention of chronic diseases. Report of a Joint WHO/FAO Expert Consultation. (World Health Organization, 2003).

10. Crimmins, E. M. & Beltran-Sanchez, H. Mortality and morbidity trends: is there compression of morbidity J Gerontol B Psychol Sci Soc Sci 66, 75–86, doi:10.1093/geronb/gbq088 (2011).

11. Hanowell, B. Life expectancy is, overall, increasing. Slate Group (2016). https://slate.com/technology/2016/12/life-expectancy-is-still-increasing.html.

12. Solly, M. U.S. life expectancy drops for third year in a row, reflecting rising drug overdoses, suicides. Smart News (2018). https://www.smithsonianmag.com/smart-news/us-life-expectancy-drops-third-year-row-reflecting-rising-drug-overdose-suicide-rates-180970942/

13. Redfield, R. R. CDC director's media statement on US life expectancy. (US Department of Health and Human Services, CDC Newsroom, 2018). https://www.cdc.gov/media/releases/2018/s1129-USlife-expectancy.html

14. Himmelstein, D. E. Warren, E. Thorne, D. & Woolhander, S. Illness and injury as contributors to bankruptcy. Health Affairs Web Exclusive W5–63 (2009).

15. Avalere Health LLC. Total cost of cancer care by site of service: physician office vs outpatient hospital (2012). http://www.communityoncology.org/pdfs/avalere-cost-of-cancer-care-study.pdf.

16. Beltran-Sanchez, H. Preston, S. H. & Canudas-Romo, V. An integrated approach to cause-ofdeath analysis: cause-deleted life tables and decompositions of life expectancy. Demogr Res 19, 1323, doi:10.4054/Dem Res.2008.19.35 (2008).

17. Vallin, J. & Mesle, F. The segmented trend line of highest life expectancies. Pop. Develop. Rev. 35 159–187, http://www.jstor.org/stable/25487645 (2009).

18. Kamal, R. Cox, C. & McDermott, D. What Are the Recent and Forecasted

Trends in Prescription Drug Spending Growth in Prescription Spending Has Slowed Again in 2017, after Increasing Rapidly in 2014 and 2015. Peterson-KFF Health System Tracker (2019). https://www.healthsystemtracker.org/chart-collection/recent-forecasted-trends-prescription-drug-spending/#item-start.

19. Light, D. W. New prescription drugs: a major health risk with few offsetting advantages. (2014). https://ethics.harvard.edu/blog/new-prescription-drugs-major-health-risk-few-offsetting-advantages.

20. Public Citizen's Health Research Group. Worst pills, best pills. An expert, independent second opinion on more than 1,800 prescription drugs, ver-the-counter medications and supplements (2019). https://www.worstpills.org/public/page.cfmop_id=4.

21. Starfield, B. Primary care: balancing health needs, services, and technology (Oxford University Press, 1998).

22. US Food & Drug Administration. Preventable adverse drug reactions: a focus on drug interactions. (2018). https://www.fda.gov/drugs/drug-interactions-labeling/preventable-adverse-drug-reactions-focus-drug-interactions.

23. Kaiser Family Foundation. Total health care employment. (2017). https://www.kff.org/other/state-indicator/total-health-care-employment/curr entTimeframe=0&sortModel=%7B%22colId%22:%22Location%22,%22sort%22 :%22asc%22%7D.

24. World Population Review. Life expectancy by country 2017 (2017). http://worldpopulationreview.com/countries/life-expectancy-by-country/

25. Mikulic, M. Global pharmaceutical industry—statistics and facts. Statista (2019). https://www.statista.com/topics/1764/global-pharmaceutical-industry/

26. Wikipedia. List of countries by government budget. Wikipedia (2019). https://en.wikipedia.org/wiki/List_of_countries_by_government_budget.

27. Kannel, W. B. Dawber, T. R. Kagan, A. Revotskie, N. & Stokes, J. Factors of risk in the development of coronary heart disease—six-year follow-up experience. Ann. Internal Medi. 55, 33–50 (1961).

28. Jolliffe, N. & Archer, M. Statistical associations between international coronary heart disease death rates and certain environmental factors. J. Chronic Dis. 9, 636–652 (1959).

29. Stemmermann, G. N. Nomura, A. M. Y. Heilbrun, L. K. Pollack, E. S. & Kagan, A. Serum cholesterol and colon cancer incidence in Hawaiian Japanese men. J. Natl. Cancer Inst. 67, 1179–1182 (1981).

30. Kagan, A. Harris, B. R. & Winkelstein, W. Epidemiologic studies of coronary heart disease and stroke in Japanese men living in Japan, Hawaii and California. J. Chronic Dis. 27, 345–364 (1974).

31. Kato, H. Tillotson, J. Nichaman, M. Z. Rhoads, G. & Hamilton, H. B. Epidemiologic studies of coronary heart disease and stroke in Japanese men living in Japan, Hawaii and California: serum lipids and diet. Am. J. Epidemiol. 97, 372–385 (1973).

32. Morrison, L. M. Arteriosclerosis. JAMA 145, 1232–1236 (1951).

33. Ornish, D. Brown, S. E. Scherwitz, L. W. Billings, J. H. Armstrong, W. T. Ports, T. A. et al. Can lifestyle changes reverse coronary heart disease Lancet 336, 129–133 (1990).

34. Sipherd, R. The third-leading cause of death in US most doctors don't want you to know about. CNBC (2018). https://www.cnbc.com/2018/02/22/medical-errors-third-leading-cause-of-death-in-america.html.

35. Scrimgeour, E. M. McCall, M. G. Smith, D. E. & Masarei, J. R. L. Levels of serum cholesterol, triglyceride, HDL cholesterol, apolipoproteins A-1 and B, and plasma glucose, and prevalence of diastolic hypertension and cigarette smoking in Papua New Guinea Highlanders. Pathology 21, 46–50 (1989).

36. National Cancer Institute. National Cancer Act of 1971 (2016). https://www.cancer.gov/about-nci/legislative/history/national-cancer-act-1971#declarations.

37. Hanahan, D. Rethinking the war on cancer. Lancet 383, 558-563, doi:10.1016/S0140-6736(13) 62226-6 (2014).

38. Vineis, P. & Wild, C. P. Global cancer patterns: causes and prevention. Lancet 383, 549-557, doi:10.1016/S0140-6736(13)62224-2 (2014).

Chapter 2 영양과 병의 숨겨진 역사

1. Slonaker, J. R. The effect of different percents of protein in the diet. VII. Life span and cause of death. Am. J. Physiol. 98, 266–275 (1931).

2. Hoffman, F. L. Cancer and diet. (Williams and Wilkins Co. 1937).

3. Sypher, F. J. The rediscovered prophet: Frederick L. Hoffman (1865–1946). The Cosmos Journal (2012).

4. Anonymous. Frederick L. Hoffman. In Who Was Who in America Vol. 2 (Marquis Who's Who, Inc. Chicago IL, 1943–1950).

5. Cassedy, J. H. Hoffman, Frederick Ludwig. DAB Suppl. 4 (1946–1950).

6. Hoffman, F. L. San Francisco survey. Preliminary and final reports. (Prudential Press, 1924–1934).

7. Hoffman, F. L. The mortality from throughout the world. (The Prudential Press, 1915).

8. Hoffman, F. L. The menace of cancer. Trans. Amer. Gynecological Soc 38, 397–452 (1913).

9. American Cancer Society. Minutes of National Council Meeting (Friday, May 6, 1921), campaign notes, No. 3 (1921). Cited in Triolo, V. A. & Shimkin, M. B. The American Cancer Society and cancer research origins and organization: 1913–1943. Cancer Res. 29, 1615–1641 (1969).

10. Hoffman, F. L. Cancer and Smoking Habits, in Cancer (ed. F. E. Adair), 50–67 (J. B. Lippincott Co, 1931).

11. Wynder, E. L. & Graham, E. A. Tobacco smoking as possible etiologic factor in bronchiogenic carcinoma: study of 684 proved cases. JAMA 143, 329–336 (1950).

12. Doll, R. & Hill, A. B. A study of the aetiology of carcinoma of the lung. Brit. Med. J. 2, 1271–1286 (1952).

13. US Public Health Service. Smoking and health. (Washington, DC: US Government Printing Office, 1964).

14. Deelman, H. J. in International symposium, American Society for the Control of Cancer (Lake Mohonk, NY, 1926).

15. Bashford, E. F. Fresh alarms on the increase of cancer. Lancet, 319–382 (1914).

16. Austoker, J. The "treatment of choice": breast cancer surgery 1860–1985. Soc. Soc. Hist. Med. Bull. (London) 37, 100–107 (1985).

17. Hayward, J. The principles of conservative treatment for early breast cancer. Handlinger 141, 168–171 (1981).

18. Hoffman, F. L. Fallacies of birth control, in Delaware Medical Society (Dover, Delaware, 1926).

19. Hoffman, F. L. "The Menace to Cancer" and American vital statistics. Lancet, 1079–1083 (1914).

20. Hoffman, F. L. in Jubliee Historical Volume of the American Public Health Association (ed. M. P. Ravenel), 94–117 (1921).

21. Hoffman, F. L. National health insurance and the medical profession, (1920).

22. Rosen, G. A history of public health: MD monographs on medical history, Vol. 1. (MD Publications, 1958).

23. Hoffman, F. L. The mortality from consumption to the dusty trade. US Bureau of Labor Bulletin No. 79 (Washington DC, 1908).

24. Hoffman, F. L. in Fifth Annual Welfare and Efficiency Conference (Harrisburg, PA, 1917).

25. Cameron, V. & Long, E. R. Tuberculosis medical research. (1959).

26. Triolo, V. A. & Riegel, I. L. The American Association for Cancer Research, 1907–1940. Historical review. Cancer Res. 21, 137–167 (1961).

27. Rigney, E. H. The American Society for the Control of Cancer, 1913–1943. (New York City Cancer Committee Publ. 1944).

28. British Empire Cancer Campaign. Notes on cancer. (Chorley & Pickersgill, Ltd. 1923).

29. Lakeman, C. E. Cancer as a public health problem (cited in Triolo and Shimkin, 1969). (1914).

30. Handley, W. S. The genesis and prevention of cancer. (John Murray, 1955).

31. Soper, G. A. A recent English opinion on cancer. A review of a series of lectures delivered under the auspices of the Fellowship of Medicine, London, 1925. (American Society for the Control of Cancer, 1926).

32. Soper, G. A. in International symposium, American Society for the Control of Cancer, 148–154 (Lake Mohonk, NY, 1926).

33. Lilienthal, H. in International symposium, 308–317.

34. Handley, W. S. in International symposium, 22–30.

35. Hoffman, F. L. Personal lecture: On the causation of cancer. April 17, 1924, in American Association for Cancer Research (Buffalo, NY, 1924).

36. Hoffman, F. L. Radium (mesothorium) necrosis. JAMA 85, 961–965 (1925).

37. Hoffman, F. L. Personal lecture: Cancer in Mexico, in American Association

for Cancer Research Meetings (Rochester, NY, 1927).

38. Lambe, W. Reports on the effects of a peculiar regimen on scirrhous tumors and cancerous ulcers. (J. M'Creary, 1809).

39. Celsus. de Celsus Medicina. Cited by Lambe, W. Additional reports on the effects of a peculiar regimen in cases of cancer, scrofula, consumption, asthma, and other chronic diseases. (J. Mawman, 1815).

40. Erasmus, W. The history of Middlesex Hospital. (John Churchill, 1845). Ch. 137–144.

41. Spencer, C. Vegetarianism, a history. (Four Walls Eight Windows, 1993).

42. Bennett, J. H. On cancerous and cancroid growths. (Sutherland and Knox, 1849).

43. Bennett, J. H. Clinical lectures on the principles and practice of medicine, 4th ed. (Adam and Charles Black, 1865).

44. MacIlwain, G. The general nature and treatment of tumors. (John Churchill, 1845).

45. Shaw, J. The cure of cancer: and how surgery blocks the way. (F. S. Turney, 1907).

46. Walshe, W. H. The nature and treatment of cancer. (Taylor and Walton, 1846).

47. Howard, J. Practical observations on cancer. (J. Hatchard, 1811).

48. Thomson, W. B. Cancer: is it preventable (Chatto and Winders, 1932).

49. Burkitt, D. P. & Trowell, H. C. Refined carbohydrate foods and disease: some implications of dietary fibre. (Academic Press, 1975).

50. Braithwaite, J. in What is the root cause of cancer (ed. F. T. Marwood). 27–31 (John Bale, Sons and Danielson, Ltd. 1924).

51. Hare, F. The food factor in disease. Vol. II (Longmans, Green and Company, 1905).

52. Williams, W. R. The natural history of cancer, with special references to its causation and prevention. (William Heinemann, 1908).

53. Lambe, W. Additional reports on the effects of a peculiar regimen in cases of cancer, scrofula, consumption, asthma, and other chronic diseases. (J. Mawman, 1815).

54. Li, J.-Y. Epidemiology of esophageal cancer in China. Natl. Cancer Inst. Monograph 62, 113–120 (1982).

55. Wiseman, R. Several Chirurgicall Treatises. (E. Flesher and J. Macock, 1676).

Chapter 3 관행화된 질병관리

1. MacIlwain, G. The general nature and treatment of tumors. (John Churchill, 1845).

2. MacIlwain, G. Memoirs of John Abernethy, F.R.S. with a view of his lectures, writings and character. (Harper & Brothers, 1853).

3. Rabagliati, A. The causes of cancer and the means to be adopted for its prevention. (C. W. Daniel Company, 1924).

4. Russell, R. Preventable cancer. Statistical research. (Longmans, Green and Co.

1912).

5. Thomson, W. B. Cancer: is it preventable (Chatto and Winders, 1932).
6. Williams, W. R. The principles of cancer and tumor formation. (John Bale and Sons, 1888).
7. Barker, J. E. Cancer, how it is caused: how it can be prevented. Introduced by Sir W. Arbuthnot Lane. (Murray, 1924).
8. Russell, F. A. R. The reduction of cancer. (1907). Franklin Classics.
9. Campbell, T. C. Cancer prevention and treatment by wholistic nutrition. J. Nat. Sci. Oct 3, e448 (2017).
10. Hoffman, F. L. Cancer and diet. (Williams and Wilkins Co. 1937).
11. Bulkley, L. D. Cancer and its non-surgical treatment. (1921). William Wood & Co.
12. Hoffman, F. L. in The Belgian National Cancer Congress. Brussels, Belgium, Conf. Proceedings.
13. Hoffman, F. L. Personal lecture: On the causation of cancer. April 17, 1924, in American Association for Cancer Research (Buffalo, NY, 1924).
14. Hoffman, F. L. San Francisco survey. Preliminary and final reports. (Prudential Press, 1924–1934).
15. Williams, W. R. The natural history of cancer, with special references to its causation and prevention. (William Heinemann, 1908).
16. Bell, B. A system of surgery (Elliot, C. 1784). Cited in Williams, W. R. The principles of cancer and tumor formation. (John Bale and Sons, 1888).
17. Lambe, W. Reports on the effects of a peculiar regimen on scirrhous tumors and cancerous ulcers. (J. M'Creary, 1809).
18. Lambe, W. Additional reports on the effects of a peculiar regimen in cases of cancer, scrofula, consumption, asthma, and other chronic diseases. (J. Mawman, 1815).
19. Howard, J. Practical observations on cancer. (J. Hatchard, 1811).
20. Bennett, J. H. On cancerous and cancroid growths. (Sutherland and Knox, 1849).
21. Jenner, W. Discussion on cancer (in chair). Trans. Path. Soc. (London) 25, 289–402 (1873–1874).
22. Mitchell, R. A general and historical treatise on cancer life: its causes, progress, and treatment. (J&A Churchill, 1879).
23. Bulkley, L. D. Cancer, its cause and treatment. (Paul B. Hoeber, 1917).
24. Triolo, V. A. & Riegel, I. L. The American Association for Cancer Research, 1907–1940. Historical review. Cancer Res. 21, 137–167 (1961).
25. Austoker, J. The "treatment of choice": breast cancer surgery 1860–1985. Soc. Soc. Hist. Med. Bull. (London) 37, 100–107 (1985).
26. Shimkin, M. B. Thirteen questions: some historical outlines for cancer research. J. Natl. Cancer Inst. 19, 307–314 (1957).
27. Bainbridge, W. S. The cancer problem. (Macmillan Co. 1914).
28. Triolo, V. A. & Shimkin, M. B. The American Cancer Society and cancer research origins and organization: 1913–1943. Cancer Res. 29, 1615–1641 (1969).
29. Gibson, C. L. Final results in the surgery of malignant disease. Ann. Surg. 84,

158–173 (1926).

30. Lakeman, C. E. Cancer as a public health problem. (1914). Cited in Triolo, V. A. & Shimkin, M. B. The American Cancer Society and cancer research origins and organization: 1913–1943. Cancer Res. 29, 1615–1641 (1969).

31. American Cancer Society. Minutes of National Council Meeting (Friday, May 6, 1921), campaign notes, No. 3. (1921). Cited in Triolo, V. A. & Shimkin, M. B. The American Cancer Society and cancer research origins and organization: 1913–1943. Cancer Res. 29, 1615–1641 (1969).

32. Soper, G. A. A recent English opinion on cancer. A review of a series of lectures delivered under the auspices of the Fellowship of Medicine, London, 1925. (American Society for the Control of Cancer, 1926).

33. Hoffman, F. L. Radium (mesothorium) necrosis. JAMA 85, 961–965 (1925).

34. Castle, W. B. Drinker, K. R. & Drinker, C. K. Necrosis of the jaw in workers employed in applying a luminous paint containing radium. J. Ind. Hyg. 7, 371–382 (1925).

35. Hartland, H. S. Conlon, P. & Knef, J. P. Some unrecognized dangers in the use of handling of radioactive substances: with special reference to the storage of unsoluble products of radium and mesothorium in the reticulo-endothelial system. JAMA 85, 1769–1776 (1925).

36. Wood, F. C. Demonstration of the methods and results of cancer research. Campaign Notes 10 (1928).

37. Copeman, S. M. & Greenwood, M. Diet and cancer, with special reference to the incidence of cancer upon members of certain religious orders. (Ministry of Health, His Majesty's Stationery Office, London, 1926).

38. Wood, F. C. in International symposium, 318–325 (Lake Mohonk, NY, 1926).

39. Delbert, P. Tentatives de traitement de cancer par le selenium. Bull. de l'assoc. franc. pur l'etude du cancer (Paris), 121–125 (1912).

40. Blumenthal, A. De la reaction febrile consecutive aux injection intra-veineuses de selenium colloidale. Portou Med. Pontiers 28, 238 (1913).

41. Anonymous. Groundless fear of radium. Campaign Notes 10 (1936).

42. Cramer, W. & Horning, E. S. Experimental production by oestrin of pituitary tumors. Bulletin 18 (1936).

43. Moschcowitz, A. V. Colp, R. & Klingenstein, P. Late results after amputation of the breast. Ann. Surg. 84, 174–184 (1926).

44. Bulkley, L. D. Precancerous conditions. Interstate Med. Journ. 730–734.

45. Lilienthal, H. in American Society for the Control of Cancer. 308–317.

46. Bell, Robert. Ten years' record of the treatment of cancer without operation. (Dean and Son, Ltd. 1906).

47. Shaw, J. The cure of cancer: and how surgery blocks the way. (F. S. Turney, 1907).

48. Cairns, J. The history of mortality and the conquest of cancer. Accomplishments in Cancer Research, 90–105 (1985).

49. Bailar, J. C. & Smith, E. M. Progress against cancer New Engl. J. Med. 314, 1226–1232 (1986).

50. Sweet, J. E. Corson-White, E. P. & Saxon, G. J. The relation of diets and of castration to the transmissible tumors of rats and mice. J. Biol. Chem. 15,

181–191 (1913).

51. Rous, P. The influence of diet on transplanted and spontaneous mouse tumors. J. Exp. Med. 20, 433–451 (1914).

52. Hoffman, F. L. The menace of cancer. Trans. Amer. Gynecological Soc 38, 397–452 (1913).

53. Rigney, E. H. The American Society for the Control of Cancer, 1913–1943. (New York: New York City Cancer Committee Publ. 1944).

54. Bashford, E. F. Fresh alarms on the increase of cancer. Lancet, 319–382 (1914).

55. Austoker, J. The politics of cancer research: Walter Morley Fletcher and the origins of the British Empire cancer campaign. Soc. Soc. Hist. Med. Bull. (Lond.) 37, 63–67 (1985).

56. British Empire Cancer Campaign. The truth about cancer. (John Murray, 1930).

57. Lockhart-Mummery, J.P. The origin of cancer. (J&A Churchill, 1934).

58. British Empire Cancer Campaign. Series of annual reports. (London: British Empire Cancer Campaign, 1923–1934).

59. Hoffman, F. L. in American Society for the Control of Cancer. (American Society for the Control of Cancer, 1928).

60. Childe, C. P. President's address on environment and health. Ninety-first annual meeting of British Medical Associaton. Brit. Med. J. 135–140 (1923).

61. Handley, W. S. Cancer research at the Middlesex Hospital, 1900–1924. (London, 1924).

62. Austoker, J. The origins of cancer research, 1802–1902. (Wellcome Unit for the History of Medicine, 1985).

63. Halstead, W. S. The results of radical operations for the cure of carcinoma of the breast. Ann. Surgery 46, 1–19 (1907).

64. Handley, W. S. The genesis of cancer. (Kegan Paul, Trench, Trubner & Co. Ltd. 1931).

65. Handley, W. S. The genesis and prevention of cancer. (John Murray, 1955).

66. Bayly, M. B. Cancer: the failure of modern research. A survey. (The Health Education and Research Council, 1936).

67. Clowes, G. H. A. A study of the influence exerted by a variety of physical and chemical forces on the virulence of carcinoma in mice and of the conditions under which immunity against cancer may be experimentally induced in these animals. Brit. Med. J. 1548–1554 (1906).

68. Hoffman, F. L. "The Menace to Cancer" and American vital statistics. Lancet, 1079–1083 (1914).

69. Adair, F. E. in International contributions to the study of cancer in honor of James Ewing (ed. F. E. Adair), editorial comments, (J. B. Lippincott Co. 1931).

70. Welche, W. H. in International contributions to the study of cancer in honor of James Ewing (ed. F. E. Adair), (J.B. Lippincott Co. 1931).

71. Ewing, J. The prevention of cancer, in American Society for the Control of Cancer (Lake Mohonk, NY, 1926).

72. Erasmus, W. The history of Middlesex Hospital. (John Churchill, 1845). Ch.

137–144.

73. Campbell, T. C. Chemical carcinogens and human risk assessment. Fed. Proc. 39, 2467–2484 (1980).

74. Avalere Health LLC. Total cost of cancer care by site of service: physician office vs. outpatient hospital (2012). http://www.communityoncology.org/pdfs/avalere-cost-of-cancer-care-study. pdf.

75. Morgan, G. Ward, R. & Barton, M. The contribution of cytotoxic chemotherapy to 5-year survival in adult malignancies. Clin. Oncol. (R. Coll. Radiol.) 16, 549–560 (2004).

76. Kagan, J. European Medicines Agency (EMA). Investopedia (2019). https://www.investopedia.com/terms/e/european-medicines-agency-ema. asp.

77. Home Precautions After Chemotherapy. Roswellpark.org (2020). https://www.roswellpark.org/cancer-care/treatments/cancer-drugs/post-chemo-guide.

Chapter 4 영양의 상태

1. Campbell, T. C. Nutrition renaissance and public health policy. J. Nutr. Biology 3, 124–138, doi:10.1080/01635581.2017.1339094 (2017).

2. Press release, National Academy of Sciences, (ed. The National Academies). (National Research Council, Institute of Medicine, Washington, DC, 2002).

3. Wikipedia. Nestlé. (2018). https://en.wikipedia.org/wiki/Nestl%C3%A9.

4. Sharma, S. Dortch, K. S. Byrd-Williams, C. Truxillio, J. B. Rahman, G. A. Bonsu, P. et al.
Nutrition-related knowledge, attitudes, and dietary behaviors among Head Start teachers in Texas: a cross-sectional study. J. Acad. Nutr. Diet 113, 558–562, doi:10.1016/j.jand.2013.01.003 (2013).

5. Hoek, J. Informed choice and the nanny state: learning from the tobacco industry. Public Health 129, 1038–1045, doi:10.1016/j.puhe.2015.03.009 (2015).

Chapter 5 동물성 단백질에 대한 광신

1. The paper where Mulder named protein, according to Munro (1964), is Mulder, G. J. J. Prakt. Chem. 16, 29 (1839).

2. Mulder, G. J. The chemistry of vegetable & animal physiology (trans. P. F. H. Fromberg). (W. Blackwood & Sons, 1849).

3. Munro, H. N. in Mammalian protein metabolism, Vol. I (eds. H. N. Munro & J. B. Allison), 1–29 (Academic Press, 1964).

4. Lewis, H. B. in Mammalian protein metabolism, Vol. I (eds. H. N. Munro & J. B. Allison), 13–32 (Academic Press, 1964).

5. Voit, C. Ueber die kost eines vegetariers. Zeitschr. f. Biologie 25, 261 (1889).

Cited by Chittenden,

R. H. Physiological economy in nutrition. (F.A. Stokes, 1904), 5.

6. Chittenden, R. H. Physiological economy in nutrition. (F.A. Stokes, 1904).

7. Spencer, C. Vegetarianism, a History. (Four Walls Eight Windows, 1993).

8. Mitchell, H. H. Does a Low-Protein Diet Produce Racial Inferiority Science, New Series 38, no. 970, 156–58 (1913).

9. Agriculture Research Service. History of human nutrition research in the U.S. Department of Agriculture, Agricultural Research Service: people, events, and accomplishments (United States Department of Agriculture, Agriculture Research Service, 2017), 356.

10. Mitchell, H. H. A method of determining the biological value of protein. J. Biol. Chem. 58, 873–903 (1924).

11. Sarwar, G. & McDonough, F. E. Evaluation of protein digestibility-corrected amino acid score method for assessing protein quality of foods. J. Assoc. of Anal. Chem. 73, 347–356 (1990).

12. Key, T. J. A. Chen, J. Wang, D. Y. Pike, M. C. & Boreham, J. Sex hormones in women in rural China and in Britain. Brit. J. Cancer 62, 631–636 (1990).

13. Marshall, J. R. Qu, Y. Chen, J. Parpia, B. & Campbell, T. C. Additional ecologic evidence: lipids and breast cancer mortality among women age 55 and over in China. Europ. J. Cancer 28A, 1720–1727 (1991).

14. Chen, J. Campbell, T. C. Li, J. & Peto, R. Diet, life-style and mortality in China. A study of the characteristics of 65 Chinese counties. (Oxford University Press; Cornell University Press; People's Medical Publishing House, 1990).

15. Grant, W. B. An ecologic study of dietary links to prostate cancer. Altern. Med. Rev. 4, 162–169 (1999).

16. Giles, G. G. Severi, G. English, D. R. McCredie, M. R. MacInnis, R. Boyle, P. et al. Early growth, adult body size and prostate cancer risk. Int. J. Cancer 103, 241–245, doi:10.1002/ijc.10810 (2003).

17. Pike, M. C. Spicer, D. V. Dahmoush, L. & Press, M. F. Estrogens, progestogens, normal breast cell proliferation, and breast cancer risk. Epidemiol. Revs. 15, 17–35 (1993).

18. Cheng, Z. Hu, J. King, J. Jay, G. & Campbell, T. C. Inhibition of hepatocellular carcinoma development in hepatitis B virus transfected mice by low dietary casein. Hepatology 26, 1351–1354 (1997).

19. Hu, J. Chisari, F. V. & Campbell, T. C. Modulating effect of dietary protein on transgene expression in hepatitis B virus (HBV) transgenic mice. Cancer Research 35, 104 Abs. (1994).

20. Schulsinger, D. A. Root, M. M. & Campbell, T. C. Effect of dietary protein quality on development of aflatoxin B1-induced hepatic preneoplastic lesions. J. Natl. Cancer Inst. 81, 1241–1245 (1989).

21. Burkitt, D. P. Epidemiology of cancer of the colon and the rectum. Cancer 28, 3–13 (1971).

22. Drasar, B. S. & Irving, D. Environmental factors and cancer of the colon and breast. Br. J. Cancer 27, 167–172 (1973).

23. Reddy, B. S. & Wynder, E. L. Large bowel carcinogenesis: fecal constituents

of populations with disease incidence rates of colon cancer. J. Nat. Cancer Inst. 50, 1437–1442 (1973).

24. Mafra, D. Borges, N. A. Cardozo, L. Anjos, J. S. Black, A. P. Moraes, C. et al. Red meat intake in chronic kidney disease patients: two sides of the coin. Nutrition 46, 26–32, doi:10.1016/j.nut.2017.08.015 (2018).

25. Campbell, T. M. & Liebman, S. E. Plant-based dietary approach to stage 3 chronic kidney disease with hyperphosphatemia. Brit. Med. J. Case Rept. 12:e:e232080, doi:10.1136/bcr-2019-232080 (2019).

26. Rhee, C. M. Ahmadi, S. F. Kovesdy, C. P. & Kalantar-Zadeh, K. Low-protein diet for conservative management of chronic kidney disease: a systematic review and meta-analysis of controlled trials. J. Cachexia Sarcopenia Muscle 9, 235–245, doi:10.1002/jcsm.12264 (2018).

27. Bikbov, B. Perico, N. & Remuzzi, G. on behalf of the GBD Genitourinary Diseases Expert Group. Disparities in chronic kidney disease prevalence among males and females in 195 countries: analysis of the Global Burden of Disease 2016 Study. Nephron 139, 313–318, doi:10.1159/000489897 (2018).

28. Williams, C. D. A nutritional disease of childhood associated with a maize diet. Arch. Dis. Child. 8, 423–433 (1933).

29. Agarwal, K. N. Bhatia, B. D. Agarwal, D. K. & Shankar, R. Assessment of protein energy needs of Indian adults using short-term nitrogen balance methodolgy: protein-energy-requirement studies in developing countries: results of international research, in Food and Nutrition Bulletin Supplement 10 (eds. W. M. Rand, R. Uauy, & N. S. Scrimshaw), 89–95 (The United Nations University, 1983).

30. Scrimshaw, N. S. History and early development of INCAP. J. Nutr. 140, 394–396, doi:10.3945/jn.109.114694 (2010).

31. Waterlow, J. C. & Payne, P. R. The protein gap. Nature 258, 113–117 (1975).

32. McLaren, D. S. The great protein fiasco. Lancet July 13, 1974, 93–96 (1974).

33. Bressani, R. INCAP studies of vegetable proteins for human consumption. Food Nutr. Bull. 31, 95–110, doi:10.1177/156482651003100110 (2010).

34. Scrimshaw, N. S. Iron deficiency. Sci. Amer. October, 46–52 (1991).

35. Lancaster, M. C. Jenkins, F. P. & Philp, J. M. Toxicity associated with certain samples of groundnuts. Nature 192, 1095–1096 (1961).

36. Campbell, T. C. Caedo, J. P. Jr. Bulatao-Jayme, J. Salamat, L. & Engel, R. W. Aflatoxin M1 in human urine. Nature 227, 403–404 (1970).

37. Campbell, T. C. & Salamat, L. A. in Mycotoxins in human health (ed. I. F. Purchase), 263–269 (Macmillan, 1971).

38. Campbell, T. C. & Stoloff, L. Implications of mycotoxins for human health. J. Agr. Food Chem. 22, 1006–1015 (1974).

39. Merrill, A. H. Jr. & Campbell, T. C. Preliminary study of in vitro aflatoxin B1 metabolism by human liver. J. Tox. Appl. Pharmacol. 27, 210–213 (1973).

40. Chittenden, R. H. The nutrition of man. (F. A. Stokes & Co. 1907).

41. Fisher, I. The influence of flesh-eating on endurance. (Modern Medicine Publishing, 1908).

42. Asp, K. Vegan in the NFL: how 15 Tennessee Titans made the switch. (2018). https://www.forksoverknives.com/tennessee-titans-nfl-teams-shift-

veganism/#gs.v_FW3Ho.43 Hinds, J. Monkeybar Gym–Madison. https://www.linkedin.com/company/monkey-bar-gym-madison/about/ (2000).

44. Campbell, T. C. Addendum to Spock, B. Why parents should keep children meat and dairy free. New Century Newsletter (1997). https://nutritionstudies.org/why-parents-should-keep-children-meat-and-dairy-free

45. Wikipedia. Groupthink. (2018). https://en.wikipedia.org/wiki/Groupthink.

46. Janis, I. L. "Groupthink." Psychology Today 5, 43–46, 74–76 (1972).

47. Lush, T. Scandals fester at unhealthy organizations, experts say. Ithaca Journal Aug 20, 2018.

48. Respondent's findings of fact, conclusions of law, argument and proposed order. Before Federal Trade Commission, Washington, DC. Docket No. 9175, 214 (New York: Bass & Ullman, 1985).

49. Potischman, N. McCulloch, C. E. Byers, T. Houghton, L. Nemoto, T. Graham, S. et al. Associations between breast cancer, triglycerides and cholesterol. Nutrition and Cancer 15, 205–215 (1991).

Chapter 6 관련 신화, 논쟁, 전환

1. Ansah, G. A. Chan, C. W. Touchburn, S. P. & Buckland, R. B. Selection for low yolk cholesterol in Leghorn-type chickens. Poultry Sci. 64, 1–5 (1985).

2. Ignatowski, A. Uber die Wirbung des tierischen eiweiss auf die aorta und die parenchymatosen organe der kaninchen. Vrichows Arch. Pathol. Anat. Physiol. Klin. Med. 198, 248–270 (1909).

3. Ignatowski, A. Influence de la nourriture animale sur l'organisme des papins. Arch. Med. Exp. Anat. Pathol. 210, 1–20 (1908).

4. Kritchevsky, D. in Animal and vegetable proteins in lipid metabolism and atherosclerosis (eds. M. J. Gibney & D. Kritchevsky), 1–8 (Alan R. Liss, 1983).

5. Kritchevsky, D. Dietary protein, cholesterol and atherosclerosis: a review of the early history. J. Nutr. 125, 589S–593S, doi:10.1093/jn/125.suppl_3.589S (1995).

6. Newburgh, L. H. & Clarkson, S. The production of arteriosclerosis in rabbits by feeding diets rich in meat. Arch. Intern. Med. 31, 653–676 (1923).

7. Newburgh, L. H. The production of Bright's disease by feeding high protein diets. Arch. Intern. Med. 24, 359–377 (1919).

8. Newburgh, L. H. & Clarkson, S. Production of atherosclerosis in rabbits by diet rich in animal protein. JAMA 79, 1106–1108 (1922).

9. Clarkson, S. & Newburgh, L. H. The relation between atherosclerosis and ingested cholesterol in the rabbit. J. Exp. Med. 43, 595–612 (1926).

10. Keys, A. The diet and the development of coronary heart disease. J. Chronic Dis. 4, 364–380 (1956).

11. Keys, A. Anderson, J. T. & Mickelsen, O. Serum cholesterol in men in basal and nonbasal states. Science 123, 29 (1956).

12. Campbell, T. C. Animal protein and ischemic heart disease. Am. J. Clin.

Nutr. 71, 849–850 (2000).

13. Campbell, T. C. A plant based diet and animal protein: questioning dietary fat and considering animal protein as the main cause of heart disease. J. Geriatric Cardiol. 14, 331–337 (2017).

14. Carroll, K. K. in Current topics in nutrition and disease, Vol. 8: Animal and vegetable proteins in lipid metabolism and atherosclerosis (eds. M. J. Gibney & D. Kritchevsky), 9–18 (Alan R. Liss, 1983).

15. Gallagher, P. J. & Gibney, M. J. in Current topics in nutrition and disease, Vol. 8: Animal and vegetable proteins in lipid metabolism and atherosclerosis (eds. M. J. Gibney & D. Kritchevsky), 149–168 (Alan R. Liss, 1983).

16. Joop, M. A. v. R. Katan, M. B. & West, C. E. in Current topics in nutrition and disease, Vol. 8: Animal and vegetable proteins in lipid metabolism and atherosclerosis (eds. M. J. Gibney & D. Kritchevsky), 111–134 (Alan R. Liss, 1983).

17. Kim, D. N. Lee, K. T. Reiner, J. M. & Thomas, W. A. in Current topics in nutrition and disease, Vol. 8: Animal and vegetable proteins in lipid metabolism and atherosclerosis (eds. M. J. Gibney & D. Kritchevsky), 101–110 (Alan R. Liss, 1983).

18. Kritchevsky, D. Tepper, S. A. Czarnecki, S. K. Klurfeld, D. M. & Story, J. A. in Current topics in nutrition and disease, Vol. 8: Animal and vegetable proteins in lipid metabolism and atherosclerosis (eds. M. J. Gibney & D. Kritchevsky), 85–100 (Alan R. Liss, 1983).

19. Sirtori, C. R. Noseda, G. & Descovich, G. C. in Current topics in nutrition and disease, Vol.
8: Animal and vegetable proteins in lipid metabolism and atherosclerosis (eds. M. J. Gibney & D. Kritchevsky), 135–148 (Alan R. Liss, 1983).

20. Sugano, M. in Current topics in nutrition and disease, Vol. 8: Animal and vegetable proteins in lipid metabolism and atherosclerosis (eds. M. J. Gibney & D. Kritchevsky), 51–84 (Alan R. Liss, 1983).

21. Terpstra, A. H. M. Hermus, R. J. J. & West, C. E. in Current topics in nutrition and disease, Vol. 8: Animal and vegetable proteins in lipid metabolism and atherosclerosis (eds. M. J. Gibney & D. Kritchevsky), 19–49 (Alan R. Liss, 1983).

22. Gibney, M. J. & Kritchevsky, D. eds. Current topics in nutrition and disease, Vol. 8: Animal and vegetable proteins in lipid metabolism and atherosclerosis (Alan R. Liss, 1983).

23. Meeker, D. R. & Kesten, H. D. Experimental atherosclerosis and high protein diets. Proc. Soc. Exp. Biol. Med. 45, 543–545 (1940).

24. Meeker, D. R. & Kesten, H. D. Effect of high protein diets on experimental atherosclerosis of rabbits. Arch. Pathology 31, 147–162 (1941).

25. Kritchevsky, D. Tepper, S. A. Williams, D. E. & Story, J. A. Experimental atherosclerosis in rabbits fed cholesterol-free diets. Part 7. Interaction of animal or vegetable protein with fiber. Atherosclerosis 26, 397–403 (1977).

26. Terpstra, A. H. Harkes, L. & van der Veen, F. H. The effect of different proportions of casein in semipurified diets on the concentration of serum

cholesterol and the lipoprotein composition in rabbits. Lipids 16, 114–119 (1981).

27. Sirtori, C. R. Noseda, G. & Descovich, G. C. in Current topics in nutrition and disease, Vol. 8: Animal and vegetable proteins in lipid metabolism and atherosclerosis (eds. M. J. Gibney & D. Kritchevsky), 135–148 (Alan R. Liss, 1983).

28. Descovich, G. C. Ceredi, C. Gaddi, A. Benassi, M. S. Mannino, G. Colombo, L. et al. Multicenter study of soybean protein diet for outpatient hypercholesterolemic patients. Lancet 2, 709–712 (1980).

29. Mitchell, H. H. A method of determining the biological value of protein. J. Biol. Chem. 58, 873–903 (1924).

30. Keys, A. Nutrition for the later years of life. Public Health Rep 67, 484–489 (1952).

31. Keys, A. Coronary heart disease in seven countries. Circulation Suppl. 41, I1–I211 (1970).

32. Keys, A. Coronary heart disease—the global picture. Atherosclerosis 22, 149–192 (1975).

33. US Department of Health and Human Services and US Department of Agriculture. 2015–2020 Dietary guidelines for Americans, 8th ed. (Authors, 2015).

34. Keys, A. Diet and the epidemiology of coronary heart disease. J. Am. Med. Assoc. 164, 1912–1919 (1957).

35. Keys, A. in Atherosclerosis and its origin (eds. M. Sandler & G. H. Bourne), 263–299 (Academic Press, 1963).

36. Carroll, K. K. Braden, L. M. Bell, J. A. & Kalamegham, R. Fat and cancer. Cancer 58, 1818–1825 (1986).

37. American Heart Association. AHA Dietary Guidelines. Revision 2000: A statement for healthcare professionals from the Nutrition Committee of the American Heart Association. Circulation 102, 2296–2311 (2000).

38. O'Connor, T. P. & Campbell, T. C. in Dietary fat and cancer (eds. C. Ip, D. Birt, C. Mettlin, & A. Rogers), 731–771 (Alan R. Liss, 1986).

39. Committee on Diet, Nutrition, and Cancer. Diet, nutrition and cancer. (National Academies Press, 1982).

40. American Institute for Cancer Research and World Cancer Research Fund. Food, nutrition and the prevention of cancer: a global perspective. (Authors, 1997).

41. National Research Council & Committee on Diet and Health. Diet and health: implications for reducing chronic disease risk. (National Academies Press, 1989).

42. US Senate, Select Committee on Nutrition and Human Needs. Dietary goals for the United States, 2nd ed. (Washington, DC: US Government Printing Office, 1977), 83.

43. Armstrong, D. & Doll, R. Environmental factors and cancer incidence and mortality in different countries, with special reference to dietary practices. Int. J. Cancer 15, 617–631 (1975).

44. Willett, W. C. Hunter, D. J. Stampfer, M. J. Colditz, G. Manson, J. E.

Spielgelman, D. et al. Dietary fat and fiber in relation to risk of breast cancer. An 8-year follow-up. J. Am. Med. Assoc. 268, 2037–2044 (1992).

45. Willett, W. C. Stampfer, M. J. Colditz, G. A. Rosner, B. A. Hennekens, C. H. & Speizer, F. E. Dietary fat and the risk of breast cancer. New Engl. J. Med. 316, 22–28 (1987).

46. Carroll, K. K. & Khor, H. T. Effects of dietary fat and dose level of 7,12 dimethylbenz(a)anthracene on mammary tumor incidence in rats. Cancer Res. 30, 2260–2264 (1970).

47. Gammal, E. B. Carroll, K. K. & Plunkett, E. R. Effects of dietary fat on mammary carciongenesis by 7,12-dimethylbenz(a)anthracene in rats. Cancer Res. 27, 1737–1742 (1967).

48. Hopkins, G. J. & Carroll, K. K. Relationship between amount and type of dietary fat in promotion of mammary carcinogenesis induced by 7, 12-dimethylbenzanthracene. J Natl. Cancer Inst. 62, 1009–1012 (1979).

49. Dias, C. B. Garg, R. Wood, L. G. & Garg, M. L. Saturated fat consumption may not be the main cause of increased blood lipid levels. Med. Hypoth. 82, 187–195 (2014).

50. Gershuni, V. M. Saturated fat: part of a healthy diet. Curr. Nutr. Re. 7, 85–96 (2018).

51. Sirtori, C. R. Gatti, E. Mantero, O. Conti, F. Agradi, E. Tremoli, E. et al. Clinical experience with the soybean protein diet in the treatment of hypercholesterolemia. Am. J. Clin. Nutr. 32, 1645–1658, doi:10.1093/ajcn/32.8.1645 (1979).

52. O'Connor, T. P. Roebuck, B. D. & Campbell, T. C. Dietary intervention during the post-dosing phase of L-azaserine-induced preneoplastic lesions. J. Natl. Cancer Inst. 75, 955–957 (1985).

53. O'Connor, T. P. Roebuck, B. D. Peterson, F. & Campbell, T. C. Effect of dietary intake of fish oil and fish protein on the development of L-azaserine-induced preneoplastic lesions in rat pancreas. J. Natl. Cancer Inst. 75, 959–962 (1985).

54. Abdelhamid, A. S. Brown, T. J. Brainard, J. S. Biswas, P. Thorpe, G. C. Moore, H. J. et al. Omega-3 fatty acids for the primary and secondary prevention of cardiovascular disease. Cochrane Database Syst Rev 11, CD003177, doi:10.1002/14651858.CD003177.pub4 (2018).

55. Simopoulos, A. P. An increase in the omega-6/omega-3 fatty acid ratio increases the risk for obesity. Nutrients 8, 128, doi:10.3390/nu8030128 (2016).

56. Simopoulos, A. P. & DiNicolantonio, J. J. The importance of a balanced omega-6 to omega-3 ratio in the prevention and management of obesity. Open Heart 3, e000385, doi:10.1136/openhrt-2015-000385 (2016).

57. Ponnampalam, E. N. Mann, N. J. & Sinclair, A. J. Effect of feeding systems on omega-3 fatty acids, conjugated linoleic acid and trans fatty acids in Australian beef cuts: potential impact on human health. Asia Pac. J. Clin. Nutr. 15, 21–29 (2006).

58. Grosso, G. Yang, J. Marventano, S. Micek, A. Galvano, F. & Kales, S. N.

Nut consumption on all-cause, cardiovascular, and cancer mortality risk: a systematic review and meta-analysis of epidemiologic studies. Am. J. Clin. Nutr. 101, 783–793, doi:10.3945/ajcn.114.099515 (2015).

59. Schwingshackl, L. Hoffman, G. Missbach, B. Stelmach-Mardas, M. & Boeing, H. An umbrella review of nuts intake and risk of cardiovascular disease. Current Pharm. Design 23, 1016–1027 (2017).

60. Keys, A. Seven countries. A multivariate analysis of death and coronary heart disease. (Harvard University Press, 1980).

61. Kromhout, D. Menotti, A. Bloemberg, B. Aravanis, C. Blackburn, H. Buzina, R. et al. Dietary saturated and trans fatty acids and cholesterol and 25-year mortality from coronary heart disease: the Seven Countries Study. Prev. Med. 24, 308–315 (1995).

62. McGee, D. L. Reed, D. M. & Yano, K. Ten-year incidence of coronary heart disease in the Honolulu Heart Program: relationship to nutrient intake. Am. J. Epidemiol. 119, 667–676 (1984).

63. Kromhout, D. & Coulander, C. L. Diet, prevalence and 10 year mortality from coronary heart disease in 871 middle-aged men. Am. J. Epidemiol. 119, 733–741 (1984).

64. Garcia-Palmieri, M. R. Sorlie, P. Tillotson, J. Costas, R. Jr. Cordero, E. & Rodriguez, M. Relationship of dietary intake to subsequent coronary heart disease incidence: the Puerto Rican Heart Health Program. Am. J. Clin. Nutr. 33, 1818–1827 (1980).

65. Morris, J. N. Marr, J. W. & Clayton, O. B. Diet and heart: a postscript. Brit. Med. J. 2, 1307–1314 (1977).

66. Hu, F. B. Stampfer, M. J. Manson, J. E. Rimm, E. Colditz, G. A. Rosner, B. A. et al. Dietary fat intake and the risk of coronary heart disease in women. New Engl. J. Med. 337, 1491–1499, doi:10.1056/NEJM199711203372102 (1997).

67. Hu, F. B. Manson, J. E. & Willett, W. C. Types of dietary fat and risk of coronary heart disease: a critical review. J. Am. Coll. Nutr. 20, 5–19 (2001).

68. Youngman, L. D. Park, J. Y. & Ames, B. N. Protein oxidation associated with aging is reduced by dietary restriction of protein or calories. Proc. National Acad. Sci. 89, 9112–9116 (1992).

69. De, A. K. Chipalkatti, S. & Aiyar, A. S. Some biochemical parameters of ageing in relation to dietary protein. Mech Ageing Dev 21, 37–48 (1983).

70. Sanz, A. Caro, P. & Barja, G. Protein restriction without strong caloric restriction decreases mitochondrial oxygen radical production and oxidative DNA damage in rat liver. J. Bioenergetics Biomembranes 36, 545–552 (2004).

71. Huang, H. H. Hawrylewicz, E. J. Kissane, J. Q. & Drab, E. A. Effect of protein diet on release of prolactin and ovarian steroids in female rats. Nutrition Reports International 26, 807–820 (1982).

72. Asao, T. Abdel-Kader, M. M. Chang, S. B. Wick, E. L. & Wogan, G. N. Aflatoxins B and G. J. Am. Chem. Soc. 85, 1706–1707 (1963).

73. Wogan, G. N. & Newberne, P. M. Dose-response characteristics of aflatoxin B1
carcinogenesis in the rat. Cancer Res. 27, 2370–2376 (1967).

74. Ayres, J. L. Lee, D. J. Wales, J. H. & Sinnhuber, R. O. Aflatoxin structure and hepatocarcinogenicity in rainbow trout. J. Natl. Cancer Inst. 46, 561–564 (1971).
75. Campbell, T. C. Sinnhuber, R. O. Lee, D. J. Wales, J. H. & Salamat, L. A. Brief communication: hepatocarcinogenic material in urine specimens from humans consuming aflatoxin. J. Nat. Cancer Inst. 52, 1647–1649 (1974).
76. Campbell, T. C. & Hayes, J. R. The role of aflatoxin in its toxic lesion. Tox. Appl. Pharm. 35, 199–222 (1976).
77. Campbell, T. C. Present day knowledge on aflatoxin. Philadelphia Journal of Nutrition 20, 193–201 (1967).
78. Campbell, T. C. Caedo, J. P. Jr. Bulatao-Jayme, J. Salamat, L. & Engel, R. W. Aflatoxin M1 in human urine. Nature 227, 403–404 (1970).
79. Campbell, T. C. Chemical carcinogens and human risk assessment. Fed. Proc. 39, 2467–2484 (1980).
80. Campbell, T. C. & Hayes, J. R. Role of nutrition in the drug metabolizing system. Pharmacol. Revs. 26, 171–197 (1974).
81. Hayes, J. R. & Campbell, T. C. in Modifiers of chemical carcinogenesis (ed. T. J. Slaga), 207–241 (Raven Press, 1980).
82. Chen, J. Campbell, T. C. Li, J. & Peto, R. Diet, life-style and mortality in China. A study of the characteristics of 65 Chinese counties. (Oxford University Press; Cornell University Press; People's Medical Publishing House, 1990).
83. Campbell, T. C. Chen, J. Liu, C. Li, J. & Parpia, B. Non-association of aflatoxin with primary liver cancer in a cross-sectional ecologic survey in the People's Republic of China. Cancer Res. 50, 6882–6893 (1990).
84. Campbell, T. C. Nutrition renaissance and public health policy. J. Nutr. Biology 3, 124–138, doi:10.1080/01635581.2017.1339094 (2017).
85. Campbell, T. C. Cancer prevention and treatment by wholistic nutrition. J. Nat. Sci. Oct 3, e448 (2017).
86. Weisburger, E. K. History of the bioassay program of the National Cancer Institute. Prog. Exp. Tumor Res. 26, 187–201 (1983).
87. International Agency for Cancer Research. Press release: IARC monographs evaluate consumption of red meat and processed meat. (2015).
88. Wikipedia. Carcinogen. https://en.wikipedia.org/wiki/Carcinogen (2020).
89. National Toxicology Program. Report on carcinogens. 499 (2011).
90. National Toxicology Program. Ninth report on carcinogens (rev. January 2001).
91. National Toxicology Program. https://ntp.niehs.nih.gov/.
92. Huff, J. Long-term chemical carcinogenesis bioassays predict human cancer hazards. Issues, controversies, and uncertainties. Ann. NY Acad. Sci. 895, 56–79 (1999).
93. Huff, J. Jacobson, M. F. & Davis, D. L. The limits of two-year bioassay exposure regimens for identifying chemical carcinogens. Environ. Health Perspect. 116, 1439–1442 (2008).
94. National Toxicology Program. 14th Report on Carcinogens, Process and Listing Criteria. (November 3, 2016).

https://ntp.niehs.nih.gov/pubhealth/roc/process/index.html.

95. Knight, A. Bailey, J. & Balcombe, J. Animal carcinogenicity studies: 3. Alternatives to the bioassay. Altern. Lab. Anim. 34, 39–48 (2006).

96. Knight, A. Bailey, J. & Balcombe, J. Animal carcinogenicity studies: 2. Obstacles to extrapolation of data to humans. Altern. Lab. Anim. 34, 29–38 (2006).

97. Knight, A. Bailey, J. & Balcombe, J. Animal carcinogenicity studies: 1. Poor human predictivity. Altern. Lab. Anim. 34, 19–27 (2006).

98. Wikipedia. Human genome project. https://en.wikipedia.org/wiki/Human_Genome_Project (2018).

99. National Cancer Institute. What is cancer (Updated February 9, 2015). http://www.cancer.gov/about-cancer/what-is-cancer.

100. Appleton, B. S. Goetchius, M. P. & Campbell, T. C. Linear dose-response cu. ve for the hepatic macromolecular binding of aflatoxin B1 in rats at very low exposures. Cancer Res. 42, 3659–3662 (1982).

101. Dunaif, G. E. & Campbell, T. C. Dietary protein level and aflatoxin B1-induced preneoplastic hepatic lesions in the rat. J. Nutr. 117, 1298–1302 (1987).

102. Dunaif, G. E. & Campbell, T. C. Relative contribution of dietary protein level and aflatoxin B1 dose in generation of presumptive preneoplastic foci in rat liver. J. Natl. Cancer Inst. 78, 365–369 (1987).

103. Schulsinger, D. A. Root, M. M. & Campbell, T. C. Effect of dietary protein quality on development of aflatoxin B1-induced hepatic preneoplastic lesions. J. Natl. Cancer Inst. 81, 1241–1245 (1989).

104. Berwyn, B. IPCC: radical energy transformation needed to avoid 1.5 degrees global warming. Inside Climate News (2018). https://insideclimatenews.org/news/07102018/ipcc-climate-change-science-report-data-carbon-emissions-heat-waves-extreme-weather-oil-gas-agriculture.

105. Strona, G. & Bradshaw, C. J. A. Co-extinctions annihilate planetary life during extreme environmental change. Sci. Rpts. 8, doi:10.1038/s41598-018-35068-1 (2018).

106. MacFarlane, D. All the species that went extinct in 2018, and ones on the brink for 2019. Environment (2019). https://weather.com/science/environment/news/2019-01-02-extinct-animal-species-2018.

107. Sanchez-Bayo, F. & Wyckhuys, K. A. G. Worldwide decline of the entofauna: a review of its drivers. Biolological Conservation 232, 8–27 (2016).

108. Goodland, R. & Anhang, J. Livestock and climate change. World Watch, 1–10 (2009).

109. Brown, L. R. Tough choices: facing the challenge of food scarcity. (W. W. Norton & Company, 1996).

110. Hindhede, M. The biological value of bread-protein. Biochem. J. 20, 330–334 (1926).

111. Bridi, D. Altenhofen, S. Gonzalez, J. B. Reolon, G. K. & Bonan, C. D.

Glyphosate and Roundup® alter morphology and behavior in zebrafish. Toxicology 392, 32–39, doi:10.1016/j.tox.2017.10.007 (2017).

112. United Nations, Food and Agriculture Organization. Livestock's long shadow: environmental issues and options. (Food and Agriculture Organization, 2006).

113. Compassion in World Farming. Strategic plan 2013–2017. https://www.ciwf.org.uk/media/3640540/ciwf_strategic_plan_20132017.pdf.

114. Oppenlander, R. Food choice and sustainability. (Minneapolis: Langdon Street Press, 2013), 46.

115. Hatchett, A. N. Bovines and global warming: how the cows are heating things up and what can be done to cool them down. William & Mary Environmental Law and Policy Review 29, 767–780 (2005).

Chapter 7 과학에 대한 급진적 도전

1. Gibney, M. J. & Kritchevsky, D. eds. Current topics in nutrition and disease, Vol. 8: Animal and vegetable proteins in lipid metabolism and atherosclerosis (Alan R. Liss, 1983).

2. Hill, A. B. The environment and disease: association or causation Proc. Royal Soc. Med. 108, 32–37 (1965).

Chapter 8 환원론적 영양의 한계

1. Committee on Diet, Nutrition, and Cancer. Diet, Nutrition and Cancer. (National Academies Press, 1982).

2. National Research Council and Institute of Medicine, Committee on Diet and Health. Diet and Health: Implications for Reducing Chronic Disease Risk. (National Academy Press, 1989.)

3. US Department of Agriculture. FoodData Central (2020). https://fdc.nal.usda.gov/.

4. Reboul, E. Thap, S. Perrot, E. Amiot, M. J. Lairon, D. & Borel, P. Effect of the main dietary antioxidants (carotenoids, gamma-tocopherol, polyphenols, and vitamin C) on alpha-tocopherol absorption. European Journal of Clinical Nutrition 61, 1167–1173, doi:10.1038/sj.ejcn.1602635 (2007).

5. Campbell, T. C. Energy balance: interpretation of data from rural China. Toxicological Sciences 52, 87–94 (1999).

6. Ornish, D. Eat more, weigh less. (HarperCollins Publishers, Inc. 1993).

7. Shintani, T. Dr. Shintani's eat more, weigh less diet. (Halpax Publishing, 1993).

8. Russell, R. National Weight Control Registry. Last modified 2020. https://en.wikipedia.org/wiki/National_Weight_Control_Registry.

9. Swann, J. P. The history of efforts to regulate dietary supplement in the USA. Drug Testing Analysis 8, 271–282 (2015).

10. Cision PR Newswire. Dietary supplements market to reach USD 216.3 billion

by 2026. Reports and Data. https://www.prnewswire.com/news-releases/dietary-supplements-market-to-reach-usd-216-3-billion-by-2026--reports-and-data-300969115.html (December 4, 2019).

11. Dietary Supplement Health and Education Act of 1994. Pub. L. No. 103-417, 108 Stat. 4325. 12 US Food and Drug Administration. Dietary supplement health and education act of 1994, http://vm.cfsan.fda.gov/~dms/dietsupp.html (1995) (site discontinued).

13. Respondent's findings of fact, conclusions of law, argument and proposed order. Before Federal Trade Commission, Washington, DC. Docket No. 9175, 214 (New York: Bass & Ullman, 1985).

14. Omenn, G. S. Goodman, G. E. Thornquist, M. D. Balmes, J. Cullen, M. R. Glass, A. et al. Risk factors for lung cancer and for intervention effects in CARET, the Beta-Carotene and Retinol Efficacy Trial. J. Natl. Cancer Inst. 88, 1550–1559 (1996).

15. Kelloff, G. J. Crowell, J. A. Hawk, E. T. Steele, V. E. Lubet, R. A. Boone, C. W. et al. Strategy and planning for chemopreventive drug development: clinical development plans II. J. Cell. Biochem. 26S, 54–315 (1996).

16. US Preventive Services Task Force. Routine vitamin supplementation to prevent cancer and cardiovascular disease: recommendations and rationale. Ann. Internal Med. 139, 51–55 (2003).

17. Omenn, G. S. Goodman, G. E. Thornquist, M. D. Balmes, J. Cullen, M. R. Glass, A. et al. Effects of a combination of beta carotene and vitamin A on lung cancer and cardiovascular disease. New Engl. J. Med. 334, 1150–1155 (1996).

18. Peto, R. Doll, R. & Buckley, J. D. Can dietary beta-carotene materially reduce human cancer rates Nature 290, 201–208 (1981).

19. Shekelle, R. B. & Raynor, W. J. Jr. Dietary vitamin A and risk of cancer in the Western Electric Study. Lancet 2, 1185–1190 (1981).

20. Morris, C. D. & Carson, S. Routine vitamin supplementation to prevent cardiovascular disease: a summary of the evidence for the U.S. Preventive Services Task Force. Ann. Internal Med. 139, 56–70 (2003).

21. Goodman, B. Experts: don't waste your money on multivitamins. WebMD Health Newsletter (2013). https://www.webmd.com/vitamins-and-supplements/news/20131216/experts-dont-waste-your-money-on-multivitamins#1.

22. ScienceDaily. Most popular vitamin and mineral supplements provide no health benefit, study finds. Science News (2018). https://www.sciencedaily.com/releases/2018/05/180528171511.htm.

23. IBISWorld. Vitamin & Supplement Manufacturing—US Market Research Report. (2018). https://www.ibisworld.com/industry-trends/market-research-reports/manufacturing/chemical/vitamin-supplement-manufacturing.html.

24. Grand View Research. Dietary supplements market size worth $278.02 billion by 2024. (2018). https://www.grandviewresearch.com/industry-analysis/dietary-supplements-

market.

25. United States Department of Health and Human Services. The Surgeon General's Report on Nutrition and Health. (Superintendent of Documents, US Government Printing Office, 1988).
26. National Research Council & Committee on Diet and Health. Diet and health: implications for reducing chronic disease risk. (National Academies Press, 1989).
27. American Institute for Cancer Research and World Cancer Research Fund. Food, nutrition and the prevention of cancer: a global perspective. (Authors, 1997).

Chapter 9 전체론적 과학의 사례 연구

1. Carroll, K. K. Braden, L. M. Bell, J. A. & Kalamegham, R. Fat and cancer. Cancer 58, 1818–1825 (1986).
2. National Research Council & Committee on Diet and Health. Diet and health: implications for reducing chronic disease risk. (National Academies Press, 1989).
3. Campbell, T. C. A plant based diet and animal protein: questioning dietary fat and considering animal protein as the main cause of heart disease. J. Geriatric Cardiol. 14, 331–337 (2017).
4. Armstrong, D. & Doll, R. Environmental factors and cancer incidence and mortality in different countries, with special reference to dietary practices. Int. J. Cancer 15, 617–631 (1975).
5. Newburgh, L. H. & Clarkson, S. The production of arteriosclerosis in rabbits by feeding diets rich in meat. Arch. Intern. Med. 31, 653–676 (1923).
6. Ganmaa, D. & Sato, A. The possible role of female sex hormones in milk from pregnant cows in the development of breast, ovarian and corpus uteri cancers. Med. Hypotheses 65, 1028–1037, doi:10.1016/j.mehy.2005.06.026 (2005).
7. Connor, W. E. & Connor, S. L. The key role of nutritional factors in the prevention of coronary heart disease. Prev. Med. 1, 49–83 (1972).
8. Jolliffe, N. & Archer, M. Statistical associations between international coronary heart disease death rates and certain environmental factors. J. Chronic Dis. 9, 636–652 (1959).
9. Campbell, T. M. I. & Campbell, T. C. The breadth of evidence favoring a whole-foods, plant-based diet. Part II, malignancy and inflammatory diseases. Primary Care Reports 18, 25–35 (2012).
10. World Cancer Research Fund/American Institute for Cancer Research. Food, nutrition, physical activity, and prevention of cancer: a global perspective. (American Institute for Cancer Research, 2007), 517.
11. Hildenbrand, G. L. G. Hildenbrand, L. C. Bradford, K. & Cavin, S. W. Five-year survival rates of melanoma patients treated by diet therapy after the manner of Gerson: a retrospective review. Alternative Therapies in Health and Medicine 1, 29–37 (1995).

12. Morrison, L. M. Arteriosclerosis. JAMA 145, 1232–1236 (1951).
13. Morrison, L. M. Diet in coronary atherosclerosis. JAMA 173, 884–888 (1960).
14. Steinberg, D. Thematic review series: the pathogenesis of atherosclerosis: an interpretive history of the cholesterol controversy, part III: mechanistically defining the role of hyperlipidemia. J. Lipid Res. 46, 2037–2051, doi:10.1194/jlr.R500010-JLR200 (2005).
15. Ornish, D. Brown, S. E. Scherwitz, L. W. Billings, J. H. Armstrong, W. T. Ports, T. A. et al. Can lifestyle changes reverse coronary heart disease Lancet 336, 129–133 (1990).
16. Esselstyn, C. B. Jr. Updating a 12-year experience with arrest and reversal therapy for coronary heart disease (an overdue requiem for palliative cardiology). Am. J. Cardiol. 84, 339–341 (1999).
17. Esselstyn, C. B. Ellis, S. G. Medendorp, S. V. & Crowe, T. D. A strategy to arrest and reverse coronary artery disease: a 5-year longitudinal study of a single physician's practice. J. Family Practice 41, 560–568 (1995).
18. Esselstyn, C. B. J. Gendy, G. Doyle, J. Golubic, M. & Roizen, M. F. A way to reverse CAD J. Fam. Pract. 63, 356–364b (2014).
19. Campbell, T. C. Present day knowledge on aflatoxin. Philadelphia Journal of Nutrition 20, 193–201 (1967).
20. Campbell, T. C. Caedo, J. P. Jr. Bulatao-Jayme, J. Salamat, L. & Engel, R. W. Aflatoxin M1 in human urine. Nature 227, 403–404 (1970).
21. Lancaster, M. C. Jenkins, F. P. & Philp, J. M. Toxicity associated with certain samples of groundnuts. Nature 192, 1095–1096 (1961).
22. Wogan, G. N. in Methods in cancer research, Vol. 7 (ed. H. Busch), 309–344 (Academic Press, 1973).
23. Madhavan, T. V. & Gopalan, C. The effect of dietary protein on carcinogenesis of aflatoxin. Arch. Path. 85, 133–137 (1968).
24. Schulsinger, D. A. Root, M. M. & Campbell, T. C. Effect of dietary protein quality on development of aflatoxin B1-induced hepatic preneoplastic lesions. J. Natl. Cancer Inst. 81, 1241–1245 (1989).
25. Youngman, L. D. & Campbell, T. C. Inhibition of aflatoxin B1-induced gamma-glutamyl transpeptidase positive (GGT+) hepatic preneoplastic foci and tumors by low protein diets: evidence that altered GGT+ foci indicate neoplastic potential. Carcinogenesis 13, 1607–1613 (1992).
26. Gurtoo, H. L. & Campbell, T. C. A kinetic approach to a study of the induction of rat liver microsomal hydroxylase after pretreatment with 3,4-benzpyrene and aflatoxin B1. Biochem. Pharmacol. 19, 1729–1735 (1970).
27. Nerurkar, L. S. Hayes, J. R. & Campbell, T. C. The reconstitution of hepatic microsomal mixed function oxidase activity with fractions derived from weanling rats fed different levels of protein. J. Nutr. 108, 678–686 (1978).
28. Preston, R. S. Hayes, J. R. & Campbell, T. C. The effect of protein deficiency on the in vivo binding of aflatoxin B1 to rat liver macromolecules. Life Sci. 19, 1191–1198 (1976).
29. Prince, L. O. & Campbell, T. C. Effects of sex difference and dietary protein level on the binding of aflatoxin B1 to rat liver chromatin proteins in vivo.

Cancer Res. 42, 5053–5059 (1982).

30. Krieger, E. Increased voluntary exercise by Fisher 344 rats fed low protein diets (undergraduate thesis, Cornell University, 1988).

31. Krieger, E. Youngman, L. D. & Campbell, T. C. The modulation of aflatoxin (AFB1) induced preneoplastic lesions by dietary protein and voluntary exercise in Fischer 344 rats. FASEB J. 2, 3304 Abs. (1988).

32. Horio, F. Youngman, L. D. Bell, R. C. & Campbell, T. C. Thermogenesis, low-protein diets, and decreased development of AFB1-induced preneoplastic foci in rat liver. Nutrition and Cancer 16, 31–41 (1991).

33. Youngman, L. D. Park, J. Y. & Ames, B. N. Protein oxidation associated with aging is reduced by dietary restriction of protein or calories. Proc. National Acad. Sci. 89, 9112–9116 (1992).

34. Chen, J. Campbell, T. C. Li, J. & Peto, R. Diet, life-style and mortality in China. A study of the characteristics of 65 Chinese counties. (Oxford University Press; Cornell University Press; People's Medical Publishing House, 1990).

35. Centers for Disease Control and Prevention. Heart disease. (2020). https://www.cdc.gov/nchs/fastats/heart-disease.htm.

36. Campbell, T. C. Chen, J. Brun, T. Parpia, B. Qu, Y. Chen, C. et al. China: from diseases of poverty to diseases of affluence. Policy implications of the epidemiological transition. Ecology of Food and Nutrition 27, 133–144 (1992).

37. Kannel, W. B. Neaton, J. D. Wentworth, D. Thomas, H. E. Stamler, J. Hulley, S. B. et al. Overall and coronary heart disease mortality rates in relation to major risk factors in 325,348 men screened for the MRFIT. Multiple Risk Factor Intervention Trial. Am. Heart J. 112, 825–836 (1986).

Chapter 10 당부의 말

1. Campbell, T. C. & Campbell, T. M. II. The China Study: startling implications for diet, weight loss, and long-term health. (BenBella Books, Inc. 2005), 417.

2. Campbell, T. C. Chen, J. Liu, C. Li, J. & Parpia, B. Non-association of aflatoxin with primary liver cancer in a cross-sectional ecologic survey in the People's Republic of China. Cancer Res. 50, 6882–6893 (1990).

3. Hu, J. Chisari, F. V. & Campbell, T. C. Modulating effect of dietary protein on transgene expression in hepatitis B virus (HBV) transgenic mice. Cancer Research 35, 104Abs (1994).

4. Prince, L. O. & Campbell, T. C. Effects of sex difference and dietary protein level on the binding of aflatoxin B1 to rat liver chromatin proteins in vivo. Cancer Res. 42, 5053–5059 (1982).

5. Appleton, B. S. & Campbell, T. C. Effect of high and low dietary protein on the dosing and postdosing periods of aflatoxin B1-induced hepatic preneoplastic lesion development in the rat. Cancer Res. 43, 2150–2154 (1983).

6. Chen, J. Campbell, T. C. Li, J. & Peto, R. Diet, life-style and mortality in China.

A study of the characteristics of 65 Chinese counties. (Oxford University Press; Cornell University Press; People's Medical Publishing House, 1990).

7. American Institute for Cancer Research and World Cancer Research Fund. Food, nutrition and the prevention of cancer: a global perspective. (Authors, 1997).

8. American Association of University Professors. Reports and publications: 1940 statement of principles on academic freedom and tenure. https://www.aaup.org/report/1940-statement-principles-academic-freedom-and-tenure.

9. Liu, M. & Mallon, W. T. Tenure in transition: trends in basic science faculty appointment policies at U.S. medical schools. Acad. Med. 79, 205–213 (2004).

10. Barakat, M. Documents show ties between university, conservative donors. (2018). https://www.usnews.com/news/best-states/virginia/articles/2018-04-30/documents-show-ties-between-university-conservative-donors.

11. Green, E. L. & Saul, S. What Charles Koch and other donors to George Mason University got for their money. New York Times (2018). https://www.nytimes.com/2018/05/05/us/koch-donors-george-mason.html.

12. US Department of Health and Human Services and US Department of Agriculture. 2015–2020 dietary guidelines for Americans, 8th ed. (Authors, 2015).

13. Campbell, T. C. Dr. Campbell's recommended dietary guidelines. T. Colin Campbell Center for Nutrition Studies (2015). https://nutritionstudies.org/2015-dietary-guidelines-commentary/.

14. Kirkey, S. Got milk Not so much. Health Canada's new food guide drops "milk and alternatives" and favours plant-based protein. National Post (2019). https://nationalpost.com/health/health-canada-new-food-guide-2019.

15. Gulshan, V. Peng, L. Coram, M. Stumpe, M. C. Wu, D. Narayanaswamy, A. et al. Development and validation of a deep learning algorithm for detection of diabetic retinopathy in retinal fundus photographs. JAMA 316, 2402–2410, doi:10.1001/jama.2016.17216 (2016).

16. Esteva, A. Kuprel, B. Novoa, R. A. Ko, J. Swetter, S. M. Blau, H. M. et al. Dermatologist-level classification of skin cancer with deep neural networks. Nature 542, 115–118, doi:10.1038/nature21056 (2017).

17. Rajpurkar, M. Biss, T. Amankwah, E. K. Martinez, D. Williams, S. Van Ommen, C. H. et al. Pulmonary embolism and in situ pulmonary artery thrombosis in paediatrics. A systematic review. Thromb. Haemost. 117, 1199–1207, doi:10.1160/TH16-07-0529 (2017).

Postscript 덧붙이는 글

1. Chen, J. Campbell, T. C. Li, J. & Peto, R. Diet, life-style and mortality in China. A study of the characteristics of 65 Chinese counties. (Oxford University Press; Cornell University Press; People's Medical Publishing House, 1990).

2. Chen, J. Peto, R. Pan, W. Liu, B. & Campbell, T. C. Mortality, biochemistry, diet and lifestyle in rural China. Geographic study of the characteristics of 69 counties in mainland China and 16 areas in Taiwan. (Oxford University Press, 2006).
3. Hu, J. Cheng, Z. Chisari, F. V. Vu, T. H. Hoffman, A. R. & Campbell, T. C. Repression of hepatitis B virus (HBV) transgene and HBV-induced liver injury by low protein diet. Oncogene 15, 2795–2801 (1997).
4. Cheng, Z. Hu, J. King, J. Jay, G. & Campbell, T. C. Inhibition of hepatocellular carcinoma development in hepatitis B virus transfected mice by low dietary casein. Hepatology 26, 1351–1354 (1997).
5. Hu, J. Chisari, F. V. & Campbell, T. C. Modulating effect of dietary protein on transgene expression in hepatitis B virus (HBV) transgenic mice. Cancer Research 35, 104Abs (1994).
6. Gelles, D. & Drucker, J. Corporate insiders pocket $1 billion in rush for coronavirus vaccine. (2020). https://www.nytimes.com/2020/07/25/business/coronavirus-vaccine-profits-vaxart.html.

Afterword 맺는 글

1. Kagan, J. European Medicines Agency (EMA). Investopedia (2019). https://www.investopedia.com/terms/e/european-medicines-agency-ema.asp.
2. Morgan, G. Ward, R. & Barton, M. The contribution of cytotoxic chemotherapy to 5-year survival in adult malignancies. Clin. Oncol. (R. Coll. Radiol.) 16, 549–560 (2004).
3. Scheiber, N. Why Wendy's is facing campus protests (it's about the tomatoes). New York Times, March 7, (2019). https://www.nytimes.com/2019/03/07/business/economy/wendys-farm-workers-tomatoes.html; Boycott Wendy's homepage, http://www.boycott-wendys.org/

찾아보기

영양의 미래

초판 1쇄 발행 2022년 4월 30일

지은이 콜린 캠벨, 넬슨 디슬라
옮긴이 김정은
편집 정갑수
펴낸이 정갑수

펴낸곳 열린과학
출판등록 2004년 5월 10일 제300-2005-83호
주소 06691 서울시 서초구 방배천로 6길 27, 104호
전화 02-876-5789   팩스 02-876-5795
이메일 open_science@naver.com

ISBN 978-89-92985-89-5 (03590)